新生物学丛书

抗体偶联药物

Antibody-Drug Conjugates

〔瑞士〕Laurent Ducry 著

高 凯 等 译

科学出版社
北京

图字：01-2014-8238 号

内 容 简 介

抗体偶联药物由靶向特异抗原的单克隆抗体与高效细胞毒性的小分子化学药物偶联而成。本书针对抗体偶联药物这一新型的癌症治疗手段，围绕包括其特定靶点和抗体选择、与小分子药物偶联方式等药物设计原理、工艺方法的开发和放大，以及药物质量控制技术部分进行系统总结性论述。本书首先综合叙述了抗体偶联药物的概况和研究进展，并针对抗体偶联药物研发中的关键技术环节，由在相应领域有多年经验的专家分章节予以论述。

本书可供大专院校师生教学使用，也可供从事肿瘤治疗基础研究、药物研发与质量控制等领域的专业人员，以及药品监管机构从业者参考使用。

Translation from English language edition: *Antibody-Drug Conjugates* by Laurent Ducry

Copyright © Springer Science+Business Media New York 2013 All Rights Reserved

图书在版编目（CIP）数据

抗体偶联药物 /（瑞士）劳伦斯（Laurent, D.）著；高凯等译. —北京：科学出版社，2015.4

（新生物学丛书）

书名原文：Antibody-Drug Conjugates

ISBN 978-7-03-043368-8

Ⅰ. ①抗… Ⅱ. ①劳… ②高… Ⅲ. ①抗体–药物–研究 Ⅳ. ①TQ464

中国版本图书馆 CIP 数据核字（2015）第 030238 号

责任编辑：罗 静 刘 晶／责任校对：彭 涛
责任印制：吴兆东／封面设计：美光制版

科 学 出 版 社 出版
北京东黄城根北街 16 号
邮政编码：100717
http://www.sciencep.com

北京虎彩文化传播有限公司印刷
科学出版社发行 各地新华书店经销
*

2015 年 4 月第 一 版 开本：787×1092 1/16
2020 年 6 月第六次印刷 印张：16 3/4
字数：366 000

定价：98.00 元
（如有印装质量问题，我社负责调换）

《新生物学丛书》专家委员会

主　　任：蒲慕明
副 主 任：吴家睿
专家委员会成员(按姓氏汉语拼音排序)：

昌增益	陈洛南	陈晔光	邓兴旺	高　福
韩忠朝	贺福初	黄大昉	蒋华良	金　力
康　乐	李家洋	林其谁	马克平	孟安明
裴　钢	饶　毅	饶子和	施一公	舒红兵
王　琛	王梅祥	王小宁	吴仲义	徐安龙
许智宏	薛红卫	詹启敏	张先恩	赵国屏
赵立平	钟　扬	周　琪	周忠和	朱　祯

《抗体偶联药物》译者名单

主　　译：高　凯

参译人员(按姓氏笔画排序)：

于传飞　王　兰　王文波　朱　磊　刘春雨

李　萌　张　峰　张伯彦　陈　伟　徐纲领

蔺亚萌

《新生物学丛书》丛书序

当前，一场新的生物学革命正在展开。为此，美国国家科学院研究理事会于2009年发布了一份战略研究报告，提出一个"新生物学"（New Biology）时代即将来临。这个"新生物学"，一方面是生物学内部各种分支学科的重组与融合，另一方面是化学、物理、信息科学、材料科学等众多非生命学科与生物学的紧密交叉与整合。

在这样一个全球生命科学发展变革的时代，我国的生命科学研究也正在高速发展，并进入了一个充满机遇和挑战的黄金期。在这个时期，将会产生许多具有影响力、推动力的科研成果。因此，有必要通过系统性集成和出版相关主题的国内外优秀图书，为后人留下一笔宝贵的"新生物学"时代精神财富。

科学出版社联合国内一批有志于推进生命科学发展的专家与学者，联合打造了一个21世纪中国生命科学的传播平台——《新生物学丛书》。希望通过这套丛书的出版，记录生命科学的进步，传递对生物技术发展的梦想。

《新生物学丛书》下设三个子系列：科学风向标，着重收集科学发展战略和态势分析报告，为科学管理者和科研人员展示科学的最新动向；科学百家园，重点收录国内外专家与学者的科研专著，为专业工作者提供新思想和新方法；科学新视窗，主要发表高级科普著作，为不同领域的研究人员和科学爱好者普及生命科学的前沿知识。

如果说科学出版社是一个"支点"，这套丛书就像一根"杠杆"，那么读者就能够借助这根"杠杆"成为撬动"地球"的人。编委会相信，不同类型的读者都能够从这套丛书中得到新的知识信息，获得思考与启迪。

《新生物学丛书》专家委员会
主　任：蒲慕明
副主任：吴家睿
2012年3月

前　言

抗体偶联药物（ADC）是一种有良好应用前景的新型癌症治疗方式，它是由靶向特异性抗原的单克隆抗体与高效细胞毒性的小分子化学药物偶联而成的。FDA 于 2011 年、2013 年先后批准了 ADC 药物 Adcetris®（brentuximab vedotin）和 Kadcyla®（trastuzumab emtansine 或 T-DM1）的上市申请，这都证实了此类"被武装"抗体治疗癌症的可行性，同时抗体偶联药物这一领域也引起了外界更多的关注。近年来 ADC 技术领域的研究十分活跃，针对不同的肿瘤类型也涌现了一些抗体偶联候选药物。因此，这些免疫和抗体偶联药物的临床试验也将不断增加，并很有可能替代现有的一些裸抗体药物，成为新一代的抗癌生物疗法。

虽然 ADC 的概念很简单，但是成功设计研发这样的一个"灵巧炸弹"的确是一项非常复杂的工作。尽管近年来我们对抗体偶联药物了解得越来越多，但是还有许多工作需要完成，比如设计寻找确定适合的药物作用靶标、正确地设计单克隆抗体、连接子与有效药物负载，以及可重现和可缩放的偶联工艺。

目前成功的偶联技术归功于开发的新方法。这本书的目的是，针对 ADC 关键技术为这一领域的研究人员提供详细的实验方法。每一个方法都是作者在其实验室经常使用的技术。此外，几个综述章节包含了抗体偶联药物的概况和研究进展。因此，此书面向的读者不仅是那些已经在此领域工作的研究人员，同样适应于没有 ADC 经验的人员。我希望此书能够进一步推动 ADC 药物的研发，并在未来助力于癌症治疗手段的不断完善。

Laurent Ducry
于瑞士 Visp

目 录

《新生物学丛书》丛书序
前言
第1章 抗体偶联药物研发进展 ·· 1
  摘要 ··· 1
  1 引言 ·· 2
  2 抗体偶联药物的构成 ·· 4
    2.1 抗体偶联药物的定义 ·· 4
    2.2 抗体偶联药物识别的靶点/抗原 ··· 5
    2.3 细胞毒素药物和连接子 ·· 6
    2.4 抗体的选择 ··· 7
  3 目前抗体偶联药物的临床研究结果 ·· 8
    3.1 维布妥昔单抗(Brentuximab Vedotin/Adcetris®)临床概况 ············· 8
    3.2 曲妥珠-美坦新衍生物(T-DM1)临床概况 ···································· 9
    3.3 CMC-544 (Inotuzumab Ozogamicin)临床概况 ····························· 11
    3.4 早期临床试验中的其他抗体偶联药物 ·· 12
  4 挑战与前景 ··· 15
  致谢 ··· 17
  参考文献 ·· 17

第2章 抗体偶联药物靶标选择：关键因素 ································· 25
  摘要 ·· 25
  1 引言 ··· 25
  2 靶标选择的关键因素 ·· 25
    2.1 特异性 ··· 25
    2.2 表达水平 ··· 26
    2.3 内化 ·· 26
    2.4 靶标的异质性 ··· 26
    2.5 可及性 ··· 27
  3 在靶标选择中需考虑的相关因素 ··· 27
    3.1 鉴别合适的病患群 ·· 27
    3.2 靶抗原调节 ·· 27
  4 实例分析：前列腺特异性膜抗原 ··· 27
    4.1 特异性 ··· 27
    4.2 表达水平 ··· 28
    4.3 内化 ·· 29
    4.4 异质性 ··· 30
    4.5 可及性 ··· 30

  4.6 鉴定合适的病患群 ·· 31
  4.7 靶标的表达是否可调 ·· 32
 5 结论 ·· 33
 参考文献 ·· 33

第3章 抗体偶联药物中抗体的选择：内化和细胞内定位 ·· 36
摘要 ·· 36
 1 引言 ·· 36
 2 材料 ·· 37
  2.1 流式细胞术检测内化所需试剂 ·· 37
  2.2 细胞内定位检测所需试剂 ·· 37
 3 方法 ·· 38
  3.1 流式细胞术检测内化 ·· 38
  3.2 细胞内定位检测 ·· 39
 4 注意事项 ·· 41
 参考文献 ·· 42

第4章 抗体偶联药物的负载 ·· 43
摘要 ·· 43
 1 引言 ·· 43
 2 美登素类化合物 ·· 44
 3 澳瑞他汀类 ·· 47
 4 卡奇霉素 ·· 49
 5 毒伞肽 ·· 51
 参考文献 ·· 53

第5章 抗体偶联药物的连接子技术 ·· 60
摘要 ·· 60
 1 引言 ·· 60
 2 化学不稳定的连接子 ·· 61
  2.1 酸不稳定的连接子(腙类) ·· 61
  2.2 二硫化物连接子 ·· 65
 3 酶催化裂解的连接子 ·· 67
  3.1 肽连接子 ·· 67
  3.2 β-葡糖苷酸连接子 ·· 70
 4 不可裂解的连接子 ·· 71
 5 偶联考量事项 ·· 74
 6 结论 ·· 75
 参考文献 ·· 76

第6章 药物-接头稳定性的体内水平检测 ·· 85
摘要 ·· 85
 1 引言 ·· 85

2 材料 ... 87
2.1 活体动物阶段 ... 87
2.2 ELISA 分析 ... 88
2.3 TFC-MS/MS 分析 ... 88
3 方法 ... 89
3.1 PK 研究 ... 89
3.2 ELISA：偶联抗体和总抗体 ... 89
3.3 TFC-MS/MS 游离药物的分析 ... 91
3.4 PK 分析 ... 91
4 注意事项 ... 91
致谢 ... 94
参考文献 ... 95

第 7 章 抗体偶联药物的药代动力学和 ADME 表征 ... 97
摘要 ... 97
1 引言 ... 97
2 ADC 的药代动力学 ... 98
3 ADC PK 鉴定的分析物选择和关键参数 ... 98
3.1 清除 ... 99
3.2 分布容积 ... 100
4 ADC 优化与开发中 PK 的应用 ... 100
5 ADC PK 解释 ... 101
6 ADC ADME 鉴定 ... 102
6.1 ADC 连接子在血浆中的稳定性 ... 102
6.2 ADC 组织分布 ... 103
6.3 ADC 分解代谢/代谢和消除 ... 103
6.4 体外 DDI 评估 ... 104
7 结论 ... 105
致谢 ... 105
参考文献 ... 105

第 8 章 生物制药环境下细胞毒性化合物的安全操作 ... 109
摘要 ... 109
1 引言 ... 109
2 ADC 的工艺 ... 109
3 ADC 的有效负载——细胞毒性药物 ... 110
4 操作人员的职业暴露风险 ... 111
5 风险降低措施 ... 113
5.1 暴露控制 ... 113
5.2 工作环境的监控 ... 114
5.3 个人的保护装备 ... 114
5.4 泄露 ... 115
5.5 废弃物管理 ... 115

6　结论 ··· 115
　致谢 ··· 116
　参考文献 ··· 116

第 9 章　针对肿瘤靶向的细胞毒性药物与抗体铰链区巯基之间基于马来酰亚胺的小试、中试规模偶联 ··· 118

　摘要 ··· 118
　　1　引言 ··· 118
　　2　材料 ··· 120
　　　2.1　实验室供应和设备 ·· 120
　　　2.2　试剂 ·· 122
　　3　方法 ··· 122
　　　3.1　利用马来酰亚胺 PEG 作为替代药物的模拟偶联 ······································· 122
　　　3.2　小试(5 mg)规模的 ADC 制备 ··· 124
　　　3.3　150 mg 规模的 ADC 制备 ·· 130
　　　3.4　HIC 测定药物抗体偶联比(DAR) ··· 133
　　　3.5　聚体的 SE-HPLC 分析 ·· 133
　　　3.6　DAR 的 LC-MS 测定 ·· 133
　　4　注释 ··· 134
　参考文献 ··· 137

第 10 章　通过赖氨酸的偶联方法 ··· 139

　摘要 ··· 139
　　1　引言 ··· 139
　　2　材料 ··· 140
　　3　方法 ··· 141
　　　3.1　一步法偶联 ·· 141
　　　3.2　采用 O-琥珀酰亚胺试剂的进行两步法偶联 ·· 143
　　　3.3　采用亚氨基硫硫烷试剂进行两步法偶联 ··· 148
　　4　注释 ··· 149
　参考文献 ··· 149

第 11 章　基于巯基反应性连接子的位点特异性偶联：改造 THIOMAB ················ 152

　摘要 ··· 152
　　1　引言 ··· 152
　　2　材料 ··· 153
　　　2.1　位点特异性突变 ··· 153
　　　2.2　THIOMAB ·· 153
　　　2.3　偶联 ·· 153
　　　2.4　疏水相互作用色谱(HIC)和质谱(LC-MS)分析 ····································· 154
　　　2.5　细胞表面结合 ··· 154
　　　2.6　体外活性 ··· 154
　　3　方法 ··· 155
　　　3.1　定点突变 ··· 155

3.2 在 HEK293 细胞中的小量 THIOMAB 生产	155
3.3 与含反应性巯基连接子的偶联	156
3.4 定量	157
3.5 改造 ADC 的细胞表面结合	159
3.6 改造 ADC 的体外活性	160
4 注意事项	160
参考文献	162

第12章 抗体的细菌谷氨酰胺转胺酶修饰 … 164

摘要	164
1 引言	164
2 材料	166
2.1 抗体和底物	166
2.2 去糖基化	166
2.3 酶偶联	166
2.4 抗体重链突变	166
2.5 质谱分析	167
3 方法	167
3.1 IgG1 的去糖基化	167
3.2 BTGase 催化偶联	167
3.3 定点突变以及去糖基化 IgG1 的制备	167
3.4 质谱在反应质控中的运用	168
4 注意事项	169
致谢	171
参考文献	171

第13章 抗体偶联药物的制剂处方研发 … 172

摘要	172
1 引言	172
2 ADC 质量属性的工艺过程考量	174
3 ADC 制剂处方开发的考虑因素	174
3.1 物理稳定性	175
3.2 化学稳定性	175
4 稳定性指示方法	177
4.1 药物抗体偶联比率(DAR)的测定	177
4.2 反相高效液相色谱法(RP-HPLC)检测未偶联的小分子药物	177
4.3 分子排阻高效液相色谱法(SE-HPLC)分析分子大小异质性	178
4.4 非还原 CE-SDS 法分析分子大小异质性	179
4.5 活性效价	180
5 影响 ADC 制剂处方开发的生物物理因素	180
6 配伍研究和临床注射	182
7 制剂处方的决策	182
参考文献	182

第 14 章 偶联工艺的开发和放大 ... 185
摘要 ... 185
1. ADC 工艺开发：为何、如何？ ... 185
2. 熟悉工艺过程 ... 186
3. 寻找理想的工艺参数：利用 DoE 作为工具 ... 187
   - 3.1 制订实验计划 ... 188
   - 3.2 使用 DoE 进行参数筛选的例子 ... 188
4. 工艺参数的验证 ... 191
5. 规模放大到克级水平及纯化工艺的开发 ... 191
6. 临床供应 ... 192
7. 通向商业化进程的挑战 ... 193
致谢 ... 193
参考文献 ... 194

第 15 章 纳米载体偶联抗体的方法 ... 195
摘要 ... 195
1. 引言 ... 195
2. 材料 ... 196
   - 2.1 糖修饰组分 ... 196
   - 2.2 胺或羧酸修饰组分 ... 196
   - 2.3 巯基偶联组分 ... 196
3. 方法 ... 197
   - 3.1 通过高碘酸氧化的糖修饰 ... 197
   - 3.2 通过碳二亚胺的氨基或羧基修饰 ... 199
   - 3.3 通过巯基偶联 ... 200
4. 注释 ... 204
致谢 ... 205
参考文献 ... 205

第 16 章 紫外/可见分光光度法（UV/Vis）测定药物抗体偶联比率（DAR） ... 210
摘要 ... 210
1. 引言 ... 210
2. 材料 ... 212
3. 方法 ... 212
   - 3.1 测定药物最大吸收 λ(D) ... 212
   - 3.2 测定抗体和药物在 280 nm 和最大吸收 λ(D) 处的消光系数 (ε) ... 212
   - 3.3 获取 ADC 样品的吸收光谱 ... 213
   - 3.4 计算 ADC 的平均 DAR ... 213
4. 注意事项 ... 213
致谢 ... 214
参考文献 ... 214

第17章 利用疏水作用色谱和反相高效液相色谱法测定药物抗体偶联比率（DAR）和药物负荷分配 ·········· 216
 摘要 ·········· 216
 1 引言 ·········· 216
 2 材料 ·········· 218
  2.1 仪器设备 ·········· 218
  2.2 HIC ·········· 218
  2.3 RP-HPLC ·········· 218
 3 方法 ·········· 218
  3.1 HIC ·········· 218
  3.2 RP-HPLC ·········· 220
 4 注意事项 ·········· 222
 参考文献 ·········· 223

第18章 用LC-ESI-MS测量药物抗体偶联比（DAR）和药物分布 ·········· 224
 摘要 ·········· 224
 1 引言 ·········· 224
 2 材料 ·········· 225
  2.1 设备 ·········· 225
  2.2 试剂 ·········· 225
 3 方法 ·········· 226
  3.1 样品制备 ·········· 226
  3.2 LC-ESI-MS 分析 ·········· 226
  3.3 DAR 和药物分布的计算 ·········· 228
 4 注意事项 ·········· 229
 致谢 ·········· 229
 参考文献 ·········· 230

第19章 成像毛细管等电聚焦测定电荷异质性和未偶联抗体水平 ·········· 232
 摘要 ·········· 232
 1 引言 ·········· 232
 2 材料 ·········· 233
 3 方法 ·········· 234
 4 注意事项 ·········· 236
 参考文献 ·········· 237

第20章 用于测定抗体偶联药物（ADC）生产中的可萃取物/可溶出物的基于风险的科学方法 ·········· 238
 摘要 ·········· 238
 1 引言 ·········· 238
 2 基于风险评估的科学方法 ·········· 239
 3 可萃取物和可溶出物研究运行方案 ·········· 241

	4 结论	243
	致谢	243
	参考文献	243

索引 ·· 245

第1章 抗体偶联药物研发进展

Ingrid Sassoon and Véronique Blanc

摘 要

在肿瘤治疗中，虽然许多单独给药的裸抗药物临床疗效有一定的局限性，但毋庸置疑的是，生物治疗手段已在癌症治疗中担当着日益重要的角色。如果将具有治疗应用前景的抗体和小分子化学药物通过偶联反应制备抗体偶联药物(antibody-drug conjugate，ADC)，则可以达到进一步提高抗体疗效的目的。因为 ADC 药物不但能特异性识别肿瘤细胞的表面抗原，而且可利用自身携带的高效小分子药物毒素杀灭肿瘤靶细胞。然而 ADC 药物的设计并不仅仅是简单的组合，它需要对特定肿瘤靶点和其适应证进行全方位考量，并在此基础上将抗体、连接子和小分子药物毒素三部分合理地整合在一起。现阶段大部分进入临床试验的新一代 ADC 药物，都是建立在不断总结第一代 ADC 药物的经验基础上并结合日益更新的技术所研发的。维布妥昔单抗(Adcetris®)是将抗 CD30 单克隆抗体和一种高效微管生成抑制剂偶联而成的 ADC 药物，用于治疗"霍奇金淋巴瘤(Hodgkin's lymphoma)"和"间变性大细胞淋巴瘤(anaplastic large cell lymphomas)"，该产品也是迄今为止唯一成功上市的 ADC 药物。至今总共有 27 种抗体偶联药物进入临床试验(2013 年)，适应证主要涉及恶性血液肿瘤和实体肿瘤治疗。其中，曲妥珠-美坦新衍生物(trastuzumab emtansine，T-DM1)是曲妥珠单抗通过不可切除连接子偶联美坦新衍生物(DM1)构成的。在 III 期临床试验中，该药物对人类表皮生长因子受体 2(human epidermal growth factor receptor 2，HER2)阳性且难治/复发转移性乳腺癌表现出显著疗效。而另一些正在进行临床试验的 ADC 药物，如 CMC-544、SAR3419、CDX-011、PSMA-ADC、BT-062 和 IMGN901，其抗原靶点、连接子及所偶联的药物也越来越多样化，这使我们对 ADC 药物的理解不断深入，同时也使得曾经一度停滞不前的 ADC 药物再次迎来了新的发展机遇。为了提升疗效，ADC 药物依然还面临着各种挑战，主要包括：仍需进一步提高治疗指数、靶点的精准选择、对 ADC 药物作用机制的透彻理解，更好地了解和控制 ADC 药物脱靶效应的毒副作用，以及临床试验方案的优化和确定(包括患者的选择、给药方案的设计等)。

关键词：抗体偶联药物，癌症，细胞毒，连接子，抗体，美坦新，奥瑞他汀(Auristatin)，卡奇霉素(Calicheamicin)，曲妥珠-美坦新衍生物(T-DM1)，SGN-35，CMC-544

1 引　　言

几十年来，肿瘤学的深入研究一直在为战胜癌症并且延长患者生命这一目标而努力奋斗。如今抗肿瘤生物药(如抗体、多肽和蛋白质)在肿瘤治疗药物中也逐渐占有了一席之地，通常这些生物药物会与放疗和化疗药物联合使用。虽然抗体药物与小分子药物相比具有许多优势，如：①抗体药物对抗原阳性的肿瘤细胞具有高度特异性，因此可降低因药物脱靶效应对正常组织的毒性；②具有更长的半衰期等。但迄今为止只有 13 种肿瘤治疗的抗体药物获准上市[1]。这也再次说明确定一个靶点并通过该靶点抗原的表达水平来调控影响肿瘤增长的困难性，以及单克隆抗体药物单独给药时其临床疗效的局限性。而利用毒素、细胞毒素药物以及放射性核素改造修饰的抗体或抗体片段，已被公认为是一种既能高效杀伤靶细胞，又能实现对正常细胞和组织具有较低毒副作用的有效方法。已有部分诸如此类的抗体上市，如通过基因工程手段将人白细胞介素-2(可与白细胞介素-2 受体结合)和白喉毒素融合而成的地尼白介素(Ontak®)，其适应证为顽固性或易复发的表皮 T 细胞淋巴瘤的治疗。替伊莫单抗(Zevalin®)和 ^{131}I-托西莫单抗(Bexxar®)是两种分别与 ^{90}Y 和 ^{131}I 偶联的鼠源抗 CD20 单克隆抗体，用于难治/复发性的滤泡性淋巴瘤治疗，而维布妥昔单抗(Adcetris®)则是在抗 CD30 单克隆抗体上偶联了高效的微管抑制剂，用于治疗霍奇金淋巴瘤和间变性大细胞淋巴瘤。

针对改造抗体提升其疗效的思路并不是近年才兴起的，早在 20 世纪 70 年代，科研文献里就已出现 ADC 药物于动物模型中研究的报道。虽然基于鼠源 IgG 研发的 ADC 药物临床疗效不尽如人意，但自 80 年代起，已经有 ADC 药物获准进入临床试验研究。直到 2000 年，第一个 ADC 药物，即一种将抗 CD33 单克隆抗体与卡奇霉素(强效 DNA 结合毒素)偶联的新型药物——吉姆单抗/奥佐米星 (Mylotarg®)，因其可显著降低患者髓细胞恶性增殖而获得美国 FDA 批准，主要用于急性髓性白血病的治疗[2, 3]。然而经该 ADC 药物上市许可后的研究(SWOG S0106)数据证实，其存在严重的安全隐患，并且无法证实患者的临床获益性[4]，因此 2010 年该产品即被开发其的辉瑞公司撤市。

本章将专注于现阶段正在进行临床研究的 ADC 药物(表 1-1)。第一部分我们将为读者介绍来自第一代 ADC 药物研发的总结经验，以及在 ADC 药物设计研发过程中应用的各种改良技术，这些经验和技术对正处于不同临床研究阶段的新型 ADC 药物的研发会有良好的指导作用。第二部分将介绍至今最为成功的 ADC 药物——Adcetris 的临床研究。第三部分则从现有临床前和临床研究中，在对已获得 ADC 药物的安全性和有效性关键参数的充分理解的基础上，对 ADC 药物探索和研发的进展予以综述。如今越来越多的 ADC 药物获准进入临床研究，不断彰显着临床医生和制药公司对 ADC 药物疗效的关注及信心，ADC 势必会为癌症患者带来更多的福音。

表 1-1　获准上市和临床试验中的抗体偶联药物

药物名称	公司	抗体类型	靶点	毒素药物	连接子	临床阶段 [a]	适应证
Adcetris® 维布妥昔单抗 SGN-35	Seattle Genetics/ Takeda（Millenium）	嵌合	CD30	奥瑞他汀类 （MMAE）	vc	获准上市 2011年8月	霍奇金淋巴瘤 间变性大细胞淋巴瘤
奥英妥珠单抗 CMC-544	UCB（Celltech） Pfizer	人源化	CD22	卡奇霉素	腙键 AcBut	Ⅲ期 2011年4月	急性淋巴细胞白血病非霍奇金淋巴瘤（弥漫大B细胞淋巴瘤）
T-DM1 曲妥珠-美坦新衍生物	Roche（Genentech） ImmunoGen	人源化	HER2	美坦新 （DM1）	SMCC	Ⅲ期 2009年3月	HER2+ 乳腺癌 胃癌
Glembatumumab vedotin CDX-011 CR-011-vcMMAE	Celldex（Curagen） Amgen（Abgenix）	全人源	GPNMB (osteoactivin 骨活素)	奥瑞他汀类 （MMAE）	vc	Ⅱ期 2008年4月	乳腺癌 黑色素瘤
IMGN-901 洛芙珠单抗美酯	ImmunoGen	人源化	CD56	美坦新 （DM1）	SPP	Ⅱ期 2012年3月 SCLC	Merkel 细胞瘤 小细胞肺癌
SAR3419 HuB4-DM4	ImmunoGen/Sanofi	人源化	CD29	美坦新 （DM4）	SPDB	Ⅱ期 2011年9月	非霍奇金淋巴瘤 急性淋巴细胞白血病
BT-062	Biotest	嵌合体	CD138（Syndecan1）	美坦新 （DM4）	SPDB	Ⅰ/Ⅱ期 2010年8月	多发性骨髓瘤 实体瘤
IMMU-110 米拉珠单抗道酯	Immunomedics	人源化	CD74	多柔比星	腙键	Ⅰ/Ⅱ期 2010年6月	多发性骨髓瘤
AGS-16M8F AGS-6MF	Astellas（Agensys）	全人源	ENPP3	奥瑞他汀类 （MMAF）	mc	Ⅰ期 2010年8月	肾癌
AGS-22M6E ASG-22ME	Astellas（Agensys）	全人源	Nectin-4	奥瑞他汀类 （MMAE）	vc	Ⅰ期 2011年5月	实体瘤
AMG-172	Amgen	ND	ND	ND	ND	Ⅰ期 2011年12月	肾癌
AMG-595	Amgen	全人源	EGFRvⅢ	Maytansinoid （美坦新类）	不可降解	Ⅰ期 2012年3月	神经胶质瘤
ASG-5ME AGS-5M2E	Astellas（Agensys）	全人源	SLC44A4	奥瑞他汀类 （MMAE）	vc	Ⅰ期 2010年7月	胰腺癌 前列腺癌
BAY 94-9343	Bayer MorphoSys	全人源	mesothelin	美坦新（DM4）	SPDB	Ⅰ期 2011年9月	实体瘤
DEDN-6526A Anti-ETBR-vc-E	Roche（Genentech）	人源化	ET8R (endothelin B)	奥瑞他汀类 （MMAE）	vc	Ⅰ期 2012年3月	黑色素瘤
IMGN 529 K7153A-SMCC-DM1	ImmunoGen	人源化	CD37	美坦新（DM1）	(SMCC)[4-(N-马来酰亚胺甲基)环己烷-1-羧酸磺酸基琥珀酰亚胺酯钠盐]	Ⅰ期 2012年2月	非霍奇金淋巴瘤

续表

药物名称	公司	抗体类型	靶点	毒素药物	连接子	临床阶段[a]	适应证
IMMU-130 hMN14-SN38	Immunomedics	人源化	CEACAM5	SN-38	CL2	I 期 2011 年 8 月	乳腺癌、大肠癌、肺癌
MDX-1203	BMS (Medarex)	全人源	CD70	MGBA	vc	I 期 2009 年 7 月	B 细胞-非霍奇金淋巴瘤 肾透明细胞癌
PSMA-ADC PSMA-ADC-1301	Progenics	全人源	PSMA	奥瑞他汀类 (MMAE)	vc	I 期 2008 年 9 月	前列腺癌
RG-7450 DSTP-3086S	Roche (Genentech)	ND	ND	奥瑞他汀类	ND	I 期 2011 年 3 月	前列腺癌
RG-7458	Roche (Genentech)	ND	MUC16 (CA125)	奥瑞他汀类 (MMAE)	ND	I 期 2011 年 4 月	卵巢癌
RG-7593 DCDT-2980S	Roche (Genentech)	人源化	CD22	奥瑞他汀类	vc	I 期 2010 年 10 月	非霍奇金淋巴瘤
RG-7596 DCDS-4501A	Roche (Genentech)	ND	CD79b	奥瑞他汀类	ND	I 期 2011 年 3 月	慢性淋巴细胞白血病,非霍奇金淋巴瘤
RG-7598	Roche (Genentech)	ND	ND	奥瑞他汀类	ND	I 期, 2011 年 9 月	多发性骨髓瘤
RG-7599	Roche (Genentech)	ND	MUC16 (CA125)	奥瑞他汀类	ND	I 期 2011 年 7 月	卵巢癌 肺癌(NSCLC)
RG-7600	Roche (Genentech)	ND	ND	奥瑞他汀类	ND	I 期 2011 年 12 月	卵巢癌 胰腺癌
SAR-566658 HuDS6-DM4	ImmunoGen	人源化	Muc1 (CA6)	美坦新(DM4)	SPDB	I 期 2010 年 9 月	实体瘤
SGN-75 h1F6-vcMMAF	Seattle Genetics	人源化	CD70	奥瑞他汀类 (MMAF)	vc	I 期 2009 年 11 月	非霍奇金淋巴瘤 肾癌

注：a. 目前针对癌症最后临床阶段/首次披露/首个适应证。
ND 表示未被披露。

2 抗体偶联药物的构成

2.1 抗体偶联药物的定义

抗体偶联药物可以被定义为药物前体。抗体能够识别表达肿瘤抗原的靶点，并通过连接子与细胞毒素"弹头"偶联形成针对肿瘤细胞的靶向递送系统。在理想状态下，该药物前体在系统给药时不具有毒性，而当 ADC 药物中的抗体与表达肿瘤抗原的靶细胞结合、整个 ADC 药物被肿瘤细胞内吞后，小分子细胞毒素组分将以高效活性形式被足量释放，从而完成对肿瘤细胞的杀伤。

理想的 ADC 药物的设计十分复杂，而并不仅仅是一个简单的组合。在精心选择表达特定肿瘤抗原/靶点和相关适应证的过程中，除了考虑抗体、连接子和细胞毒素药物自身特点及局限性外，更重要的是需要找到它们之间最佳的组合方式，因为三者偶联在一起并且相互影响。

2.2 抗体偶联药物识别的靶点/抗原

靶点/抗原的选择是设计 ADC 药物的起点,因为其确定了 ADC 药物将针对哪些肿瘤适应证,并潜在影响偶联细胞毒素药物的选择。此外,靶点的选择对该肿瘤适应证中靶向患者群体的选择标准具有决定性作用。

这些年在 ADC 药物的开发过程中,已评估了许多靶点[5]。在临床前小鼠模型的研究中显示了靶点的多样性,单个或多个跨膜结构蛋白或锚定的糖基磷脂酰肌醇(glycosylphosphatidylinositol,GPI),都可引起 ADC 药物内吞,从而迟滞肿瘤的细胞生长乃至使其消退。

靶点/抗原选择的基本依据是肿瘤组织中该抗原高度表达,而在正常组织中仅有限表达,从而尽可能地将 ADC 药物的毒性限制或集中在靶细胞。然而特异性肿瘤抗原在正常组织中不表达的概率是非常低的,在大多情况下该抗原通常在正常组织/器官亚群的上皮细胞表面表达。因此,在选择靶点时,不仅应考虑表达该抗原的器官类型(如重要器官与生殖器官),以及细胞亚型和所处的细胞周期状态(分裂期细胞与分化静止期细胞),还应考虑在该抗原呈阳性的正常细胞和肿瘤细胞之间这一肿瘤抗原的表达差异。

值得注意的是,在临床试验中如果正常器官表达肿瘤抗原,并不一定意味着会导致严重的毒副作用。在几个与正常组织呈现交叉反应的 ADC 药物的临床试验中,其患者呈现了良好的耐受性,ADC 药物产生的毒性不是很低,就是可控和可逆的。例如,莫坎妥珠单抗/IMGN242(靶向 CanAg 抗原,一种黏蛋白样蛋白上的糖类抗原结构[6, 7]、BT-062(靶向 CD138 抗原的 ADC 药物,见下文)或 CDX-011(靶向 gpNMB 抗原的 ADC 药物,见下文)。相反,在莫比伐珠单抗(靶向 CD44v6 抗原的 ADC 药物)的案例中,由于皮肤角质细胞[8]表达 CD44v6,因此导致了严重的皮肤毒性,包括一例致命的中毒性表皮坏死松解症[9~11],最终该 ADC 药物Ⅰ期临床研究在早期即被终止[9~11](表 1-2)。

表 1-2 已终止的抗体偶联药物

产品名称	靶点名称	小分子药物/连接子	终止原因	年份	参考文献
BAY79-4620	CAIX	MMAE/vc	ND	2011	新闻报道
IMGN388	Integrinαvβ3	DM4/SPDB	改变商业策略	2011	新闻报道
MEDI547	EphA2	MMAF/mc	安全问题:出血和凝血事件	2012	[122]
Mylotarg	CD33	Calicheamicin/hydrazone	未能证明临床获益性	2010	[4]
BIIB015	Cryptol	DM4/SPDB	ND	2010	
IMGN242	CanAg	DM4/SPDB	ND	2009	新闻报道
AVE9633	CD33	DM4/SPDB	缺乏临床疗效	2008	[12]
MLN2704	PSMA	DM1/SPP	ND	2006	[94, 123],新闻报道
CMD-193	Le^Y carbohydrate	Calicheamicin/hydrazone	ND	2006	Clinical Trials.gov
Bivatuzumab mertansine	CD44v6	DM1/SPP	安全问题:中毒性表皮坏死松解症事件	2006	[9, 11]
SGN-15	Le^Y carbohydrate	Doxorubicin/hydrazone	改变商业策略	2005	新闻报道
CMB-401	MUC1	Calicheamicin/hydrazone	缺乏临床疗效	1999	[124, 125]

注:ND 表示未被披露。

作为靶点的抗原应在正常组织中处于较低水平的表达,而在肿瘤细胞表面(抗原密度)的表达水平应该较高,且该靶抗原与抗体结合后,抗原抗体复合物可被内化并在合适的细胞腔室内被加工降解,之后在细胞质中释放出足量的细胞毒素活性药物。

在临床前研究中所采用的肿瘤细胞模型,如果其肿瘤靶抗原表达模式、表达水平与来自患者活检的肿瘤细胞一致,那么该肿瘤细胞的体外研究模型则可有效地将在临床前研究所获得的数据桥接转化至相应 ADC 药物临床研究的疗效。靶向 CD33 抗原的 ADC 药物 AVE9633,在其 I 期临床研究中没有显示出疗效[12],提示该候选药物在细胞质中没有递送足量可杀死肿瘤细胞的毒素药物。相反,其临床前研究的肿瘤细胞模型却对 AVE9633 表现出了好的应答[13],这是因为该肿瘤细胞模型 CD33 抗原的表达水平显著高于来自患者活检组织中肿瘤细胞 CD33 抗原的表达量(来自未发表的内部数据,Sanofi,2009)。

2.3 细胞毒素药物和连接子

许多传统的治疗用药物已经用于抗体药物的偶联,可是之后很快发现,这些细胞毒素药物偶联至抗体后,在其后的临床使用中无法达到预期的抗肿瘤活性[14~16]。随后的研究重点则开始集中于那些天然存在的、具有高效抗肿瘤活性的细胞毒性小分子,而这类细胞毒性小分子因其临床毒性过高,通常无法单独作为抗肿瘤药物使用。

目前仅有少数几种高效细胞毒性分子及衍生物、合成类似物用于抗体的偶联,并已获准进入临床研究。这些 ADC 药物可分为以下两类:微管抑制剂/稳定性破坏剂奥瑞他汀衍生物(monomethyl auristatin E, MMAE, monomethyl auristatin F, MMAF)、美坦新衍生物 DM1 和 DM4,以及与 DNA 小沟结合的毒素(卡奇霉素和 duocarmycin 衍生物)。这两种类型的细胞毒性小分子对增殖的肿瘤细胞系都具有高效的杀伤效果[16]。DM1/DM4 美坦新衍生物对于肿瘤细胞系增殖/存活的 IC_{50} 为 $10^{-10} \sim 10^{-12}$ mol/L[17, 18];MMAF/MMAE 奥瑞他汀衍生对于肿瘤细胞系增殖/存活的 IC_{50} 为 $10^{-7} \sim 10^{-10}$ mol/L[19];N-乙酰-γ 卡奇霉素 DMH 对于肿瘤细胞系增殖/存活的 IC_{50} 约为 10^{-10} mol/L[20];DC1 和 CC-1065 duocarmycin 前体对于肿瘤细胞系增殖/存活的 IC_{50} 在 $10^{-11} \sim 10^{-12}$ mol/L[14, 21]。

目前已对细胞毒性小分子与抗体偶联起来的连接子设计进行了深入的研究,因为连接子对于 ADC 药物临床前、临床疗效和安全性都至关重要:连接子在系统循环中必须足够稳定,因为细胞毒性小分子的药物载量在循环中的释放,可产生非预期和非靶向的毒性。但这些连接子在 ADC 药物被内化并运输至特定的胞内小体后,又必须能在肿瘤靶细胞的胞质中将细胞毒性小分子药物以高效活性形式有效地释放[16, 22, 23]。事实上,ADC 药物与靶点抗原结合后,抗原/抗体偶联药物复合物通过受体介导的内吞作用,被运输至酸化的、富含蛋白水解酶的内体小泡,以及之后的溶酶体小室中。基于这些胞内小室的化学环境或代谢性能,ADC 药物被代谢/激活,而这一代谢过程则依赖于 ADC 药物连接子的类型。

➤ 酸不稳定腙键连接子在中性 pH(pH 7.3~7.5,血液 pH)下相对较稳定,而一旦被内化至酸性小体(pH 5.0~6.5)和溶酶体(pH 4.5~5.0)中则被水解。该类连接子已被用来偶联多柔比星、卡奇霉素和奥瑞他汀。此类 ADC 药物的相对稳定性依赖于与抗体连接的部分，但临床前研究发现它们在循环中与非特异性药物的释放高度相关[24]。
> 基于二硫化物的连接子已被用于偶联美坦新衍生物 DM1 和 DM4。此类相应的 ADC 药物在溶酶体内通过抗体部分的降解被活化，即代谢产物为连接在赖氨酸上完整无损的连接子和美坦新衍生物[23, 25]。之后连接子是否被继续降解及活性或多或少的降低，则取决于与二硫化物相连碳原子的空间位阻。最理想的连接子，应该是不仅能够保持 ADC 药物在血浆中的高度稳定性，还需要 ADC 药物代谢产物在肿瘤细胞中的高效代谢/释放之间取得最优的平衡[26]。
> 肽段连接子，在偶联多柔比星、丝裂霉素 C、喜树碱和 talysomycin 上已使用了许多年[16]，同时也已被用于奥瑞他汀和 duocarmycin 衍生物的偶联。目前已获准进行临床研究的此类连接子，由缬氨酸-瓜氨酸二肽构成，并可被组织蛋白酶 B 和血纤维蛋白溶酶选择性水解。连接子上具备一个自我分解的间隔区，在空间上将微管破坏毒素-奥瑞他汀 E 或 duocarmycin 前体衍生物与酶切位点分离。抗体通过此类连接子与奥瑞他汀 E 偶联的情况下，可透过膜的单甲基奥瑞他汀 E 则是在抗原阳性的细胞中唯一能被检测到的代谢产物[27]。
> 与上述介绍的"可切除"连接子类型不同，含有硫醚键的连接子被定义为"不可切除"类，相应地，采用此类连接子偶联美坦新类衍生物 DM1 和 MMAF 细胞毒素的 ADC 药物已获准开展临床研究。在这种情况下，进入溶酶体的单克隆抗体被降解组分所释放出的药物，仍然通过连接子与抗体片段的赖氨酸或半胱氨酸残基相连。与通过"可切除类"连接子偶联的美坦新和奥瑞他汀 ADC 药物的代谢产物相比，这些带电的含药代谢产物则无法高效地穿过细胞膜，因此也不具有将含药代谢产物扩散至周围肿瘤细胞的"旁观者效应"（bystander effect）属性[27~29]。

2.4 抗体的选择

目前所有获准开展抗肿瘤临床研究的 ADC 药物，其抗体部分均为标准的（全长的）IgG 分子，并且主要为 IgG1 型。这些抗体分子涵盖嵌合、人源化或全人源化抗体（见表 1-1）。针对 ADC 药物产生的免疫应答非常有限，凸显了在过去的几十年里抗体改造技术的获益，同时也显示出小分子细胞毒素与天然毒素不同，即小分子细胞毒素不具有免疫原性。

在选择的抗体中，也已对药物的偶联技术进行了深入研究。在小分子细胞毒素药物的偶联不应妨碍抗原抗体相互作用的基础上，连接子在抗体分子上的定位、数量，以及连接子与抗体偶联的机制已被证实会影响 ADC 药物的代谢动力学、肿瘤暴露和其在血浆中的稳定性[30, 31]。

截至目前，两类获准进行临床试验的偶联技术都基于以下两个原则：通过抗体上的赖氨酸侧链氨基偶联（偶联药物如美坦新衍生物 DM1、DM4 或卡奇霉素）；或通过还原抗体链间的二硫键，并通过活化半胱氨酸的巯基进行偶联（偶联药物如 MMAE、MMAF 或 duocarmycin）。这两种偶联工艺均会或多或少导致抗体药物载药量和在抗体上偶联位点的不同，即 ADC 药物其实是一种具有高度异质性的混合物。这种具有高度异质性的混合物可以平均药物抗体偶联比率（drug antibody ratio，DAR）来确定。尽管通过各种先进的分析技术和稳定的生产工艺可以实现对终产品质量的有效控制,但从研发的角度来说,ADC 药物仍然十分具有挑战性[32]。

3 目前抗体偶联药物的临床研究结果

目前共有 27 种 ADC 药物处于临床试验阶段,20 种 ADC 药物处于 I 期临床试验,5 种 ADC 药物处于 II 期临床试验,2 种 ADC 药物处于 III 期临床试验。此外,还有 1 个正式获准上市的 ADC 药物(见表 1-1)。总共有 12 种 ADC 药物被终止开发,具体在表 1-2 中列出。

3.1 维布妥昔单抗(Brentuximab Vedotin/Adcetris®)临床概况

里德-斯特恩伯格(Reed Sternberg,RS)细胞和间变性大细胞淋巴瘤(anaplastic large cell lymphomas,ALCL)细胞表达高水平的 CD30 抗原,但这两种疾病 CD30 的下游信号可能不同[34, 35]。在非病理条件下,CD30 通过高度受控和受限制的表达来激活 B 淋巴细胞、T 淋巴细胞和自然杀伤细胞,其在单核细胞和嗜酸性粒细胞中低表达也有报道[34, 36],因此其已成为一个 ADC 药物开发的理想候选靶点。

霍奇金淋巴瘤(Hodgkin lymphoma,HL)被认为是最有望治愈的癌症之一,虽然这其中有将近 20%的患者是难治愈并且癌症晚期患者的病情经常复发,但其患者的 5 年存活率超过了 85%[37]。在 ALCL 的前线系统性治疗中,40%~65%患者癌症复发[38]。

抗 CD30 的裸抗体临床试验已经被报道过[39]。虽然抗 CD30 裸抗体的安全性可以接受,但其抗肿瘤临床效果并不理想,因此妨碍其进一步作为抗体药物的研发,但其有望被开发成为 ADC 药物。ADC 药物 SGN-35(Brentuximab Vedotin,Adcetris®),是由一个抗 CD30 的嵌合抗体(cAC10)通过抗体分子的链间二硫键,与可切除的缬氨酸-瓜氨酸二肽连接子将其偶联至 MMAE 构成,该抗体偶联药物的平均药物抗体偶联比为 4[40]。

临床前研究数据显示,SGN-35 在淋巴瘤模型[40]上低剂量给药疗效显著,因此 2006 年,SGN-35 进行了 I 期临床研究。在入组的 45 例患者(42 例 HL,3 例 ALCL)中开展剂量爬坡试验,药物剂量设定在从 0.2 mg/kg 到 3.6 mg/kg,每 3 周静脉给药一次(q3w)[41]。研究结果确定,该药最大耐药量(maximum tolerated dose,MTD)为 1.8 mg/kg,并且药物相关的剂量限制性毒性(dose-limiting toxicities,DLT)表现为发热性中性粒细胞减少和高血糖症。在最大耐药量时,能够观察到客观临床反应,药物客观反应率(objective response rate,OOR)有 38%,即 12 例患者中 4 例完全缓解(complete response,CR)、2 例部分缓解(partial response,PR)。在药代动力学(pharmacokinetic,PK)方面,ADC 药物与微管抑制剂 MMAE 在 1.8 mg/kg 剂量时,其终末半衰期分别为 4~6 天和 3~4 天[41]。在第二项该药的 I 期临床试验中入组了 44 例患者,并需开展更频繁的给药方案,剂量范围为 0.4~1.4 mg/kg,在总长度为 4 周的每个给药周期中,每周给药一次、连续给药 3 周,总共给药 4 个周期。试验研究的 MTD 为 1.2 mg/kg,药物的 ORR 为 59%,其中患者的 CR 为 34%。最常见的 3 级不良反应(adverse event,AE)是外周感觉神经病变(14%)、贫血症(9%)、中性白细胞减少症(7%)、外周运动神经病变(7%)、高血糖症(5%)、腹泻(5%)

和呕吐(5%)。总体来说,32 例患者(73%)经历了一种或多种外周神经病变的不良反应。与每 3 周给药一次相比,该给药方式导致的神经病变不良反应明显增加,因此采用每 3 周给药一次的方案被采纳,并开展了进一步的临床研究[42]。

在 II 期临床研究中,102 例严重的复发/难治 HL 患者采用 1.8 mg/kg 剂量,按每 3 周给药一次的方案进行治疗[43]。该研究中的 ORR 为 75%,其中包括 34%患者获得 CR、40%患者实现 PR。更为严重的 AE 则是 3 级中性白细胞减少症(14%)、外周感觉神经病变(5%)、疲劳和高血糖症各占 3%;4 级血液毒性(4%的中性白细胞减少症、1%的血小板减少症);肺动脉栓塞和腹痛各占 1%。在第二项 II 期临床试验中,58 例复发性系统性 ALCL 患者接受治疗,方案剂量采用 1.8 mg/kg,每 3 周给药一次[38]。药物的 ORR 为 86%,其中 53%患者获得 CR;3~4 级 AE 与上一项试验相似。

基于这些优异的临床研究数据,SGN-35 在 2011 年 8 月被美国食品药品监督管理局(Food and Drug Administration,FDA)授权加速审批,用于治疗经自体干细胞移植(autologous stem cell transplant,ASCT)后复发的 HL,以及复发性 ALCL。这是在过去的 30 年间,第一种获得批准用于治疗 HL 的药物。2012 年 7 月,欧盟积极建议授权该药物用于成年人复发/难治的 CD30 阳性 HL、成年人复发/难治的系统性 ALCL 的治疗。因为这些 HL 患者虽然进行过 ASCT 或已接受过至少两次先期治疗,但上述治疗对这些患者疾病的临床进展已无法有效控制。目前 SGN-35 正在对 ASCT 治疗后的 HL 患者开展随机、双盲、设置安慰剂对照的 III 期临床研究(即 AETHERA)[35],试验的中期结果显示 75%的患者对药物有应答,其中患者的 CR 为 34%、PR 为 40%[44]。AETHERA 试验结果有望在 2013 年 6 月完成①,届时将具备获得 FDA 批准的所有基本要求。其他的临床试验也在进行,其中包括另一项 III 期临床试验以评价 SGN-35 在对 CD30 阳性的浸润性 T 细胞淋巴瘤患者治疗中,其疗效与甲氨蝶呤或贝沙罗汀疗效的差别[44]。

3.2 曲妥珠-美坦新衍生物(T-DM1)临床概况

ErbB2/neu/HER2 是 ErbB 受体酪氨酸激酶家族的一个成员,ErbB 受体酪氨酸激酶家族与细胞生长、存活和分化有关[45]。乳腺癌在女性所有新患癌症病例中占 28%,并且这些癌症病例中有 15%~25%的患者 *HER2* 基因表达上调或扩增[46]。人源化抗 HER2 单克隆抗体——曲妥珠单抗(Transtuzumab,商品名:Herceptin®,Genentech 生产)和双重表皮生长因子 EGFR/HER2 酪氨酸激酶抑制剂——拉帕替尼(Tykerb®,GSK 生产),与化学疗法联合能够延长 HER2 阳性乳腺癌转移患者的生存期。但是这些患者大部分猝于癌症复发,因此需要新的治疗方法[47, 48]。

曲妥珠-美坦新衍生物(transtuzumab emtansine,T-DM1)是一种 ADC 药物,这种 ADC 药物由曲妥珠单抗的赖氨酸通过非切除的硫醚连接子[*N*-琥珀酰亚胺基-4-(马来酰亚胺甲基)环己烷羧酸酯,即 SMCC]与美坦新衍生物(DM1)偶联而成。该 ADC 药物的平均 DAR 为 3.5[49]。

---

① 该研究于 2014 年 8 月完成,与安慰剂组相比能够显著提高 PFS,计划于 2016 年做进一步 OS 分析,AETHERA 研究显示本品的安全性与现行说明书的表述一致。SGEN 和武田公司预计将在 2015 年 3 月向 FDA 和 EMA 递交该适应证的申请,并期望于 2015 年底或 2016 年初获批。

T-DM1 的临床前研究显示，该 ADC 药物保留了曲妥珠单抗的所有活性，能够抑制 PI3K/AKT 信号通路，抑制 HER2 脱落，并与 Fcγ 受体联合激发抗体依赖的、细胞介导的细胞毒作用(antibody dependent cellular cytotoxicity，ADCC)[50]。同时，体外研究显示，T-DM 对曲妥珠单抗耐药的乳腺癌细胞系的生长有强效抑制作用，并且还能够显著抑制对曲妥珠单抗与拉帕替尼联合用药耐受的荷瘤小鼠体内的肿瘤生长[49, 51]。

共有 4 项 T-DM1 临床 I/II 期试验的研究评估了 T-DM1 作为 HER2 阳性的难治/复发性转移乳腺癌患者单独给药的疗效。2006 年入组的 24 例患者开展一项 I 期剂量爬坡试验，剂量为 0.3~4.8 mg/kg，每 3 周静脉给药一次[52]。T-DM1 的 MTD 确定为 3.6 mg/kg，未发现有心脏毒性或神经毒性。T-DM1 的 DLT 为最常见的暂时性 4 级血小板减少症导致的不良反应[52]。研究中 T-DM1 表现出令人鼓舞的抗肿瘤活性：入组的 15 例患者中，3.6 mg/kg 剂量给药组中有 4 例患者确认获得 PR；2.4 mg/kg 剂量给药治疗组中，也观察到有一例患者的 PR[52]。I 期临床试验的每周给药剂量报告显示[53]，MTD 为 2.4 mg/kg 时，DLT 为血小板减少症并显示了同样的药效。以 3.6 mg/kg 剂量、每 3 周给药一次的方案，评估 T-DM1 疗效和安全性的其他 II 期临床研究正在开展中[54, 56]。在另一项研究中[57]，112 例 HER-2 阳性转移性乳腺癌患者被注射了 T-DM1 这 7 个剂量的中间剂量，这些患者都先接受了化疗、后进行了曲妥珠单抗治疗。通过独立检查评估，其 ORR 为 25.9%。有趣的是，在可追溯的核心诊断中，通过免疫组化(immunohistochemistry，IHC)或荧光原位杂交(fluorescence in situ hybridization，FISH)确诊为 HER-2 阳性患者组的 ORR 为 33.8%，而 HER-2 正常表达组则为 4.8%。第 3、4 级的 AE 则是最常见的低钾血症(8.9%)、血小板减小症(8.0%)及疲劳症(4.5%)。PK 参数显示 T-DM1 的终末半衰期大约为 4 天，低于总曲妥珠单抗的半衰期，并没有 T-DM1 的积聚[57]。在第二项研究中，入组的 110 例先前经蒽环类药物、紫杉醇、卡培他滨与拉帕替尼联合曲妥珠单抗联合治疗的转移性乳腺癌患者，接受了 T-DM1 的药物评价[58]。通过独立检查评估，其 ORR 为 34.5%，而被癌症中心确诊为 HER-2 阳性的(IHC 或 FISH)则上升为 41.3%，相应的 HER-2 正常表达组则为 20%。第 3、4 级的 AE 则是最常见的血小板减小症(9.1%)、疲劳症(4.5%)及蜂窝性组织炎(3.6%)。在不同的研究中，被报道的第 3、4 级 AE 中，血小板减小症都是被报道最多的症状之一，但是血小板的减少通常都是可逆的，并且与严重的出血无关[56~58]。此外还观察到肝酶在血清中的浓度增加[56]，但并没有显示 T-DM1 与 3 级血小板减少症或者 3 级血清浓度中肝酶的增加等临床反应有直接关系[59]。通过 I 期和 II 期临床研究的 PK 数据比较得出，作为 ADC 单独给药后，DM1 与 T-DM1 药物暴露呈现正相关性，并且 DM1 和 T-DM1 均没有积聚[59, 60]。在 MTD 时，T-DM1 终末半衰期是 4.5 天，比总曲妥珠单抗药物半衰期短(大约 9 天)[59, 60]。T-DM1 的 PK 数据并未受循环中 HER2 表达水平或者残留曲妥珠单抗药物的影响[59, 60]。在总共入组的 286 例患者中，有 4.5% 的患者产生了 T-DM1 药物抗体，但这均不影响 PK 参数，并仍可以观察到 T-DM1 药物的安全有效[59]。

在 HER-2 阳性的局部晚期或转移性乳腺癌的一线治疗中，开展了一项随机 II 期临床研究，以评价 T-DM1 与曲妥珠单抗联合多西他赛的治疗[55]。入组的 137 例先前未进行过化疗的转移性患者，被随机分配给 T-DM1 组(3.6 mg/kg，每 3 周给药一次)或曲妥珠单抗(第一给药周期 8 mg/kg，之后 6 mg/kg)联合多西他赛组(75 mg/m² 或 100 mg/m²)。经过调查评估，显示两组具有相同的 ORR，T-DM1 组为 47.8%，曲妥珠单抗联合多西他赛组为 41.4%[61]，但 T-DM1 组的治疗比例却更高。T-DM1 用药组人群存活期显著提升(14.2 个月，相对于另一组的 9.2 个月)，并且在 T-DM1 组 3 级 AE 出现率明显降低，显示了良好的安全性(46.4%相对于 89.4%)，基础有效率和已更新的安全性数据已在 2011 年的 ESMO 会议上报告[62]。在两组中常见的 AE 也是不同的，T-DM1 治疗组肝酶、疲劳和血小板减少都有一定增加，而曲妥珠单抗联合多西他赛治疗组的 AE 则是秃头症、中性粒细胞减少、疲劳症和腹泻。

此外，三项 III 期临床试验(EMILIA、MARIANNE 和 TH3RESA)都正在进行[55]。EMILIA 是一项随机的临床试验，旨在评估 T-DM1 与拉帕替尼联合卡培他滨相比，在治疗 HER-2 阳性不可切除的局部晚期乳腺癌或者是转移性乳腺癌患者时的安全性和药效，这些患者先前都接受了曲妥珠单抗和紫杉醇联合化疗治疗。近期发表的对入组 991 例患者进行的 I 期和 II 期临床的中期分析表明，T-DM1 与拉帕替尼联合卡培他滨治疗方法相比，可以有效地提高患者的生存期(9.6 个月相对于 6.4 个月)和整体存活率(30.9 个月相对于 25.1 个月)[63]。此外，和先前的 II 期临床试验结果一样，T-DM1 的安全特性不同于拉帕替尼联合卡培他滨的治疗，T-DM1 的药物安全性更好，因为该药的 3 级和 4 级 AE 症状的发生率下降(40.8%相对于 57.0%)。对于 T-DM1 而言，血小板减少症(12.9%)和谷草转氨酶增高(4.3%)是常见不良反应症状，而拉帕替尼联合卡培他滨疗法的不良反应则表现为腹泻(20.7%)、手足感觉迟钝(16.4%)、呕吐(4.5%)和中性粒细胞减少(4.3%)[63]。基于这项研究，T-DM1 的生物制品许可申请在 2012 年 8 月获准。MARIANNE 是另一项随机性的 T-DM1 临床试验，旨在研究 T-DM1 联合或未联合帕妥珠单抗的情况下，与曲妥珠单抗联合紫杉醇疗法相比，在一线治疗 HER-2 阳性局部晚期或者复发性移性乳腺癌时的区别。TH3RESA 则也是一项随机性临床试验，旨在评估在前期至少接受过两项针对 HER-2 靶向疗法的 HER-2 阳性转移性乳腺癌患者时，T-DM1 的药效与医生已选择疗法有效性的比较。

3.3 CMC-544(Inotuzumab Ozogamicin)临床概况

糖蛋白 CD22 是属于结合型唾液酸免疫球蛋白样凝集素家族的成员，表达于正常未成熟或成熟 B 细胞表面，但在造血干细胞和记忆 B 细胞上不表达。它的功能仍然不十分清楚，但是它与细胞黏附、B 细胞归巢和 B 细胞活化有关[64]。CD22 被证实通过与配体结合后能够迅速内化，这种特性使 CD22 可作为 ADC 药物作用的理想靶点[65]。CD22 在超过 90%的弥漫性大 B 细胞非霍奇金淋巴瘤(diffuse large B-cell non-Hodgkin's, lymphomas, DLBCL)和滤泡性淋巴瘤(follicular lymphomas, FL)细胞上表达[66]。它也在接近 100%的成熟的急性淋巴细胞白血病(B-cell acute lymphoblastic leukemia, B-ALL)的 B 细胞上表达[67]。

CMC-544(伊珠单抗-奥加米星)是一种 ADC 药物，它是通过一个可切除的、酸不稳定的腙键连接子，将人源化的 IgG4 型抗 CD22 单克隆抗体(G544)和卡奇霉素按平均 DAR 为 6(73μg 卡奇霉素/mg 抗体)偶联构成的[4]。G544 与 CD22 通过亚纳摩尔级的亲和力结合，且作为无修饰的单克隆抗体不具有效应子功能和抗肿瘤活性[4]。

基于其出色的临床前数据[68]，对复发/难治性非霍奇金 B 细胞淋巴瘤(non-Hodgkin's lymphoma，NHL)进行了两组 I 期单剂量的研究。第一组 I 期患者中，按 q3w 给药方案，在剂量爬坡阶段入组了 36 例患者，并在该组 MTD 时扩大至 43 例[69]。在计量爬坡阶段的 DLT 是 4 级血小板减少症和 4 级中性粒细胞减少症，为了使血小板恢复所制订的每 4 周给药一次方案表明：MTD 为 1.8 mg/m^2(0.048 mg/kg)。在接受 MTD 治疗的 49 例患者中，3 级和 4 级的共同 AE 为血小板减少症(63.3%)和中性粒细胞减少症(34.7%)。MTD 试验中 FL 治疗的 ORR 为 68%，进展性 DLBCL 观察到 CR 的为 15%[69]。CMC-544 中偶联毒素的配置和总卡奇霉素量，与给药剂量或剂量总数引起的药物蓄积无线性关系，这些可解释为首次给药后因 CD22 靶标的减少所导致[4]。第一个治疗周期后，CMC-544 在 MTD 时的终末半衰期为 17.1 h，第二个治疗周期后增加到 34.7 h[69]。第二组 I 期剂量爬坡研究在 13 例患有复发/难治性 FL 的日本患者中进行。以 q4w 给药方案确认的为 MTD 1.8 mg/m^2，3 级和 4 级的大部分共同 AE 均为血小板减少症(54%)和中性粒细胞减少症(31%)。包括 CR 在内，其 ORR 为 80%[70]。PK 参数则与之前观察所得相似。

根据临床前研究表明，CMC-544 与利妥昔单抗相比具有更好的药效[71]，并已在复发/难治的 FL 或 DLBCL 患者中开始进行了若干 I/II 期临床研究[4, 66]。MTD 研究中，第 1 天利妥昔单抗的给药剂量确定在 375 mg/m^2，第 2 天 CMC-544 的给药剂量为 1.8 mg/m^2，之后每 28 天重复给药，共计 4 个循环[72, 73]。CMC-544 的 PK 和安全性资料显示与单剂量等效，DLT 也是血小板减少症和中性粒细胞减少症[66]。其中一个研究招收了 110 例患者进行联合治疗的 MTD 研究[72, 74]，复发 FL 和 DLBCL 的 ORR 分别为 84%和 80%，当考虑利妥昔单抗治疗的复发患者对联合疗法的反应时，前期治疗中接受利妥昔单抗的反应表现出了强烈的预兆，其 ORR 仅有 20%[66, 72, 74]。目前一个随机非盲的 III 期临床试验正在招募中，比较利妥昔单抗联合 CMC-544 疗法与利妥昔单抗联合吉西他滨苯/达莫司汀治疗复发/难治进展性 B 细胞 NHL[4]。

CMC-544 同样对复发/难治 ALL 患者进行了研究。q3w 方案中首次公布的 CMC-544 在 1.8 mg/m^2 的评估报告中很乐观，ORR 为 56%[75]，因此使用相同给药方案对复发/难治 ALL 患者进行了 II 期试验。共治疗了 49 例患者，所有患者体内超过 50%的胚细胞表达了 CD22。该研究的 ORR 为 57%，其中包括 18%的患者观察到短期完全的骨髓反应，其余 39%的患者则观察到没有血小板或血细胞计数的不完整恢复。类似 NHL，血小板减少症是一个显著的不良反应，但是基于该适应证的风险，并没有延误白血病的治疗。3、4 级最常见的 AE 表现为发热(31%)。对 ALL 治疗的进一步临床评价仍在按照每周给药的方案持续进行[76]。

3.4 早期临床试验中的其他抗体偶联药物

除 SGN-35、T-DM1 和 CMC-544 之外，目前进行 I 期和 II 期临床研究的 ADC 药物还有其他 24 个(见表 1-1)。根据所获得的有效性数据，其中对进展良好的 ADC 药物描述如下。

SAR3419：CD19 是一种 I 型跨膜糖蛋白，属于免疫球蛋白(Ig)超家族，从前 B 细胞发育的最早阶段到末期 B 细胞分化为浆细胞均有表达。CD19 适度或均匀同质的高表达涉及所有类型的 B 淋巴瘤和非 T 急性淋巴细胞白血病[77]。SAR3419 由抗 CD19 的人源化 IgG1 单克隆抗体 huB4，通过一个可切除的巯基键连接子与 DM4 偶联而成(huB4-SPDB-DM4)。采用 q3w 给药方案评估 SAR3419 首次用于难治或复发 B 细胞 NHL (refractory or relapsed B-cell NHL, R/R NHL) 的 I 期研究[78]。MTD 确定为 160 mg/m^2 (4.3 mg/kg)，DLT 为可逆的严重视力模糊，这与微囊上皮角膜的变化有关。在包括患有 DLBCL 和其他各种淋巴瘤亚型的患者中，74%的患者被观察到肿瘤从基线开始的消退。MTD 的 ORR 为 23.5%[78]。使用每周给药方案同样对 R/R NHL 患者完成了第二组剂量爬坡研究。该方案包括 4 个每周 55 mg/m^2 的剂量，随后每隔 2 周再给予总共 4 个额外的附加剂量，研究中的该药物表现出良好的安全性，因此被保留下来开展进一步的临床研究。特别是在研究中没有观察到 3 级或 4 级视觉毒性，并且其血液毒性发病率低，这就允许 SAR3419 与其他毒素药物的潜在组合可用于治疗 NHL。此外，在本组 21 例患者身上未观察到剂量限制累积的副作用[79]。在这组前期广泛接受了各种治疗的患者人群中，SAR3419 抗肿瘤活性 ORR 大约为 30%，这既包括恶性肿瘤(如 DLBCL)，也包括无痛淋巴瘤亚型(如 FL)。针对 R/R DLBCL 患者的 II 期临床计划正在进行，SAR3419 作为单药或联合利妥昔单抗(分别为 NCT01472887 和 NCT01470456)的研究，这是为了确认 SAR3419 在更多同质人群中的临床获益。基于其出色的临床前数据，在成年 R/R ALL 患者身上也探究了 SAR3419 的疗效[80]。

CDX-011 (glembatumumab vedotin)：非转移性黑色素瘤糖蛋白 b/骨活素 (glycoprotein nonmetastatic melanoma protein b/osteoactivin, gpNMB) 是一种在黑色素瘤细胞中特异性表达的 I 型跨膜糖蛋白，包括乳腺癌细胞和黑色素瘤细胞在内的一些肿瘤细胞都有该跨膜糖蛋白的特异性表达[81, 82]。CDX-011 是一种 ADC 药物，由 IgG2 型全人源化抗 gpNMB 抗体通过缬氨酸-瓜氨酸连接子偶联 MMAE 构成，该 ADC 药物的连接子是可切除的，且对蛋白酶敏感[83]。在 CDX-011 的 I/II 期临床试验中，招募了 117 例不可切除的 III/IV 期黑色素瘤患者，CDX-011 以 q3w 给药的方案，或实施更频繁给药方案(即 q2/3w 和每周 1 次给药)。在每 3 周给药一次的剂量爬坡试验中，DLT 表现为 3 级皮疹和脱皮症状[83]。在给药剂量分别为 1.88 mg/kg、1.5 mg/kg 和 1.0 mg/kg 的试验中[84]，药物 MTD 表现为非常广泛的 3 级或者 4 级不良反应，其中不良反应皮疹(20%发生率)和中性白细胞增多(15%发生率)贯穿整个研究试验中。在每 3 周给药量 1.88 mg/kg 的试验中，CDX-011 的半衰期为大约 28 h，全部抗体药物的半衰期为 40 h[83, 85]。MTD 试验中，每 3 周给药一次、每 2/3 周给药一次，以及每周给药一次试验的 ORR 分别是 15%(5/34)、33%(2/6) 和 29%(2/7)，并明显观察到该药物产生的皮疹副作用与给药剂量有关[83, 84]。另一组 CDX-011 的 I/II 期临床试验中，招募了 42 例局部晚期或转移性乳腺癌患者，其中 34 例患者未进行 gpNMB 表达筛查，CDX-011 每 3 周给药 1 次剂量为 1.88 mg/kg 的患者中，药物 ORR 为 13%[81, 83, 86]。在表达 gpNMB 的患者组中，该药物的 ORR 达到 29%。在 CDX-011 的另一项 II 期临床试验中，招募的全是经 IHC 检测为 gpNMB 高表达的乳腺癌患者，该试验目前尚在进展中[81]。令人关注的是，在黑色素瘤和乳腺癌临床研究试验中均记录了一种最常见的用药相关毒性，即皮肤病反应症状(皮肤瘙痒、皮疹、脱毛)。该不良反应可能与正常黑色素细胞中的 gpNMB 表达有关[87]。

前列腺特异性膜抗原(prostate-specific membrane antigen，PSMA)-ADC：PSMA 是一种具有羧肽酶活性的 II 型跨膜糖蛋白，该跨膜糖蛋白主要在正常的前列腺上皮细胞表达[88, 89]。PSMA 在前列腺癌细胞的细胞膜中过度表达[90~92]，这为以 PSMA 为靶点的 ADC 药物设计研发提供了理论支持。前列腺特异性膜抗原-马来酰亚胺基己酰基-缬氨酸-瓜氨酸-对氨基苯甲基氧羰基-一甲基澳瑞他汀 E(PSMA-vc-MMAE)是一种 ADC 药物，其由全人源化 IgG1 型抗体通过可降解缬氨酸-瓜氨酸连接子偶联 MMAE 组成[93]。这是第二种进入临床研究的、以 PSMA 为靶点的 ADC 药物。第一种以 PSMA 为靶点的 ADC 药物(PSMA-SPP-DM1/MLN2704)在 2008 年终止研究(表 1-2)。MLN2704 临床研究数据显示，该药疗效不佳并可导致局限性末梢神经病变[94]。PSMA-vc-MMAE 的一项在研 I 期临床研究的剂量爬坡试验中，招募了紫杉类治疗不佳的转移性"去雄"前列腺癌男性患者，以每 3 周给药 1 次的方案共开展了 4 个治疗循环[95, 96]。截至目前，PSMA-vc-MMAE 的一项入组 26 例患者的剂量爬坡试验中，药物剂量提高到 2.0 mg/kg，尚未达到药物 MTD[95]。在 12 例接受 PSMA-vc-MMAE 剂量为 1.6 mg/kg 或 1.8 mg/kg 治疗的患者中，有 4 例患者显示 PSMA 减少、进入血液循环的瘤细胞减少和/或骨痛降低，这已成为该药物具有抗瘤活性的依据。根据血清中药物浓度随给药剂量成比例增加的现象，可推算出 ADC 药物 PSMA-vc-MMAE 的药物半衰期为 50 h 左右[96]。根据欧洲癌症治疗研究组织(EORTC)的最新资料显示，ADC 药物 PSMA-vc-MMAE 的剂量爬坡试验已结束，并确认 2.5 mg/kg 为该药物的 MTD。以 2.8 mg/kg 剂量给药时，DLT 表现为中性粒细胞减少症和可逆性肝功能改变[97]。

BT-062：CD138(多配体蛋白聚糖-1)是跨膜硫酸乙酰肝素蛋白多糖蛋白家族中的一员，该蛋白质在多种实体瘤和血液系统恶性肿瘤细胞中过度表达。在正常人造血系统中，CD138 仅限定表达于浆细胞中[98]；在造血系统的恶性肿瘤中，CD138 通常在多发性骨髓瘤(multiple myeloma，MM)细胞中表达，这使得 CD138 成为该适应证治疗理想的抗原靶点[99]。BT-062 是一种 ADC 药物，由 IgG4 型抗 CD138 嵌合抗体通过含有二硫键的可降解连接子偶联美坦新衍生物 DM4 构成。在该药物的一项 I 期临床试验中，入组了总共 32 例 MM 患者，从 0.27 mg/kg 至 5.4 mg/kg 共设置了 7 个剂量组水平，每 3 周给药一次，MTD 确定为 4.3 mg/kg，DLT 表现为口腔黏膜炎和手掌-足底红肿综合征[100]。该药物对黏膜的副作用可能与食管癌黏膜鳞状上皮的靶点抗原分布有关[99]。在被纳入药物反应评价的 28 例患者中，4%的患者病情达到 PR。为了进一步评价 BT-062 的安全性和有效性，启动了一项该药物 MM 治疗的 I/IIa 临床试验，该临床试验设计了更频繁的给药方案，即每周给药 3 次进行治疗[100]。BT-062 联合来那度胺和地塞米松治疗的临床试验也在同步开展中。

IMGN901(lorvotuzumab mertansine)：CD56 抗原是一种参与细胞间黏附、神经轴突生长并涉及其他大脑功能的神经细胞黏附的蛋白分子，在包括小细胞肺癌(small cell lung cancer，SCLC)、神经母细胞瘤，以及其他神经内分泌肿瘤、多发性骨髓瘤、卵巢癌等在内的多种癌症细胞中过度表达。CD56 在正常组织的表达仅局限于 NK 细胞和 T 淋巴细胞亚群[101]。IMGN901 是由抗 CD56 的 IgG1 型抗体通过二硫键与可切除连接子 N-琥珀酰亚胺 4-(2-吡啶二硫代)正戊酸酯(SPP)偶联于美坦新衍生物 DM1 构成的,该药物已在多名入组 SCLC、MM 和其他神经内分泌肿瘤患者的 I 期临床试验中进行了评价。在一项该 ADC 药物的 I 期临床爬坡试验中,入组了 32 例多发性骨髓瘤患者,每周给药 1 次,连续给药 2 周,每隔 3 周进行重复给药[102],该试验确定了药物 MTD 为 112 mg/m^2,即 3 mg/kg。该 ADC 药物的 DLT 表现为在以 140 mg/m^2 剂量给药的 6 例癌症患者中,有 2 例患者出现 3 级疲劳症状,并有 1 例按每周 140 mg/m^2 给药治疗方案的患者获得持续的 PR。在该 ADC 药物的一项小型 I 期临床试验中,入组了 6 例 Merkel 细胞癌患者,每天给药 1 次,连续给药 3 天,每隔 3 周进行重复给药,试验确定了该 ADC 药物的最大耐受剂量为 75 mg/m^2,即 2 mg/kg[103]。在本试验中,药物 DLT 表现为 3 级肌肉痛、头痛、背和肩痛症状。在 6 例患者的这些毒性反应中,各有 1 例患者获得 CR 和 PR。在另一个 I 期临床试验中,对几种不同类型 CD56 表达阳性的实体瘤患者,以相似的给药方案进行治疗[104]。药物 MTD 同样确定为每天 75 mg/m^2,药物 DLT 表现为 3 级头痛、神经病变、疲劳和肌痛症状,这与之前的报道相同。IMGN901 在 MTD 时的药物半衰期是 34 h。所观察到的药物活性表现为 MM 患者的 CR1 与 PR 各 1 例,以及未确定的 1 例 SCLC 患者的 PR。此外还启动了联合其他药物的临床试验。在为期 4 周的 IMGN901 剂量爬坡试验中,IMGN901 药物每周给药 1 次,连续给药 3 周,并联合用来那度胺/地塞米松常用的剂量,对表达 CD56 的 R/R MM 患者疗效进行评价。所招募的 12 例患者先前均接受过化疗,其中 42%患者优先接受了来那度胺治疗。该试验未报道药物 DLT,也未观察到 4 级毒性反应,但 4 例患者出现了与联合治疗相关的 1 个严重副作用和 7 个 3 级毒性反应。在评价 IMGN901 疗效的 12 例患者中,2 例患者出现非常好的局部缓解(VGPR)[105],4 例患者出现 PR。评价 IMGN901 安全性和有效性的 I/II 期临床试验正在进展中,试验设计了 IMGN901 联合卡铂/依托泊苷治疗患有包括转移性扩散期的 SCLC 在内的晚期实体瘤。NORTH 试验是该试验的第 II 阶段,在此试验阶段患者每天给予该 ADC 药物的剂量为 60 mg/m^2,连续给药 3 天,每隔 21 天重复给药(IMGN website, clinicaltrial.gov)。另一项 IMGN901 联合帕比司他和卡菲诺米布(来那度胺)的 I/II 期临床试验,目前也正在 R/R MM 患者中开展[106]。

4 挑战与前景

在过去的几十年里,ADC 药物研究取得了巨大的进展,这不仅在恶性血液肿瘤中显示出其优异的临床疗效,如用于治疗 HL 的维布妥昔单抗(Adcetris®),而且在实体瘤治疗中同样表现出较好的疗效,如用于治疗转移性乳腺癌的 T-DM1。单克隆抗体从鼠源到人源化、全人源化的优化改进,以及高活性且非免疫原性小分子偶联技术的发展,已经成为 ADC 药物研发的重要里程碑。随着进入临床研究的 ADC 药物数量的不断增加,选择不同的抗原靶点及不同的连接子和细胞毒素,都将有助于推动 ADC 药物的逐步发展。从以往成功和终止研究的 ADC 药物(见表 1-1 和表 1-2)获取的宝贵经验,将指导新一代 ADC 药物的研发。

靶点有助于作为"弹头"的毒性药物的靶向性,因此也是 ADC 药物研发的核心,但通常它们在一些正常器官/组织中也有表达，因此可以导致药物治疗指数和临床效益的降低。几种 ADC 药物，如 IMGN242、MLN2704 和 T-DM1 虽然针对在一些正常组织也有表达的上皮细胞抗原靶点，但这些药物在临床研究试验中也获得了良好的耐受性，即在靶点抗原表达阳性的正常组织中未产生药物毒性。但也有特例，如贝伐单抗-美坦新衍生物(bivatuzumab mertansine)已明确证实，其可在有表达 CD44v6 靶点抗原的皮肤中引起严重的药物毒副作用。同样类似的是，可以观察到 CDX-011 所导致的皮肤相关不良反应可能与正常黑色素细胞中的 gpNMB 表达有关，这都说明皮肤是对微管蛋白结合物，即 ADC 中的细胞毒性药物，特别敏感的组织器官。

同样，靶点的表达水平和表达同质化可以提高药物疗效，AVE9633 是针对 CD33 抗原靶点的 ADC，在 I 期临床研究中因药物疗效不明显而被终止开发，这在某种程度上是由于急性髓系白血病(AML)细胞 CD33 表达量低导致的。临床研究发现，T-DM1 治疗的 ORR 和药物暴露量没有相关性，但却与乳腺癌细胞中 HER2 靶点抗原的表达水平有显著相关性，这一点是通过在确诊 HER2 过度表达的癌症患者中，T-DM1 获得了较高的治疗 ORR 予以明确证实的。与之相似的是，CDX-011 早期研究数据显示，肿瘤组织细胞中 gpNMB 表达水平与药物治疗 ORR 有相关趋势[86]。除了抗原密度以外，不但要掌握和记载靶点的病理学背景，包括抗原内化并运输至相应的亚细胞腔室，以及与靶点表达极化和去极化相关的肿瘤形态学等因素，而且在所选用细胞毒素发挥作用后，还要了解该细胞毒素对肿瘤细胞增殖指数的影响和变化、肿瘤细胞对其内在的敏感性，来确定最佳的细胞毒素选择。综合这些知识，将有助于未来药物作用靶点更好的选择。

如果针对上皮细胞抗原靶点的 ADC 药物的临床研究被证实有开发价值，那么将来也能研发以血管、间质和肿瘤干细胞为靶点的新一代 ADC 药物[107~110]。

根据靶点抗原的表达特征，新一代 ADC 药物应能够更好地确定所适用的患者人群，并将使患者从治疗中获益。与之配套的靶点抗原表达水平的诊断检测和人体内肿瘤细胞分布活检技术的发展，都将是癌症治疗的关键组成部分。

除选择正确的抗原靶点之外，通过改进、优化细胞毒素和连接子提升 ADC 药物的疗效及安全性，也是 ADC 药物未来研发的首要工作，而且这将是非常复杂和具有挑战性的课题。不同于其他裸抗体药物，ADC 药物由于偶联了高活性的细胞毒药物，因此其"脱靶"效应使其具有潜在的毒性。无论是由于连接子的种类不同造成 ADC 药物在血液循环过程中释放细胞毒药物，还是因正常细胞的非特异性内吞(微胞饮作用、FcR 驱使内吞)导致的药物毒副作用，这些问题都需要根据情况具体分析。例如，最近公布的 AE 分析数据显示，T-DM1 对血小板的生成具有抑制性影响，从而导致在用药患者中观察到血小板减少症的毒副作用[111]。随着对这些 ADC 药物产生不良反应原因不断深入的研究，将有助于改进、优化设计新一代 ADC 药物。

ADC 药物其他临床前研究主要包括以下几个方面。

(1) 了解代谢产物的特性：如选用含有聚乙二醇连接子的 ADC 药物，可降低代谢产物的多耐药性识别，从而使肿瘤细胞内的药物代谢产物不断蓄积，提高药物的疗效[112]。同样，连接子的化学特性不但会影响 ADC 药物在血液中药物 PK 和生物学分布，而且也会影响药物在肿瘤和肝脏内代谢产物的类型及特性[113~115]。例如，尽管药物的旁观者效应可能会使药物对正常器官产生较多的毒副作用,但仍希望该效应可增强药物对肿瘤组织的杀伤效果。

(2) 通过更好地控制 DAR 以降低 ADC 药物的异质性。无论利用抗体结构上的赖氨酸还是半胱氨酸偶联得到的 ADC 药物产品,都是复杂的混合药物,这些 ADC 药物混合物中不同药物组分的疗效可能不同。实际上,偶联至抗体细胞毒素的程度会影响其药物代谢动力学、药效和安全性[30]。因此近些年来,为了更好地优化和控制 ADC 药物的 DAR,已开展了众多的探索研究,如在抗体结构上引入特定偶联位点等。不同团队进行了半胱氨酸的改造研究,一些含有半胱氨酸改造的 ADC 药物(thiomabs)已在临床前研究中显示出相似的疗效和耐受性[116, 117],但目前仍未有关于半胱氨酸改造抗体的临床研究数据被公开报道过。

(3) 改进 ADC 药物的物理化学性质,包括药物的水溶性[112, 118]和聚集特性,这些抗体修饰产物可能涉及抗体的分子骨架结构,以及连接子和小分子药物本身。

(4) 开发不同作用机制的新型细胞毒素,如最近报道的 α-鹅膏蕈碱-ADC 药物[119],不仅可帮助提高药物疗效,而且无疑将为更多肿瘤适应证的治疗提供新的选择。

(5) 利用抗体片段或者蛋白支架改善药物对肿瘤组织的穿透作用。临床前研究证实,偶联奥利他汀类细胞毒素的抗 CD30 双功能抗体,已在肿瘤模型中显示出较好的疗效[120]。但是为了实现在肿瘤细胞内获得最佳的药物积累数据,则需要深入研究并综合平衡考虑分子大小、亲和力、药代动力学性质之间的关系[121]。截至目前,获准开展临床研究的 ADC 药物,其抗体骨架结构均为 IgG。

综上所述,作为一种药物前体,ADC 药物的代谢/分解及其代谢产物特性的深入研究,对于提升 ADC 药物的药效和毒性降低是至关重要的[59, 113~115]。综合对 pK/pD 关系的定量分析和预测了解,都将有助于 ADC 药物三个组成部分的优化(即抗体、连接子、小分子细胞毒素),并在 ADC 药物的应用中,最终推动靶点/疾病属性和给药方案的最佳选择[115]。

ADC 药物的设计要基于对抗体、连接子和小分子细胞毒素作为一个有机整体全面、合理的考量,明确肿瘤适应症和药物作用靶点,并充分、透彻地了解每种 ADC 药物的作用机制,从而最终实现 ADC 药物对肿瘤细胞的有效杀伤,同时提高患者的生活质量。

致　谢

感谢 Anne Bousseau 和 Laurent Ducry 对本章内容给予的指正和建设性意见。

参 考 文 献

1. Reichert JM (2012) Marketed therapeutic antibodies compendium. MAbs 4: 413–415
2. Larson RA, Sievers EL, Stadtmauer EA et al (2005) Final report of the efficacy and safety of gemtuzumab ozogamicin (Mylotarg) in patients with CD33-positive acute myeloid leukemia in first recurrence. Cancer 104: 1442–1452
3. Sievers EL, Larson RA, Stadtmauer EA et al (2001) Efficacy and safety of gemtuzumab ozogamicin in patients with CD33-positive acute myeloid leukemia in first relapse. J Clin Oncol J Am Soc Clin Oncol 19: 3244–3254

4. Ricart AD (2011) Antibody-drug conjugates of calicheamicin derivative: gemtuzumab ozogamicin and inotuzumab ozogamicin. Clin Cancer Res J Am Assoc Cancer Res 17: 6417–6427
5. Teicher BA (2009) Antibody-drug conjugate targets. Curr Cancer Drug Targets 9: 982–1004
6. Helft PR, Schilsky RL, Hoke FJ et al (2004) A phase I study of cantuzumab mertansine administered as a single intravenous infusion once weekly in patients with advanced solid tumors. Clin Cancer Res J Am Assoc Cancer Res 10: 4363–4368
7. Tolcher AW, Ochoa L, Hammond LA et al (2003) Cantuzumab mertansine, a maytansinoid immunoconjugate directed to the CanAg antigen: a phase I, pharmacokinetic, and biologic correlative study. J Clin Oncol J Am Soc Clin Oncol 21: 211–222
8. Heider K, Kuthan H, Stehle G et al (2004) CD44v6: a target for antibody-based cancer therapy. Cancer Immunol Immunother CII 53: 567–579
9. Riechelmann H, Sauter A, Golze W et al (2008) Phase I trial with the CD44v6-targeting immunoconjugate bivatuzumab mertansine in head and neck squamous cell carcinoma. Oral Oncol 44: 823–829
10. Sauter A, Kloft C, Gronau S et al (2007) Pharmacokinetics, immunogenicity and safety of bivatuzumab mertansine, a novel CD44v6-targeting immunoconjugate, in patients with squamous cell carcinoma of the head and neck. Int J Oncol 30: 927–935
11. Tijink BM, Buter J, Bree R et al (2006) A phase I dose escalation study with anti-CD44v6 bivatuzumab mertansine in patients with incurable squamous cell carcinoma of the head and neck or esophagus. Clin Cancer Res J Am Assoc Cancer Res 12: 6064–6072
12. Lapusan S, Vidriales MB, Thomas X et al (2012) Phase I studies of AVE9633, an anti-CD33 antibody-maytansinoid conjugate, in adult patients with relapsed/refractory acute myeloid leukemia. Invest New Drugs 30: 1121–1131
13. Chari R, Xie H, Leece B (2005) Preclinical evaluationof ananti-CD33-maytansinoid immunoconjugate, huMy9-6-DM4 (AVE9633) for the targeted therapy of acute myeloid leukemia. Am Assoc Cancer Res, Abstract LB-287
14. Chari RV (2008) Targeted cancer therapy: conferring specificity to cytotoxic drugs. Acc Chem Res 41: 98–107
15. Kratz F, Ajaj KA, Warnecke A (2007) Anticancer carrier-linked prodrugs in clinical trials. Expert Opin Investig Drugs 16: 1037–1058
16. Senter PD (2009) Potent antibody drug conjugates for cancer therapy. Curr Opin Chem Biol 13: 235–244
17. Chari RV, Martell BA, Gross JL et al (1992) Immunoconjugates containing novel maytansinoids: promising anticancer drugs. Cancer Res 52: 127–131
18. Widdison WC, Wilhelm SD, Cavanagh EE et al (2006) Semisynthetic maytansine analogues for the targeted treatment of cancer. J Med Chem 49: 4392–4408
19. Doronina SO, Mendelsohn BA, Bovee TD et al (2006) Enhanced activity of monomethylauristatin F through monoclonal antibody delivery: effects of linker technology on efficacy and toxicity. Bioconjug Chem 17: 114–124
20. Hamann PR, Hinman LM, Beyer CF et al (2002) An anti-CD33 antibody-calicheamicin conjugate for treatment of acute myeloid leukemia. Choice of linker. Bioconjug Chem 13: 40–46
21. Tietze LF, Krewer B (2009) Novel analogues of CC-1065 and the duocarmycins for the use in targeted tumour therapies. Anticancer Agent Med Chem 9: 304–325
22. Ducry L, Stump B (2010) Antibody-drug conjugates: linking cytotoxic payloads to monoclonal antibodies. Bioconjug Chem 21: 5–13

23. Erickson HK, Park PU, Widdison WC, Kovtun YV, Garrett LM, Hoffman K, Lutz RJ, Goldmacher VS, Blättler WA (2006) Antibody-maytansinoid conjugates are activated in targeted cancer cells by lysosomal degradation and linker-dependent intracellular processing. Cancer Res 66: 4426–4433
24. Doronina SO, Toki BE, Torgov MY et al (2003) Development of potent monoclonal antibody auristatin conjugates for cancer therapy. Nat Biotechnol 21: 778–784
25. Erickson HK, Widdison WC, Mayo MF et al (2010) Tumor delivery and in vivo processing of disulfide-linked and thioether-linked antibody-maytansinoid conjugates. Bioconjug Chem 21: 84–92
26. Kellogg BA, Garrett L, Kovtun Y et al (2011) Disulfide-linked antibody-maytansinoid conjugates: optimization of in vivo activity by varying the steric hindrance at carbon atoms adjacent to the disulfide linkage. Bioconjug Chem 22: 717–727
27. Okeley NM, Miyamoto JB, Zhang X et al (2010) Intracellular activation of SGN-35, a potent anti-CD30 antibody-drug conjugate. Clin Cancer Res J Am Assoc Cancer Res 16: 888–897
28. Kovtun YV, Audette CA, Ye Y et al (2006) Antibody-drug conjugates designed to eradicate tumors with homogeneous and heterogeneous expression of the target antigen. Cancer Res 66: 3214–3221
29. Sanderson RJ, Hering MA, James SF et al (2005) In vivo drug-linker stability of an anti-CD30 dipeptide-linked auristatin immunoconjugate. Clin Cancer Res J Am Assoc Cancer Res 11: 843–852
30. Hamblett KJ, Senter PD, Chace DF et al (2004) Effects of drug loading on the antitumor activity of a monoclonal antibody drug conjugate. Clin Cancer Res J Am Assoc Cancer Res 10: 7063–7070
31. Shen B, Xu K, Liu L et al (2012) Conjugation site modulates the in vivo stability and therapeutic activity of antibody-drug conjugates. Nat Biotechnol 30: 184–189
32. Wakankar A, Chen Y, Gokarn Y et al (2011) Analytical methods for physicochemical characterization of antibody drug conjugates. MAbs 3: 161–172
33. Deutsch YE, Tadmor T, Podack ER et al (2011) CD30: an important new target in hematologic malignancies. Leuk Lymphoma 52: 1641–1654
34. Gerber H (2010) Emerging immunotherapies targeting CD30 in Hodgkin's lymphoma. Biochem Pharmacol 79: 1544–1552
35. Katz J, Janik JE, Younes A (2011) Brentuximab vedotin (SGN-35). Clin Cancer Res J Am Assoc Cancer Res 17: 6428–6436
36. Younes A (2011) CD30-targeted antibody therapy. Curr Opin Oncol 23: 587–593
37. Furtado M, Rule S (2012) Emerging pharmacotherapy for relapsed or refractory Hodgkin's lymphoma: focus on brentuximab vedotin. Clin Med Insight Oncol 6: 31–39
38. Pro B, Advani R, Brice P et al (2012) Brentuximab vedotin (SGN-35) in patients with relapsed or refractory systemic anaplastic large-cell lymphoma: results of a phase II study. J Clin Oncol J Am Soc Clin Oncol 30: 2190–2196
39. Senter PD, Sievers EL (2012) The discovery and development of brentuximab vedotin for use in relapsed Hodgkin lymphoma and systemic anaplastic large cell lymphoma. Nat Biotechnol 30: 631–637
40. Francisco JA, Cerveny CG, Meyer DL et al (2003) cAC10-vcMMAE, an anti-CD30-monomethyl auristatin E conjugate with potent and selective antitumor activity. Blood 102: 1458–1465
41. Younes A, Bartlett NL, Leonard JP et al (2010) Brentuximab vedotin (SGN-35) for relapsed CD30-positive lymphomas. N Engl J Med 363: 1812–1821
42. Fanale MA, Forero-Torres A, Rosenblatt JD et al (2012) A phase I weekly dosing study of brentuximab vedotin in patients with relapsed/refractory CD30-positive hematologic malignancies. Clin Cancer Res J Am Assoc Cancer Res 18: 248–255

43. Younes A, Gopal AK, Smith SE et al (2012) Results of a pivotal phase II study of brentuximab vedotin for patients with relapsed or refractory Hodgkin and other lymphoma. J Clin Oncol J Am Soc Clin Oncol 30: 2183–2189
44. Minich SS (2012) Brentuximab vedotin: a new age in the treatment of Hodgkin lymphoma and anaplastic large cell lymphoma. Ann Pharmacother 46: 377–383
45. Hynes NE, Stern DF (1994) The biology of erbB-2/neu/HER-2 and its role in cancer. Biochim Biophys Acta 1198: 165–184
46. Dawood S, Broglio K, Buzdar AU et al (2010) Prognosis of women with metastatic breast cancer by HER2 status and trastuzumab treatment: an institutional-based review. J Clin Oncol J Am Soc Clin Oncol 28: 92–98
47. Arteaga CL, Sliwkowski MX, Osborne CK et al (2012) Treatment of HER2-positive breast cancer: current status and future perspectives. Nat Rev Clin Oncol 9: 16–32
48. Tsang RY, Finn RS (2012) Beyond trastuzumab: novel therapeutic strategies in HER2-positive metastatic breast cancer. Br J Cancer 106: 6–13
49. Phillips GD, Li G, Dugger DL et al (2008) Targeting HER2-positive breast cancer with trastuzumab-DM1, an antibody-cytotoxic drug conjugate. Cancer Res 68: 9280–9290
50. Junttila TT, Li G, Parsons K et al (2011) Trastuzumab-DM1 (T-DM1) retains all the mechanisms of action of trastuzumab and efficiently inhibits growth of lapatinib insensitive breast cancer. Breast Cancer Res Treat 128: 347–356
51. Barok M, Tanner M, Koninki K et al (2011) Trastuzumab-DM1 causes tumour growth inhibition by mitotic catastrophe in trastuzumab-resistant breast cancer cells in vivo. Breast Cancer Res BCR 13: R46
52. Krop IE, Beeram M, Modi S et al (2010) Phase I study of trastuzumab-DM1, an HER2 antibody-drug conjugate, given every 3 weeks to patients with HER2-positive metastatic breast cancer. J Clin Oncol J Am Soc Clin Oncol 28: 2698–2704
53. Beeram M, Krop IE, Burris HA et al (2012) A phase 1 study of weekly dosing of trastuzumab emtansine (T-DM1) in patients with advanced human epidermal growth factor 2-positive breast cancer. Cancer 118: 5733–5740
54. Burris HA, Tibbitts J, Holden SN et al (2011) Trastuzumab emtansine (T-DM1): a novel agent for targeting HER2+ breast cancer. Clin Breast Cancer 11: 275–282
55. Mathew J, Perez EA (2011) Trastuzumab emtansine in human epidermal growth factor receptor 2-positive breast cancer: a review. Curr Opin Oncol 23: 594–600
56. Lorusso PM, Weiss D, Guardino E et al (2011) Trastuzumab emtansine: a unique antibody-drug conjugate in development for human epidermal growth factor receptor 2-positive cancer. Clin Cancer Res J Am Assoc Cancer Res 17: 6437–6447
57. Burris HA, Rugo HS, Vukelja SJ et al (2011) Phase II study of the antibody drug conjugate trastuzumab-DM1 for the treatment of human epidermal growth factor receptor 2 (HER2)-positive breast cancer after prior HER2-directed therapy. J Clin Oncol J Am Soc Clin Oncol 29: 398–405
58. Krop IE, Lorusso P, Miller KD et al (2012) A phase II study of trastuzumab emtansine in patients with human epidermal growth factor receptor 2-positive metastatic breast cancer who were previously treated with trastuzumab, lapatinib, an anthracycline, a taxane, and capecitabine. J Clin Oncol J Am Soc Clin Oncol 30: 3234–3241
59. Girish S, Gupta M, Wang B et al (2012) Clinical pharmacology of trastuzumab emtansine (T-DM1): an antibody-drug conjugate in development for the treatment of HER2-positive cancer. Cancer Chemother Pharmacol 69: 1229–1240

60. Gupta M, Lorusso PM, Wang B et al (2012) Clinical implications of pathophysiological and demographic covariates on the population pharmacokinetics of trastuzumab emtansine, a HER2-targeted antibody-drug conjugate, in patients with HER2-positive metastatic breast cancer. J Clin Pharmacol 52: 691–703
61. Perez E, Dirix L, Kocsis J et al (2010) Efficacy and safety of trastuzumab-DM1 versus trastuzumab plus docetaxel in HER2-positive metastatic breast cancer patients with no prior chemotherapy for metastatic disease: preliminary results of a randomized, multicenter, open-label phase 2 study (TDM4450g). Ann Oncol 21 (Suppl 8): viii2, Abstract LBA3
62. Hurvitz S, Dirix L, Kocsis J et al (2011) Trastuzumab emtansine (T-DM1) vs trastuzumab plus docetaxel (H + T) in previouslyuntreated HER2-positive metastatic breast cancer (MBC): primary results of a randomized, multicenter, open-label phase II study (TDM4450g/B021976). Eur J Cancer 47: ECCO–ESMO, Abstract 5001
63. Verma S, Miles D, Gianni L et al (2012) Trastuzumab emtansine for HER2-positive advanced breast cancer. N Engl J Med 367: 1783–1791
64. Tedder TF, Poe JC, Haas KM (2005) CD22: a multifunctional receptor that regulates B lymphocyte survival and signal transduction. Adv Immunol 88: 1–50
65. Shan D, Press OW (1995) Constitutive endocytosis and degradation of CD22 by human B cells. J Immunol 154: 4466–4475
66. Wong BY, Dang NH (2010) Inotuzumab ozogamicin as novel therapy in lymphomas. Expert Opin Biol Ther 10: 1251–1258
67. Thomas X (2012) Inotuzumab ozogamicin in the treatment of B-cell acute lymphoblastic leukemia. Expert Opin Investig Drugs 21: 871–878
68. DiJoseph JF, Goad ME, Dougher MM et al (2004) Potent and specific antitumor efficacy of CMC-544, a CD22-targeted immunoconjugate of calicheamicin, against systemically disseminated B-cell lymphoma. Clin Cancer Res J Am Assoc Cancer Res 10: 8620–8629
69. Advani A, Coiffier B, Czuczman MS et al (2010) Safety, pharmacokinetics, and preliminary clinical activity of inotuzumab ozogamicin, a novel immunoconjugate for the treatment of B-cell non-Hodgkin and other lymphoma: results of a phase I study. J Clin Oncol J Am Soc Clin Oncol 28: 2085–2093
70. Ogura M, Tobinai K, Hatake K et al (2010) Phase I study of inotuzumab ozogamicin (CMC-544) in Japanese patients with follicular lymphoma pretreated with rituximabbased therapy. Cancer Sci 101: 1840–1845
71. DiJoseph JF, Dougher MM, Kalyandrug LB et al (2006) Antitumor efficacy of a combination of CMC-544 (inotuzumab ozogamicin), a CD22-targeted cytotoxic immunoconjugate of calicheamicin, and rituximab against non-Hodgkin's B-cell lymphoma. Clin Cancer Res J Am Assoc Cancer Res 12: 242–249
72. Dang N, Smith M, Offner F et al (2009) Anti-CD22 immunoconjugate inotuzumab ozogamicin (CMC-544) + rituximab: clinical activity including survival in patients with recurrent/refractory follicular or "aggressive" lymphoma. Blood 114, Abstract 584
73. Fayad L, Patel H, Verhoef G et al (2008) Safety and clinical activity of the anti-CD22 immunoconjugate inotuzumab ozogamicin (CMC-544) in combination with rituximab in follicular lymphoma or diffuse large B-cell lymphoma: preliminary report of a phase 1/2 study. Blood 112, Abstract 266
74. Verhoef G, Dang N, Smith M et al (2010) Anti-CD22 immunoconjugate inotuzumab ozogamicin (CMC-544) + rituximab: clinical activity in patients with relapsed/refractory follicular or aggressive lymphomas. Haematologica 95, Abstract 0573

75. Jabbour E, O'Brien S, Thomas DA, Ravandi F et al (2011) Inotuzumab ozogamicin (IO; CMC544), a CD22 monoclonal antibody attached to calicheamycin, produces complete response (CR) plus complete marrow response (mCR) of greater than 50% in refractory relapse (R–R) acute lymphocytic leukemia (ALL). J Clin Oncol 29, Abstract 6507
76. Kantarjian H, Thomas D, Jorgensen J et al (2012) Inotuzumab ozogamicin, an anti-CD22-calecheamicin conjugate, for refractory and relapsed acute lymphocytic leukaemia: a phase 2 study. Lancet Oncol 13: 403–411
77. Blanc V, Bousseau A, Caron A et al (2011) SAR3419: an anti-CD19-maytansinoid immunoconjugate for the treatment of B-cell malignancies. Clin Cancer Res J Am Assoc Cancer Res 17: 6448–6458
78. Younes A, Kim S, Romaguera J et al (2012) Phase I multidose-escalation study of the anti-CD19 maytansinoid immunoconjugate SAR3419 administered by intravenous infusion every 3 weeks to patients with relapsed/refractory B-cell lymphoma. J Clin Oncol J Am Soc Clin Oncol 30: 2776–2782
79. Coiffier B, Morschhauser F, Dupuis J et al (2012) Phase I study cohort evaluating an optimized administration schedule of SAR3419, an anti-CD19 DM4-loaded antibody drug conjugate (ADC), in patients (pts) with CD19 positive relapsed/refractory b-cell non-Hodgkin's lymphoma (NCT00796731). J Clin Oncol 30, Abstract 8057
80. Hammer O (2012) CD19 as an attractive target for antibody-based therapy. Mabs 4: 571–577
81. Keir CH, Vahdat LT (2012) The use of an antibody drug conjugate, glembatumumab vedotin (CDX-011), for the treatment of breast cancer. Expert Opin Biol Ther 12: 259–263
82. Tse KF, Jeffers M, Pollack VA et al (2006) CR011, a fully human monoclonal antibody-auristatin E conjugate, for the treatment of melanoma. Clin Cancer Res J Am Assoc Cancer Res 12: 1373–1382
83. Naumovski L, Junutula JR (2010) Glembatumumab vedotin, a conjugate of an antiglycoprotein non-metastatic melanoma protein B mAb and monomethyl auristatin E for the treatment of melanoma and breast cancer. Curr Opin Mol Ther 12: 248–257
84. Hamid O, Sznol M, Pavlick A et al (2010) Frequent dosing and GPNMB expression with CDX-011 (CR011-vcMMAE), an antibody-drug conjugate (ADC), in patients with advanced melanoma. J Clin Oncol 28, Abstract 8525
85. Szol M, Hamid O, Hwu P et al (2009) Pharmacokinetics of CR011-vcMMAE, an antibody-drug conjugate, in a phase I study of patients with advanced melanoma. J Clin Oncol 27, Abstract 9063
86. Saleh M, Bendell J, Rose et al (2010) Correlation of GPNMB expression with outcome in breast cancer (BC) patients treated with the antibody-drug conjugate (ADC), CDX-011 (CR011-vcMMAE). J Clin Oncol 28, Abstract 1095
87. Hoashi T, Sato S, Yamaguchi Y et al (2010) Glycoprotein nonmetastatic melanoma protein b, a melanocytic cell marker, is a melanosome-specific and proteolytically released protein. FASEB J 24: 1616–1629
88. Akhtar NH, Pail O, Saran A et al (2012) Prostate-specific membrane antigen-based therapeutics. Adv Urol 2012: 973820
89. Ghosh A, Heston WD (2004) Tumor target prostate specific membrane antigen (PSMA) and its regulation in prostate cancer. J Cell Biochem 91: 528–539
90. Chang SS, Reuter VE, Heston WD et al (1999) Five different anti-prostate-specific membrane antigen (PSMA) antibodies confirm PSMA expression in tumor-associated neovasculature. Cancer Res 59: 3192–3198
91. Minner S, Wittmer C, Graefen M et al (2011) High level PSMA expression is associated with early PSA recurrence in surgically treated prostate cancer. Prostate 71: 281–288

92. Silver DA, Pellicer I, Fair WR et al (1997) Prostate-specific membrane antigen expression in normal and malignant human tissues. Clin Cancer Res J Am Assoc Cancer Res 3: 81–85
93. Wang X, Ma D, Olson WC et al (2011) In vitro and in vivo responses of advanced prostate tumors to PSMA ADC, an auristatinconjugated antibody to prostate-specific membrane antigen. Mol Cancer Ther 10: 1728–1739
94. Galsky MD, Eisenberger M, Moore-Cooper S et al (2008) Phase I trial of the prostatespecific membrane antigen-directed immunoconjugate MLN2704 in patients with progressive metastatic castration-resistant prostate cancer. J Clin Oncol J Am Soc Clin Oncol 26: 2147–2154
95. Petrylak D, Kantoff P, Mega-A et al (2012) Prostate-specific membrane antigen antibody drug conjugate (PSMA ADC): a phase I trial in men with prostate cancer previously treated with taxane. J Clin Oncol 30, Abstract 107
96. Petrylak D, Kantoff P, Frank R et al (2011) Prostate-specific membrane antigen antibody-drug conjugate (PSMA ADC): a phase I trial in taxane-refractory prostate cancer. J Clin Oncol 29, Abstract 4550
97. Petrylak D, Kantoff P, Mega-A et al (2012) Prostate specific membrane antigen antibody drug conjugate (PSMA ADC): a phase 1 trial in castration-resistant metastatic prostate cancer (mCRPC). EORTC-NCI-AACR 47
98. Wijdenes J, Vooijs WC, Cle'ment C et al (1996) A plasmocyte selective monoclonal antibody (B-B4) recognizes syndecan-1. Br J Haematol 94: 318–323
99. Tassone P, Goldmacher VS, Neri P et al (2004) Cytotoxic activity of the maytansinoid immunoconjugate B-B4-DM1 against CD138+ multiple myeloma cells. Blood 104: 3688–3696
100. Jagannath S, Chanan-Khan A, Heffner L et al (2011) BT062, an antibody-drug conjugate directed against CD138, shows clinical activity in a phase I study in patients with relapsed or relapsed/refractory multiple myeloma. ASH Annual Meeting, Abstract 305
101. Lutz RJ, Whiteman KR (2009) Antibody—maytansinoid conjugates for the treatment of myeloma. MAbs 1: 548–551
102. Chanan-Khan A, Wolf J, Gharibo M et al (2009) Phase I study of IMGN901, used as monotherapy, in patients with heavily pretreated CD56-positive multiple myeloma-a preliminary safety and efficacy analysis. ASH Annual Meeting, Abstract 2883
103. Woll P, Laurigan P, O'Brien M et al (2009) Clinical experience of IMGN901 (BB-10901, huN901-DM1) in patients with Merkel cell carcinoma (MCC). Mol Cancer Ther 8, Abstract B237
104. Woll PJ, O'Brien M, Fossella F et al (2010) Phase I study of lorvotuzumab mertansine (IMGN901) in patients with CD56-positive solid tumors. Ann Oncol J Eur Soc Med Oncol ESMO, Abstract 536
105. Berdeja J, Ailawadhi S, Niesvizky R et al (2010) Phase I study of lorvotuzumab mertansine (IMGN901) used in combination with lenalidomide and dexamethasone in patients with CD56-positive multiple myeloma, a preliminary safety and efficacy analysis of the combination. ASHAnnual Meeting, Abstract 1934
106. Berdeja J, Mace J, Lamar R et al (2012) A single-arm, open-label, multicenter phase I/II study of the combination of panobinostat (pan) and carfilzomib (cfz) in patients (pts) with relapsed/refractory multiple myeloma (RR MM). J Clin Oncol 30, Abstract TPS8115
107. Mao W, Tien J, Goldenberg D et al (2010) Early study on LGR5/GPR49 molecule as a potential colon cancer stem cell target for the antibody conjugated drug treatment. Annual Meeting of the AACR, Abstract 4289
108. Schliemann C, Neri D (2010) Antibodybased vascular tumor targeting. Recent Results Cancer Res 180: 201–216

109. Terrett J, Devasthali V, Pan C et al (2008) Ptk7 as a direct and tumor stroma target in multiple solid malignancies. Annual Meeting of the AACR, Abstract 1526
110. Vater C, Manning C, Millar H et al (2008) Anti-tumor efficacy of the integrin-targeted immunoconjugate IMGN388 in preclinical models. EORTC-NCI-AACR, Abstract ENA-0399
111. Thon JN, Devine MT, Begonja AJ et al (2012) High-content live-cell imaging assay used to establish mechanism of trastuzumab emtansine (T-DM1)-mediated inhibition of platelet production. Blood 120: 1975-1984
112. Kovtun YV, Audette CA, Mayo MF et al (2010) Antibody-maytansinoid conjugates designed to bypass multidrug resistance. Cancer Res 70: 2528-2537
113. Erickson HK, Lambert JM (2012) ADME of antibody-maytansinoid conjugates. AAPS J 14: 799-805
114. Erickson HK, Phillips GD, Leipold DD et al (2012) The effect of different linkers on target cell catabolism and pharmacokinetics/pharmacodynamics of trastuzumab maytansinoid conjugates. Mol Cancer Ther 11: 1133-1142
115. Lin K, Tibbitts J (2012) Pharmacokinetic considerations for antibody drug conjugates. Pharm Res 29: 2354-2366
116. Junutula JR, Raab H, Clark S et al (2008) Site-specific conjugation of a cytotoxic drug to an antibody improves the therapeutic index. Nat Biotechnol 26: 925-932
117. McDonagh CF, Turcott E, Westendorf L et al (2006) Engineered antibody-drug conjugates with defined sites and stoichiometries of drug attachment. Protein Eng Design Select PEDS 19: 299-307
118. Zhao RY, Wilhelm SD, Audette C et al (2011) Synthesis and evaluation of hydrophilic linkers for antibody-maytansinoid conjugates. J Med Chem 54: 3606-3623
119. Moldenhauer G, Salnikov AV, Lüttgau AV et al (2012) Therapeutic potential of amanitin-conjugated anti-epithelial cell adhesion molecule monoclonal antibody against pancreatic carcinoma. J Natl Cancer Inst 104: 622-634
120. Kim KM, McDonagh CF, Westendorf L et al (2008) Anti-CD30 diabody-drug conjugates with potent antitumor activity. Mol Cancer Ther 7: 2486-2497
121. Wittrup KD, Thurber GM, SchmidtMMet al (2012) Practical theoretic guidance for the design of tumor-targeting agents. Methods Enzymol 503: 255-268
122. Annunziata CM, Kohn EC, Lorusso P et al (2012) Phase 1, open-label study of MEDI-547 in patients with relapsed or refractory solid tumors. Invest New Drugs 31: 77-84
123. Milowsky M, Galsky M, George M et al (2006) Phase I/II trial of the prostate-specific membrane antigen (PSMA)-targeted immunoconjugate MLN2704 in patients (pts) with progressive metastatic castration resistant prostate cancer (CRPC). J Clin Oncol 24, Abstract 4500
124. Chan SY, Gordon AN, Coleman RE et al (2003) A phase 2 study of the cytotoxic immunoconjugate CMB-401 (hCTM01-calicheamicin) in patients with platinumsensitive recurrent epithelial ovarian carcinoma. Cancer Immunol Immunother CII 52: 243-248
125. Gillespie AM, Broadhead TJ, Chan SY et al (2000) Phase I open study of the effects of ascending doses of the cytotoxic immunoconjugate CMB-401 (hCTMO1-calicheamicin) in patients with epithelial ovarian cancer. Ann Oncol J Eur Soc Med Oncol ESMO 11: 735-741

第 2 章　抗体偶联药物靶标选择：关键因素

Neil H. Bander

摘　要

一个成功的抗体偶联药物(antibody-drug conjugate，ADC)需要三个组成部分以一种近乎完美的方式发挥作用。因为靶标是 ADC 开发的关键因素之一，它是不变的，而且超出了研究者的操作，所以对靶标选择的严格考量同等重要。本章简要介绍了为获得成功的 ADC 开发而需考虑靶标选择的关键因素。

关键词：抗体特异性，抗原表达，抗原内化

1　引　言

虽然抗体靶向药物不是一个全新的概念，但这一概念正在取得丰富的成果。这一漫长且伴随着许多失败教训的孕育期，见证了这一简单明了的理论复杂而艰难的转变。期间吸取的失败经验包括：抗体、连接子及药物三者任何一个组成部分的瑕疵都会导致这一多组分治疗物的失败。然而，ADC 这一名词阐释了它的三个组成部分，却忽略了靶标这一同等重要的第四部分。实际上，我们应该深刻意识到，作为成功获得 ADC 的必不可少的四因素之一，靶标是永久不变的。也就是说，我们可以通过一种方式优化抗体的亲和力、免疫原性、结构等，改良连接子的可变化学性质、可切除性等，以及研究药物的效能和作用机制等。但是从本质上来讲，靶标是一定的且不变的，其超出了研究者们的能力范围，因此靶标的选择应该深思熟虑，因为如果选择了一个不合适的靶标，无论将多少时间、精力及金钱等投入到抗体、药物和连接子上，这一项目注定要失败。

在这一章，我们将勾勒出一些靶标考量的最关键因素，同时提供一个例子佐证如何来满足这些需求。

2　靶标选择的关键因素

2.1　特异性

靶标的特异性是 ADC 制备途径中最为核心的原则。实际上，为了避免药物投送到正常组织，ADC 应被限制在靶向于肿瘤特异性抗原上。但是必须以持续变化的眼光来看待肿瘤特异性，而不是以一个二元的思维来看待。在实际过程中我们总是寻找在肿瘤组

织内特异性且高表达的靶标，而在正常组织内表达限制在某一区域，或者表达在不是人体必需的、具有再生能力的组织上。

在一些实例中，靶标在正常组织也存在表达，但相比于靶标阳性的正常组织，在肿瘤组织过表达是非常有利的，或者说是必需的。再者，相对于抗原阳性的正常组织，肿瘤组织更易到达是非常值得考虑的，因为这与抗体偶联药物的生物分布相关。后一部分观点将在后文进一步阐述，同时也会在下面描述的实例中加以说明。

2.2 表达水平

从下面几个方面来说，靶标的表达水平也非常关键。首先，它将显著影响结合到肿瘤组织的 ADC 的量，以及有多少 ADC 被肿瘤细胞内化。尽管靶抗原可能非常特异，但是如果表达量过低，那么相对于靶标阴性的正常组织（通过非特异的摄取机制），运输到肿瘤组织的 ADC 的差异也会较低，从而导致较低的治疗比例。相反，一个高表达的靶标可以导致 ADC 细胞毒性剂量的摄取，进而引起肿瘤细胞的死亡，而靶抗原阴性或者靶标表达量相对较低的正常组织可能不受影响。如果靶标表达水平偏低，即使具备高度或者绝对的肿瘤特异，那么也会在因非特异性作用产生副作用之前，肿瘤组织仍然无法积累到细胞毒性剂量。

2.3 内化

药物在细胞内发挥作用时，内化对于有效的细胞毒性作用显得尤为重要。靶抗原无法有效地转运 ADC 至细胞内将严重影响药物的有效性和毒性作用。对于一个 ADC 靶向于非内化的靶抗原，寄希望于胞外释放药物来弥散到靶细胞，这种做法对于一个成功的 ADC 来说并不可取。虽然一些胞外释放的药物在实际情况下可能弥散至肿瘤细胞，但它更多的会弥散到肿瘤组织以外而产生副作用。理想情况下，不仅是靶抗原的内化，并且包含细胞表面抗原的有效再循环或者再补充的整个快速内化过程，具有实时泵作用可积累细胞内 ADC，可增加 ADC 成功的可能性。其中，在众多 ADC 内化规则中有一个例外，那就是被称为放射性同位素的 ADC，它们在细胞外的释放通常可以靶向作用于脱氧核糖核酸。简而言之，在药物开发过程中，在细胞外发挥作用将不涉及对内化的需要。

2.4 靶标的异质性

靶标的异质性可以体现在肿瘤类型水平，也可以体现在患者个体水平上。对于前者，我们考虑的是特定靶抗原阳性的肿瘤的比例。例如，对于乳腺癌中人类表皮生长因子受体 2 靶标的考量，其中有大约 20%的乳腺癌肿瘤患者是人类表皮生长因子受体 2 阳性。这一因素限制了该治疗获益的病患群，并说明需要一个合理的治疗指南来指导这类患者的治疗。

对于患者个体靶抗原异质性来说，由于靶标阴性的肿瘤细胞的存在，所以需要一种针对这些因靶标阴性而不能结合内化 ADC 的肿瘤细胞的治疗途径。例如，这在某种程度上暗示，使用一种可以在靶标阳性的肿瘤细胞释放药物，同时能渗透到附近靶标阴性细胞的连接子（也叫旁效应）是合理的。但是，显而易见，靶标阴性细胞的比例越大，ADC 靶向作用也就越弱。

2.5 可及性

肿瘤靶标的可及性是另外一个非常关键的因素。就这个方面而言，实体瘤相对于血液肿瘤具有更高的阻碍性。后者存在于血液、骨髓和/或淋巴结，这些位置可以接触高浓度的循环 ADC。相反，显然实体瘤的微环境导致药物、ADC 或者其他治疗物质(包括小分子)难以渗透[1, 2]。无论这一靶标多特异或者表达水平多高，肿瘤体积越大，那么坏死越多，则 ADC 越难到达靶标。

3 在靶标选择中需考虑的相关因素

3.1 鉴别合适的病患群

对于任何癌症调理和癌症介入治疗，考虑选择可预见性鉴别的病患群非常重要。如若不考虑 ADC 本身的靶向性，也可能存在肿瘤靶抗原阴性的患者。人类表皮生长因子受体 2 作为曲妥珠-美登素衍生物(trastuzumab-DM1，T-DM1)，是一个非常好的例子，其中 75%~85%的乳腺癌患者是人类表皮生长因子受体 2 阴性的。如果没有一种可以鉴别合适患者的方法，开发一种可接受的治疗方法就显得不可能。鉴定靶标阳性的人群对于成功的治疗尤为重要。对于靶标表达水平宽泛的病例来说也是这样，那么鉴定肿瘤患者靶标表达水平在一个高于早期临床试验界定的阈值就显得非常有益。

3.2 靶抗原调节

对于一些靶标，通常指淋巴细胞，当抗体结合以后可以导致靶抗原一段时间内被删除(抗原调节)。在这种病例中，为了优选药物剂量，了解靶抗原调节和再表达的动力学是必不可少的。鉴别是否会以及何时因 ADC 治疗产生的选择压力，从而导致靶标阴性细胞的选择性产生也非常重要。在一些病例中，尽管可能性比较低，但上调靶标也是存在可能性的。后半部分的现象将作为例子在后文加以讨论。

4 实例分析：前列腺特异性膜抗原

作为详述靶抗原选择的关键特征，下面的例子研究了前列腺特异性膜抗原(prostate specific membrane antigen，PSMA)，其是一个可优化的 ADC 靶标。我们将综述上文所列举的每一个特征，来阐述是哪些特征使 PSMA 成为一个典型的 ADC 靶标。

4.1 特异性

早期 PSMA 研究[3, 4]发现其几乎是前列腺绝对特异性的，因而被称为"PSMA"。随后的研究显示 PSMA 在肾近端小管和一些星形细胞存在表达，同时在小肠和唾液腺存在更加微量的表达(图 2-1)。因此，PSMA 正如其他高度限制性分化抗原一样，被作为癌症的靶标。通常，这些靶抗原在 ADC 领域的研究和在肿瘤特异性方面的研究是统一的。

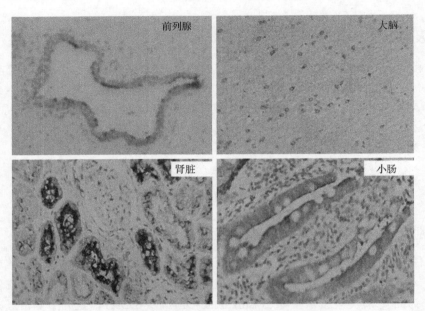

图 2-1 正常组织 PSMA 表达的免疫组化染色。在前列腺、肾脏和小肠表皮，PSMA 以一种极性和局限性的方式表达在顶点/腔侧。(另见彩图)

靶标特异性领域里另外一个考量的问题是靶标阳性的正常组织和 ADC 的结合对药物半衰期的维持是否必需和/或者组织是否能够再生。显然，在 PSMA 例子中，如果肾脏或者小肠毒性发生，提示可能存在副作用；相反，前列腺的损失可能不是一个问题（对于生育来说除外）。在另外一些病例中，正常细胞的损失可以接受，尤其是像这些正常细胞在随后可以再生，如白细胞分化抗原 20 阳性的正常淋巴细胞的实例一样。

但是，还有一个需要考虑的问题，在上文讨论过，实际过程中非常重要：细胞表达的精确定位可能提供一些对特异性有益的额外信息。例如，在 PSMA 例子中，ADC 潜在地靶向于星形细胞可以被血脑屏障阻止，并且在前列腺、肾脏和小肠正常组织中，PSMA 在细胞顶点/腔侧以一种极性的方式表达(图 2-1)。

这些正常组织在体外是非常有效的，抗体的接近被细胞层和基底膜间的间隙及紧密连接阻止。基于穿过这些屏障的浓度梯度的人类数据，我们估计正常组织获得的抗体浓度是血浆的 $1/10^7$。

也许肿瘤绝对特异性这个问题并不是先决条件，相反，高度的特异性非常重要，并且这里还有一些额外需要考量的问题。例如，正如以前所提到的，即使当靶标在正常重要组织上存在表达，是否可以通过一些途径来减轻毒性。

4.2 表达水平

相对于在其他组织，包括正常前列腺组织，PSMA 在前列腺癌(prostate cancer，PC)的表达显著上调(图 2-2)。在人 PC 细胞系 LNCaP、C4-2 和 MDA-PCa2b 上，PSMA 的表达水平是每个细胞有百万个分子[5]。Sokoloff 等[6]研究者利用人体组织标本，研究显示其在 PC 上的表达水平比正常组织高 100~1000 倍。

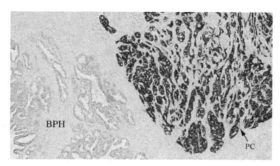

图 2-2 相对于正常或者前列腺良性增生组织(benign prostatic hyperplasia，BPH)，PC 的 PSMA 显著上调。同时 PSMA 在 PC 表达是同质性的。(另见彩图)

4.3 内化

通过胞吞途径，PSMA 被快速、有效地内化[7]（图 2-3），并且它可以快速地循环，从而回到细胞膜，因而实际上是将 ADC 泵到细胞内。基于高表达水平和高效内化，大量的 ADC 被有效内化。

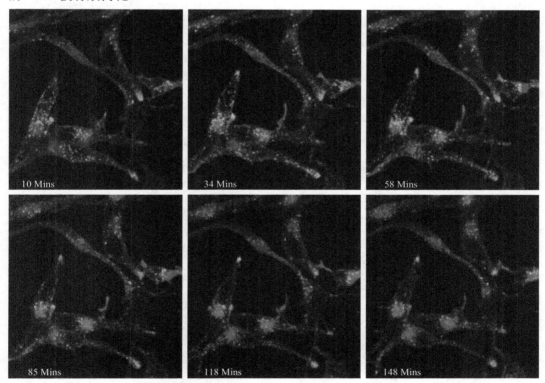

图 2-3 时间迁移共聚焦显微镜显示了 J591(一种抗 PSMA 抗体)被内化入 PC 细胞系(LNCaP)。J591 被直接标记上 alexa-647 染料(红色)；溶酶体被 LysoTracker®(Invitrogen)标记上绿色。孵育始于 4℃，当细胞被转移到 37℃时计时开始。开始 10 min 时，可以发现 J591(红色)存在于胞膜。随着时间的推移，可以发现越来越多的 J591 抗体存在于细胞核毗邻的溶酶体间隔内(红色+绿色+橙色)。(另见彩图)

4.4 异质性

正如上文所述，异质性应该在患者间和患者自身两个水平加以考虑。对于 PSMA 例子来说，针对患者间水平，研究显示，接近 95% 的 PC 是 PSMA 阳性[8~16]，因而 PC 患者作为潜在的治疗候选者有较高的比例。对于患者自身水平来说，文献研究显示，早期切除而复发的 PC 会以一种相当同质的方式高表达 PSMA（见图 2-2）。再次，这也是使 ADC 获得好的细胞毒性效能的一个支撑特性。

4.5 可及性

血液/液体肿瘤是最能有效接触到循环 ADC 的，在这些位置的肿瘤能高效地被含有 ADC 的血浆所接触。最早被美国食品药品监督管理局批准的两个 ADC，分别针对白细胞分化抗原 33 阳性的急性髓性白血病（吉妥单抗-奥加米星）和白细胞分化抗原 30 阳性的淋巴瘤（布妥昔单抗），这并不是偶然。实体瘤展现出比较高的阻碍，但是也有例外。例如，作为即将获得法规批准用曲妥珠-美登素衍生物加以治疗的乳腺癌，它主要转移到淋巴结和骨髓，由于这些位置具有更加多孔的内皮连接，因而可以接触高水平的循环抗体，这一水平几乎和血浆相当。实际上，PC 也是如此，最常见的转移位点是骨髓（85%~90%的患者），其次是淋巴结（20%~50%的患者）。并且，PC 有一个较普遍的生物标记，在影像研究可见肿块之前的几年，前列腺特异性抗原可以提供肿瘤复发的早期提示（大约使用原位治疗的 30%的患者存在复发）。在前列腺特异性抗原表达升高时，肿瘤负荷可用"克"来计量，显著低于其他实体瘤复发至影像可见的时间点。这就争取了在肿瘤负荷还很小时加以早期治疗，此时这些转移最初在骨髓以小的细胞簇呈现（图 2-4）。因此，ADC 通过血液途径渗透到血液肿瘤比渗透到任何其他实体瘤都有效。

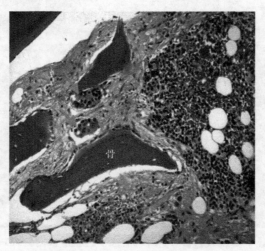

图 2-4 通过骨髓活检显示在骨片毗邻的地方有两个前列腺转移小岛（箭头所示）。这些小的肿瘤细胞岛很容易接触到循环抗体和抗体偶联药物。（另见彩图）

另外，PSMA 可以作为治疗靶标的可能理由是，它的表达集中在新生血管上，与其他实体瘤一样，但是在正常血管上没有表达[17~21]（图 2-5）。它表达在可暴露于循环系统的内皮细胞表面，并且基于免疫组化比较，其在内皮细胞上的表达水平和在 PC 是一致的。很显然，新生血管的 PSMA 很容易接触到 ADC。因此，在宏观水平（疾病位点）和微观水平（即肿瘤负荷和抗原靶标可及性），PC 代表了一个非常合适的靶标。

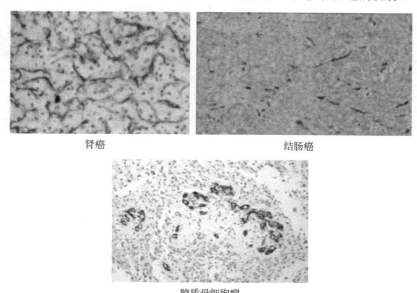

图 2-5 三种不同的实体瘤例子展现了前列腺特异性抗原在新生血管内皮细胞存在表达（染色成棕色）。（另见彩图）

4.6 鉴定合适的病患群

我们在上文讨论了能够鉴别合适的患者非常重要，并给出了以人类表皮生长因子受体 2 为靶标治疗的例子。对于 PSMA 这一病例，我们以前提到 95% 的 PC 是 PSMA 阳性的。实际上，在临床上当我们开始用 PSMA 抗体靶向治疗时，我们已经认为满足临床标准的前列腺癌患者以 PSMA 为治疗靶标是合适的。尽管来自于多个实验室的大约 1500 例患者的免疫病理学数据支持了以上观点，但我们最新认识到，即使疾病状态一样，患者 PSMA 表达水平也可能显著不同[22]。我们对于 100 例患者的二维成像研究显示，对于 90%~95% 的患者可以应用靶向治疗实际上是无误的（图 2-6），这与免疫病理学数据是一致的。

虽然这些成像手段不能定量，但其暗示表达水平具有一个宽泛的范畴。我们初步认为影像密度（与表达水平相关）与反应可能性存在一定的关系。因此，由于临床试验已经成熟，我们开始通过合并研究来定义那些 PSMA 阴性的小群体前列腺癌患者并将他们排除，同时我们计划使用定量分析，通过使用 PSMA 正电子发射断层成像或者循环肿瘤细胞来定义具有最高表达水平的患者亚组，这些患者将是 PSMA 靶向 ADC 的最佳候选者。当然，我们期望相似的途径能够并且即将辐射到其他靶标，例如，与此同时我们意识到对于人类表皮生长因子受体 2，正电子发射断层成像正在形成[23]，通过这种途径可能是临床有意义的，并可进一步提高对患者的筛选率。

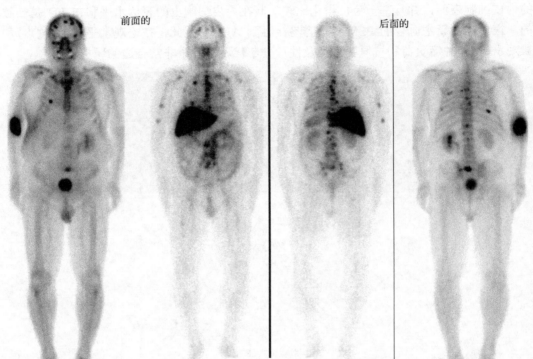

图 2-6 展示了前列腺癌患者的二维成像。左远侧和右远侧图片分别代表亚甲基二磷酸盐骨扫描图的前侧和后侧。中间图片展示了放射标记 J591 抗体前侧和后侧成像，这可以直接比较骨扫描。在一次骨扫描中，放射性同位素从尿道中发射出来（显示阻塞的左肾和膀胱）；在抗体扫描中，金属放射性从肝发射出来。同时，在骨扫描过程中，在注射的位置亮光的地方是右侧肘窝外渗的同位素，显示在 J591 抗体扫描中每一个骨损伤都可见。而且，相对于骨扫描，抗体扫描可以发现更多的损伤（真阳性）。在 J591 抗体成像的腹中线代表腹膜后的结节疾病，其阻塞了左侧的肾。

在新生血管的表达病例中，我们注意到实际上每种实体瘤都有 PSMA 的表达，然而不同肿瘤类型的 PSMA 阳性比例是不同的[22]。并且，我们发现表达密度也有差异，再次暗示鉴定合适患者的方法是有价值的。

4.7 靶标的表达是否可调

PSMA 的一个有趣的性质是它的表达受雄激素所调节，当患者使用激素加以治疗时，即可诱导 PSMA 的上调。体外数据证明 PSMA 可以上调高达 80 倍[24]。我们发现，即使在所谓的"去势抵抗"或者"雄激素不敏感"前列腺癌模型中这一上调也可发生（图 2-7）。使用一种去势抵抗的肿瘤移植模型，我们展示了可以增加 ADC 的抗肿瘤效能[24]。令人意外的是，抗雄激素药物不但被批准用以治疗这种疾病，而且它们是这种疾病治疗的常用药物。除了可以直接增强抗肿瘤效能，这一治疗方法还可以改善治疗窗口，因为它可以调节雄激素受体并可上调雄激素受体阳性前列腺癌细胞的 PSMA 靶标，而不能上调雄激素受体阴性的正常组织 PSMA 的表达。这种靶标上调的现象又称为条件性增强易损伤或敏感性，也可能适用于其他靶标或者肿瘤类型。我们可以很容易建立筛选机制来有效地鉴定能够上调感兴趣靶标的试剂。

 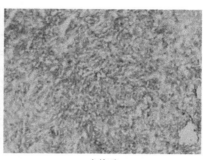

去势前　　　　　　　　　　　　　去势后

图 2-7　一种低表达 PSMA 的前列腺癌非去势动物细胞系（CWR22Rv1）。去势以后，通过免疫组化证明 PSMA 表达显著增加。在体外，去势以后这种细胞系的 PSMA 表达增加了 4~5 倍。这一增加量也可以通过 J591 正电子发射断层成像检测到[25]。（另见彩图）

5　结　　论

毫无疑问，完美的 ADC 需要对其各个组成部分进行优化，包括抗体、连接子和药物，但是它同时也需要一个必须满足各标准的靶标。其实，经过药物开发者的筛选研究，这种靶标并不多。基于上文列举的标准，这里可能有相对小的肿瘤靶标数目，它们可以适合作为 ADC 的靶标。此外，为了现有细胞毒物能有效发挥功能，这就需要靶标的高表达，同时这也预示可能最好的靶标已经被鉴定出来。开发创新的方法去鉴定全新的、特异的、表达量偏低的靶标，并不可能产生许多新的靶标，除非开发出更加有效的细胞毒性物质；反过来，这也将进一步约束连接子的特性。

参 考 文 献

1. Jain RK（1990）Physiological barriers to delivery of monoclonal antibodies and macromolecules in tumors. Cancer Res 50: 814s–819s, PMID 2404582
2. Primeau AJ, Rendon A, Hedley D et al（2005）The distribution of the anticancer drug doxorubicin in relation to blood vessels in solid tumors. Clin Cancer Res 11: 8782–8788, PMID 16361566
3. Horoszewicz JS, Kawinski E, Murphy GP（1987）Monoclonal antibodies to a new antigenic marker in epithelial prostatic cells and serum of prostatic cancer patients. Anticancer Res 7: 927–936, PMID 2449118
4. Israeli RS, Powell CT, Fair WR et al（1994）Molecular cloning of a complementary DNA encoding a prostate-specific membrane antigen. Cancer Res 53: 227–230, PMID 8417812
5. Smith-Jones PM, Vallabahajosula S, Goldsmith SJ et al（2000）In vitro characterization of radiolabeled monoclonal antibodies specific for the extracellular domain of prostate specific membrane antigen. Cancer Res 60: 5237–5243, PMID 11016653

6. Israeli RS, Powell CT, Corr JG et al (1994) Expression of the prostate-specific membrane antigen. Cancer Res 54: 1807–1811, PMID 7511053
7. Sokoloff RL, Norton KC, Gasior CL et al (2000) A dual-monoclonal sandwich assay for prostate-specific membrane antigen: levels in tissues, seminal fluid and urine. Prostate 43: 150–157, PMID 10754531
8. Liu H, Rajasekaran AK, Moy P et al (1998) Constitutive and antibody-induced internalization of prostate-specific membrane antigen. Cancer Res 58: 4055–4060, PMID 9751609
9. Wright GL Jr, Haley C, Beckett ML et al (1995) Expression of prostate-specific membrane antigen (PSMA) in normal, benign and malignant prostate tissues. Urol Oncol 1: 18–28
10. Troyer JK, Beckett ML, Wright GL Jr (1995) Detection and characterization of the prostatespecific membrane antigen (PSMA) in tissue extracts and body fluids. Int J Cancer 62: 552–558, PMID7665226
11. Wright GLJ, Grob BM, Haley C et al (1996) Upregulation of prostate-specific membrane antigen after androgen-deprivation therapy. Urology 48: 326–334, PMID 8753752
12. Sweat SD, Pacelli A, Murphy GP et al (1998) PSMA expression is greatest in prostate adenocarcinoma and lymph node metastases. Urology 52: 637–640, PMID 8763054
13. Bostwick DG, Pacelli A, Blute M et al (1998) Prostate specific membrane antigen expression in prostatic intraepithelial neoplasia and adenocarcinoma: a study of 184 cases. Cancer 82: 2256–2261, PMID 9610707
14. Mannweiler S, Amersdorfer P, Trajanoski S et al (2009) Heterogeneity of prostate-specific membrane antigen (PSMA) expression in prostate carcinoma with distant metastasis. Pathol Oncol Res 15(2): 167–172, PMID 18802790
15. Kusumi T, Koie T, Tanaka M et al (2008) Immunohistochemical detection of carcinoma in radical prostatectomy specimens following hormone therapy. Pathol Int 58: 687–694, PMID 18844933
16. Ananias HJ, van den Heuvel MC, Helfrich W et al (2009) Expression of the gastrin-releasing peptide receptor, the prostate stem cell antigen and the prostate-specific membrane antigen in lymph node and bone metastases of prostate cancer. Prostate 69: 1101–1108, PMID 19343734
17. Liu H, Moy P, Kim S et al (1997) Monoclonal antibodies to the extracellular domain of prostate specific membrane antigen also react with tumor vascular endothelium. Cancer Res 57: 3629–3634, PMID 9288760
18. Silver DA, Pellicer I, Fair WR et al (1997) Prostate-specific membrane antigen expression in normal and malignant human tissues. Clin Cancer Res 3: 81–85, PMID 9815541
19. Chang SS, Reuter VE, HestonWDet al (1999) Five different anti-prostate-specific membrane antigen (PSMA) antibodies confirm PSMA expression in tumor-associated neovasculature. Cancer Res 59: 3192–3198, PMID 10397265
20. Chang SS, O'Keefe DS, Bacich DJ et al (1999) Prostate-specificmembrane antigen is produced in tumor-associated neovasculature. Clin Cancer Res 5: 2674–2681, PMID 10537328
21. Al-Ahmadie HA, Olgac S, Gregor PD et al (2008) Expression of prostate-specific membrane antigen in renal cortical tumors. Mod Pathol 21: 727–732, PMID 18344976
22. Dijkers EC, Oude Munnink TH, Kosterink JG et al (2010) Biodistribution of ^{89}Zr-trastuzumab and PET imaging of HER2-positive lesions in patients with metastatic breast cancer. Clin Pharmacol Ther 87: 586–592, PMID 20357763
23. Haffner MC, Kronberger IE, Ross JS et al (2009) Prostate specific membrane antigen expression in the neovasculature of gastric and colorectal cancers. Hum Pathol 40: 1754–1761, PMID 19716160

24. Kuroda K, Liu H, Li M et al. Androgen suppression, prostate-specific membrane antigen and the concept of conditionally enhanced vulnerability. Manusc Submitted
25. Evans MJ, Smith-Jones PM, Wongvipat J et al (2011) Non-invasive measurement of androgen receptor signaling with ^{64}Cu-J591, a positron emitting radiopharmaceutical that targets prostate-specific membrane antigen. Proc Natl Acad Sci U S A 108: 9578–9582

第3章 抗体偶联药物中抗体的选择：内化和细胞内定位

Jay Harper, Shenlan Mao, Patrick Strout, and Adeela Kamal

摘　要

抗体偶联药物(antibody-drug conjugate，ADC)联合了单克隆抗体的选择性和细胞毒性药物的杀伤能力。ADC中的抗体需能够在结合肿瘤细胞表面的抗原后被内化到细胞内，内化后，ADC应能够被转运至溶酶体进行细胞内加工，释放出具有生物学活性的药物杀伤肿瘤细胞。本章描述了当前为确保ADC抗体内化和细胞内的正确运输所使用的筛选技术。

关键词：抗体，抗体偶联药物，内化，流式细胞术，共聚焦显微镜

1　引　言

ADC由抗体和通过可剪切或不可剪切连接子偶联其上的药物(通常称为弹头)构成[1]。通常这些弹头对于正常细胞的细胞毒性非常大，使其不能被单独用于化疗，但将这种高活性药物偶联至靶向性分子(这里指抗体)后，可以将其导向至肿瘤细胞并降低其对非靶器官的毒性。采用该治疗方式的Brentuximab vedotin(Adcetris[2])和Trastuzumab emtansine(Kadcyla[3])近期被批准。ADC中的关键在于选择合适的抗体，在保持药物活性的条件下将药物输送至肿瘤细胞。

用于制备ADC的抗体要具备一定特性，它不仅需要能够特异性结合肿瘤中的抗原阳性细胞，而且抗原-抗体复合物需要能够介导ADC的内化[4, 5]。内化后，ADC需要能够被运输至合适的细胞器(典型的细胞器为溶酶体)进行细胞内降解以释放细胞毒性成分杀伤靶细胞。因此，ADC的设计中，筛选抗体时需要考虑下述三个要素：特异性结合、内化、内化后抗体的细胞内定位。

在高效的ADC中，抗体的亲和力与内化速度间无明确的联系，虽然传统的观点认为抗体与抗原的结合越牢固则内化速度越快，从而更适合用于制备ADC[6]，但作为例外，最好的例子为Kadcyla。该ADC能高效地抑制肿瘤的生长，曲妥珠单抗(Trastuzumab, Herceptin)作为其中的抗体部分具有很高的亲和力，但其内化速度相对其他ADC中的抗体来说更慢[7, 8]。决定一个抗体是否适于制备ADC的最后一个重要因素为，该抗体内化后是否能够运输至细胞中的正确位置进行后继加工并释放出弹头，该因素可以通过使用共聚焦显微镜进行的共定位试验进行评价。

Biacore等多种方法可以用于评价抗体的亲和力，但本章的内容将主要详细介绍用于

评价抗体内化速度和确定抗体内化后细胞内定位的方法，这些方法可以筛选适用于 ADC 治疗的合适抗体。然而需要注意的是，具有高亲和力和良好的内化动力学性能的抗体仍然不一定适合制备有效的 ADC[9]。药物偶联至抗体后可能会影响抗体的性质并干扰上述三个关键参数。因此，上述检测方法虽然有助于筛选适用于 ADC 的合适抗体，但仍需要在体内和体外模型中测定最终制备的 ADC 的细胞毒性。随后，这些方法可以用于测定抗体与弹头偶联后是否失去了结合、内化和/或正确定位的能力。

ADC 的内化对于其效果是重要的影响因素。有多种常规方法用于检测内化，包括共聚焦显微镜、放射性标记抗体/ADC 检测和流式细胞术等方法。这里描述的第一个方法为使用流式细胞术方法评价纯化抗体的内化，该方法不需使用荧光素或放射性物质对待评价抗体进行标记。

ADC 内化后，特别是使用蛋白酶降解连接子的 ADC，需要被转运至细胞内的合适部位，典型的为溶酶体，经加工释放出药物。使用下述方法可以检测抗体内化后是否定位于溶酶体，该方法有助于筛选适用于 ADC 的候选抗体。

2 材 料

2.1 流式细胞术检测内化所需试剂

除非特别说明，所有试剂均存放于 4℃。当丢弃废液时，需符合当地的废液处理要求。

(1) 磷酸盐缓冲液(phosphate-buffered saline，PBS)，pH 7.2(Invitrogen)。

(2) 0.25% 胰酶-EDTA(Invitrogen)。

(3) FACS 染色缓冲液：含 2% 灭活胎牛血清(fetal bovine serum，FBS)的 PBS(Invitrogen)。

(4) 纯化的候选抗体。

(5) 荧光素标记的二抗，如 Alexa Fluor 488 标记的羊抗人 IgG(H+L)二抗(Invitrogen)。

(6) 聚苯乙烯材质的圆底 12 mm×75 mm 离心管(Falcon)。

(7) 15 mL 或 50 mL 锥形底离心管(VWR)。

(8) 移液器和吸头(VWR)。

(9) 含冰水混合物的冰盒。

(10) 冷冻超速离心机。

(11) 流式细胞仪，如配备 CellQuest 分析软件的 FACSCalibur(BD Biosciences)。

(12) 振荡混匀器(如 Fisher Scientific)。

2.2 细胞内定位检测所需试剂

(1) 磷酸盐缓冲液(phosphate-buffered saline，PBS)，pH 7.2(Invitrogen)。

(2) 载玻片：Lab-Tek™ Chamber Slide™ System(NUNC)(见注意事项 1)。

(3) 多聚甲醛：32% 多聚甲醛溶液稀释至浓度为 3.7%，作为工作浓度(Electron Microscopy Sciences)。

(4) 封闭溶液：含 2% FBS(Invitrogen) 的 pH 7.2 PBS 溶液。

(5) 穿透溶液：10% Triton X-100 溶液稀释至浓度为 0.5%，作为工作浓度 (G-Biosciences)。

(6) 载玻片增强溶液：含 DAPI 的 ProLong® Gold Antifade Reagent(Invitrogen)。

(7) 盖玻片(VWR)。

(8) 抗体：

(a) 候选抗体。

(b) 鼠抗人 LAMP1 抗体(BD Biosciences)。

(c) Alexa Fluor 488 标记的羊抗人 IgG(H+L) 二抗(Invitrogen)(见注意事项 2)。

(d) Alexa Fluor 647 标记的羊抗鼠 IgG(H+L) 二抗(Invitrogen)。

3 方　　法

3.1 流式细胞术检测内化

除非特别说明，所有步骤均需在冰浴或 4℃ 条件下进行，检测所需试剂也需冰浴后使用。

(1) 收获细胞：若细胞为悬浮细胞，将细胞悬液收集于锥形底离心管中；若细胞为贴壁细胞，使用胰酶-EDTA(见注意事项 3)使细胞从培养瓶或培养皿上脱落后，将细胞悬液置于锥形底离心管中。使用台盼蓝染色测定细胞存活率(见注意事项4)，并于4℃、300 g 离心 5 min 沉淀细胞，加入 FACS 染色缓冲液洗涤细胞一次。再次离心细胞并使用合适体积的 FACS 染色缓冲液重悬细胞，使重悬后细胞浓度为 2×10^7 细胞/mL。

(2) 制备用于染色的细胞：将细胞悬液以 50 μL/管(1×10^6 细胞/mL)分装至各离心管中(见注意事项 5 和 6)。理想情况下，样品需进行两个样品或三个样品的平行检测，以确保检测结果的准确性。

(3) 抗体结合细胞(见注意事项 7)：将使用 FACS 染色缓冲液稀释的一抗和细胞悬液合并至终体积 100 μL(如 50 μL 一抗样品加 50 μL 细胞悬液)，使合并后液体中一抗浓度在合适范围内(1~20 μg/mL，见注意事项 8)，轻柔振荡使混匀后于冰浴中孵育 60 min。

(4) 洗涤未结合抗体：加入 2 mL FACS 染色缓冲液洗涤细胞，移除未结合抗体。4℃、300 g 离心 5 min 沉淀细胞，弃去上清。重复洗涤 2 次(见注意事项 9)。

(5) 37℃孵育使结合抗体内化：每个离心管中加入 200 μL FACS 染色缓冲液后，于 37℃孵育 15 min 至 2 h 的不同时间，使结合于细胞表面的抗体内化。每个时间点，使用另一个在 4℃孵育相同时间的样品管作为无内化的阴性对照。在各时间点，将该时间点对应的 37℃孵育试管移至冰浴，并加入 2 mL 冰浴 FACS 染色缓冲液终止内化。同时，向 4℃孵育的对照试管中加入 2 mL 冰浴的 FACS 染色缓冲液，4℃、300 g 离心 5 min 沉淀细胞。

(6) 使用荧光标记的二抗标记结合于细胞表面的抗体：在各离心管中加入 20 μL Alexa Fluor 488 标记的羊抗人 IgG(H+L) 二抗(或其他荧光标记的抗鼠或抗人 IgG 二抗，

见注意事项8），4℃避光孵育30 min。

(7) 洗涤未结合二抗：加入2 mL FACS染色缓冲液洗涤细胞，移除未结合抗体。4℃、300 g离心5 min沉淀细胞，弃去上清。重复洗涤2次。将染色后细胞重悬于500 μL冰浴PBS中（见注意事项10）。

(8) 流式细胞仪检测细胞表面的荧光强度：为获得最好的结果，在细胞洗涤完成后尽快使用流式细胞仪分析（见注意事项11）。

(9) 细胞表面结合抗体的内化水平通过计算37℃孵育样品相对于4℃孵育对照样品的平均荧光强度（mean fluorescence intensity，MFI）降低水平得出（图3-1）。计算各时间点（t_x）37℃孵育样品和4℃孵育对照样品的平均荧光强度，使用下面公式计算内化百分比和细胞表面结合抗体百分比（% MFI）：

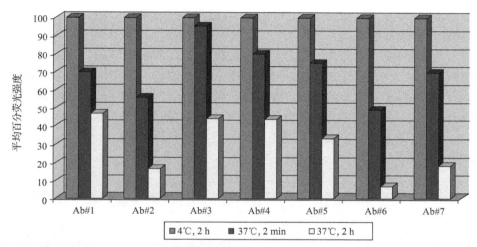

图3-1 7个候选抗体的内化。前列腺癌细胞使用10 μg/mL的候选抗体在4℃处理1 h。洗涤后，细胞在37℃孵育使结合抗体内化。在20 min和2 h两个时间点，细胞样品终止内化并在4℃使用FITC标记的二抗染色。结果显示，在2 h内，候选抗体在前列腺癌细胞中的内化率为53%（抗体#1）~92%（抗体#6）。

(a) t_x时间点的%MFI＝37℃孵育样品的MFI×100/4℃孵育对照样品的MFI；
(b) t_x时间点的内化百分比＝100- t_x时间点的%MFI

3.2 细胞内定位检测

(1) 在4孔载玻片的每个孔中加入含100 000个细胞的、10% FBS的细胞特异培养基，培养48 h。

(2) 48 h孵育结束后，从孵箱中取出细胞，使用预冷PBS洗涤1次，置于冰上（见注意事项12）。

(3) 每孔中加入稀释于250 μL PBS中的10 μg偶联或未偶联抗体，置于冰水混合物上孵育1 h（见注意事项13）。

(4) 从孔中吸弃上清，加入500 μL/孔细胞特异性培养基，并将细胞置于37℃二氧化碳孵箱中至特定时间点观察抗体内化，典型的时间点为30 min、1 h、4 h和24 h。在"0

点"时间点,取一个载玻片,吸弃上清,冰浴预冷 PBS 洗涤一遍,直至准备固定(见注意事项 14)。

(5)在各选定的时间点,将载玻片从孵箱中取出,使用冰浴预冷 PBS 洗涤 1 遍。加入 250 μL/孔新鲜制备的 3.7% 多聚甲醛室温固定细胞 20 min(见注意事项 15)。固定结束,使用室温 PBS 洗涤细胞两次(见注意事项 16)。

(6)透化细胞:加入 250 μL/孔的 0.5% Triton X-100,室温透化 5 min,再用 PBS 洗涤透化后细胞两次。

(7)检测一抗:加入 250 μL/孔含 2 μg 荧光标记二抗(见第 2 节)的封闭溶液,二抗为抗一抗种属的抗体(如使用羊抗人的二抗)。室温孵育 1 h,孵育结束后使用 PBS 洗涤两次。

(8)检测溶酶体:向载玻片孔中加入 1:50 稀释的抗 LAMP1 一抗,室温孵育 1 h。孵育结束后,PBS 洗涤两次。

(9)检测溶酶体:加入 250 μL/孔含 2 μg 荧光标记二抗的封闭溶液,二抗为抗一抗种属的抗体(本例中为羊抗鼠的二抗)。室温孵育 1 h,孵育结束后使用 PBS 洗涤两次。

(10)洗净洗涤步骤剩余的 PBS,取出塑料孔和硅胶垫圈。使用含 DAPI 的 ProLong® Gold Antifade Reagent 增强载玻片荧光,并按照制造商的说明书放置和保存载玻片。

(11)使用荧光显微镜,最好是使用共聚焦显微镜(见注意事项 17),观察荧光定位(图 3-2)。

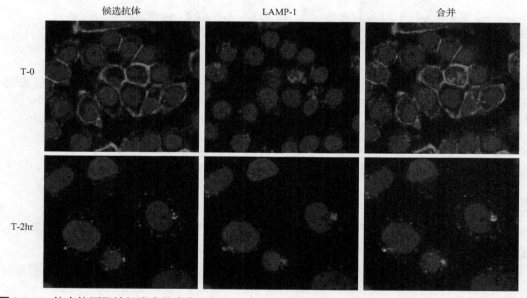

图 3-2 一抗在抗原阳性细胞中的内化和细胞内定位。使用共聚焦显微镜对一抗(绿色荧光)和 LAMP-1(红色荧光)照相。一抗与细胞在冰浴中孵育 1 h,在显示的时间点内进行内化。内化完成后,细胞立即固定、透化并使用荧光标记的二抗检测一抗和 LAMP-1。左侧的照片显示作为溶酶体标志的 LAMP-1 的定位,最右侧照片为左侧照片和中间照片的合并图像。(另见彩图)

4 注意事项

(1) 带孔载玻片可以为钠钙玻璃材质或塑料材质(Permanox™)。我们使用的过程中，观察到使用塑料材质的载玻片可增强细胞的吸附而不会导致背景荧光的增强，该特性可使载玻片经过固定、透化和染色后，可观察到的细胞更多。

(2) 请根据您试验中使用的一抗的种属选择二抗，试验中一般使用人源或鼠源的一抗。

(3) 可以使用胰酶-EDTA 或其他细胞消化缓冲液消化贴壁细胞。

(4) 使用血细胞计数仪或自动细胞计数设备(如 Beckman Coulter Inc.生产的 Vi-Cell 细胞存活率分析仪)计数台盼蓝染色的细胞，细胞存活率应高于 90%。

(5) 每个待测样品的检测需要 $1\times10^5\sim1\times10^6$ 个细胞，建议使用尽量多的细胞以确保能够获得最佳的信号。

(6) 一般情况下，细胞在聚丙烯圆底 12 mm×75 mm Falcon 管中进行染色。但如果您有合适的离心设备，也可在其他容器中进行染色，如 96 孔圆底微孔板。

(7) 作为可进一步降低非特异性荧光信号和 Fc 介导结合的可选择步骤，您可以在染色前将细胞在封闭缓冲液(含 1%二抗种属动物正常血清或 0.1 mg/mL 二抗种属动物 IgG 的 FACS 染色缓冲液)中冰浴孵育 20 min。

(8) 根据一抗来源的种属，如人或小鼠，选择二抗。根据试验的不同，试验中使用的一抗和二抗的浓度及孵育时间也不尽相同，应根据具体的试验对上述参数进行优化。在 ADC 内化检测的第 3 步的第 3.1 分步骤中，使用 1~20 μg/mL ADC 替代纯化的一抗。

(9) 每次离心后，小心地吸弃(针对微孔板或试管)或倒转并印干(针对试管)细胞上清。轻柔振荡重悬细胞。

(10) 某些特定的细胞类型对处理步骤敏感，试验中可能观察到细胞活率的降低。如果发生该种情况，可以加入活细胞染色剂[如碘化丙啶(propidium iodide)]，以在流式细胞术检查中排除掉死细胞。如有该种情况，强烈建议在固定后立即进行流式细胞术检查(见注意事项 11)。

(11) 建议在细胞染色的当天进行流式细胞术检查。如需保存样品(>4 h)，细胞可在步骤 7 中使用 1%多聚甲醛-PBS 固定后避光保存于 4℃，该条件下，细胞可保存数天时间。未染色的对照细胞也需使用相同的方式固定。

(12) 向细胞中加入一抗前，使细胞在冰浴 PBS 中自然沉降。另外，在一抗稀释中需使用冰浴预冷的 PBS。所有抗体稀释液在加入至带孔载玻片之前，于冰浴中保存。

(13) 需要将一抗浓度调节至能有效显示目标抗原的水平。这里建议使用总计 10 μg 一抗显示表达良好的抗原；用于显示其他抗原时，一抗用量可以在 5~20 μg 范围内。

(14) 可以使用吸水砒吸弃带孔载玻片中的培养基和 PBS。然而我们发现使用移液器吸头吸弃时可降低对细胞的扰动，特别是有多个洗涤步骤的情况下。

(15) 每个试验中，多聚甲醛需新鲜制备。

(16) 如果需要检测更长的内化时间点(8~24 h)，带孔载玻片可以在使用多聚甲醛固定并洗涤两次后，于冷 PBS 中过夜保存(在第 3.2 步的第 5 步后)或更长时间点，待所有时间点样品收集完毕后共同进行染色。

(17) 我们使用共聚焦显微镜照相,主要使用 63× 的油镜镜头。

参 考 文 献

1. Ducry L, Stump B (2010) Antibody-drug conjugates: linking cytotoxic payloads to monoclonal antibodies. Bioconjug Chem 21: 5–13
2. Katz J, Janik JE, Younes A (2011) Brentuximab vedotin (SGN-35). Clin Cancer Res 17: 6428–6436
3. Verma S, Miles D, Gianni L, Krop IE, Welslau M, Baselga J, Pegram M, Oh DY, Dieras V, Guardino E, Fang L, LuMW, Olsen S, Blackwell K (2012) Trastuzumab emtansine for HER2-positive advanced breast cancer. N Engl J Med 367: 1783–1791
4. Alley SC, Okeley NM, Senter PD (2010) Antibody-drug conjugates: targeted drug delivery for cancer. Curr Opin Chem Biol 14: 529–537
5. Polson AG, Calemine-Fanaux J, Chan P, Chang W, Christensen E, Clark S, de Sauvage FJ, Eaton D, Elkins K, Elliot JM, Frantz G, Fuji RN, Gray A, Harden K, Ingle GS, Kljavin NM, Koeppen H, Nelson C, Prabju S, Raab H, Ross S, Stephan J-P, Scales SJ, Spencer SD, Vandlen R, Wranik B, Yu S-F, Zheng B, Ebens A (2009) Antibody-drug conjugates for the treatment of non-Hodgkin's lymphoma: target and linkerdrug selection. Cancer Res 69: 2358–2364
6. Carter PJ, Senter PD (2008) Antibody-drug conjugates for cancer therapy. Cancer J 14: 154–169
7. Lewis Phillips GD, Li G, Dugger DL, Crocker LM, Parsons KL, Mai E, Bl€attler WA, Lambert JM, Chari RVJ, Lutz RJ, Wong WLT, Jacobson FS, Koeppen H, Schwall RH, Kenkare-Mitra SR, Spencer SD, Sliwkowski MX (2008) Targeting HER2-positive breast cancer with trastuzumab-DM1, and antibody-cytotoxic drug conjugate. Cancer Res 68: 9280–9290
8. Hommelgaard AM, Lerdrup M, van Deurs B (2004) Association with membrane protrusions makes ErbB2 an internalization- resistant receptor. Mol Biol Cell 15: 1557–1567
9. Rudnick SI, Lou J, Shaller CC, Tang Y, Klein-Szanto AJ, Weiner LM, Marks JD, Adams GP et al (2011) Influence of affinity and antigen internalization on the uptake and penetration of anti-HER2 antibodies in solid tumors. Cancer Res 71: 2250–2259

第4章 抗体偶联药物的负载

Jan Anderl, Heinz Faulstich, Torsten Hechler, and Michael Kulke

摘 要

毒素负载或药物是治疗性抗体偶联药物(antibody-drug conjugate，ADC)的关键组分。本综述拟介绍适用于抗肿瘤 ADC 的有毒化合物的要求，并对临床前和临床研究中获得有前景结果的四类药物的结构与机制特征进行了汇总。

关键词：负载，美登素，DM1，DM4，澳瑞他汀，MMAE，MMAF，卡奇霉素，毒伞肽，鹅膏蕈碱

1 引 言

采用单克隆抗体(mAb)治疗恶性肿瘤，已在临床中应用了大约 15 年[1]。如果未批准 mAb 用于治疗实体瘤、白血病和淋巴瘤，无法想象现今的癌症治疗状况。尽管成果斐然，但 mAb 在抗肿瘤疗效方面仍存在种种不足，因此目前仍在努力进一步改善抗体的治疗效果。此方面的策略包括 mAb 与放射性核素偶联、与蛋白毒素(免疫毒素)融合，或与小分子药物偶联(抗体偶联药物，ADC)。放射性核素-免疫偶联物策略和免疫毒素开发的当前状况，不在本文的范围内，已在其他文章中进行了非常详细的论述[2~4]。

ADC 的原理为将 mAb 的选择性靶向能力，即肿瘤-相关抗原的特异性结合作用，与小分子药物或毒素的细胞毒效力结合在一起[5~8]。小分子药物与大分子如 IgG 共价键偶联，预期能够使毒素在肿瘤组织中富集，同时避免杀伤非靶点组织，增强疏水性化合物的溶解性，降低肾清除率，从而延长血浆半衰期，所有这些作用综合在一起可以拓宽药物的治疗窗口。已知有大量天然和化学合成的细胞毒素存在，但发现仅有少部分有毒结构及较少作用机制的毒素适宜 ADC 概念，因为用作 ADC 负载的毒素必须同时具备下述复合特性。

(1) 负载的细胞毒效力必须极高，因为 IgG 有限的肿瘤穿透能力、低抗原表达性、内化效率不足和连接子代谢，均可能造成细胞内的毒素浓度极低。来自患者的数据显示，每克肿瘤组织仅仅集中了 0.0003%~0.08%的注射抗体剂量，这强调了需要在最低浓度杀死细胞的毒素 [9]。因此，对涉及基础细胞活力过程且仅含低拷贝数的细胞靶点产生影响的负载，可确保在肿瘤组织遗传异质性环境下的高细胞毒活性，并预防癌细胞通过耐药机制发生逃逸。

(2) 负载的靶点必须位于细胞内，因为目前大多数 ADC 策略取决于毒素偶联物内化，

从 ADC-抗原复合物的胞吞开始,随后抗体或连接子溶酶体降解,最后释放负载至细胞质中。许多来自微生物、植物和动物的高效毒素从外部作用于细胞,例如,通过阻断离子通道作用于神经细胞或干扰凝血,因此不适宜用作 ADC 负载。

(3) 负载的分子结构必须比较小,从而减少发生免疫原性的风险;此外,应在水性缓冲液中具有适当的溶解性,以便于偶联抗体;最后,考虑到抗体药物在循环系统的长半衰期,负载应在血浆中具有充分的稳定性。尽管毒素结构可能性有限,但是应可与连接子偶联。在使用非裂解连接子时,即使在抗体降解后与蛋白碎片连接时,毒素也应保留毒性效力,如赖氨酸偶联物或细胞内还原二硫键后的硫醇衍生物。

面对上述困难,文献中所述的 ADC 是基于有限数量的毒性负载,它们均以下述三种细胞结构中的一个作为靶点:微管蛋白丝、DNA 或 RNA(表 4-1)。并非属于此三类的毒素均能成功。在早期免疫偶联物中,已批准的化疗药物如阿霉素[10~12]、长春花生物碱[13~15]和甲氨蝶呤[16~18],实际上在临床研究中并未发现充分的抗肿瘤活性。另一方面,来自美登素类[19, 20]和澳瑞他汀类[21]的微管蛋白毒素及 DNA 毒素卡奇霉素[22]的效力比常规化疗药物高几个数量级,并因此使游离毒素没有治疗窗口,这些化合物作为负载在多项临床研究中获得了不错的结果。基于高效力毒素结构的 ADC 赢得了上市批准,用于治疗霍奇金淋巴瘤(Adcetris,brentuximab vedotin)和急性骨髓性白血病 AML(Mylotarg,吉妥单抗-奥加米星 gemtuzumb ozogamicin,2010 年撤出市场)。美登素类、澳瑞他汀类、卡奇霉素及鹅膏蕈碱[23](作者实验室研究的一种转录酶抑制剂)4 类化合物的化学特性与应用会在下文中描述。

表 4-1 用作 ADC 负载的细胞靶点和相应的毒素分类

细胞靶点	毒素
微管蛋白丝	美登素类、澳瑞他汀类、紫杉醇衍生物[24, 25](*长春花生物碱类*)
DNA	卡奇霉素、CC-1065 类似物[26, 27]、多卡米星[28](*阿霉素、甲氨蝶呤*)
RNA	鹅膏蕈碱

注:斜体的部分为在临床试验中用作 ADC 负载,但未发现抗肿瘤活性的毒素。

2 美登素类化合物

美登素类化合物是结构上相似于利福霉素、格尔德霉素和枝三烯菌素的一类细胞毒素。同名的天然细胞毒剂美登素(1)是一种十九元大环内酰胺(柄型大环内酯)结构,于 1972 年从埃塞俄比亚的灌木美登木(*Maytenus ovatus*)中分离得到(图 4-1)[29]。柄型大环内酯连接至氯化苯环生色团上,并含甲醇胺、环氧基或芳烃基[29, 30]。在随后的多年中,从细菌[如珍贵橙色束丝放线菌(*Actinosynnema pretiosum*)]、苔藓和高等植物[如鼠李科植物 *Colubrina texensis* 或滑桃树(*Trewia nudiflora*)]中分离得到多种美登素衍生物,主要是 C-3 位上的酯侧链不同[31, 32]。

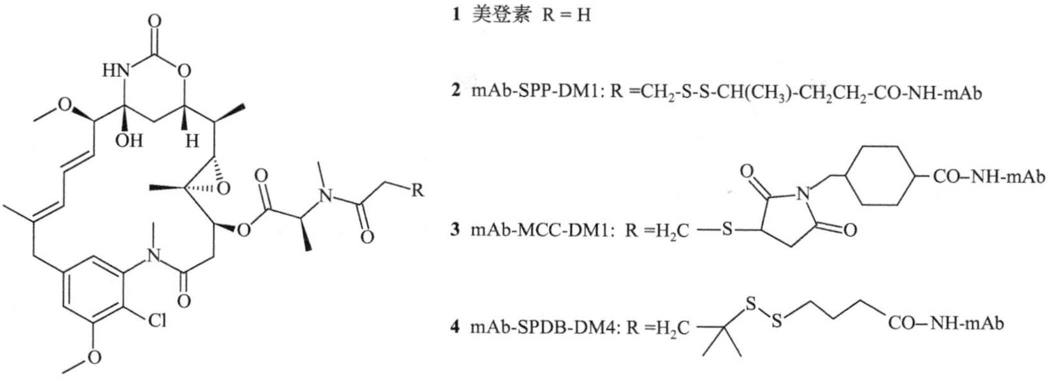

第 4 章 抗体偶联药物的负载

1 美登素 R = H

2 mAb-SPP-DM1: R =CH$_2$-S-S-CH(CH$_3$)-CH$_2$CH$_2$-CO-NH-mAb

3 mAb-MCC-DM1: R =H$_2$C—S—(马来酰亚胺环己基)—CO—NH-mAb

4 mAb-SPDB-DM4: R =H$_2$C—S—S—C(CH$_3$)$_2$—CH$_2$CH$_2$—CO—NH-mAb

图 4-1 用作 ADC 的美登素(1)和美登素-连接子衍生物(2~4)的结构。

美登素及其衍生物是微管组装极强的抑制剂,通过结合在长春碱-结合位点或相近位点的微管蛋白上[33~35],诱导中毒细胞有丝分裂阻滞,其作用机制与长春碱自身作用机制相似。在低浓度水平,微管的动态不稳定性和细胞迁移过程受到抑制;而在较高的浓度水平,微管组装和细胞分裂受到抑制。后一种效应可能是由产生的微管碎片破坏微管负端与中心体和纺锤体两极的连接稳定性引起的。这些效应造成了在有丝分裂期的抗增殖活性,研究发现其在体内对 NIH-60 小组的多种人癌症细胞系有效[32]。

美登素在亚纳摩尔浓度水平具有抗有丝分裂效应,且其 ED$_{50}$(有效剂量)在 $10^{-5} \sim 10^{-4}$ μg/mL 之间[32],这使其成为一个有希望的候选抗癌药物,并且已经有过多项尝试将其用于癌症治疗的临床试验中[36]。尽管如此,由于原生物质对不同类型的癌症患者均未产生显著响应,因此未能在临床中成功应用。由于毒素没有肿瘤特异性,产生了多种副作用,如神经毒性、胃肠道毒性、虚弱、恶心、呕吐和腹泻,这使其应用受到质疑[37]。因此,尽管美登素(1)具有高效力,但由于其全身毒性高造成的低治疗指数,导致其在人体临床试验中基本无效。尽管如此,由于其极高的效力,使得美登素类始终是研究热点,并在 20 世纪 80 年代初出现 ADC 概念时,再次加入了临床开发研究。

在 20 世纪 80 年代和 90 年代初,首次尝试研究了抗体-偶联美登素衍生物[38]。研究测试了多种含二硫键的美登素类,它们中都含有甲基二硫代丙酰基团而非天然 N-乙酰基[38, 39]。很快发现连接子高度影响基于美登素的 ADC 使用性。广泛测试了三种类型的连接子,这些连接子分别含有不稳定的二硫键(如化合物 2)、位阻二硫键(如化合物 4)或稳定的硫醚键(如化合物 3)(图 4-1)。研究发现稳定二硫键的连接子具有多种优势,因为可改善血液循环期间的稳定性,同时保持在细胞内的有效裂解。因此,对各种特定的抗体,可将连接子的稳定性与抗肿瘤活性调解至最佳平衡[7]。例如,前药类似结构 S-甲基-DM1 和 S-甲基-DM4(美登素的硫代甲基衍生物),在被细胞摄入后,将通过硫醇类成分如谷胱甘肽发生细胞内还原,而在细胞质以外则具有充分的稳定性。细胞加工后释放可穿透细胞膜的 DM1 和 DM4,有助于杀死缺少特定抗原表位(旁观者效应)的肿瘤细胞。尽管如此,在曲妥珠-美登素偶联物临床前研究中,发现稳定、非裂解的硫醚键连接子(MCC)具有较高的疗效,且耐受性优于可裂解二硫键连接子的偶联物,因为最初采用的二硫键连接子(SPP)在胞吞途径的氧化环境中不能充分地裂解[40, 41]。

在世纪之交，随着一组用作毒素载体的不同抗体的出现，基于美登素的 ADC 进入了临床试验（表 4-2）。到目前为止，所有有前景的候选药物中，基于人源化 HER2 抗体曲妥珠单抗（herceptin，FDA 批准用于治疗转移性乳腺癌）的 ADC——曲妥珠单抗-DM1（曲妥珠单抗-美登素衍生物，T-DM1），是最前沿的一种药物。此药物于 2009 年进入 III 期临床试验，即将获得 FDA 批准[40, 42~45]。对于 T-DM1，试验了一组不同的连接子。稳定的非还原硫醚键连接子(N-马来酰亚胺基甲基)环己烷-1-羧酸酯(MCC)获得了最佳的疗效谱。研究认为，在细胞外药物与抗体连接，直至整个 ADC 通过胞吞转运至细胞质中[40]。在细胞内加工 ADC 后，释放经赖氨酰修饰的仍具有细胞毒的 DM1 成分，造成抗微管蛋白相关的细胞死亡。此带电荷的药物不能穿透细胞膜，因此没有以前提到的旁观者效应，即杀死无抗原表位的邻近细胞[40, 46]。尽管如此，临床评价发现 T-DM1 是一种极有前景的抗体靶向化疗的候选药物，用于治疗转移性、HER2-阳性乳腺癌患者。ADC 具有较高的耐受性，仅有涉及肝酶(AST 和 ALT)升高和血小板减少的 1 和 2 级副作用。降低剂量即可控制这些副作用，其似乎都是暂时性的。因此，T-DM1 很可能成为第一个治疗癌症的、基于美登素的 ADC，并可能成为开发更多针对不同适应证的新美登素 ADC 的引领者。

表 4-2 用作 ADC 负载的细胞靶点和相应的毒素结构

靶点	INN	状态(2011 年)
CD19	SAR4519	1 期临床试验
CD33	AVE9633	1 期临床试验
CD44v6	Bivatuzumab mertansine	终止
CD56	IMGN901	2 期临床试验
Her2	曲妥珠单抗-DM1	3 期临床试验
MUC-1	IMGN242 cantuzumab mertansine	2 期临床试验终止
PSMA	MLN2704	终止
Integrin	IMGN388	1 期临床试验
Cripto	BIIB-015	1 期临床试验
CD138	BT-062	1/2 期临床试验
CA6	SAR566658	1 期临床试验

基于微管蛋白-抑制药物的所有 ADC 共同的缺陷在于毒素主要在增殖细胞中发挥细胞毒性作用，这是其内在作用机制造成的。非分裂和静息细胞可能避开此药物的机制，从而逐步发展出对 ADC 或毒素自身的耐药性。使用基于美登素的 ADC 的另外一项不确定性，与分子的疏水性特征有关。例如，在血液或代谢器官(肝脏、肾脏)中意外释放游离型毒素可穿透细胞膜，并可能引起严重且不可控的副作用。此外，基于美登素的 ADC 迄今为止使用的连接子本身都是疏水性的，这会增加偶联物聚集或降低抗体的亲和力，尤其在高药物负载时[47, 48]。另外一个需要考虑的问题是耐药肿瘤细胞可能会限制 ADC 的活性，大多数时候是由药物转运蛋白表达或活性增加，加快疏水性化合物外排造成的[49, 50]。

因此，目前正在开发带有负电荷 α-磺酸基或极性短聚乙二醇(PEG)链的高度水溶性亲水性连接子，以增加溶解性，并便于制备更加亲水的 ADC，以便至少能够克服部分问题。通过使用此种亲水性连接子，可达到更高的药物负荷，并可将较高浓度的毒素传递至靶细胞。此外，这些连接子在理论上可在细胞内产生极性更强的美登素代谢产物，对于 MDR 外排泵而言属于较差的底物，从而能够克服多药耐药性[51]。

总体而言，采用基于美登素的 ADC 开发靶向治疗是一种很重要的方法，预期通过 T-DM1 的批准和上市将得以验证。一旦确证耐受性良好且能有效治疗癌症，美登素类在 ADC 临床开发中的重要性将日益彰显。

3 澳瑞他汀类

在 20 世纪 60 年代中期，Pettit 等开启了海洋生物作为新抗癌药物来源的系统研究。70 年代末期，这些研究从毛里求斯采集的无壳软体动物橄榄绿（和梨形）截尾海兔 (*Dolabella auricularia*)（海兔属）中提取了先导结构：海兔毒素(dolastatins) 1 和 2。在 P388 白血病细胞系中，二者均获得了非常可喜的结果[52]。对海兔进行的进一步分离结构工作中发现了海兔毒素 3~9[53,54]。80 年代末期，Pettit 等发现了最有希望的成分，即海兔毒素 10~15[55~60]。

在海兔毒素家族中，海兔毒素 10（图 4-2，5）和海兔毒素 15 对人癌症细胞系具有最高的细胞毒活性[61,62]。在深入的研究中，发现了这些细胞毒效应的作用机制。在 US NCI 发现海兔毒素 10 与微管蛋白强力结合，通过结合至长春花生物碱结合结构域，抑制介导的聚合作用，最终造成细胞堆积在中期停顿[63,64]。增加海兔毒素 10 的浓度水平，可使细胞内微管完全消失[65]。海兔毒素 15 获得了相当的结果[66]。

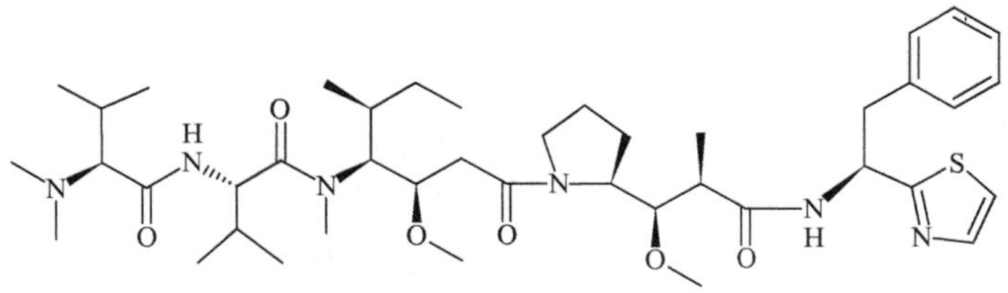

图 4-2 海兔毒素 10(5)的化学结构。

在 20 世纪 90 年代，海兔毒素 10 进入了多项 I 期临床试验[67]，并成功地进展到了 II 期临床试验。由于伴随的副作用，其中约 40%的患者发生了中度的周围神经病变，并对激素难治性转移性腺癌患者无显著活性，于是海兔毒素 10 退出了单药治疗的临床试验[68]。尽管如此，基于在临床前模型中的高效力和阳性治疗指数，开发了水溶性的海兔毒素类似物——澳瑞他汀类。

海兔毒素 10 的第一个合成类似物是澳瑞他汀 PE[6，又称为 TZT-1027 或索利他汀 (soblidotin)][69]。澳瑞他汀 PE 在结构上的差异为从原 α-噻唑基苯乙胺(dolaphenine)残基中除去了噻唑环，形成了末端苄胺基（图 4-3）。

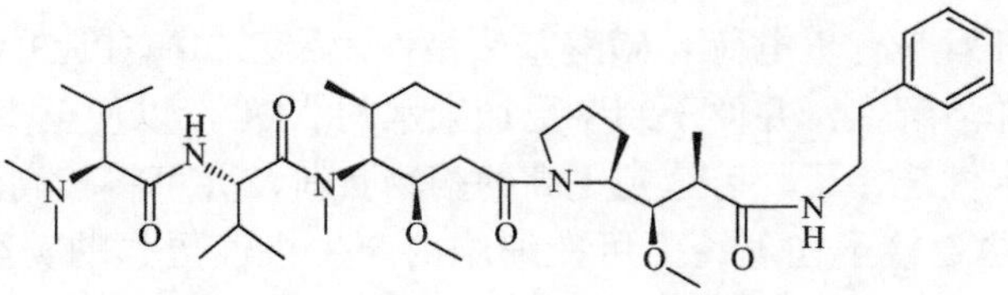

图 4-3　澳瑞他汀 PE(6)和 MMAE(7)、MMAF(8)抗体偶联物的化学结构。

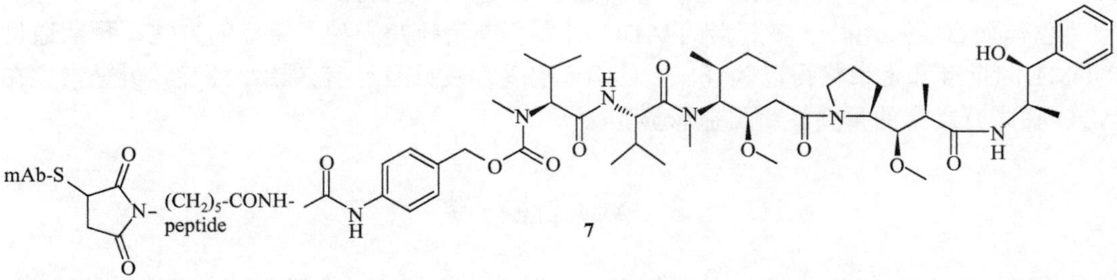

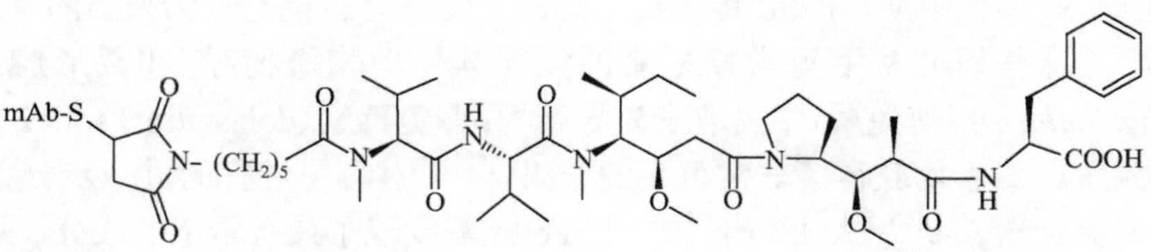

澳瑞他汀 PE 进入了 I 期和 II 期临床试验,但是在以铂类为基础的化疗法治疗后的晚期非小细胞肺癌患者中,最终未发现任何抗癌活性[70],或在既往以蒽环类为基础的化疗晚期或转移性软组织肉瘤患者中未能确认有效[71]。就我们所知,此药物没有再进行进一步的临床试验。

在进一步尝试改善体内疗效的研究中,开发了新的澳瑞他汀衍生物——一甲基澳瑞他汀 E(7,MMAE)[5]和一甲基澳瑞他汀 F(8,MMAF)[72](图 4-3)。为消除澳瑞他汀类既往临床试验中发现的不良事件,并藉此改善治疗指数,此衍生物的研发思路是将澳瑞他汀类的高细胞毒潜在性与单克隆抗体的靶点特异性结合在一起,制得抗体偶联药物(ADC)[5]。值得注意的是,MMAE 和 MMAF 是全合成药物,这使其相对于其他 ADC 负载具有价格上的优势。此外,其肽样结构可能会限制偶联对 mAb 物理性质的影响。

现有研究评价了多种澳瑞他汀衍生物的偶联物[5],其中,MMAE 和 MMAF 尤其值得关注[72, 73]。MMAE 与 MMAF 的主要差异是 MMAF 在羧基端具有苯丙氨酸,这使其具有膜不通透性。可以用非裂解连接子在 N 端衍生化处理 MMAF,而不损失任何活性,MMAE 类似物就无法实现这一点。ADC SGN-35(brentuximab vedotin)含有 MMAE,通过可裂解的缬氨酸-瓜氨酸连接子结合在嵌合 anti-CD30 单克隆抗体上,并在多项 I、II 和 III 期临床试验中获得了良好的临床结果[74]。2011 年 8 月 19 日,美国食品药品监督管理局(FDA)加速批准了 brentuximab vedotin 用于治疗复发性霍奇金淋巴瘤和复发性系统性间变性大细胞淋巴瘤,商品名为 Adcetris。目前,brentuximab vedotin 是 FDA 批准的唯一 ADC,也是近 30 年中第一个批准用于治疗霍奇金淋巴瘤的药物[21]。

另外一个有前景的澳瑞他汀衍生物 MMAF 作为 MMAF-ADC，目前至少进入了三项 I 期临床试验：具有透明细胞或乳突状组织的肾细胞癌(RCC)受试者(AGS-16C3F，AGS-16M8F)[28, 75]，以及 CD70-阳性非霍奇金淋巴瘤或 RCC 受试者(SGN-75)[76]。

4 卡奇霉素

卡奇霉素类是 Lederle Laboratories(American Cyanamid Co.)于 20 世纪 80 年代中期在研究新发酵-衍生抗肿瘤抗生素时发现的，这是一类由原核微生物生成的 DNA 裂解剂[77, 78]。从来自 Texas(Kerrville)的白垩质(钙质层)土壤样品中分离了命名为 LL-E33288 的培养物，通过宏观形态学、化学分类和生理研究发现，此培养物与放线菌类小单孢菌属(*Micromonospora*)关系密切，随后推测为新的亚种 *M. echinospora* ssp. *calichensis*[79]。以乙酸乙酯从完全发酵液中提取的卡奇霉素类具有显著的抗革兰氏阳性菌和革兰氏阴性菌的抗菌活性，并在小鼠中确证了对 P388 白血病和 B16 黑素瘤的抗肿瘤活性。卡奇霉素类经鉴定为一类新的强效烯二炔类化合物，其含有与下述其他烯二炔类结构相关的成分，如埃斯培拉霉素(esperamicins)、新制癌菌素(neocarzinostatin)、C-1027、达内霉素(dynemicins)、可达霉素(kedarcidin)、maduropeptin、纳美那霉素(namenamicin)和 shishijimicin[80~85]。

卡奇霉素 γ_1^I(9) 是研究最广泛的一类卡奇霉素，其结构和立体化学构造比较复杂，由含全新双环[7.3.1]十三碳-9-烯-2,6-二炔系统的苷元与不稳定甲基三硫基和芳基四糖链组成(图 4-4)。

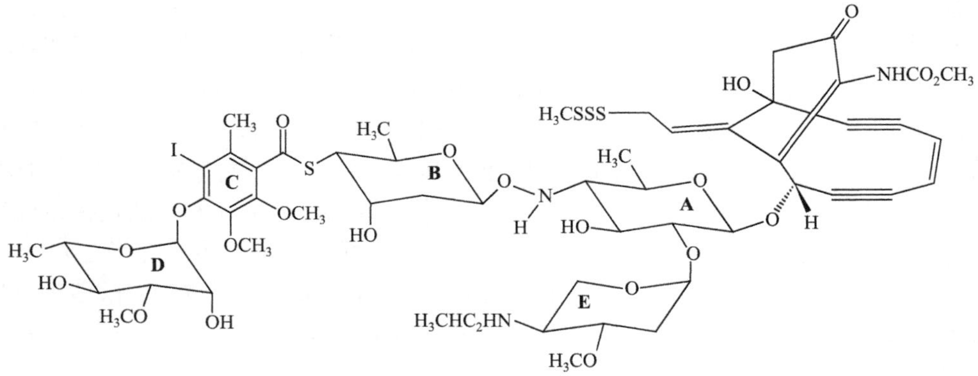

图 4-4 卡奇霉素 γ_1^I(9) 的化学结构。

芳基四糖链由下述连接成分组成，具体包括羟氨基糖(A 环)和硫糖(B 环)(二者通过罕见的 *N-O*-糖苷键偶联而成)、六代碘硫代苯甲酸酯(C 环)及鼠李糖(D 环)。还有一个乙氨基糖(E 环)通过糖苷键连接在糖 A 上。

除卡奇霉素 γ_1^I 外，还在 *M. echinospora* ssp. *calichensis* 的发酵液中确认了其他 4 个碘代类似物(α_2^I、α_3^I、β_1^I、δ_1^I)和 2 个含溴类似物(β_1^{Br}，γ_1^{Br})，而各类似物的生产则取决于培养基的组成[86]。研究发现卡奇霉素 γ_1^I(在下文中称为卡奇霉素)具有较好的发酵产

率，同时在 7 个类似物中具有最高的细胞毒性。此外，在原噬菌体诱导生化分析中发现的高效力(在皮克/毫升浓度水平有效)，表明其活性来自其损伤 DNA 的能力[87]。具体而言，DNA 双链裂解开始于在烯丙基三硫键处的亲核攻击，生成硫醇，后者进一步发生分子内杂原子迈克尔加成反应，生成触发的卡奇霉素，其特征为具有二氢噻吩的三环头基。二氢噻吩通过过渡态的 1,4-脱氢苯-双自由基发生 Bergman 成环芳构化，即从 DNA 脱氧核糖骨架的相反链上获取邻近的氢原子，发生氧化双链切断。此外，还发现 DNA 序列的裂解位点是固定的，因为化学足迹法研究发现卡奇霉素的芳基四糖尾部使其成为一种高度位点特异性的 DNA 裂解剂，其优先结合至寡嘌呤-寡嘧啶四核苷酸片段(对 TCCT-AGGA 位点的亲和力最高)的小沟上[88~90]。如凝胶-迁移实验和 NMR 氘转移实验所示，1,4-脱氢苯-双自由基的脱氢位点几乎仅限于 TCCT 位点 5'-胞嘧啶上脱氧核糖的 5'-氢，以及互补 3'-NNNAGGA 束 3'端的三个核苷酸碱基的 4'-氢。除 TCCT 外，其他位点如 GCCT、TCCG、TCCC、CTCT、TCTC、ACCT、TCCA，及其互补位点也能以相同的方式裂解，裂解的程度明显依赖于侧翼序列。最近 George A. Ellestad 的一篇优秀的综述中发表了卡奇霉素 DNA 裂解活性相关的结构和构象特征，以及藉此产生的抗肿瘤效力[91]。

尽管获得了积极的初期实验结果，但在临床前肿瘤学模型中进一步评价卡奇霉素类发现其治疗窗口不充分，导致其无法应用于临床中。但是，卡奇霉素类极端的细胞毒效力、较小的分子结构和作用机制，使其在新兴的 ADC 技术领域成为一种有希望的毒性负载。Lederle Laboratories 最先将一系列卡奇霉素类似物偶联至 CT-M-01，这是一种与多型实体瘤表达的 MUC1 抗原结合的抗体，其特征为抗体结合后的高度内化率[92]。除卡奇霉素 γ_1^I 外，还通过位于烯二炔二环"弹头"上的二硫-酰肼可裂解键，将结构类似物 α_2^I(不含鼠李糖)、α_3^I(不含氨基糖)、PSAG(同时缺少鼠李糖和氨基糖)和 N-乙酰-γ_1^I(氨基糖上乙酰化)偶联至含高碘酸盐-氧化糖的 CT-M-01 上。值得注意的是，药物的结构变化对其偶联物的治疗效果具有深远的影响，但并不一定与单药的活性一致。在小鼠异种移植模型中，发现 α_3^I 和 N-乙酰-γ_1^I 偶联物(不含氨基糖或含有改性氨基糖的类似物)相对于 γ_1^I、α_2^I 和 PSAG 偶联物，具有明确的治疗优势。此外，研究还发现通过在靠近巯基处引入空间位阻基团(二甲基)来稳定二硫-酰肼键，可进一步改善治疗潜在性，所得 CT-M-01 卡奇霉素偶联物的治疗比＞6。根据这些研究结果，对通过赖氨酸残基(酰胺-二硫键连接子)连接的卡奇霉素 N-乙酰-γ_1^I 与 CT-M-01 偶联物进行了临床开发。命名为 CMB-401 的偶联物具有可接受的毒性特征[93]，但在 II 期临床试验中发现通过单药疗法治疗铂类敏感的复发性上皮性卵巢癌时无效[94]。

吉妥单抗-奥加米星(10，Mylotarg)报告的数据最多，在此偶联物中，通过将双功能连接子 4-(4-乙酰基-苯氧基)-丁酸的共价键连接在赖氨酸残基上，将卡奇霉素 N-乙酰-γ_1^I 的 1,2-二甲基酰肼连接至 IgG4 抗体 hP67.6(图 4-5)[22]。因此，卡奇霉素与 hP67.6 之间的连接子包含两个不稳定的化学键，即一个腙键和一个空间位阻二硫键，其中一个能在溶酶体(pH 约为 4)中有效释放毒素，另外一个可确保在细胞质的生物还原环境下激活烯二炔的弹头。hP67.6 抗体结合至唾液酸结合性免疫球蛋白样凝集素 CD33(siglec-3)，这是骨髓性白血病和 B 细胞淋巴瘤的标志物。根据三项开放的临床试验的有效性和安全性数据，FDA 批准了 Mylotarg 上市，这是在 2000 年 5 月加速批准法规中批准上市的第一个 ADC，用于治疗急性骨髓性白血病（AML）。但是，在要求的批准后研究中未能确证药效，因此 Mylotarg 于 2010 年撤出美国和欧洲市场。Mylotarg 治疗 AML 失败的原因尚不清楚，但可能与连接子稳定性不足和由于耐药机制造成白血病细胞对卡奇霉素耐药有关[95]，也可能是因为较窄的治疗窗口导致在较高剂量水平发生致命性的不良事件，如在非肿瘤细胞中分解代谢 ADC[96]。

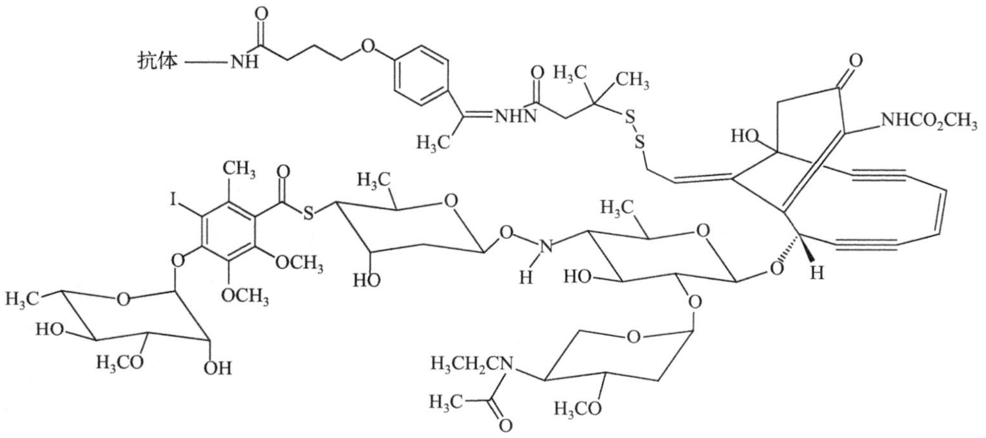

图 4-5 带有吉妥单抗-奥加米星和伊珠单抗-奥加米星所采用连接子的
卡奇霉素 N-乙酰-γ_1^I (10) 抗体偶联物。

目前在临床中最前沿的卡奇霉素 ADC 是伊珠单抗-奥加米星（CMC-544），这是一种 IgG4 偶联物，其连接子结构与吉妥单抗-奥加米星 10 相同，可特异性结合 CD22，大约 60%~90% 的 B 淋巴系统恶性肿瘤中表达此成分[22]。在 Pfizer 开展的 II 期临床试验中，发现了 CMC-544 治疗难治性和复发性急性淋巴细胞性白血病（ALL）的积极结果[97]。

5 毒伞肽

在 ADC 技术领域，采用转录抑制剂如毒伞肽是一种新方法。毒伞肽是由蘑菇，特别是鹅膏菌属（*Amanita*）生成的一类剧毒环肽成分。其中一种即"绿色死亡帽（green death cap）" [毒鹅膏菌（*Amanita phalloides*）]，自古就有中毒死亡的报道，今天在全世界范围内此种蘑菇中毒仍占所有致命性蘑菇中毒的 95%。误食蘑菇后，毒伞肽优先吸收至肝细胞中，因为肝细胞含有转运蛋白 OATP1B3[98]，患者由于肝衰竭造成死亡。迄今为止，此肝毒性仍阻碍着毒伞肽的临床应用。

Wieland 于 20 世纪 60 年代解析了毒伞肽的结构[99]。目前已发现的 9 种天然毒伞肽具有相同的骨架，即由 8 个 L-氨基酸组成的环状结构，其中色氨酸和半胱氨酸之间通过亚砜基桥连。毒伞肽的三个侧链发生羟基化，OH 基使化合物具有显著的水溶性，并至少部分结合至靶分子上。其中两个多肽类成分,即 α-鹅膏蕈碱(11)和 β-鹅膏蕈碱(12,图 4-6),大约占所有毒伞肽的 90%。

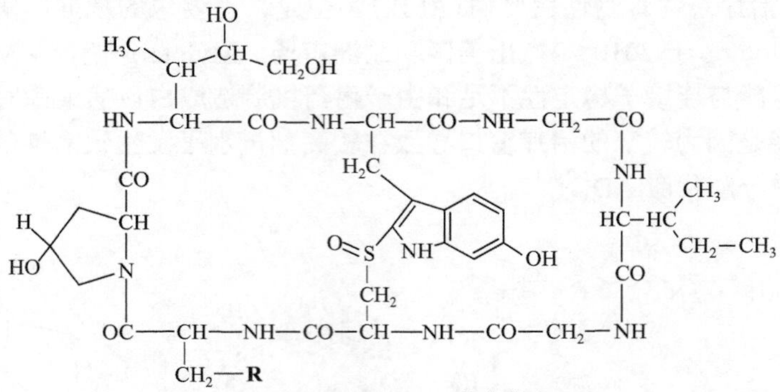

11 R = CONH₂ (α-鹅膏蕈碱)
12 R = COOH (β-鹅膏蕈碱)

图 4-6 双环八肽毒素 α-鹅膏蕈碱(11)和 β-鹅膏蕈碱(12)的结构。

1966 年,Stirpe 和 Fiume[100]首次报道了 α-鹅膏蕈碱抑制小鼠肝脏细胞核的 RNA 合成。随后的研究[101, 102]确证了 RNA 聚合酶 II 是毒伞肽的作用靶点,RNA 聚合酶 II 是将 DNA 转录为信使 RNA 前体的酶。RNA 聚合酶 II 与毒伞肽形成的复合物非常紧密。在小牛胸腺酶中,测得平衡离解常数 K_D 为 3×10^{-9} mol/L[103]。因为毒伞肽形成 1:1 复合物,同时细胞中酶的浓度极低(10^{-8} mol/L,相当于约 22 000 拷贝/细胞),在细胞质中转录停顿要求的毒伞肽浓度同样也非常低(约 10^{-8} mol/L)[104]。最近通过对酵母 RNA 聚合酶 II 的 α-鹅膏蕈碱复合物进行 X 射线分析,详细解析了毒素复合物的结构和分子抑制机制[105]。

早期的毒伞肽蛋白偶联物(如与白蛋白或胎球蛋白进行偶联,目的是在大鼠和家兔中生产毒伞肽-特异性抗体),采用 β-鹅膏蕈碱(13,图 4-7)的羧基与蛋白赖氨酸的 ε-氨基偶联[106]。通过采用与第一种免疫球蛋白相同的反应,将 MUCl 特异性抗体偶联至 β-鹅膏蕈碱,结果发现了对 T47D 细胞的特异性细胞毒性[107]。此偶联位点的缺点在于羧基是分子内氢键的组成部分,非常接近肽骨架,导致偶联产率较低。因此,最新的偶联反应优选 α-鹅膏蕈碱中二羟基化异亮氨酸基上的伯羟基(14,图 4-7),加二碳酸酐进行酯化,产生的羧基可被活化,然后与免疫球蛋白反应[108],在脯氨酸和二羟基异亮氨酸上剩余两个仲羟基未被取代。但是,像鹅膏蕈碱偶联物这样的伯酯在血浆中的稳定性较差,在达到肿瘤细胞前负载会发生部分损失。在第三种方法中,发现色氨酸 6'-位酚羟基的醚衍生物在血浆中具有高度的稳定性,同时对于免疫球蛋白具有最广泛的偶联反应选择。目前,连接至色氨酸的 6'-OH 是鹅膏蕈碱-ADC 的标准制备方法[109]。毒伞肽分子的其他结构部分,如甘氨酰-异亮氨酰-甘氨酰部分或半胱氨酸残基不能用作连接位点,因为其化学惰性或为 RNA 聚合酶 II 的部分接触部位[110]。

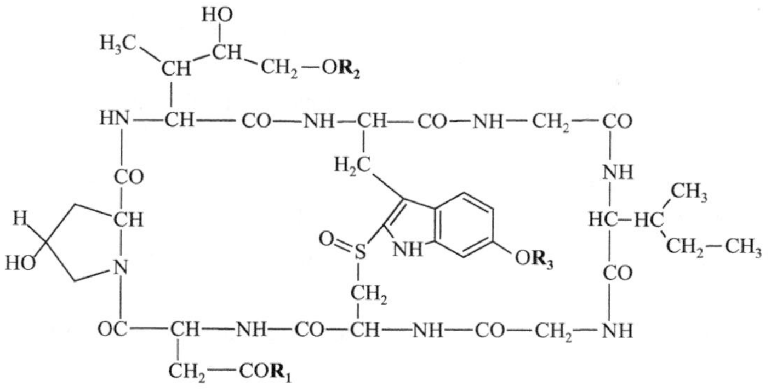

13	e.g. R_1 = -NH-mAb
14	e.g. R_2 = -CO-$(CH_2)_3$-CONH-mAb
15	e.g. R_3 a = -$(CH_2)_4$-NHCO-$(CH_2)_6$-CONH-mAb
16	R_3 b = -$(CH_2)_4$-NHCO-$(CH_2)_2$-S-S-$(CH_2)_2$-CONH-mAb
17	R_3 c = -$(CH_2)_5$-CONH-mAb

图 4-7 在毒伞肽中与抗体偶联的偶联位点。

与所有 ADC 一样，毒伞肽免疫球蛋白偶联物也是通过胞吞吸收进入肿瘤细胞中。溶酶体酶降解蛋白载体并释放毒素或毒素衍生物，具体方式取决于所用连接子的化学特征。R_2 型酯类衍生物通过溶酶体酯酶或蛋白酶裂解后，可能释放已知毒活性的天然 α-鹅膏蕈碱。相比之下，R_1 型 β-鹅膏蕈碱衍生物则可能和 ε-赖氨酰衍生物一样被释放出来，合成制备的此成分具有与天然鹅膏蕈碱相当的毒活性。R_3 型连接子现有的信息比较有限。在细胞条件下，醚键不可能发生裂解，因此对于 R_3b 型，我们推测释放的毒素成分为二硫键还原后生成的硫醇衍生物。采用 R_3a 和 R_3c 型连接子的 ADC，可释放毒素和完整的连接子。这些连接子连接在偶联蛋白的赖氨酸残基上，最终甚至结合在蛋白骨架中相邻的氨基酸上。另一方面，这些类型的 ADC 对细胞产生的高细胞毒性，表明释放的毒伞肽碎片尽管结构未知，仍具有高度的活性。考虑毒素的自身特征，肽可能在蛋白水解加工条件下保持不变，因为迄今为止进行的所有实验，均未能发现可能裂解环肽中酰胺键的蛋白酶。

毒伞肽用作 ADC 弹头的最大优势是其亲水性。首先，在水性介质中的高溶解性便于进行偶联反应。其次，毒伞肽分子与免疫球蛋白偶联不会造成 ADC 分子聚集，因为疏水性弹头偶联物曾报道有时会发生聚集。再次，从解体肿瘤细胞释放的毒素成分为低分子质量成分，不可能在其他组织中蓄积，而是通过尿液非常迅速的排泄。这与预期的天然毒伞肽清除数据一致（即通过尿液排泄 50%剂量毒伞肽所需的时间），仅为 30 min[111]。最后，亲水性使毒伞肽及其低分子质量衍生物成为 MDR 过程的不良底物。实际上，实验已经确证毒伞肽偶联物对 MDR 表达的肿瘤细胞高度有效。

参 考 文 献

1. Scott AM, Wolchok JD, Old LJ (2012) Antibody therapy of cancer. Nat Rev Cancer 12: 278–287
2. Steiner M, Neri D (2011) Antibody-radionuclide conjugates for cancer therapy: historical considerations and new trends. Clin Cancer Res 17: 6406–6416

3. Kreitman RJ, Pastan I (2011) Antibody fusion proteins: anti-CD22 recombinant immunotoxin moxetumomab pasudotox. Clin Cancer Res 17: 6398–6405
4. Choudhary S, Mathew M, Verma RS (2011) Therapeutic potential of anticancer immunotoxins. Drug Discov Today 16: 495–503
5. Carter PJ, Senter PD (2008) Antibody-drug conjugates for cancer therapy. Cancer J 14: 154–169
6. Kovtun YV, Goldmacher VS (2007) Cell killing by antibody-drug conjugates. Cancer Lett 255: 232–240
7. Chari RVJ (2008) Targeted cancer therapy: conferring specificity to cytotoxic drugs. Acc Chem Res 41: 98–107
8. Schrama D, Reisfeld RA, Becker JC (2006) Antibody targeted drugs as cancer therapeutics. Nat Rev Drug Discov 5: 147–159
9. SedlacekHH, SeemannG, HoffmannD (1992) Antibodies as carriers of cytotoxicity, 1st edn. S. Karger Publishing, Basel, Switzerland
10. Tolcher AW (2000) BR96-doxorubicin: been there, done that! J Clin Oncol 18: 4000
11. Saleh MN, Sugarman S, Murray J et al (2000) Phase I trial of the anti-Lewis Y drug immunoconjugate BR96-doxorubicin in patients with lewis Y-expressing epithelial tumors. J Clin Oncol 18: 2282–2292
12. Tolcher AW, Sugarman S, Gelmon KA et al (1999) Randomized phase II study of BR96–doxorubicin conjugate in patients with metastatic breast cancer. J Clin Oncol 17: 478–484
13. Laguzza BC, Nichols CL, Briggs SL et al (1989) New antitumor monoclonal antibody-vinca conjugates LY203725 and related compounds: design, preparation, and representative in vivo activity. J Med Chem 32: 548–555
14. Apelgren LD, Zimmerman DL, Briggs SL et al (1990) Antitumor activity of themonoclonal antibody-vinca alkaloid immunoconjugate LY203725 (KS1/4-4-desacetylvinblastine-3-carboxhydrazide) in a nude mouse model of human ovarian cancer. Cancer Res 50: 3540–3544
15. Petersen BH, DeHerdt SV, Schneck DW et al (1991) The human immune response to KS1/4-desacetylvinblastine (LY256787) and KS1/4-desacetylvinblastine hydrazide (LY203728) in single and multiple dose clinical studies. Cancer Res 51: 2286–2290
16. Uadia P, Blair AH, Ghose T (1984) Tumor and tissue distribution of a methotrexate-anti-EL4 immunoglobulin conjugate in EL4 lymphoma-bearing mice. Cancer Res 44: 4263–4266
17. Kulkarni PN, Blair AH, Ghose T et al (1985) Conjugation ofmethotrexate to IgG antibodies and their F(ab)2 fragments and the effect of conjugated methotrexate on tumor growth in vivo. Cancer Immunol Immunother 19: 211–214
18. Elias DJ, Kline LE, Robbins BA et al (1994) Monoclonal antibody KS1/4-methotrexate immunoconjugate studies in non-small cell lung carcinoma. Am J Respir Crit Care Med 150: 1114–1122
19. LoRusso PM, WeissD, GuardinoE et al (2011) Trastuzumab emtansine: a unique antibody-drug conjugate in development for human epidermal growth factor receptor 2-positive cancer. Clin Cancer Res 17: 6437–6447
20. Guha M (2012) T-DM1 impresses at ASCO. Nat Biotechnol 30: 728
21. Senter PD, Sievers EL (2012) The discovery and development of brentuximab vedotin for use in relapsed Hodgkin lymphoma and systemic anaplastic large cell lymphoma. Nat Biotechnol 30: 631–637
22. Ricart AD (2011) Antibody-drug conjugates of calicheamicin derivative: gemtuzumab ozogamicin and inotuzumab ozogamicin. Clin Cancer Res 17: 6417–6427
23. Vetter J (1998) Toxins of amanita phalloides. Toxicon 36: 13–24
24. Safavy A, Bonner JA, Waksal HWet al (2003) Synthesis and biological evaluation of paclitaxel-C225 conjugate as a model for targeted drug delivery. Bioconjug Chem 14: 302–310

25. Ojima I (2008) Guided molecular missiles for tumor-targeting chemotherapy-case studies using the second-generation taxoids as warheads. Acc Chem Res 41: 108–119
26. Chari RV, Jackel KA, Bourret LA et al (1995) Enhancement of the selectivity and antitumor efficacy of a CC-1065 analogue through immunoconjugate formation. Cancer Res 55: 4079–4084
27. Zhao RY, Erickson HK, Leece BA et al (2012) Synthesis and biological evaluation of antibody conjugates of phosphate prodrugs of cytotoxic DNA alkylators for the targeted treatment of cancer. J Med Chem 55: 766–782
28. Beck A, Lambert J, Sun M et al. (2012) Fourth world antibody-drug conjugate summit: Feb 29–Mar 1 2012, Frankfurt, Germany. MAbs 4
29. Kupchan SM, Komoda Y, Court WA et al (1972) Maytansine, a novel antileukemic ansa macrolide from *Maytenus ovatus*. J Am Chem Soc 94: 1354–1356
30. Kupchan SM, Komoda Y, Branfman AR et al (1977) The maytansinoids. Isolation, structural elucidation, and chemical interrelation of novel ansa macrolides. J Org Chem 42: 2349–2357
31. Rinehart KL, Shield LS (1976) Chemistry of the ansamycin antibiotics. Fortschr Chem Org Naturst 33: 231–307
32. Cassady JM, Chan KK, Floss HG et al (2004) Recent developments in the maytansinoid antitumor agents. Chem Pharm Bull 52: 1–26
33. Remillard S, Rebhun LI, Howie GA et al (1975) Antimitotic activity of the potent tumor inhibitor maytansine. Science 189: 1002–1005
34. Mandelbaum-Shavit F, Wolpert-DeFilippes MK, Johns DG (1976) Binding of maytansine to rat brain tubulin. Biochem Biophys Res Commun 72: 47–54
35. Bhattacharyya B, Wolff J (1977) Maytansine binding to the vinblastine sites of tubulin. FEBS Lett 75: 159–162
36. Ravry MJ, Omura GA, Birch R (1985) Phase II evaluation of maytansine (NSC 153858) in advanced cancer. A Southeastern Cancer Study Group trial. Am J Clin Oncol 8: 148–150
37. Issell BF, Crooke ST (1978) Maytansine. Cancer Treat Rev 5: 199–207
38. Chari RV, Martell BA, Gross JL et al (1992) Immunoconjugates containing novel maytansinoids: promising anticancer drugs. Cancer Res 52: 127–131
39. Widdison WC, Wilhelm SD, Cavanagh EE et al (2006) Semisynthetic maytansine analogues for the targeted treatment of cancer. J Med Chem 49: 4392–4408
40. Lewis Phillips GD, Li G, Dugger DL et al (2008) Targeting HER2-positive breast cancer with trastuzumab-DM1, an antibody-cytotoxic drug conjugate. Cancer Res 68: 9280–9290
41. Austin CD, Wen X, Gazzard L et al (2005) Oxidizing potential of endosomes and lysosomes limits intracellular cleavage of disulfide-based antibody-drug conjugates. Proc Natl Acad Sci U S A 102: 17987–17992
42. Lambert JM (2005) Drug-conjugated monoclonal antibodies for the treatment of cancer. Curr Opin Pharmacol 5: 543–549
43. Helft PR, Schilsky RL, Hoke FJ et al (2004) A phase I study of cantuzumab mertansine administered as a single intravenous infusion once weekly in patients with advanced solid tumors. Clin Cancer Res 10: 4363–4368
44. Tijink BM, Buter J, de Bree R et al (2006) A phase I dose escalation study with anti-CD44v6 bivatuzumab mertansine in patients with incurable squamous cell carcinoma of the head and neck or esophagus. Clin Cancer Res 12: 6064–6072

45. Tolcher AW, Ochoa L, Hammond LA et al (2003) Cantuzumab mertansine, a maytansinoid immunoconjugate directed to the CanAg antigen: a phase I, pharmacokinetic, and biologic correlative study. J Clin Oncol 21: 211–222
46. Kovtun YV, Audette CA, Ye Y et al (2006) Antibody-drug conjugates designed to eradicate tumors with homogeneous and heterogeneous expression of the target antigen. Cancer Res 66: 3214–3221
47. Chari RV (1998) Targeted delivery of chemotherapeutics: tumor-activated prodrug therapy. Adv Drug Deliv Rev 31: 89–104
48. Hollander I, Kunz A, Hamann PR (2008) Selection of reaction additives used in the preparation of monomeric antibody-calicheamicin conjugates. Bioconjug Chem 19: 358–361
49. Takeshita A, Shinjo K, Yamakage N et al (2009) CMC-544 (inotuzumab ozogamicin) shows less effect on multidrug resistant cells: analyses in cell lines and cells from patients with B-cell chronic lymphocytic leukaemia and lymphoma. Br J Haematol 146: 34–43
50. Szaka´cs G, Paterson JK, Ludwig JA et al (2006) Targeting multidrug resistance in cancer. Nat Rev Drug Discov 5: 219–234
51. Zhao RY, Wilhelm SD, Audette C et al (2011) Synthesis and evaluation of hydrophilic linkers for antibody-maytansinoid conjugates. J Med Chem 54: 3606–3623
52. Pettit GR, Kamano Y, Fujii Y et al (1981) Marine animal biosynthetic constituents for cancer chemotherapy. J Nat Prod 44: 482–485
53. Pettit GR, Kamano Y, Brown P et al (1982) Antineoplastic agents. 3. Structure of the cyclic peptide dolastatin 3 from *Dolabella auricularia*. J Am Chem Soc 104: 905–907
54. Pettit GR, Kamano Y, Holzapfel CW et al (1987) Antineoplastic agents. 150. The structure and synthesis of dolastatin 3. J Am Chem Soc 109: 7581–7582
55. Pettit GR, Kamano Y, Herald CL et al (1987) The isolation and structure of a remarkable marine animal antineoplastic constituent: dolastatin 10. JAmChem Soc 109: 6883–6885
56. Pettit GR, Kamano Y, Herald CL et al (1993) Isolation of dolastatins 10–15 from the marine mollusc *Dolabella auricularia*. Tetrahedron 49: 9151–9170
57. Pettit GR, Kamano Y, Kizu H et al (1989) Isolation and structure of the cell growth inhibitory depsipeptides dolastatins 11 and 12. Heterocycles 28: 553–558
58. Pettit GR, Kamano Y, Herald CL et al (1989) Antineoplastic agent. 174. Isolation and structure of the cytostatic depsipeptide dolastatin 13 from the sea hare *Dolabella auricularia*. J Am Chem Soc 111: 5015–5017
59. Pettit GR, Kamano Y, Herald CL et al (1990) Antineoplastic agents. 190. Isolation and structure of the cyclodepsipeptide dolastatin 14. J Org Chem 55: 2989–2990
60. Pettit GR, Kamano Y, Dufresne C et al (1989) Isolation and structure of the cytostatic linear depsipeptide dolastatin 15. J Org Chem 54: 6005–6006
61. Quentmeier H, Brauer S, Pettit GR et al (1992) Cytostatic effects of dolastatin 10 and dolastatin 15 on human leukemia cell lines. Leuk Lymphoma 6: 245–250
62. Steube KG, Grunicke D, Pietsch T et al (1992) Dolastatin 10 and dolastatin 15: effects of two natural peptides on growth and differentiation of leukemia cells. Leukemia 6: 1048–1053
63. Bai R, Pettit GR, Hamel E (1990) Dolastatin 10, a powerful cytostatic peptide derived from a marine animal. Inhibition of tubulin polymerization mediated through the vinca alkaloid binding domain. Biochem Pharmacol 39: 1941–1949
64. Bai R, Pettit GR, Hamel E (1990) Structureactivity studies with chiral isomers and with segments of the antimitotic marine peptide dolastatin 10. Biochem Pharmacol 40: 1859–1864

65. Bai R, Roach MC, Jayaram SK et al (1993) Differential effects of active isomers, segments, and analogs of dolastatin 10 on ligand interactions with tubulin. Correlation with cytotoxicity. Biochem Pharmacol 45: 1503–1515
66. Bai R, Friedman SJ, Pettit GR et al (1992) Dolastatin 15, a potent antimitotic depsipeptide derived from *Dolabella auricularia*. Interaction with tubulin and effects of cellular microtubules. Biochem Pharmacol 43: 2637–2645
67. Pitot HC, McElroy EA, Reid JM et al (1999) Phase I trial of dolastatin-10 (NSC 376128) in patients with advanced solid tumors. Clin Cancer Res 5: 525–531
68. Banerjee S, Wang Z, Mohammad M et al (2008) Efficacy of selected natural products as therapeutic agents against cancer. J Nat Prod 71: 492–496
69. Kobayashi M, Natsume T, Tamaoki S et al (1997) Antitumor activity of TZT-1027, a novel dolastatin 10 derivative. Jpn J Cancer Res 88: 316–327
70. Riely GJ, Gadgeel S, Rothman I et al (2007) A phase 2 study of TZT-1027, administered weekly to patients with advanced non-small cell lung cancer following treatment with platinum-based chemotherapy. Lung Cancer 55: 181–185
71. Patel S, Keohan ML, Saif MW et al (2006) Phase II study of intravenous TZT-1027 in patients with advanced or metastatic softtissue sarcomas with prior exposure to anthracycline-based chemotherapy. Cancer 107: 2881–2887
72. Doronina SO, Mendelsohn BA, Bovee TD et al (2006) Enhanced activity of monomethylauristatin F through monoclonal antibody delivery: effects of linker technology on efficacy and toxicity. Bioconjug Chem 17: 114–124
73. Doronina SO, Toki BE, Torgov MY et al (2003) Development of potent monoclonal antibody auristatin conjugates for cancer therapy. Nat Biotechnol 21: 778–784
74. Anon (2011) Brentuximab vedotin: adis R&D profile. Drugs R&D 11: 85–95
75. Agensys Inc. (2012) A study to assess the safety, pharmacokinetics and effectiveness of AGS-16C3F monotherapy in subjects with renal cell carcinoma (RCC) of clear cell or papillary histology. ClinicalTrials. gov, NCT01672775
76. Seattle Genetics Inc. (2009) A phase 1 doseescalation trial of SGN-75 in CD70-positive non-Hodgkin lymphoma or renal cell carcinoma. ClinicalTrials. gov, NCT01015911
77. Lee MD, Dunne TS, Chang CC et al (1987) Calichemicins, a novel family of antitumor antibiotics. 2. Chemistry and structure of calichemicin. gamma. 1I. J Am Chem Soc 109: 3466–3468
78. Lee MD, Dunne TS, Siegel MM et al (1987) Calichemicins, a novel family of antitumor antibiotics. 1. Chemistry and partial structure of calichemicin. gamma. 1I. J Am Chem Soc 109: 3464–3466
79. Maiese WM, Lechevalier MP, Lechevalier HA et al (1989) Calicheamicins, a novel family of antitumor antibiotics: taxonomy, fermentation and biological properties. J Antibiot 42: 558–563
80. Golik J, Clardy J, Dubay G et al (1987) Esperamicins, a novel class of potent antitumor antibiotics. 2. Structure of esperamicin X. J Am Chem Soc 109: 3461–3462
81. Golik J, Dubay G, Groenewold G et al (1987) Esperamicins, a novel class of potent antitumor antibiotics. 3. Structures of esperamicins A1, A2, and A1b. J Am Chem Soc 109: 3462–3464
82. Edo K, Akiyama-Murai Y, Saito K et al (1988) Hydrogen bromide adduct of neocarzinostatin chromophore: one of the stable derivatives of native neocarzinostatin chromophore. J Antibiot 41: 1272–1274
83. Smith AL, Nicolaou KC (1996) The enediyne antibiotics. J Med Chem 39: 2103–2117

84. McDonald LA, Capson TL, Krishnamurthy G et al (1996) Namenamicin, a new enediyne antitumor antibiotic from the marine ascidian Polysyncraton lithostrotum. J Am Chem Soc 118: 10898–10899
85. Oku N, Matsunaga S, Fusetani N (2003) Shishijimicins A_C, novel enediyne antitumor antibiotics from the ascidian Didemnum proliferum1. J Am Chem Soc 125: 2044–2045
86. Lee MD, Dunne TS, Chang CC et al (1992) Calicheamicins, a novel family of antitumor antibiotics. 4. Structure elucidation of calicheamicins. beta. 1Br, gamma. 1Br, alpha. 2I, alpha. 3I, beta. 1I, gamma. 1I, and. delta. 1I. J Am Chem Soc 114: 985–997
87. Zein N, Poncin M, Nilakantan R et al (1989) Calicheamicin gamma 1I and DNA: molecular recognition process responsible for sitespecificity. Science 244: 697–699
88. Zein N, Sinha AM, McGahren WJ et al (1988) Calicheamicin gamma 1I: an antitumor antibiotic that cleaves double-stranded DNA site specifically. Science 240: 1198–1201
89. De Voss JJ, Townsend CA, Ding WD et al (1990) Site-specific atom transfer from DNA to a bound ligand defines the geometry of a DNA-calicheamicin. gamma. 1I complex. J Am Chem Soc 112: 9669–9670
90. Mah SC, Townsend CA, Tullius TD (1994) Hydroxyl radical footprinting of calicheamicin. Relationship of DNA binding to cleavage. Biochemistry 33: 614–621
91. Ellestad GA (2011) Structural and conformational features relevant to the anti-tumor activity of calicheamicin γ 1I. Chirality 23: 660–671
92. Hinman LM, Hamann PR, Wallace R et al (1993) Preparation and characterization of monoclonal antibody conjugates of the calicheamicins: a novel and potent family of antitumor antibiotics. Cancer Res 53: 3336–3342
93. Gillespie AM, Broadhead TJ, Chan SY et al (2000) Phase I open study of the effects of ascending doses of the cytotoxic immunoconjugate CMB-401 (hCTMO1-calicheamicin) in patients with epithelial ovarian cancer. Ann Oncol 11: 735–741
94. Chan SY, Gordon AN, Coleman RE et al (2003) A phase 2 study of the cytotoxic immunoconjugate CMB-401 (hCTM01-calicheamicin) in patients with platinumsensitive recurrent epithelial ovarian carcinoma. Cancer Immunol Immunother 52: 243–248
95. Naito K, Takeshita A, Shigeno K et al (2000) Calicheamicin-conjugated humanized anti-CD33 monoclonal antibody (gemtuzumab zogamicin, CMA-676) shows cytocidal effect on CD33-positive leukemia cell lines, but is inactive on P-glycoprotein-expressing sublines. Leukemia 14: 1436–1443
96. Nabhan C, Rundhaugen L, Jatoi M et al (2004) Gemtuzumab ozogamicin (MylotargTM) is infrequently associated with sinusoidal obstructive syndrome/veno-occlusive disease. Ann Oncol 15: 1231–1236
97. Kantarjian H, Thomas D, Jorgensen J et al (2012) Inotuzumab ozogamicin, an anti-CD22-calecheamicin conjugate, for refractory and relapsed acute lymphocytic leukaemia: a phase 2 study. Lancet Oncol 13: 403–411
98. Letschert K, Faulstich H, Keller D et al (2006) Molecular characterization and inhibition of amanitin uptake into human hepatocytes. Toxicol Sci 91: 140–149
99. Wieland T (1986) Peptides of poisonous amanita mushrooms, 1st edn. Springer, New York
100. Fiume L, Stirpe F (1966) Decreased RNA content in mouse liver nuclei after intoxication with α-amanitin. Biochim Biophys Acta 123: 643–645
101. Lindell TJ, Weinberg F, Morris PW et al (1970) Specific inhibition of nuclear RNA polymerase II by alpha-amanitin. Science 170: 447–449
102. Kedinger C, Gniazdowski M, Mandel JL et al (1970) Alpha-amanitin: a specific inhibitor of one of two DNA-pendent RNA polymerase activities from calf thymus. Biochem Biophys Res Commun 38: 165–171

103. Meihlac M, Kedinger C, Chambon P et al (1970) Amanitin binding to calf thymus RNA polymerase B. FEBS Lett 9: 258–260
104. Cochet-Meilhac M, Nuret P, Courvalin JC et al (1974) Animal DNA-dependent RNA polymerases 12. Determination of the cellular number of RNA polymerase B molecules. Biochim Biophys Acta 353: 185–192
105. Bushnell DA, Cramer P, Kornberg RD (2002) Structural basis of transcription: alpha-amanitin-RNA polymerase II cocrystal at 2.8 A resolution. Proc Natl Acad Sci U S A 99: 1218–1222
106. Barbanti-Brodano G, Fiume L (1973) Selective killing of macrophages by amanitin-albumin conjugates. Nat New Biol 243: 281–283
107. Danielczyk A, Stahn R, Faulstich D et al (2006) PankoMab: a potent new generation anti-tumour MUC1 antibody. Cancer Immunol Immunother 55: 1337–1347
108. Moldenhauer G, Salnikov AV, Lüttgau S et al (2012) Therapeutic potential of amanitinconjugated anti-epithelial cell adhesion molecule monoclonal antibody against pancreatic carcinoma. J Natl Cancer Inst 104: 622–634
109. Anderl J, Mueller C, Heckl-Oestreicher B. et al (2011) Highly potent antibodyamanitin conjugates cause tumor-selective apoptosis. AACR 102nd Annual Meeting Abstract# 3616
110. Baumann K, Zanotti G, Faulstich H (1994) A beta-turn in alpha-amanitin is the most important structural feature for binding to RNA polymerase II and three monoclonal antibodies. Protein Sci 3: 750–756
111. Faulstich H, Fauser U (1978) The course of amanita intoxication in beagle dogs. In: Amanita toxins and poisoning. Gerhard Witzstrock, Baden-Baden, pp 115–123

第5章 抗体偶联药物的连接子技术

Birte Nolting

摘 要

抗体偶联药物(antibody-drug，ADC)将单克隆抗体(mAb)所具有的特异性、良好的药代动力学和生物学分布特征与小分子药物的细胞毒效力相结合，成为一种有前景的新型癌症治疗手段。随着单克隆抗体和细胞毒性药物的开发，连接子的设计具有至关重要的意义，因为它直接影响到了 ADC 的疗效和耐受性。在体循环过程中，连接子需要提供足够的药物稳定性，同时还要允许细胞毒药物在肿瘤细胞内快速、高效地释放出来。本综述对目前用于 ADC 的连接子技术和相关技术进展导致的连接子性能的改良进行了概述。同时，本综述还对抗体和药物连接子偶联的一些重要考量事项，如药物抗体偶联比率和偶联位点，进行了简要总结。

关键词：抗体偶联药物，单克隆抗体，连接子，细胞毒性药物，偶联，腙，二硫化物，肽，可裂解的，不可裂解的

1 引 言

抗体偶联药物(ADC)提供了一种独特的靶向治疗策略，此种药物将抗体和小分子药物的最佳特征结合起来，获得了同时具有高度特异性和细胞毒性的单一实体。因此，它们一直是优化提高 ADC 治疗指数的重点研究对象。理想的 ADC 应保留抗体良好的药代动力学和功能属性，同时在体循环(血液)中应保持完整，不表现出任何毒性，并且能够在靶位点被激活，同时释放出足量的药物来杀灭肿瘤细胞。因此，ADC 结合了药物的细胞毒活性和抗体的内在抗原靶向能力和/或抗肿瘤活性。

ADC 开发过程中的最大挑战之一是为抗体和药物偶联提供适当的连接子。连接子具有重要的作用，这是因为，除了有效输送细胞毒性药物以外，药物-抗体连接的稳定性既是决定 ADC 的疗效和毒性的关键性因素，也是决定 ADC 治疗潜力的关键性因素。关于连接子组分，存在多种重要考量事项，包括抗体的连接位点、每个抗体分子的平均连接位点数量、连接子的可裂解性(分裂释放药物的能力)和连接子的极性。

由于抗体类治疗药物相对于绝大多数化疗药物的一个关键性优势是其能够在体循环中长期存留，因此连接子在体循环中应非常稳定，因为在到达靶点前释放细胞毒性负载将导致非特异性杀死细胞并引起相关的毒性。然而，一旦进入靶细胞后，连接子必须能够在靶位点上有效释放激活性细胞毒性化合物。

目前已有多种策略被用来生产符合这些标准的连接子,其中一些策略是在 ADC 通过抗原特异性、抗体介导的内吞方式进入肿瘤细胞后(受体介导的胞吞过程),利用了细胞内、外环境的不同,使连接子释放药物[1]。

目前进行临床评价的绝大多数 ADC 所含的连接子可分为两大类:可裂解的和不可裂解的。可裂解连接子依赖于胞内过程来释放毒素,如胞质内还原过程、暴露于溶酶体内酸性条件或被细胞内特异性蛋白酶所裂解。不可裂解的连接子需要在 ADC 抗体部分的蛋白降解之后,方可释放出细胞毒性分子,这些细胞毒性分子还将保留与抗体连接所需的连接子和氨基酸。

早期 ADC 常常含有半衰期较短(1~2 天)的不稳定性连接子,如二硫化物[2~4]和腙[5~7]。近来,研究注意力已经转向了在体循环中的稳定性得到了改善的连接子[8]。这些连接子包括肽连接子[9, 10]、葡萄糖苷酸[11]及不可裂解连接子,不可裂解连接子所连接的 mAb 载体在靶细胞的溶酶体内水解后仍与药物共价连接[8, 12]。

连接子的选择取决于靶点,基于对抗体-靶抗原复合物内化和降解过程的了解程度,以及偶联物的临床前体外和体内活性的比较研究。此外,连接子的选择还受到所用细胞毒素的影响,因为不同分子具有不同的化学约束条件,常常是小分子药物的结构决定了要使用特定的连接子。

ADC 的另一独特特征是可通过所选择的连接子来控制旁观者杀伤效应,这种杀伤效应可增强疗效。观察到一些 ADC 可有效杀伤抗原阳性肿瘤细胞附近的抗原阴性"旁观者"细胞。一些 ADC 的旁观者细胞杀伤机制的研究表明,ADC 在胞内形成的代谢产物可能起到了一定作用[9, 12, 13]。ADC 在抗原阳性细胞内代谢生成的中性细胞毒性产物可被释放到细胞介质中,从而可杀灭邻近的抗原阴性细胞。然而,带电荷的代谢产物无法通过细胞膜扩散到介质中,因此,不能产生旁观者杀伤效应[12, 14]。通过连接子的选择来控制旁观者杀伤效应可能是靶向治疗抗原异质性表达实体瘤的一种有价值的工具。

2　化学不稳定的连接子

化学不稳定的连接子包括腙和二硫化物连接子,它们在设计上利用了血浆与一些胞质腔室之间性质上的差异。促进腙连接子释放药物的胞内条件是内涵体和溶酶体的酸性环境[15],而二硫化物连接子在细胞质中被还原[12, 13, 16],因为后者含有高浓度的巯基(如谷胱甘肽)[17]。化学不稳定的连接子血浆中的稳定性常常是有限的。然而,可在连接子附近区域引入取代基造成空间位阻,从而对这些连接子的稳定性进行调整[2, 3, 18]。

2.1　酸不稳定的连接子(腙类)

酸不稳定的连接子,如腙类,是第一类被用于早期 ADC 构建的连接子。这些连接子的设计要求是能够在体循环血液的中性 pH(7.3~7.5)环境中保持稳定,而当 ADC 一旦内化进入细胞的弱酸性内涵体(pH 5.0~6.5)和溶酶体(pH 4.5~5.0)腔室之后,能够迅速发生水解反应并释放出药物[15]。虽然在临床研究中,这种基于 pH 依赖型药物释放机制的连接子技术具有非特异性药物释放的缺点,但是,这种技术目前仍在使用。此外,还可通过化学修饰(如置换反应),使腙连接子的稳定性及其所决定的体内半衰期发生改变,以便尽量减少体循环中的损失量,获得在溶酶体内更为有效的药物释放效果[18]。

大量早期 ADC 构建体在药物与单克隆抗体的糖残基之间使用了酸不稳定的连接子。其利用腙键或顺式乌头酰基来实现。顺式乌头酰基化学过程使用了与酰胺键并列的羧酸来加速酸性条件下的酰胺水解反应。

柔红霉素(daunomycin)是一种可阻止 DNA 复制的嵌入剂,它通过顺式乌头酰基与抗-T 细胞单克隆抗体的糖羟基进行偶联,偶联前,糖羟基被转化为了胺类。尽管相当多的药物分子[25~32]与抗体相连接[19],但是,柔红霉素偶联物保留了药物的细胞毒性,并且所造成的免疫反应性的损失更是微不足道。同样,顺式乌头酰基连接也被应用到阿霉素(DOX)的偶联上,阿霉素是一种与天然产物柔红霉素紧密相关的蒽环类抗生素,同时也是一种强效 DNA 嵌入剂,阿霉素的氨基糖基团通过顺乌头酸酐与一种抗黑色素瘤单克隆抗体发生偶联。抗黑色素瘤 mAb-阿霉素偶联物在抑制小鼠体内的人黑色素瘤移植瘤生长及延长小鼠寿命方面相当有效。单独使用 mAb 或阿霉素均无法达到这一效果[20]。另一种酸不稳定的连接子的实例为一种抗微管药物[21],即细胞毒性长春花生物碱长春碱 DAVLB(去乙酰长春碱)的酰肼衍生物,可与针对人实体瘤的各种鼠单克隆抗体发生偶联。偶联是再次通过高碘酸盐氧化后的 mAb 糖残基实现的,相对于未偶联药物,偶联后药物的治疗指数得到了提升[22]。

然而,早期 ADC 的开发重点是利用腙类作为酸不稳定的连接子,用单克隆抗体上的氨基酸残基,而不是糖基,进行共价连接。早期的阿霉素-抗体偶联物是利用单克隆抗体的巯基化赖氨酸残基与阿霉素的 13-酰腙衍生物之间的缩合反应而得。除了连接臂内的腙,这些偶联物(图 5-1,2)还拥有两个可裂解的含二硫键的位点。因此,有效释放未经修饰的游离药物需要酸性 pH 条件或二硫化物还原和酸性 pH 条件[23]。尽管这些偶联物拥有抗原特异性活性,但是,它们的体内效力却很低[24, 25]。

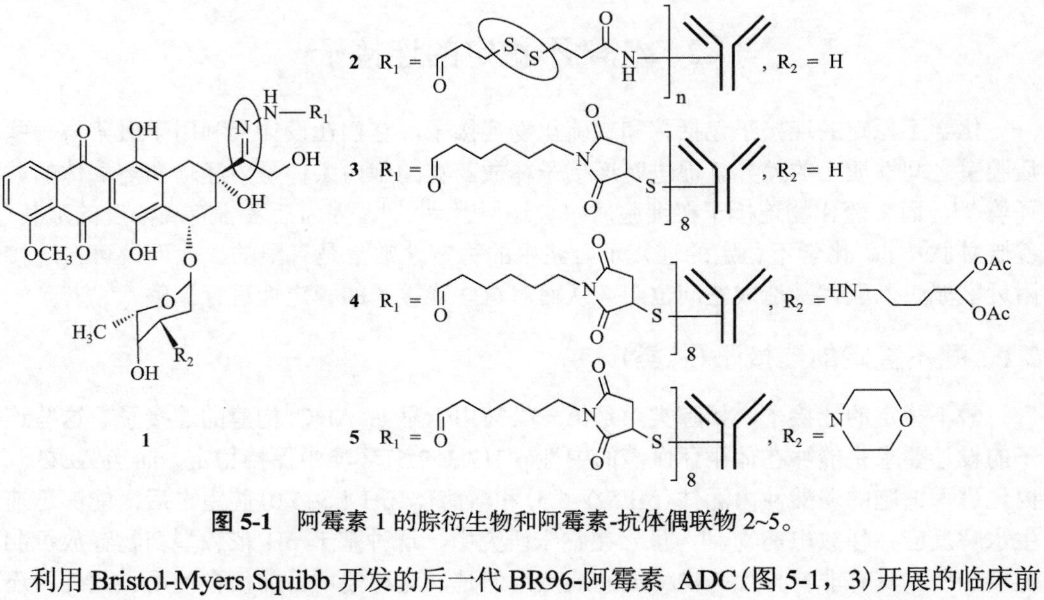

图 5-1 阿霉素 1 的腙衍生物和阿霉素-抗体偶联物 2~5。

利用 Bristol-Myers Squibb 开发的后一代 BR96-阿霉素 ADC(图 5-1,3)开展的临床前

研究中，观察到了高活性和令人印象深刻的抗肿瘤活性。Trail 等保留了腙，但以硫醚置换了二硫化物基团，并将(6-马来酰亚胺已酰)-腙阿霉素衍生物(图 5-1，1)与 BR96 半胱氨酸残基连接。单克隆抗体 BR96 针对的抗原与 Lewis Y(LeY)紧密相连，在多种人癌细胞表面表达[5]。即使 ADC 中一个 mAb 分子上连接了 8 个药物分子，但是，为达到治愈效果，仍然需要较高的累计剂量(>100 mg/kg)，可能的原因是阿霉素的相对效力较低(人癌细胞系的 IC_{50} 为 0.1~0.3 μmol/L)[26, 27]，而目前通常见到的小分子药物的活性是亚纳摩尔级。I 期临床试验中，获得了适当的抗肿瘤活性，而测得的全身药物释放的半衰期仅为 43 h[6]。BR96-阿霉素在后来的转移性乳腺癌(MBC)II 期试验中未获得成功，因为宿主产生毒性前，未能达到治疗剂量[28]。总体而言，BR96-阿霉素受到了药物效力较低、腙键的稳定性不足、高敏感的非肿瘤细胞上存在靶抗原 Lewis Y(LeY)等问题的严重阻碍。

然而，Bristol-Myers Squibb 证明了马来酰亚胺-已酰-腙方法可在拥有 α, α'-二羟酮侧链的其他强效蒽环类药物中普遍应用，如 5-二乙酰氧基戊烷基阿霉素(DAPDOX)和吗啉阿霉素(MorphDOX)。相应地，BR96-DAPDOX(图 5-1，4)和 BR96-MorphDOX(图 5-1，5)偶联物具有高度活性，相对于其未偶联的母体药物显示出了体外细胞毒性选择性。此外，BR96-DAPDOX(图 5-1，4)与 BR96-阿霉素(图 5-1，3)相比，在体外有较大的优势[29]。

由于 BR96-阿霉素等 ADC 的体内效力相对较低(图 5-1，3)[29]，故促使人们尝试采用效力远远高于阿霉素的药物。对天然产物卡奇霉素——一种源自土壤细菌棘孢小单孢菌属加利车种(*Micromonospora echinospora* ssp. *calichensis*)[30]的烯二炔类抗生素，进行了大量研究，因为其能够与小沟结合，诱导细胞凋亡的效力是绝大多数标准化疗药物的 100 倍以上[31, 32]。与 BR96-阿霉素一样(图 5-1，3)，利用酸不稳定性的腙连接子将其与单克隆抗体连接起来，能够为 ADC 提供相似的药物释放半衰期，介于 48~72 h 之间[7]。Pfizer 的吉妥单抗-奥加米星(Mylotarg®，图 5-2，6)使用了腙连接子技术，是首个成功完成了全部临床试验的 ADC，并于 2000 年获得了美国食品药品监督管理局的监管批准，用于 60 岁以上的复发性急性髓细胞白血病(AML，成人中最为常见的一种白血病)患者的治疗。吉妥单抗-奥加米星(图 5-2，6)的效力和选择性均高于早期酰胺和糖偶联物[36]，吉妥单抗-奥加米星由 *N*-乙酰基-γ-卡奇霉素通过双官能团连接子与人源化抗-CD33(一种 IgG4 κ 抗体)共价连接组成。4-(4-乙酰苯氧基)丁酸基团为抗体表面暴露的赖氨酸残基提供了连接位点，利用酰胺键，形成了与 *N*-乙酰基-γ-卡奇霉素二甲基酰肼之间的酰腙连接。卡奇霉素的天然结构中含有一个二硫键，可作为从抗体释放卡奇霉素的另一个位点。一般来说，每个 mAb 分子可负载 2~3 个卡奇霉素分子[18]。

ADC 内化后，通过 CD33-阳性靶细胞溶酶体中腙的水解作用，将卡奇霉素前体药物释放出来，已在体外观察到了这一过程。事实上，生理条件下(37℃，24 h)，腙键的水解程度从 pH 7.4(模拟血液中中性 pH)时的 6%，增加到了 pH 4.5 时的 97%[15]。然后，烯二炔类药物将被二硫键的还原性裂解所激活，与该二硫化物相邻的两个取代甲基将起到稳定作用，防止循环期间由还原硫醇过早释放卡奇霉素，从而提高了此种偶联物的治疗指数[37]。观察到卡奇霉素偶联物内与腙相邻的芳烃基上的取代基团显著影响了卡奇霉素释放速率和 ADC 效力[18]。吉妥单抗-奥加米星还能够以抗原-非依赖性方式，激发出强效的体内实体瘤的抗肿瘤活性[38]。这种效应被归因于被动靶向模式，因为由连接子水解作用所产生的非特异性药物释放效应也许能够解释为何吉妥单抗-奥加米星能够在未检出同源性 CD33 抗原的一些 AML 患者中表现出抗肿瘤活性[39]。

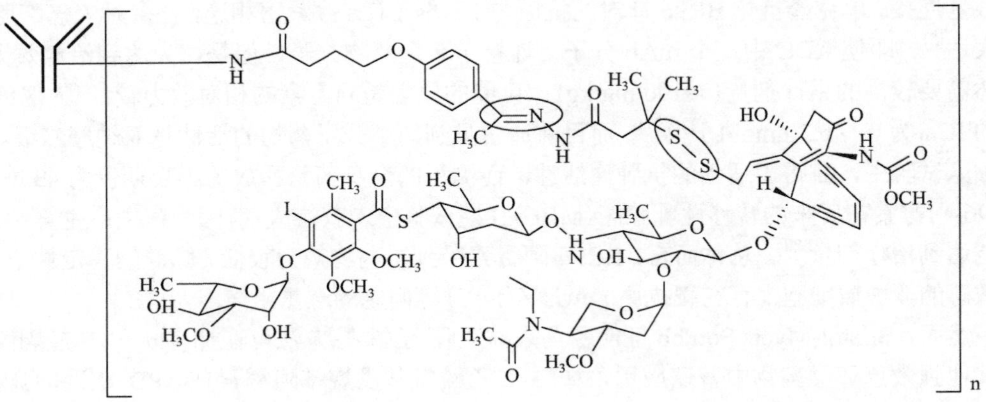

图 5-2 吉妥单抗-奥加米星 6。

通过活化的酯衍生物与抗体的赖氨酸残基反应可制备卡奇霉素偶联物(如抗 CD33[36]和抗 CD22[40])，这些偶联物并不含腙键，因此，尽管仍然含有来自卡奇霉素的固有二硫键，但是，此类偶联物对生理条件下的水解作用并不敏感。由于酰胺连接偶联物的效力较低，因此，可以认为单独利用二硫化物尚不足以在靶细胞内将卡奇霉素从抗体上有效地释放。另外，腙所提供的水解释放位点对于活性来说是必需的。有趣的是，就 mAb CTM01(识别肿瘤抗原 PEM——一种存在于上皮源的广谱实体瘤上的 MUC1 变体)而言，只含二硫化物唯一药物释放源的酰胺 ADC[41, 42]，在多种体外和体内肿瘤模型中均表现出了等于或高于相应腙偶联物的活性[43]。虽然这些 CTM01 偶联物在 II 期临床试验中只提供了有限的活性证据[44]，但是，在将二硫化物针对卡奇霉素的释放效力低下的假设进行外推时，还需考虑到具体靶细胞的内化性质。

Mylotarg® 只获得了有限的成功，并于 2010 年因治疗窗口狭窄、缺乏靶依赖性而退出了市场。尽管如此，卡奇霉素 ADC 技术仍然被成功应用到能够识别一定范围的肿瘤抗原的 mAb 上。最为显著的是 CD22——一种淋巴抗原，其中，人源化抗 CD22 mAb 通过酸不稳定的 4-(4'-乙酰苯氧基)丁酸连接子，与 N-乙酰基-γ-卡奇霉素二甲基酰肼实现连接，其开发工作正在 Pfizer 开展，产品名称为伊珠单抗-奥加米星(CMC-544)。

从某些方面来说，伊珠单抗-奥加米星(CMC-544)与 B 细胞淋巴瘤之间的关系类似于 Mylotarg 与白血病之间的关系[45~47]。虽然这种 ADC 与 Mylotarg 密切相关，也使用了相同的酸不稳定的连接子，但是它在人血浆和血清中具有的良好稳定性(4 天内的水解速率为 1.5%~2%)，以及已证明的强效特异性抗肿瘤疗效[40, 48]，使其在一项进行中的 II 期临床试验中显著延长了难治性或复发性惰性 B 细胞非霍奇金淋巴瘤(NHL)患者的抗肿瘤应答时间[49]。其他利用腙连接卡奇霉素形成偶联物的靶向肿瘤抗原包括 Lewis Y [50]和癌胚蛋白 5T4 [51]。

2.2 二硫化物连接子

另一种在抗体偶联药物开发中得到广泛应用的化学不稳定的连接子为二硫化物。二硫化物在生理 pH 条件下具有热力学(在无游离硫氢基条件下)稳定性,设计要求二硫化物能够在内化进细胞后,立即释放药物,而与胞外环境相比,细胞质具有还原性更强的环境[12, 17]。由于切断二硫键需要存在某种胞质巯基辅助因子,如(还原型)谷胱甘肽(GSH),因此,二硫化物提供了合理的循环稳定性和细胞质内的选择性药物释放[12, 13, 16]。此外,胞内酶蛋白质二硫化物异构酶,或能够切断二硫键的类似酶[52],也可能有助于优先切断细胞内二硫键。据报道,GSH 在细胞内的浓度介于 0.5~10 mmol/L 之间[53],而循环中 GSH 或半胱氨酸(含量最高的低分子质量硫醇类化合物)的浓度则显著较低,约为 5 μmol/L[54]。肿瘤细胞中更是如此,血流不规则导致缺氧状态,从而提高了还原酶活性,进而使得谷胱甘肽浓度进一步升高[55~57]。此外,与腙类一样,二硫键的体内稳定性——特异性较强的胞内药物释放,可通过在二硫键相邻区域引入取代基团得到大大增强[2, 3]。

上文已讨论过一个胞内可裂解二硫化物连接子的例子,该全人源化抗 MUC1 抗体-卡奇霉素酰胺偶联物只含二硫键来释放药物(不含腙连接子),在乳腺和卵巢肿瘤移植模型中显示出了强效的抗肿瘤疗效[36, 43]。

其他例子为高效第二代紫杉烷类抗体偶联物[58~60],紫杉烷转化为相应的甲基二硫基烷酰基衍生物后,通过含二硫化物的 4-巯基-戊酸酯连接子,与识别表皮生长因子受体(EGFR)的鼠单克隆抗体上的赖氨酸残基偶联。在小鼠体内,利用对肿瘤具有选择性的 mAb,实现 mAb 介导的紫杉烷输送所获得的抗肿瘤活性较全身性药物治疗更为显著,对其毒性的耐受性能也显著增强[61]。

然而,ADC 中利用二硫化物连接子的最重要的例子是美登素偶联物。广泛用于 ADC 开发的美登素类化合物和含硫醇美登素类似物,是一类强效抗有丝分裂药物,可抑制微管蛋白聚合。美登素类化合物的细胞毒性强度约为绝大多数癌症化疗药物的细胞毒性强度的 100~1000 倍[62]。通过与二硫酯反应,很容易将美登素转变为含活性硫醇的美登素衍生物,而形成的二硫化物则会被还原,产生活性巯基。因此,美登素类化合物可通过连接子中的二硫键实现与单克隆抗体的化学可裂解连接(或通过硫醚键实现与单克隆抗体的不可裂解连接)。通过采用双官能团交联剂对抗体上的赖氨酸残基进行修饰,引入吡啶二硫代基团,制备二硫化物连接的美登素偶联抗体(每个抗体分子约连接 3~4 个美登素类化合物)。经过修饰的抗体与含硫醇美登素进行二硫化物置换反应[63],形成了美登素 ADC。如免疫毒素[2, 3]所示,可借助空间位阻,极大增强二硫键的体内稳定性(及 ADC 的药代动力学和毒理学特征)。还应当认识到,内涵体和溶酶体的氧化电势有可能会限制二硫化物连接 ADC 的胞内切断进程[64]。为了在体内稳定性和有效的胞内药物释放之间找到平衡点,研究者将一系列空间位阻(在二硫键孪位碳原子上引入甲基取代基)程度不同的美登素-二硫化物连接子衍生物与单克隆抗体偶联,针对二硫化物连接子空间位阻对这些 ADC(图 5-3,7)的生物学活性的影响进行了研究。作为对照,美登素衍生物通过与 SMCC(琥珀酰亚胺基-4-[N-马来酰亚胺甲基] - 环己烷-1-羧酸叔丁酯)之间形成的硫醚键(非裂解连接),实现两种分子之间的偶联[16, 65]。基于上述研究的结果,选择 DM1(图 5-3,8)和 DM4(图 5-3,10)作为抗体偶联的先导药物分子[63]。

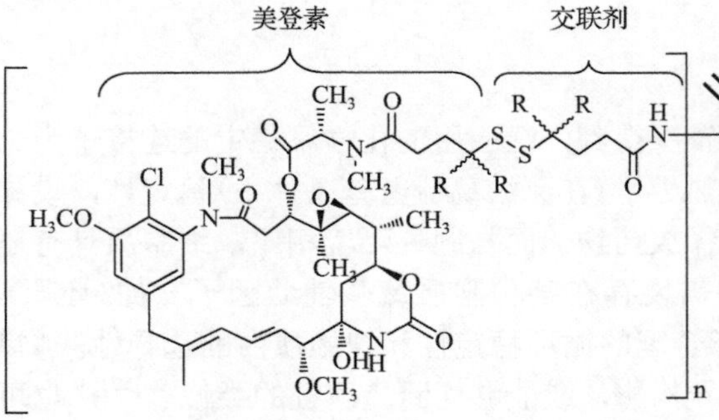

美登素　　　　交联剂

7 R=CH₃或H

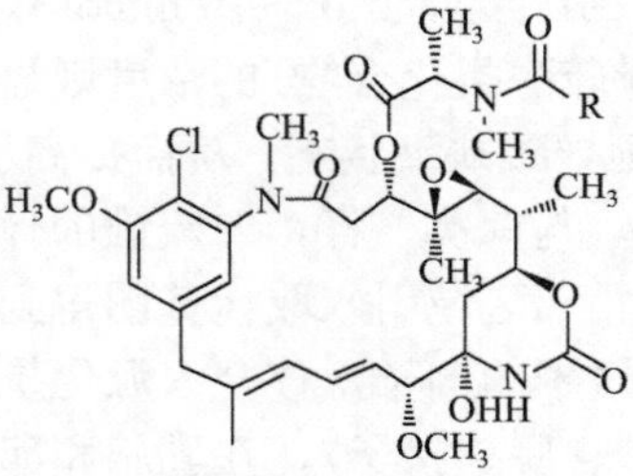

8 DM1-SMe: R = -CH₂CH₂SSMe
9 DM3-SMe: R = -CH₂CH₂CH(CH₃)SSMe
10 DM4-SMe: R = -CH₂CH₂CH(CH₃)₂SSMe

图 5-3 二硫键季位碳原子上引入不同程度甲基取代基的美登素 ADC(7)。分别为美登素衍生物 DM1、DM3 和 DM4(8、9 和 10)。

通过抗原介导的胞吞作用，ADC 被内化，进而由囊泡运输送入溶酶体内，一般认为 mAb 可被降解为氨基酸水平[66]，因此，能够支持赖氨酸衍生物与美登素毒素进行连接。胞内进一步的修饰包括通过置换二硫化物和可能由胞内甲基转移酶所催化的巯基甲基化过程，切断二硫化物连接子，同时生成强效的 DM1 或 DM4 代谢产物[12]。亲脂性 S-甲基-美登素代谢产物不带有电荷，便于它们移出肿瘤细胞并再次进入可能并未携带特定抗原的邻近细胞，因此，这就使得由靶细胞激活的旁观者细胞杀伤作用得以实现。这种旁观者杀伤效应为二硫化物连接的偶联物的疗效优于不可裂解的偶联物提供了一种解释，一些移植瘤模型中，不可裂解的偶联物被降解为更具有亲水性、活性大幅下降的含赖氨酸的美登素代谢产物[12,13,67,68]。

C242-DM1 是 ImmunoGen 开发的第一代含美登素的 ADC 其中之一[使用 TAP(肿瘤活化前体药物)偶联技术]，其靶位点为 CanAg，是一种肿瘤选择性糖表位[69]。与 DM1 偶联后，通过将抗体组分人源化生成 ADC huC242-DM1(cantuzumab mertansine)，使 C242-DM1 的临床潜能得到了加强。偶联物 huC242-DM1(以类似于 C242-DM1 的方式)对异质性抗原表达的肿瘤具有强大杀伤活性，反映出其具有杀伤旁观者抗原阴性肿瘤细胞的能力[13]。huC242-DM1 的抗体组分在小鼠体内的半衰期约为 100 h，而 DM1 的半衰期则仅约为前者的 1/4[4,70]，显示循环中 ADC 释放 DM1 的过程缓慢。类似的，后续开展的一项Ⅰ期临床研究中，huC242-DM1 ADC 和 DM1 的终末半衰期分别约为 100 h 和 24 h[28]。细胞内 DM1 从 huC242-DM1 释放的最有可能的机制是借助于二硫化物与其他巯基物质的交换[4](游离巯基浓度高达约 500 μmol/L)。人血浆分析表明，这些巯基物质有可能几乎全部来自白蛋白[54]。基于这些结果，DM1 被 DM4 替换，得到了 huC242-DM4 偶联物构建体，huC242-DM4 显示出了优于 huC242-DM1 的连接子稳定性，这是二硫键周围空间位阻增大所带来的结果，而在一些移植瘤模型中，huC242-DM4 的疗效亦优于

huC242-DM1[63]。因此，临床开发中，huC242-DM4 偶联物已经取代了 huC242-DM1[62]。

除了上述讨论的例子，美登素 ADC 技术现已成功应用于识别许多肿瘤抗原的抗体，包括 CD19[71]、CD33[72]、CD56[73]、CD79[74]、CD138[75]、HER2[76]、PSCA[77] 和 PSMA[78]。其中，多种 ADC 构建体已进入临床试验阶段。

3 酶催化裂解的连接子

3.1 肽连接子

如上所述，化学不稳定的连接子，如腙[5~7]和二硫化物[2~4]，在血浆中往往不太稳定，因此，利用基于肽的连接子技术可能可以更好地控制药物的释放。由于血液中存在内源性抑制剂，且血液 pH 高于溶酶体内 pH，溶酶体蛋白水解酶在血液中的活性极低[79]，因此预计肽键具有良好的血清稳定性。这一点在临床前体内研究中得到了证实，其所观察到的肽连接子的半衰期为 7~10 天[80]。药物从 mAb 释放完全是溶酶体蛋白酶（如组织蛋白酶和胞浆素）的作用所带来的结果。这些蛋白酶在某些肿瘤组织中的水平可能会升高[81]。因此，不同于迄今为止所讨论过的化学不稳定的连接子，肽连接子具有更高的循环内稳定性，且靶细胞内可实现药物的快速酶释放。

早期的溶酶体裂解肽，如 Gly-Phe-Leu-Gly[82] 和 Ala-Leu-Ala-Leu[83, 84]，存在着显著的潜在缺陷：由于药物释放速度相对较低，且四肽具有疏水性，再加上多种细胞毒性药物的疏水性，可导致发生聚合。因此，开发了优化的基于二肽的连接子 Val-Cit 和 Phe-Lys，它们在生理条件下可保持适当的稳定性，但在溶酶体萃取物和经过纯化的人组织蛋白酶 B 存在的条件下，可迅速发生水解反应[85, 86]。组织蛋白酶 B 是一种广泛存在的半胱氨酸蛋白酶，不同种属间的这种蛋白酶的性质并无太大差异[26, 27, 57, 87]。然而，将药物直接连接到肽连接子上，会导致蛋白水解释放出细胞毒性药物的氨基酸加合物，因此，可能会降低细胞毒活性。为了避免形成活性可能降低的代谢产物并阻止药物对肽水解作用动力学特征（药物释放）的不利影响，设计了一种自切除式间隔基，以起到将药物与酶裂解位点分隔开来的作用。插入的间隔基随后发生自动消除，允许偶联物在酰胺键水解作用下，释放出具有完整活性的、未经化学修饰的药物。最常用的一种间隔基为双功能性对氨基苄醇基团，它通过氨基与肽连接，形成了酰胺键，而含胺细胞毒性药物则通过氨基甲酸脂官能团与连接子（PABC）的苄基羟基相连。蛋白酶介导的裂解反应发生后，所获得的前体药物（图 5-4，11）被激活，导致发生 1,6-消除反应，释放出未经修饰的药物（图 5-4，12）、二氧化碳、连接基团的残余结构[88]。

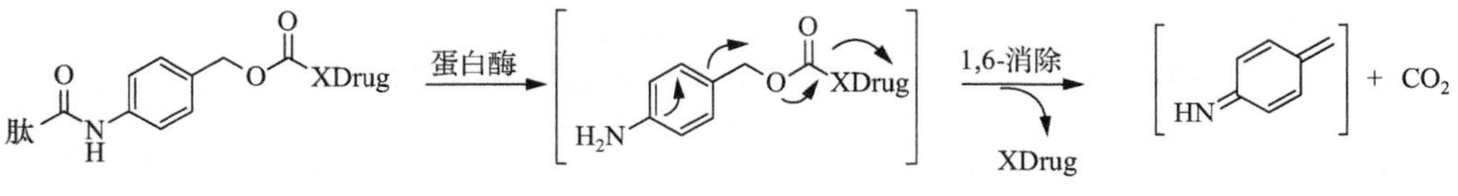

图 5-4 对氨基苄基醚片段（11）释放未经修饰药物（12）。

利用可在细胞内释放药物的可裂解的肽连接子，制备了多种药物的抗体偶联药物，如阿霉素[26, 89]、丝裂霉素 C[90]、喜树碱[91]、他利霉素[92]和奥里斯他汀/奥里斯他汀家族成员[8, 9, 93]。其中，奥里斯他汀具有特殊意义。奥里斯他汀是高效、完全合成药物，稳定性强，能够经受各种化学修饰以供连接子连接。

利用含马来酰亚胺二肽连接子，对一种奥里斯他汀衍生物即甲基澳瑞他汀 E (MMAE) 进行修饰，然后将所获得的药物-连接子衍生物与嵌合型 mAb cBR96（针对癌 Lewis Y）和 cAC10（针对血液恶性肿瘤 CD30）中的半胱氨酸残基相连接[8, 9]。体外研究表明，针对靶点霍奇金淋巴瘤 CD30 和癌 Lewis Y 的肽连接的 MMAE 偶联物的免疫依赖性细胞杀伤效力是相应的腙连接的 MMAE ADC 的 10~100 倍。肽连接的 MMAE 偶联物（图 5-5，13 和 14）在缓冲液和人血浆中的稳定性高于腙连接的 5- 苯甲酰戊酸-奥里斯他汀 E 酯 mAb 偶联物（AEVB, 图 5-5，16）。这一点得到了以下数据的支持：Val-Cit-连接的 ADC（图 5-5，13 和 14）的体内药物释放半衰期约为腙连接子的 3 倍（图 5-5，16）（小鼠体内，分别为 6 天和 2 天）[80]。此外，肽连接的 MMAE ADC（图 5-5，13 和 14）的毒性也低于相应的腙连接的 ADC（图 5-5，16）。体内研究显示，肽连接的 MMAE ADC（图 5-5，13 和 14）在移植瘤模型中表现出了显著的抗肿瘤活性，仅用远低于最大耐受剂量的药物就治愈了确定的肿瘤[9]。

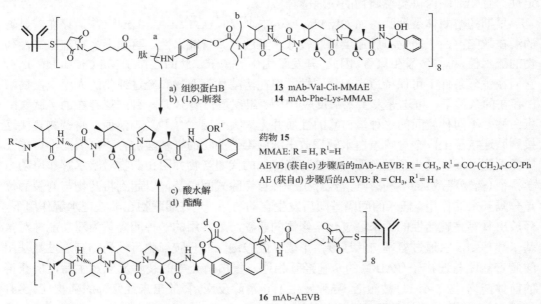

图 5-5 奥里斯他汀药物（15）和 ADC（13，14，16）的结构和药物释放机制：通过酶水解作用（步骤 a）和对氨基苄基氨基甲酸酯中间体自发断裂（步骤 b），肽偶联物 12、13 释放药物 15。通过腙水解作用（步骤 c）和酯的水解作用（步骤 d），mAb-AEVB 偶联物 16 释放出药物 15。

使用可裂解的二肽连接的奥里斯他汀 ADC，可获得类似于二硫化物连接的美登素 ADC 的旁观者杀伤效应。例如，CD30-表达细胞暴露于 Seattle Genetics 的布妥昔单抗 Brentuximab Vedotin（抗 CD30 cAC10-Val-Cit-MMAE，SGN-35），可导致溶酶体降解、细胞内未经化学修饰的 MMAE 被释放出来，并且 MMAE 的外流可杀死共培养的 CD30 阴性细胞[14]。

除了将可裂解的连接子连接到奥里斯他汀的氨基端上，也有研究者尝试将其连接到奥里斯他汀的羧基端上。由于羧基端的苯丙氨酸残基带有负电荷，奥里斯他汀 F(AF) 和 MMAF 的效力减弱。然而，通过内化 mAb，促进了细胞摄入，其杀伤靶细胞的能力仍然得到了极大的增强。对二肽连接子连接羧基端残基和 mAb 载体的连接子技术对于基于 AF 的 ADC 的效力、活性和耐受性的影响，尽管所获得的 ADC 的活性存在着很大的差异，但是，其中一些 ADC 的治疗指数相对于氨基端连接的 mAb-Val-Cit-PABC-MMAF 偶联物，得到了显著提升[9, 94]。

基于早期临床试验中在复发性和难治性 HL 和 sALCL 患者中获得的前所未有的高应答率及耐受性和可控毒性，美国食品药品监督管理局(FDA)在 2011 年授予了 Seattle Genetics 布妥昔单抗(Brentuximab Vedotin)SGN-35(Adcetris™)加速批准，用于复发性或难治性霍奇金淋巴瘤及复发性或难治性系统性间变性大细胞淋巴瘤的治疗[95~98]。Adcetris™ 是继 2000 年 Pfizer 的 Mylotarg® 之后，第二个获得监管机构上市许可的抗体偶联药物。

目前，多种含酶裂解二肽连接的奥里斯他汀的 ADC 已进入临床试验，如 Seattle Genetics 的 SGN-75(抗 CD70, Val-Cit-MMAF)(I 期)[99]、Celldex Therapeutics 的 glembatumumab(CDX-011)(抗 NMB, Val-Cit-MMAE)(II 期)[100, 101]、Cytogen 的 PSMA-ADC(PSMA-ADC-1301)(I 期)(抗 PSMA, Val-Cit-MMAE)[102]。

酶不稳定的连接子的用途广泛，现已将其用于阿霉素衍生物，其中，药物与 mAb 的半胱氨酸残基偶联[26, 103]。含一个 PABC 间隔基的二肽连接子与柔红糖胺氮(daunosamine nitrogen)偶联。利用这种策略，与相应的基于腙的偶联物相比，BR96 mAb-肽-阿霉素偶联物的细胞毒活性水平和免疫学特异性均得到了显著提升(图 5-1)。然而，与游离药物相比，这种偶联物的效力显著下降，原因可能是因为游离药物的细胞被动摄取导致胞内浓度高于利用 mAb-介导输送所获得的胞内浓度[26]，表明连接子结构不仅对于 ADC 属性来说具有重要意义，对于药物效力来说也具有重要意义。

研究人员还报道了在 SN-38(一种癌症治疗前体药物伊立替康的活性代谢产物)的 ADC 中连接子化学结构对稳定性和疗效的影响。具有系统稳定性但对组织蛋白酶 B 敏感的 Phe-Lys 连接子的 ADC，其疗效显著低于含酯酶不稳定的碳酸盐连接子的 ADC，这种疗效下降与载体 mAb 的内化速率不相关[104]，表明药物释放的纯细胞机制尚不足以在肿瘤细胞内从肽连接的偶联物中输送治疗水平的游离 SN-38。碳酸盐连接的 SN-38 偶联物在实体瘤和人造血系统肿瘤移植瘤模型中有效，具有良好的治疗窗口[105~107]。这些 ADC 可与针对不同抗原的、经过放射线标记的 mAb[108] 或裸 mAb[105] 联合应用，以增强治疗效果。

含肽连接子也被成功用于另一类强效细胞毒性药物的 ADC 的构建，即结合小沟的 DNA-烷化剂(DNA MGBA)，包括多卡米星(duocarmycins)、CC-1065、其他环丙基-吡咯啉-4-酮(CPI)和环丙基苯并吲哚-4-酮类似物(CBI)。常见的结构特征 17 见图 5-6[109]，其中，R 可以是羟基或氨基，R_1 是 DNA 结合基团。偶联策略包括衍生化 R 基团，以引入抗体结合基团，如马来酰亚胺和可裂解的肽连接子(或葡萄糖醛酸酶-易裂解的葡糖苷酸)。或者，还可以氨基甲酸脂前体药物形式对 R 进行保护,将可裂解肽和马来酰亚胺插入 R_1 片段中。对于后一种情况来说,前体药物形式产生于肿瘤溶酶体中,只有在人羧酯酶介导的裂解反应发生后,它方可成为活性药物[110]。经过胞内处理后,药物的开环形式被释放出来,随后,再发生 Winstein 环化反应生成含环丙烷的强效 DNA 烷化剂 18(图 5-6)。

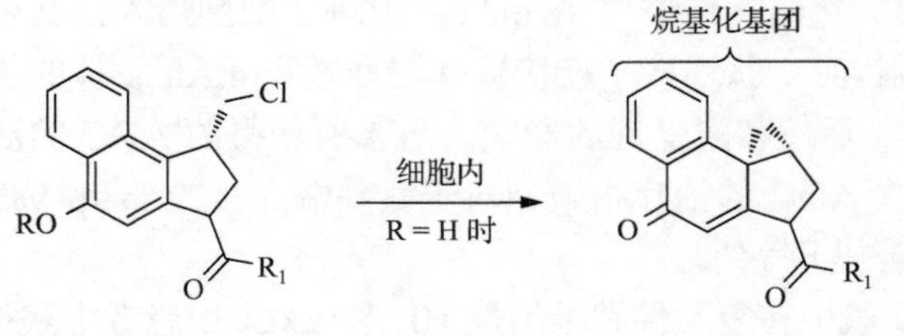

图 5-6 小沟结合 DNA-烷化剂的开环结构,其中,R_1 为 DNA 结合基团(17);ADC 胞内处理释放了强效药物(18)。

为了将其 ADC 技术扩展至以互补模式发挥作用的药物,Seattle Genetics 分别开发了含氨基-CBI 和羟基 aza-CBI 负载的 ADC。由于此类药物所具有的疏水性,重点开发可防止发生聚合的亲水性肽-连接子衍生物。为了达成这一目的,以更具亲水性的缬氨酸-赖氨酸(Val-Lys)序列取代了 Val-Cit 连接子,去除自切除式间隔基 PABC,在 mAb 与肽连接子之间插入一个四(乙二醇)单位(PEG_4)[111]。

连接子与 CBI 构建模块的胺之间的直接连接,阻止了血浆中自发形成活性毒素。ADC 通过内化过程进入癌症细胞后,只有在连接子的酶裂解反应发生后,方可触发释放前体药物,前体药物通过 Winstein 环化反应被转化为 DNA-烷化环丙基衍生物。所产生的 mAb 偶联物(图 5-7,19)不易发生聚合,体外细胞毒性检测结果表明,亚饱和剂量水平上的 mAb-MGBA 偶联物具有高度细胞毒性和免疫特异性细胞杀伤作用,这说明了连接子亲水性在 mAb-MGBA 偶联物设计中的重要意义[111]。

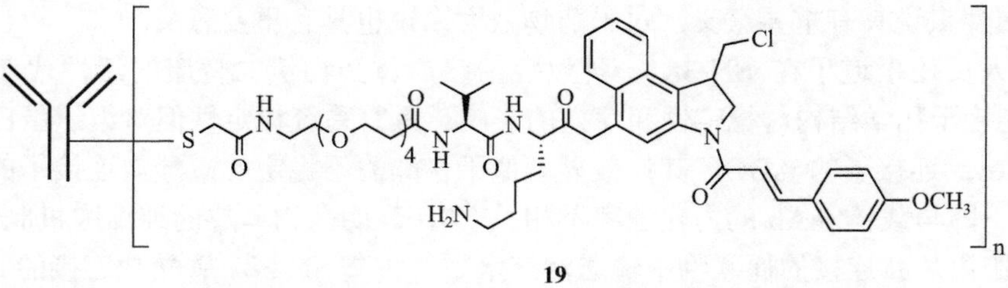

图 5-7 通过缬氨酸-赖氨酸肽进行连接的含氨基-CBI 负载的 ADC(19)。

3.2 β-葡糖苷酸连接子

在拓展肽连接子策略以提供高 ADC 稳定性的过程中,开发了一种基于 β-葡糖醛酸的连接子[11]。溶酶体酶 β-葡糖苷酸酶裂解 β-葡糖苷酸糖苷键后,活性药物很容易被释放出来(图 5-8)。这种酶在溶酶体中大量存在,在一些肿瘤类型中过度表达[112]。而该酶在细胞外的活性很低,这就为 ADC 在体循环中的高稳定性和选择性胞内药物释放提供了可能。另外，高亲水性β-葡糖苷酸的插入，有助于消除一些ADC，尤其是具有高度疏水性的药物(如DNA小沟结合剂)发生聚合的趋势[111]。

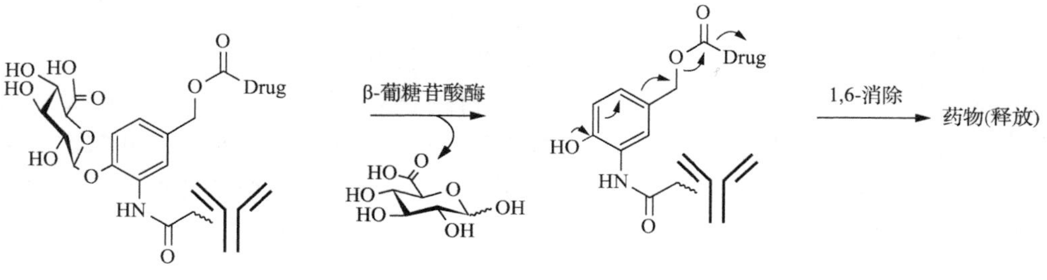

图5-8 药物被β-葡糖苷酸酶从含β-葡糖醛酸连接子(20)的ADC中释放。

例如，制备了由β-葡糖苷酸与奥里斯他汀MMAE、MMAF、阿霉素丙基唑啉(DPO)相连接的药物-连接子基团。大鼠血浆中的β-葡糖苷酸-药物基团的稳定性评价结果表明，β-葡糖苷酸连接的MMAF的推测半衰期为81天，而相应的缬氨酸-瓜氨酸二肽连接的MMAF的半衰期大约为6天。与mAb(抗CD70 c1F6及抗CD30 cAC10)偶联后，得到的ADC(高达8个药物分子/mAb)在血浆中具有高度稳定性，高剂量水平上的耐受性能良好，体外和体内均有效[11]。这些结果显示，β-葡糖苷酸连接子系统可成为肽连接子的补充替代系统。因此，β-葡糖苷酸连接子被用于制备多种类别药物的抗体偶联物，如奥里斯他汀、喜树碱、阿霉素类似物[11]、CBI小沟结合剂[113]和psymberin[114]。

4　不可裂解的连接子

偶联的负载的释放并不依赖于血浆和某些胞质腔室性质的不同，此类连接子则被认为是不可裂解的。事实上，此类ADC细胞毒性药物的释放被认为可能发生在抗原所介导的胞吞作用导致ADC内化并进入溶酶体腔室之后，而在溶酶体腔室内，通过胞内蛋白水解将抗体降解到氨基酸水平[12]。这一过程释放出了药物衍生物，这种衍生物由细胞毒性药物、连接子和与连接子共价连接的氨基酸残基所组成。只有当释放出来的药物代谢产物能够作为细胞毒性药物的活性组分发挥作用时，方可认为不可裂解的连接子已被成功利用[9, 16, 115]。含不可裂解连接子的ADC的一个潜在缺点可能是，此类ADC只能用于特定的靶向肿瘤细胞，需要良好的内化过程，ADC方可在细胞内发生降解而被激活，因为无任何机制支持连接子胞外发生裂解进而渗透进入胞内(被动扩散)。与含可裂解连接子的偶联物相比，含不可裂解连接子的偶联物的氨基酸-药物代谢产物具有较好的亲水性，膜通透性大大降低，从而导致旁观者效应降低，非特异性毒性作用下降[12, 14]。另一方面，含可裂解连接子的ADC，即使内化过程不良，也可能被激活[116]。因此，尽管内化常常是可裂解连接子和不可裂解连接子所共有的初始活化过程[12]，但是，与含可裂解连接子的ADC相比，含不可裂解连接子的ADC更依赖于靶细胞的生物学特征。然而，此类连接子的一个优点是它们在循环中的稳定性高于可裂解连接子。这一优势有可能改善细胞毒性药物的治疗指数，因为其耐受性能可望获得改善[16, 117, 118]。总体而言，含不可裂解连接子并需要抗体降解方可释放出药物的 ADC 的疗效，很可能同时依赖于抗体、药物和肿瘤，这一点与含可裂解的连接子的 ADC 不同。

含不可裂解连接子的免疫偶联物的早期例子包括甲氨蝶呤[119]、柔红霉素[87, 120]、长春花生物碱[121]、丝裂霉素 C[122]、伊达比星[123]和 N-乙酰基美法仑[124]的免疫偶联物，它们通过酰胺或丁二酰亚胺间隔基团与各种鼠单克隆抗体相连接。每个 mAb 平均连接 2~8 个分子；所有增加抗体上连接的药物分子数量的尝试，均无一例外地导致偶联物产量下降。虽然这些 ADC 构建体中保留了 mAb 的识别能力，但是，药物的完整效力则受到了破坏（连接子过于稳定）。

目前，抗体偶联药物中最为常用的不可裂解连接子为丁二酰亚胺-硫醚键，该连接子由马来酰亚胺与硫醇反应而得。这种连接子的合成方法已被用于目前两种最为常见的毒性基团——美登素和奥里斯他汀。

对一组 ImmunoGen CanAg 二硫化物连接的 huC242-美登素偶联物进行的评价显示，使用双异官能团 SMCC 作为 mAb 赖氨酸残基与 DM 巯基之间的交联剂，制备硫醚-连接的 huC242-MCC-DM1 作为对照 ADC 进行研究，其体内的稳定性优于相应 DM1 和 DM4 的二硫化物-连接的 ADC [65]。尽管 huC242-MCC-DM1 的体外效力至少不低于选定的含可裂解的二硫化物连接子的偶联物 huC242-SPDB-DM4，但是，它在多种移植肿瘤模型中的体内活性显著降低[125]。对二硫化物和硫醚-连接的美登素-抗体偶联物的细胞杀伤机制的评价结果表明，这两种偶联物均需要在溶酶体内降解抗体组分。硫醚连接的 mAb-MCC-DM1 ADC 的唯一一种代谢产物是赖氨酸加合物——赖氨酸-MCC-DM1，它只有在肿瘤细胞内部生成时才具有活性，而它在体外的效力则大幅降低，可能原因包括其带电亲水性、膜转位能力，以及扩散进入邻近细胞能力下降[126, 127]。

HER-2-靶向的曲妥珠单抗-MCC-DM1，是一种由曲妥珠单抗（T）抗体与美登素 DM1 连接而成的 ADC，同样也是使用 SMCC 作为 mAb 的赖氨酸残基与 DM1 的巯基之间的交联剂制备而得。研究表明，与二硫化物连接的美登素 ADC 构建体相比，它的耐受性、药代动力学特征和安全性特征均相对较佳。相对于曲妥珠单抗通过二硫化物连接子与其他美登素类化合物连接形成的 ADC，硫醚连接的曲妥珠单抗-MCC-DM1 也显示出更好的体外和体内活性，这表明曲妥珠单抗-DM1/HER2 体系中美登素代谢产物的分布与输送是充分的，无需借助旁观者杀伤效应。因此，选择曲妥珠单抗-MCC-DM1 进行临床开发[16]。

使用不可裂解的连接子已经成为了 ImmunoGen TAP 偶联技术的一种重要特征。这一点得到了 Genentech 的曲妥珠单抗-DM1（T-DM1）在 HER2-阳性转移性乳腺癌患者中获得较好的临床结果的支持[128, 129]。近期其主要终点指标也获得了成功，一项在晚期乳腺癌女性患者中开展的 III 期试验中，转移性患者中的总生存时间显著延长，据此向监管部门提交了注册申请。

转运蛋白-多药耐药蛋白 1（MDR1）介导的抗癌药物的外流是常见的一种耐药机制，可导致化疗效果不佳，其在许多癌症类型中均有记录[130, 131]。最近，Kovtun 等[132]描述了美登素 DM1 通过基于马来酰亚胺的亲水性连接子 PEG$_4$Mal 与不同抗体（抗 EpCAM、抗 EGFR 和抗 CanAg）实现了偶联，这一设计的目的是为了规避 MDR1 介导的耐药性。研究发现，被摄入靶细胞后，含 PEG$_4$Mal 连接子（图 5-9, 21）的偶联物经过加工处理，成为了一种细胞毒性代谢产物（赖氨酸-PEG$_4$-Mal-DM1），其在 MDR1 表达细胞中的留存量高于使用非极性 SMCC 连接子的偶联物的代谢产物（赖氨酸-SMCC-DM1）。PEG$_4$Mal 连接的偶联物（图 5-9，21）的耐受性能类似于相应的 SMCC-连接的偶联物，但其杀伤培养基中的 MDR1-表达细胞的效力更高，清除 MDR1 表达的人移植瘤也更为有效。含聚乙二醇化连接子的美登素偶联抗体（图 5-9，21）显示出较高的治疗指数，对 MDR1-表达细胞和 MDR1-阴性细胞均具有细胞毒性。这一结果显示连接子中含短 PEG 低聚体的偶联物能够规避 MDR1 介导的耐药性[132]。

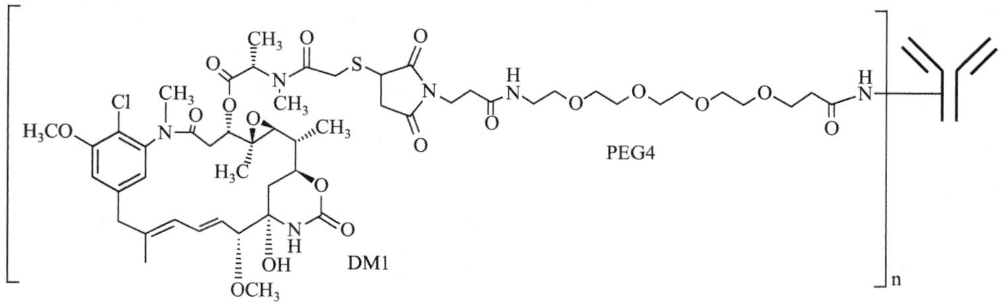

图 5-9 含 PEG$_4$ 连接子（21）的 DM1 ADC。

不可裂解的硫醚连接子也被用于奥里斯他汀衍生物与单克隆抗体的连接。由于奥里斯他汀是合成的，整体结构的修饰可显著改变这种药物的性质。一种此类的奥里斯他汀——MMAF，其末端带有苯基丙氨酸，苯基丙氨酸是一种能够影响细胞膜通透性的带负电荷的残基[8]。含 MMAF 的 ADC，由于 MMAF 能够促进抗原阳性细胞的药物摄取，使得 ADC 的效力是游离药物自身效力的 2000 倍以上。

与 MMAF ADC 相关的一个令人惊讶的发现是，可裂解的二肽连接子 Val-Cit-PABC（vc-PABC）可以被省略，将药物与抗体（抗 CD30 和抗 Lewis Y）通过硫醚加合物直接连接（图 5-10，22）后，获得了高效（体外和体内）ADC。从酶不稳定的二肽连接子改用硫醚连接子后，治疗指数也得到了提高，因为马来酰亚胺己酰-MMAF（mcMMAF）偶联物（图 5-10，22）在体内也同样有效，但是，mcMMAF 在啮齿动物中的耐受剂量显著高于 vc-PABC-MMAF 偶联物。质谱结果表明，所释放的药物为连接子-MMAF 衍生物的半胱氨酸加合物，可能来自于溶酶体内的抗体降解。与其密切相关的奥里斯他汀 MMAE，以同样的方式连接后并无活性，表明需要抗体降解方可释放药物的 ADC，其活

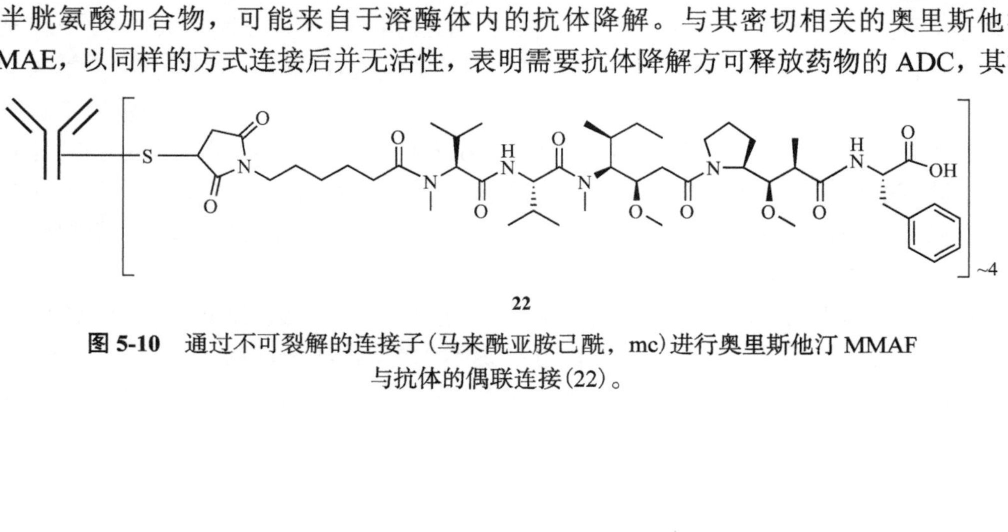

图 5-10 通过不可裂解的连接子（马来酰亚胺己酰，mc）进行奥里斯他汀 MMAF 与抗体的偶联连接（22）。

性高度依赖于药物的性质。MMAF 能够承受对氨基端位置的显著修饰而仍然保持活性，但大多数其他药物（如 MMAE、阿霉素）在发生了如此大范围的修饰后，均会丧失活性[8]。

小鼠临床前模型中，通过硫醚键与 MMAF 形成的抗 CD70（h1F6）ADC 的药物释放半衰期为 7 天[133]，这与相应肽连接的 ADC 药物释放的 6~10 天的半衰期相似[80]。抗 CD70-mcMMAF 偶联物在体外和体内均显示出了强效抗肿瘤活性，抑制所有测试的肾细胞癌模型中的实体瘤的生长[134]。

利用不可裂解的马来酰亚胺己酰连接子，可能会降低非靶细胞毒性强度，同时由于靶向癌细胞内化过程完成后的药物释放的选择性更高，在与抗 CD70 抗体偶联后获得的 ADC 的最大耐受剂量高于 vcMMAF 偶联物[8]，从而促使治疗指数提高。因此，选择一种命名为 SGN-75 的 h1F6-mcMMAF 偶联物（平均 4 个 mcMMAF 分子/ mAb）用于实体瘤适应证的临床开发[134]，目前已在开展复发性/难治性非霍奇金淋巴瘤（NHL）和转移性肾细胞癌的临床试验。

总之，已发表的结果[8, 133, 134]表明，使用不可裂解的连接子得到的基于奥里斯他汀的抗体偶联药物在人体癌治疗领域内具有广泛的应用前景。

5 偶联考量事项

除了对 ADC、单克隆抗体、药物和连接子的各个组分进行优化以外，将它们连接起来的偶联步骤也是开发出具有治疗潜力的 ADC 的另一种重要因素。一些考量事项包括：抗体与药物的偶联不应改变抗体的完整性、抗体与抗原的结合特性或到达靶细胞后药物的生物学活性[及选定 mAb 的效应功能（如果保留了这些功能的话）]。循环过程中，ADC 的药效学特征必须类似于 mAb 的药效学特征。因此，偶联技术领域内的进展也是开发出具有最佳治疗性能的有效 ADC 的关键性因素。需针对不同的细胞毒性药物、连接子化学属性和抗体，采取不同的优化策略。

一些早期 ADC 构建体使用了抗体上的糖基团作为连接位点，而目前的偶联技术则重点关注将细胞毒性药物与抗体中的氨基酸残基相连接。细胞毒性药物一般借助于可及的赖氨酸侧链胺类或半胱氨酸巯基，实现与抗体的偶联连接（通过连接子），药物激活则利用还原性链间二硫键。这些连接方式都可产生异质性 ADC，即将药物分子以不同摩尔比率连接到抗体不同位点上的多个种类的混合物。虽然一般倾向于利用大约 10 个赖氨酸残基进行化学修饰，但是，偶联反应实际可利用的赖氨酸残基分布于大约 40 个不同位点上，可生成 $>10^6$ 种 ADC[135]。由于 IgG1 分子中只有 4 个链间二硫键，与链内二硫键相比，这些二硫键更易于发生还原反应[136, 137]，部分还原产生 8 个可能的偶联位点。因此，通过半胱氨酸残基产生的偶联物的异质性较低。但是，由于每个药物取代水平上均存在着多个同分异构体，且化学计量亦存在变化（0~8 个药物分子/抗体），因此，仍然能够产生 >100 种不同的 ADC[138~140]。

连接在抗体上的细胞毒性分子的数量（药物抗体偶联比率或 DAR）可影响 ADC 的性质和药代动力学特征，因此这也是重要的考量事项之一。较低的 DAR 可导致 ADC 效力低下，而药物分子数量的增多可导致靶位点上的药物浓度升高。然而，对抗体的过度修饰可能会对其与靶抗原之间的亲和力,以及抗体-受体的结合产生不良影响,还可能会导致抗体聚集、沉淀,并潜在降低 ADC 的稳定性,加快 ADC 的清除[141]。因此,针对各种抗体的最佳 DAR 均为一般性经验,需结合多种标准加以判断,例如,偶联物合成的可行性、所生成偶联物的溶解度、对抗原-结合亲和力的影响、ADC 的抗原特异的细胞毒性及非靶向细胞毒性、ADC 在动物模型中的行为(如抗肿瘤活性、药代动力学特征和全身毒性)。然而,对于奥里斯他汀 ADC 而言,尽管体外活性与药物分子数量直接相关,但是,ADC 体内活性研究发现,4 个药物分子/抗体与 8 个药物分子/抗体的活性是相同的。研究发现,ADC 的清除率依赖于药物负载,暴露量与药物负载呈现负相关(较高负载的 ADC 的清除相对较快,导致暴露量下降),这就解释了 4 个药物分子/抗体与 8 个药物分子/抗体的活性相同的原因。此外,8-负载 ADC 的毒性强度高于 4-负载 ADC。将药物分子数量从 8 个减少至 4 个,可促使 ADC 的治疗指数增大 2 倍。这一现象表明,在加大药物负载优化药物抗体偶联比率的同时,维持良好的药代动力学特征才可能有助于获得良好的 ADC[138, 139, 142]。目前临床测试中使用的绝大多数偶联物(不考虑所采用的细胞毒性化合物、抗体或连接子)拥有 2~4 个细胞毒性分子/抗体分子。可根据偶联化学计量结果和条件来选择偶联类型(通过赖氨酸或半胱氨酸)并控制 DAR。另一个因素是偶联位点。某些情况下,观察到的偶联位点并不如药物连接的化学计量那么重要[139, 142],由 ADC 的异质性引起的潜在不良的体内效果也可能会影响它们在癌症治疗中的应用。因此,ADC 设计中,通过位点特异性偶联对药物偶联的数量和位点进行调整,已成为一种流行趋势。目前已开发了多种方法(大多数基于蛋白质工程),可实现细胞毒性药物与确定位点和化学计量的抗体的偶联。早期研究中,以丝氨酸来取代一个或多个链间半胱氨酸,从而限制了可用的偶联位点。利用这些方法来获得每个抗体上连接 2~4 个药物分子的异质性 ADC[142]。然而,从 IgG1 分子中去除铰链区的链间二硫键,可能会破坏抗体依赖性细胞毒性作用(与减弱 Fc-Fcγ 受体的相互作用一致),亦可减弱补体依赖性细胞毒性作用[143]。当前的努力方向包括在抗体骨架的特异性位点上人工引入反应性半胱氨酸残基(通常为 2 个或 4 个),使其与规定化学计量的药物偶联,同时不破坏链间二硫键,如 Genentech's ThioMab 平台技术[140, 144]。实现位点特异性偶联的其他方法包括引入非天然氨基酸,以实现正交偶联化学反应,如 AmbrX ReCODE™[145, 146] 和 Allozyne Biociphering™ 技术[147]。另外,还可利用酶来实现位点特异性偶联。一个例子是"醛标记"(Redwood Bioscience),包括人工引入可为甲酰甘氨酸生成酶(FGE)所识别的一段特殊氨基酸序列。利用这种方法,可生成特殊的含醛甲酰甘氨酸(FGly)残基,为抗体提供了独特的化学功能,可实现选择性化学偶联[148]。或者,药物与单克隆抗体的偶联本身亦可由酶来介导,例如,Schibli 等使用谷氨酰胺转胺酶,通过抗体分子中的特定谷氨酰胺残基,实现与药物分子的伯胺官能团之间的共价连接[149]。

6 结 论

ADC 设计和开发所面临的一个最大挑战是生成适用于抗体和药物偶联的连接子。连接子对于确定 ADC 的治疗潜能具有根本性的作用:就有效输送细胞毒性药物来说,循环中的药物-抗体连接的稳定性是一个关键性因素。然而，到达靶细胞后，连接子还需要在靶位点有效释放出活性细胞毒性化合物。

ADC连接子分为两大类别：可裂解的和不可裂解的。可裂解的连接子依赖于血浆与胞质内腔室之间的不同性质来释放药物（如低pH、还原环境和溶酶体酶作用）。不可裂解的连接子需要ADC内化及ADC抗体部分的胞内蛋白质水解降解，方可释放出细胞毒性分子（保留连接子和与抗体连接的氨基酸）。尽管早期的可裂解连接子（如腙类）的血清稳定性较低，但是，近来开发的可裂解连接子（如空间位阻二硫化物、肽连接子）在循环中显示出了较高的稳定性，从而降低了非特异性细胞杀伤作用，以及脱靶毒性。不可裂解连接子（如硫醚类）在循环中的稳定性优于可裂解连接子，从而提高了细胞毒性药物的治疗指数。但是，相对于可裂解连接子，不可裂解连接子更多的依赖于靶细胞的生物学特征。

含不可裂解连接子的ADC仅作用于特定靶向的肿瘤细胞。它们的胞内活化需要良好的内化降解过程，因为并无连接子首先发生胞外裂解然后药物再渗透进入细胞的机制。相反，具有可裂解连接子的ADC，即使其内化过程不良（被动扩散），也可对靶细胞产生效应，或有效杀伤抗原阳性肿瘤细胞附近存在的旁观者抗原阴性细胞（旁观者效应）。

因此，尽管ADC的连接子技术的开发工作已经取得了很大进展，但是，就连接子选择而言，尚无一般性指导原则可供参考。连接子选择高度依赖于抗体、药物和肿瘤靶点，并且必须根据单个ADC构建体的疗效和毒性评价最适合连接子的设计和选择。

参 考 文 献

1. Walter RB, Raden BW, Kamikura DM et al (2005) Influence of CD33 expression levels and ITIM-dependent internalization on gemtuzumab ozogamicin-induced cytotoxicity. Blood 105: 1295–1302
2. Thorpe PE, Wallace PM, Knowles PP et al (1987) New coupling agents for the synthesis of immunotoxins containing a hindered disulfide bond with improved stability in vivo. Cancer Res 47: 5924–5931
3. Thorpe PE, Wallace PM, Knowles PP et al (1988) Improved antitumor effects of immunotoxins prepared with deglycosylated ricin A-chain and hindered disulfide linkages. Cancer Res 48: 6396–6403
4. Xie H, Audette C, Hoffee M et al (2004) Pharmacokinetics and biodistribution of the antitumor immunoconjugate, cantuzumab mertansine (huC242-DM1), and its two components in mice. J Pharmacol Exp Ther 308: 1073–1082
5. Trail PA, Willner D, Lasch SJ et al (1993) Cure of xenografted humancarcinomas by BR96-doxorubicin immunoconjugates. Science 261: 212–215
6. Saleh MN, Sugarman S, Murray J et al (2000) Phase I trial of the anti-Lewis Y drug immunoconjugate BR96-doxorubicin in patients with Lewis Y-expressing epithelial tumors. J Clin Oncol 18: 2282–2292
7. Boghaert ER, Khandke KM, Sridharan L et al (2008) Determination of pharmacokinetic values of calicheamicin-antibody conjugates in mice by plasmon resonance analysis of small (5 μl) blood samples. Cancer Chemother Pharmacol 61: 1027–1035
8. Doronina SO, Mendelsohn BA, Bovee TD et al (2006) Enhanced activity of monomethylauristatin F through monoclonal antibody delivery: effects of linker technology on efficacy and toxicity. Bioconjug Chem 17: 114–124
9. Doronina SO, Toki BE, Torgov MY et al (2003) Development of potent monoclonal antibody auristatin conjugates for cancer therapy. Nat Biotechnol 21: 778–784

10. Dubowchik GM, Walker MA (1999) Receptormediated and enzyme-dependent targeting of cytotoxic anticancer drugs. Pharmacol Ther 83: 67–123
11. Jeffrey SC, Andreyka JB, Bernhardt SX et al (2006) Development and properties of betaglucuronide linkers for monoclonal antibody-drug conjugates. Bioconjug Chem 17: 831–840
12. Erickson HK, Park PU, Widdison WC et al (2006) Antibody-maytansinoid conjugates are activated in targeted cancer cells by lysosomal degradation and linker-dependent intracellular processing. Cancer Res 66: 4426–4433
13. Kovtun YV, Audette CA, Ye Y et al (2006) Antibody-drug conjugates designed to eradicate tumors with homogeneous and heterogeneous expression of the target antigen. Cancer Res 66: 3214–3221
14. Okeley NM, Miyamoto JB, Zhang X et al (2010) Intracellular activation of SGN-35, a potent anti-CD30 antibody-drug conjugate. Clin Cancer Res 16: 888–897
15. Van der Velden VHJ, te Marvelde JG, Hoogeveen PG et al (2001) Targeting of the CD33-calicheamicin immunoconjugate Mylotarg (CMA-676) in acute myeloid leukemia: in vivo and in vitro saturation and internalization by leukemic and normal myeloid cells. Blood 97: 3197–3204
16. Lewis PhillipsG, LiG, DuggerDL et al (2008) Targeting HER2-positive breast cancer with trastuzumab-DM1, an antibody-cytotoxic drug conjugate. Cancer Res 68: 9280–9290
17. Meister A, AndersonME(1983) Glutathione. Annu Rev Biochem 52: 711–760
18. Hamann PR, Hinman LM, Hollander I et al (2002) Gemtuzumab ozogamicin, a potent and selective anti-CD33 antibody-calicheamicin conjugate for treatment of acute myeloid leukemia. Bioconjug Chem 13: 47–58
19. Dillman RO, Johnson DE, Shawler DL et al (1988) Superiority of an acid-labile daunorubicin monoclonal antibody immunoconjugate compared to free drug. Cancer Res 48: 6097–6102
20. Yang HM, Reisfeld RA (1988) Doxorubicin conjugated to a monoclonal antibody directed against a melanoma-associated proteoglycan suppresses growth of established tumor xenografts in nude mice. Proc Natl Acad Sci U S A 85: 1189–1193
21. Schneck D, Butler F, Dugan W et al (1990) Disposition of a murine monoclonal antibody vinca conjugate (KS1/4-DAVLB) in patients with adenocarcinomas. Clin Pharmacol Ther 47: 36–41
22. Laguzza BC, Nichols CL, Briggs SL et al (1989) New antitumor monoclonal-antibody vinca conjugates LY203725 and relatedcompounds—design, preparation, and representative in vivo activity. J Med Chem 32: 548–555
23. Greenfield RS, Kaneko T, Daues A et al (1990) Evaluation invitro of adriamycin immunoconjugates synthesized using an acid-sensitive hydrazone linker. Cancer Res 50: 6600–6607
24. Trail PA, Miner DV, Lasch SJ et al (1992) Antigen-specific activity of carcinoma-reactive BR64-doxorubicin conjugates evaluated in vitro and in human tumor xenograft models. Cancer Res 52: 5693–5700
25. Braslawsky GR, Edson MA, Pearce W et al (1990) Antitumor activity of adriamycin (hydrazone-linked) immunoconjugates compared with free adriamycin and specificity of tumor cell killing. Cancer Res 50: 6608–6614
26. Dubowchik GM, Firestone RA, Padilla L et al (2002) Cathepsin B-labile dipeptide linkers for lysosomal release of doxorubicin from internalizing immunoconjugates: model studies of enzymatic drug release and antigen specific in vitro anticancer activity. Bioconjug Chem 13: 855–869
27. King HD, Yurgaitis D, Wilner D et al (1999) Monoclonal antibody conjugates of doxorubicin prepared with branched linkers: a novel method for increasing the potency of doxorubicin immunoconjugates. Bioconjug Chem 10: 279–288

28. Tolcher AW, Sugarman S, Gelmon KA (1999) Randomized phase II study of BR96-doxorubicin conjugate in patients with metastatic breast cancer. J Clin Oncol 17: 478–484
29. King HD, Staab AJ, Pham-Kaplita K et al (2003) BR96 conjugates of highly potent anthracyclines. Bioorg Med Chem Lett 13: 2119–2122
30. Lee MD, Dunne TS, Siegel MM et al (1987) Calichemicins, a novel family of antitumor antibiotics. 1. Chemistry and partial structure of calichemicin y_1^I. J Am Chem Soc 109: 3464–3466
31. Damle NK, Frost P (2003) Antibody-targeted chemotherapy with immunoconjugates of calicheamicin. Curr Opin Pharmacol 3: 386–390
32. Damle NK (2004) Tumour-targeted chemotherapy with immunoconjugates of calicheamicin. Expert Opin Biol Ther 4: 1445–1452
33. Sievers EL, Appelbaum FR, Spielberger RT et al (1999) Selective ablation of acute myeloid leukemia using antibody-targeted chemotherapy: a phase I study of an anti-CD33 calicheamicin immunoconjugate. Blood 93: 3678–3684
34. Sievers EL, Larson R, Estey E et al (1999) Preliminary results of the efficacy and safety of CMA-676 in patients with AML in first relapse. Proc Am Soc Clin Oncol 18: Abstract 21
35. Bross PF, Beitz J, Chen G et al (2001) Approval summary: gemtuzumab ozogamicin in relapsed acute myeloid leukemia. Clin Cancer Res 7: 1490–1496
36. Hamann PR, Hinman LM, Beyer CF et al (2002) An anti-CD33 antibodycalicheamicin conjugate for treatment of acute myeloid leukemia. Choice of linker. Bioconjug Chem 13: 40–46
37. Hinman LM, Hamann PR, Upeslacis J (1995) Preparation of conjugates to monoclonal antibodies. In: Borders DB, Doyle TW (eds) Enediyne antibiotics as antitumor agents, 1st edn. Marcel Dekker, New York, pp 87–106
38. Boghaert E, Khandke K, Sridharan L et al (2006) Tumoricidal effect of calicheamicin immuno-conjugates using a passive targeting strategy. Int J Oncol 28: 675–684
39. Jedema I, Barge RMY, van der Velden VHJ et al (2004) Internalization and cell cycledependent killing of leukemic cells by gemtuzumab ozogamicin: rationale for efficacy in CD33-negative malignancies with endocytic capacity. Leukemia 18: 316–325
40. DiJoseph JF, Dougher MM, Kalyandrug LB et al (2006) Antitumor efficacy of a combination of CMC-544 (inotuzumab ozogamicin), a CD22-targeted cytotoxic immunoconjugate of calicheamicin, and rituximab against non-Hodgkin's B-cell lymphoma. Clin Cancer Res 12: 242–249
41. Hinman LM, Hamann PR, Wallace R et al (1993) Preparation and characterization of monoclonal antibody conjugates of the calicheamicins: a novel and potent family of antitumor antibiotics. Cancer Res 53: 3336–3342
42. Hamann PR, Hinman LM, Beyer CF et al (2005) An anti-MUC1 antibodycalicheamicin conjugate for treatment of solid tumors. Choice of linker and overcoming drug resistance. Bioconjug Chem 16: 346–353
43. Hamann PR, Hinman LM, Beyer CF et al (2005) A calicheamicin conjugate with a fully humanized anti-MUC1 Antibody shows potent antitumor effects in breast and ovarian tumor xenografts. Bioconjug Chem 16: 354–360
44. Chan SY, Gordon AN, Coleman RE et al (2003) A phase II study of the cytotoxic immunoconjugate CMB-401 (hCTM01-calicheamicin) in patients with platinum-sensitive recurrent epithelial ovarian carcinoma. Cancer Immunol Immunother 52: 243–248
45. DiJoseph JF, Popplewell A, Tickle S et al (2005) Antibody-targeted chemotherapy of B-cell lymphoma using calicheamicin conjugated to murine or humanized antibody against CD22. Cancer Immunol Immunother 54: 11–24

46. DiJoseph JF, Armellino DC, Boghaert ER et al (2004) Antibody-targeted chemotherapy with CMC-544: a CD22-targeted immunoconjugate of calicheamicin for the treatment of B-Iymphoid malignancies. Blood 103: 1807–1814
47. DiJoseph JF, Goad ME, Dougher MM et al (2004) Potent and specific antitumor efficacy of CMC-544, a CD22-targeted immunoconjugate of calicheamicin, against systemically disseminated B-cell lymphoma. Clin Cancer Res 10: 8620–8629
48. Wong BY, Dang NH (2010) Inotuzumab ozogamicin as novel therapy in lymphomas. Expert Opin Biol Ther 10: 1251–1258
49. Mugundu G, Vandendries E, Boni J (2012) Reported Interim findings. Annu Meet Am Assoc Canc Res J PO. ET05. 03
50. Boghaert ER, Sridharan L, Armellino DC et al (2004) Antibody-targeted chemotherapy with the calicheamicin conjugate hu3S I 93-N-acetyl γ calicheamicin dimethyl hydrazide targets Lewis Y and eliminates Lewis Ypositive human carcinoma cells and xenografts. Clin Cancer Res 10: 4538–4549
51. Boghaert ER, Sridharan L, Khandke KM et al (2008) The oncofetal protein, 5T4, is a suitable target for antibody-guided anti-cancer chemotherapy with calicheamicin. Int J Oncol 32: 221–234
52. Appenzeller-Herzog C, Ellgaard L (2008) The human PDI family: versatility packed into a single fold. Biochim Biophys Acta 1783: 535–548
53. WuG, FangYZ, Yang S et al (2004) Glutathione metabolism and its implications for health. J Nutr 134: 489–492
54. Mills BJ, Lang CA (1996) Differential distribution of free and bound glutathione and cyst (e)ine in human blood. Biochem Pharmacol 52: 401–406
55. Russo A, Degraff W, Friedman N et al (1986) Selective modulation of glutathione levels in human normal versus tumor-cells and subsequent differential response to chemotherapy drugs. Cancer Res 46: 2845–2848
56. Sedlacek H-H, Seemann G, Hoffmann D et al (1993) Antibodies as carriers of cytotoxicity. In: Queisser W, Scheithauer W (eds) Contributions to oncology, vol 43, 1st edn. Karger, Basel, pp 1–208
57. De Groot FMH, Damen EWP, Scheeren HW (2001) Anticancer prodrugs for application in monotherapy: targeting hypoxia, tumorassociated enzymes, and receptors. Curr Med Chem 8: 1093–1122
58. Ojima I, Slater JC, Michaud E et al (1996) Syntheses and structure-activity relationships of the second generation antitumor taxoids. exceptional activity against drug-resistant cancer cells. J Med Chem 39: 3889–3896
59. Ojima I, Slater JS, Kuduk SD et al (1997) Syntheses and structure-activity relationships of taxoids derived from 14β-Hydroxy-10-deacetylbaccatin III. J Med Chem 40: 267–278
60. Lin S, Geng X, Qu C et al (2000) Synthesis of highly potent second-generation taxoids through effective kinetic resolution coupling of racemic β-lactams with baccatins. Chirality 12: 431–441
61. Ojima I, Geng X, Wu X et al (2002) Tumorspecific novel taxoid monoclonal antibody conjugates. J Med Chem 45: 5620–5623
62. Chari RVJ (2008) Targeted cancer therapy: conferring specificity to cytotoxicdrugs. Acc Chem Res 41: 98–107
63. Widdison WC, Wilhelm SD, Cavanagh EE et al (2006) Semisynthetic maytansine analogues for the targeted treatment of cancer. J Med Chem 49: 4392–4408
64. Austin CD, Wen X, Gazzard L et al (2005) Oxidizing potential of endosomes and lysosomes limits intracellular cleavage of disulfidebased antibody-drug conjugates. Proc Natl Acad Sci U S A 102: 17987–17992

65. Kellogg BA, Garrett L, Kovtun Y et al (2011) Disulfide-linked antibody-maytansinoid conjugates: optimization of in vivo activity by varying the steric hindrance at carbon atoms adjacent to the disulfide linkage. Bioconjug Chem 22: 717–727
66. Franano FN, Edwards WB, Welch MJ et al (1994) Metabolism of receptor targeted 111In-DTPA-glycoproteins: identification of 111In-DTPA-epsilonlysine as the primary metabolic and excretory product. Nucl Med Biol 21: 1023–1034
67. Kovtun YV, Goldmacher VS (2007) Cell killing by antibody-drug conjugates. Cancer Lett 255: 232–240
68. Erickson H, Wilhelm S, Widdison W et al (2008) Evaluation of the cytotoxic potencies of the major maytansinoid metabolites of antibody-maytansinoid conjugates detected in vitro and in preclinical mouse models. AACR Meeting Abstracts 2150
69. Tanimoto M, Scheinberg DA, Cordon-Cardo C et al (1989) Restricted expression of an early myeloid and monocytic cell surface antigen defined by monoclonal antibody M195. Leukemia 3: 339–348
70. Liu C, Tadayoni BM, Bourret LA et al (1996) Eradication of large colontumor xenografts by targeted delivery of maytansinoids. Proc Natl Acad Sci U S A 93: 8618–8623
71. Aboukameel A, Goustin A-S, Mohammad R et al (2007) Superior anti-tumor activity of the CD 19-directed immunotoxin, SAR3419 to rituximab in non-Hodgkin's xenograft animal models: preclinical evaluation. Blood 110: 2339 (ASH Annual Meeting Abstracts)
72. Legrand O, Vidriales MB, Thomas X et al (2007) An open label, dose escalation study of AVE9633 administered as a single agent by intravenous (IV) infusion weekly for 2 weeks in 4-week cycle to patients with relapsed or refractory CD33-positive acute myeloid leukemia (AML). Blood 110: 1850 (ASH Annual Meeting Abstracts)
73. Tassone P, Gozzini A, Goldmacher V et al (2004) In vitro and in vivo activity of the maytansinoid immunoconjugate huN90 IN2'-deacetyl-N2'(3-mercapto-l-oxopropyl)-maytansine against CD56+ multiple myeloma cells. Cancer Res 64: 4629–4636
74. Polson AG, Yu S-F, Elkins K et al (2007) Antibody-drug conjugates targeted to CD79 for the treatment of non-Hodgkin lymphoma. Blood 110: 616–623
75. Tassone P, Goldmacher VS, Neri P et al (2004) Cytotoxic activity of the maytansinoid immunoconjugate B-B4-DMI against CD138+ multiple myeloma cells. Blood 104: 3688–3696
76. Ranson M, Sliwkowski MX (2002) Perspectives on anti-HER monoclonal antibodies. Oncology 63: 17–24
77. Ross S, Spencer SD, Holcomb I et al (2002) Prostate stem cell antigen as therapy target: tissue expression and in vivo efficacy of an immunoconjugate. Cancer Res 62: 2546–2553
78. Henry MD, Wen S, Silva MD et al (2004) A prostate-specific membrane antigen-targeted monoclonal antibody-chemotherapeutic conjugate designed for the treatment of prostate cancer. Cancer Res 64: 7995–8001
79. Ciechanover A (2005) Intracellular protein degradation: from a vague idea through the lysosome and the ubiquitin-proteasome system and onto human diseases and drug targeting. Angew Chem Int Ed Engl 44: 5944–5967
80. Sanderson RJ, Hering MA, James SF et al (2005) In vivo drug-linker stability of an anti-CD30 dipeptide-linked auristatin immunoconjugate. Clin Cancer Res 11: 843–852
81. Koblinski JE, Ahram M, Sloane BF (2000) Unraveling the role of proteases in cancer. Clin Chim Acta 291: 113–135
82. Kovár M, Strohalm J, Etrych T et al (2002) Star structure of antibody-targeted HPMA copolymer-bound doxorubicin: a novel type of polymeric conjugate for targeted drug delivery with potent antitumor effect. Bioconjug Chem 13: 206–215

83. Versluis AJ, Rump ET, Rensen PCN et al (1998) Synthesis of a lipophilic daunorubicin derivative and its incorporation into lipidic carriers developed for LDL receptor-mediated tumor therapy. Pharm Res 15: 531–537
84. Studer M, Kroger LA, DeNardo SJ et al (1992) Influence of a peptide linker on biodistribution and metabolism of antibodyconjugated benzyl EDTA. Comparison of enzymatic digestion in vitro and in vivo. Bioconjug Chem 3: 424–429
85. Kirschke H, Barrett AJ, Rawlings ND (1995) Cathepsin B in protein profiles proteinases 1. In: Sheterline P (ed) Lysosomal cysteine proteinases, 1st edn. Academic Press, London, pp 1587–1643
86. Otto H-H, Schirmeister T (1997) Cysteine proteases and their inhibitors. Chem Rev 97: 133–172
87. Trouet A, Masquelier M, Baurain R et al (1982) A covalent linkage between daunorubicin and proteins that is stable in serum and reversible by lysosomal hydrolases, as required for a lysosomotropic drug-carrier conjugate: in vitro and in vivo studies. Proc Natl Acad Sci U S A 79: 626–629
88. Toki BE, Cerveny CG, Wahl AF et al (2002) Protease-mediated fragmentation of p-amidobenzyl ethers: a new strategy for the activation of anticancer prodrugs. J Org Chem 67: 1866–1872
89. Dubowchik GM, Firestone RA (1998) Cathepsin B-sensitive dipeptide prodrugs. 1. A model study of structural requirements for efficient release of doxorubicin. Bioorg Med Chem Lett 8: 3341–3346
90. Dubowchik GM, Mosure K, Knipe JO et al (1998) Cathepsin B-sensitive dipeptide prodrugs. 2. Models of anticancer drugs paclitaxel (Taxol), mitomycin C and doxorubicin. Bioorg Med Chem Lett 8: 3347–3352
91. Walker MA, Dubowchik GM, Hofstead SJ et al (2002) Synthesis of an immunoconjugate of camptothecin. Bioorg Med Chem Lett 12: 217–219
92. Walker M, King HD, Dalterio RA et al (2004) Monoclonal antibody mediated intracellular targeting of tallysomycin S (10b). Bioorg Med Chem Lett 14: 4323–4327
93. Francisco JA, Cerveny CG, Meyer DL et al (2003) cAC10-vcMMAE, an anti-CD30-monomethylauristatin E conjugate with potent and selective antitumor activity. Blood 102: 1458–1465
94. Doronina SO, Bovee TD, Meyer DW et al (2008) Novel peptide linkers for highly potent antibody-auristatin conjugate. Bioconjug Chem 19: 1960–1963
95. Bartlett N, Forero-Torres A, Rosenblatt J et al (2009) Complete remissions with weekly dosing of SGN-35, a novel antibody-dug conjugate (ADC) targeting CD30, in phase I doseescalation study in patients with relapsed or refractory Hodgkin lymphoma (HL) or systemic anaplastic large cell lymphoma (sALCL). J Clin Oncol 27: 8500 (ASCO Annual Meeting Proceedings)
96. Younes A, Bartlett NL, Leonard JP et al (2010) Brentuximab vedotin (SGN-35) for relapsed CD30-positive lymphomas. N Engl J Med 363: 1812–1821
97. Younes A, Gopa AK, Smith SE et al (2012) Results of a pivotal phase II study of brentuximab vedotin for patients with relapsed or refractory hodgkin's lymphoma. J Clin Oncol 30: 2183–2189
98. Gualberto A (2012) Brentuximab vedotin (SGN-35), an antibody-drug conjugate for the treatment of CD30-positive malignancies. Expert Opin Investig Drugs 21: 205–216
99. Thompson JA, Forero-Torres A, Heath EI et al (2011) The effect of SGN-75, a novel antibody-drug conjugate (ADC), in treatment of patients with renal cell carcinoma (RCC) or non-Hodgkin lymphoma (NHL): a phase I study. J Clin Oncol 29: 3071 (ASCO Annual Meeting Proceedings)
100. Naumovski L, Junutula JR (2010) Glembatumumab vedotin, a conjugate of an antiglycoprotein non-metastatic melanoma protein B mAb and monomethyl auristatin E for the treatment of melanoma and breast cancer. Curr Opin Mol Ther 12: 248–257
101. Keir CH, Vahdat LT (2012) The use of an antibody drug conjugate, glembatumumab vedotin (CDX-011), for the treatment of breast cancer. Expert Opin Biol Ther 12: 259–263

102. Ma D, Zhang H, Donovan GP et al (2007) Preclinical studies of PSMA ADC, an auristatin-conjugated fully human monoclonal antibody to prostate-specific membrane antigen. Prostate Cancer Symposium, Abstract 87
103. Jeffrey SC, Nguyen MT, Andreyka JB et al (2006) Dipeptide-based highly potent doxorubicin antibody conjugates. Bioorg Med Chem Lett 16: 358–362
104. Govindan SV, Cardillo TM, Tat F et al (2012) Optimal cleavable linker for antibody–SN-38 conjugates for cancer therapy: impact of linker's stability on efficacy. Cancer Res 72: 2526 (Proceedings: AACR)
105. Sharkey RM, Govindan SV, Cardillo TM et al (2012) Epratuzumab-SN-38: a new antibody-drug conjugate for the therapy of hematologic malignancies. Mol Cancer Ther 11: 224–234
106. Govindan SV, Cardillo TM, Moon S-J et al (2009) CEACAM5-targeted therapy of human colonic and pancreatic cancer xenografts with potent labetuzumab-SN-38 immunoconjugates. Clin Cancer Res 15: 6052–6061
107. Cardillo TM, Govindan SV, Sharkey RM et al (2011) Humanized anti-Trop-2 IgG-SN-38 conjugate for effective treatment of diverse epithelial cancers: preclinical studies in human cancer xenograft models and monkeys. Clin Cancer Res 17: 3157–3169
108. Sharkey RM, Karacay H, Govindan SV et al (2011) Combination radioimmunotherapy and chemoimmunotherapy involving different or the same targets improves therapy of human pancreatic carcinoma xenograft models. Mol Cancer Ther 10: 1072–1081
109. Govindan SV, Goldenberg DM (2012) Designing immunoconjugates for cancer therapy. Expert Opin Biol Ther 12: 873–890
110. Derwin D, Passmore D, Sung J et al (2010) Activation of antibody drug conjugate MDX-1203 by human carboxylesterase 2. Proc Am Assoc Cancer Res 51: Abstract 2575
111. Jeffrey SC, Torgov MY, Andreyka JB et al (2005) Design, synthesis, and in vitro evaluation of dipeptide-based antibody minor groove binder conjugates. J Med Chem 48(5): 1344–1358
112. Albin N, Massaad L, Toussaint C et al (1993) Main drug-metabolizing enzyme systems in human breast tumors and peritumoral tissues. Cancer Res 53: 3541–3546
113. Jeffrey SC, Nguyen MT, Moser RF et al (2007) Minor groove binder antibody conjugates employing a water soluble betaglucuronide linker. Bioorg Med Chem Lett 17: 2278–2280
114. Jiang X, García-Fortanet J, de Brabander JK (2005) Synthesis and complete stereochemical assignment of psymberin/irciniastatin A. J Am Chem Soc 127: 11254–11255
115. Alley SC, Zhang X, Okeley NM (2007) Effects of linker chemistry on tumor targeting by anti-CD70 antibody-drug conjugates. Proc Am Assoc Cancer Res 48
116. Polson AG, Calemine-Fenaux J, Chan P et al (2009) Antibody-drug conjugates for the treatment of non-Hodgkin's lymphoma: target and linker-drug selection. Cancer Res 69: 2358–2364
117. Singh R, Erickson HK (2009) Antibody-cytotoxic agent conjugates: preparation and characterization. In: Dimitrov AS (ed) Methods in molecular biology, 1st edn. Springer, Humana Press, New York, pp 445–467
118. Polson AG, Williams M, Gray AM et al (2010) Anti-CD22-MCC-DM1: an antibody-drug conjugate with a stable linker for the treatment of non-Hodgkin's lymphoma. Leukemia 24: 1566–1573
119. Endo N, Takeda Y, Kishida K et al (1987) Target-selective cytotoxicity of methotrexate conjugated with monoclonal anti-mm46 antibody. Cancer Immunol Immunother 25: 1–6
120. Pimm MV, Paul MA, Ogumuyiwa Y et al (1988) Biodistribution and tumorlocalization of a daunomycin monoclonal antibody conjugate in nude-mice with human-tumor xenografts. Cancer Immunol Immunother 27: 267–271

121. Spearman ME, Goodwin RM, Apelgren LD et al (1987) Disposition of the monoclonal antibody-vinca alkaloid conjugate ks1/4-davlb (ly256787) and free 4-desacetylvinblastine in tumor-bearing nude-mice. J Pharmacol Exp Ther 241: 695–703
122. Kato Y, Tsukada Y, Hara T et al (1983) Enhanced antitumor activity of mitomycin C conjugated with anti-alpha-fetoprotein antibody by a novel method of conjugation. J Appl Biochem 5: 313–319
123. Rowland AJ, Pietersz GA, McKenzie IF (1993) Preclinical investigation of the antitumour effects of anti-CD19-idarubicin immunoconjugates. Cancer Immunol Immunother 37: 195–202
124. Smyth MJ, Pietersz GA, McKenzie IF (1987) Selective enhancement of antitumor-activity of N-acetyl melphalan upon conjugation to monoclonal-antibodies. Cancer Res 47: 62–69
125. Tolcher AW, Ochoa L, Hammond LA et al (2003) Cantuzumab mertansine, a maytansinoid immunoconjugate directed to the CanAg antigen: a phase I, pharmacokinetic, and biologic correlative study. J Clin Oncol 21: 211–222
126. Erickson HK, Widdison WC, Mayo MF et al (2010) Tumor delivery and in vivo processing of disulfide-linked and thioether-linked antibody-maytansinoid conjugates. Bioconjug Chem 21: 84–92
127. Sun X, Widdison W, Mayo M et al (2011) Design of antibody-maytansinoid conjugates allows for efficient detoxification via liver metabolism. Bioconjug Chem 22: 728–735
128. Krop IE, BeeramM, Modi S et al (2010) Phase I study of Trastuzumab-DM1, an HER2 antibody-drug conjugate, given every 3 weeks to patients with HER2-positive metastatic breast cancer. J Clin Oncol 28: 2698–2704
129. Vogel CL, Burris HA, Limentani S et al (2009) A phase II study of trastuzumab-DM1 (T-DM1), a HER2 antibody-drug conjugate (ADC), in patients (pts) with HER2+metastatic breast cancer (MBC): final results. J Clin Oncol 15 (Suppl): Abstract 1017
130. Takara K, Sakaeda T, Okumura K (2006) An update on overcoming MDR1-mediated multidrug resistance in cancer chemotherapy. Curr Pharm Des 12: 273–286
131. Leonard GD, Fojo T, Bates SE (2003) The role of ABC transporters in clinical practice. Oncologist 8: 411–424
132. Kovtun YV, Audette CA, Mayo MF et al (2010) Antibody-maytansinoid conjugates designed to bypass multidrug resistance. Cancer Res 70 (6): 2528–2537
133. Alley SC, Benjamin DR, Jeffrey SC et al (2008) The contribution of linker stability to the activities of anticancer immunoconjugates. Bioconjug Chem 19: 759–765
134. Oflazoglu E, Stone IJ, Gordon K et al (2008) Potent anticarcinoma activity of the humanized anti-CD70 antibody h1F6 conjugated to the tubulin inhibitor auristatin via an uncleavable linker. Clin Cancer Res 14: 6171–6180
135. Wang L, Amphlett G, BlättlerWA et al (2005) Structural characterization of the maytansinoid-monoclonal antibody immunoconjugate, huN901-DM1, by mass spectrometry. Protein Sci 14: 2436–2446
136. Willner D, Trail PA, Hofstead SJ et al (1993) (6-Maleimidocaproyl) hydrazone of doxorubicin: a new derivative for the preparation of immunoconjugates of doxorubicin. Bioconjug Chem 4: 521–527
137. Schroeder DD, Tankersly DL, Lundblad JL (1981) A new preparation of modified immune serum globulin (human) suitable for intravenous administration. I. Standardization of the reduction and alkylation reaction. Vox Sang 40: 373–382
138. Hamblett KJ, Senter PD, Chace DF et al (2004) Effects of drug loading on the antitumor activity of a monoclonal antibody drug conjugate. Clin Cancer Res 10: 7063–7070
139. Sun MMC, Beam KS, Cerveny CG et al (2005) Reduction-alkylation strategies for the modification of specific monoclonal antibody disulfides. Bioconjug Chem 16: 1282–1290

140. Junutula JR, Raab H, Clark S et al (2008) Site-specific conjugation of a cytotoxic drug to an antibody improves the therapeutic index. Nat Biotechnol 26: 925–932
141. Vater CA, Goldmacher VS (2010) Antibody-cytotoxic compound conjugates for oncology. In: Reddy LH, Couvreur P (eds) Macromolecular anticancer therapeutics, 1st edn. Springer, New York, pp 331–369
142. McDonagh CF, Turcott E, Westendorf L et al (2006) Engineered antibody-drug conjugates with defined sites and stoichiometries of drug attachment. Protein Eng Des Sel 19: 299–307
143. Gillies SD, Wesolowski JS (1990) Antigen binding and biological activities of engineered mutant chimeric antibodies with human tumor specificities. Hum Antibodies Hybridomas 1: 47–54
144. Junutula JR, Flagella KM, Graham RA et al (2010) Engineered thio-trastuzumab-DM1 conjugate with an improved therapeutic index to target human epidermal growth factor receptor 2-positive breast cancer. Clin Cancer Res 16: 4769–4778
145. Ambrx (2012) http://www.ambrx.com/wt/page/recode. Accessed 20 Sep 2012
146. Sapra P, Tchistiakova L, Dushin R et al (2012) Novel site-specific antibody drug conjugates based on novel amino acid incorporation technology have improved pharmaceutical properties over conventional antibody drug conjugates. Proc Am Assoc Cancer Res 72: Abstract 5691
147. Allozyne (2012) http://www.allozyne.com/what/platform. Accessed 20 Sep 2012
148. Redwood Bioscience (2012) http://www.redwoodbioscience.com/background/redwoodplatform/;http://www.redwoodbioscience.com/background/antibody-drug-conjugates/. Accessed June 2013
149. Jeger S, Zimmermann K, Blanc A et al (2010) Site-specific and stoichiometric modification of antibodies by bacterial transglutaminase. Angew Chem Int Ed 49: 9995–9997

第6章 药物-接头稳定性的体内水平检测

Pierre-Yves Abecassis and Céline Amara

摘 要

抗体偶联药物(antibody-drug conjugate，ADC)是一类具有应用前景的生物治疗药物，旨在选择性递送高细胞毒性药物至肿瘤细胞，同时不损伤正常组织。它们可被看成是前药，在血流中保持稳定，使得循环时药物释放最少，而能在肿瘤组织部位有效地转变为活性药物。要设计出单克隆抗体(monoclonal antibody，mAb)、接头和药物三者的正确组合，需要监测并了解这三种成分在血流和肿瘤部位的性质。特别是接头，能影响 ADC 的效价和安全性能，因此体内水平监测"药物-接头稳定性"对于帮助选择接头类型十分重要，这是通过测定药物代谢动力学(pharmacokinetics，PK)参数来实现的。ADC 的 PK 性质是通过检测以下三种实体获得的：①偶联物(抗体偶联至少一个药物)；②总抗体(不偶联药物的抗体)；③游离药物及其代谢物实体。本章着重于用于评价这三种实体的 PK 参数的关键分析方法(ELISA、TFC-MS/MS 和 HRMS)，进而分析 ADC 的药物-接头稳定性。

关键词：ADC，生物治疗药物，细胞毒性，药物抗体比，酶联免疫吸附测定法，高分辨质谱，mAb，接头，PK，总抗体，湍流色谱串联质谱

1 引 言

ADC 是能将高毒性的负载药物递送至肿瘤细胞，同时最大限度地减少正常组织递送的靶向抗肿瘤药物。ADC 药物由三个部分组成：通过接头连接有高效能小分子毒性药物的靶向肿瘤抗原的 mAb[1, 2]。与细胞表面的靶抗原结合后，ADC 药物经过内吞，在各亚细胞腔室转运，在化学作用或酶解作用下转化为活性药物(也称活性代谢物)进而杀伤细胞[3, 4]。和一个理想的前药一样，ADC 药物理论上能在不舍弃递送至肿瘤部位的药物量的前提下，作为一个整体到达靶点，同时在血流中保持稳定以防止药物释放损伤正常组织[5]。为了确保药物在肿瘤细胞的选择性释放，常利用血流和细胞内腔室两者之间的不同性质，这种性质的差别也为有效接头的设计提供了一些选择[6]。这些接头的差异体现在稳定性和药物释放性质，也就是通常被认为的"可切除性"。因此其被分成所谓的可切除接头和不可切除接头。对于前者，目前已经有不同的形式应用于 ADC 的开发：①化学上易变、酸性条件下可被切除的腙键接头，其在血流的中性 pH 环境下相对稳定，而在酸性细胞腔室如内体(pH 5~6.5)和溶酶体(pH 4.5~5)中发生快速水解[7, 8]，这种接头的例子在 CMC-544 得到了体现；②二硫键接头，通过空间上或多或少的隐蔽来维持循环

中的稳定,利用细胞内高浓度的谷胱甘肽还原二硫键达到药物在细胞内的高效释放[9, 11],处于研发过程中的、采用此类接头的ADC包括SAR3419[12]、nBT062[13]和IMGN901[14];③酶-不稳定接头,其原理基于组织蛋白酶B等溶酶体蛋白酶具有酶切肽键的活性。由于pH条件不适和血清中蛋白酶抑制剂的抑制,蛋白酶在细胞外环境中不具有活性[15]。处于研发过程中的、采用此类接头的ADC包括近期获FDA批准用于治疗霍奇金淋巴瘤和非霍奇金淋巴瘤的SGN35[16, 17]。第二类接头中,活性药物的释放是通过溶酶体内抗体水解这一步来实现的,进而产生氨基酸-接头-药物结构的活性代谢物。此类接头最初是为了达到血液中最大稳定性而设计的,如硫醚[17, 18]和马来酰亚胺己酰基。采用不可切除接头的一个代表为T-DM1[10, 19],目前被FDA批准用于HER2阳性乳腺癌的治疗。显然,不同的接头会产生不同的活性药物/代谢物,具有各自的物理化学性质和潜在不同的细胞杀伤机理[14]。

如果开发一个安全有效的ADC,要求对其在血流中的性质进行细致的了解。作为影响其毒性和效价的关键一步,不同实体的PK的评价非常复杂,因为它反映了多个现象,包括:①接头的上述化学和内在性质;②偶联的化学性质,包括偶联的位点和药物抗体比(DAR)所产生的高度异质性。由于合成过程本身的缘故,ADC实际上由混合物组成,而这种异质性也为ADC的定量和性质研究增加了挑战。偶联物通常是通过半胱氨酸或赖氨酸残基产生的,而这两种过程都会导致不同偶联位点的特定ADC混合物的产生。半胱氨酸偶联是通过链间二硫键的部分还原来实现的,对于IgG1型mAb来说,平均每个抗体可在4对不同的半胱氨酸残基上偶联0~8个药物[6, 20]。通过赖氨酸残基偶联会根据抗体的序列,与分布在整个抗体轻、重链上特定位置的多个残基发生反应。对于某个特定抗体来说,反应性赖氨酸残基主要位于免疫球蛋白表面具有结构灵活性和大的溶剂接触性的地方[21]。此外,合成过程中所形成的平均药物抗体比也会给所产生的ADC引入差异性。

接头的种类、偶联的位点和药物抗体比会影响一个ADC的PK,对其产生种种效应。的确,具有高药物抗体比的ADC比低药物抗体比的种类在循环中被清除得快很多[19, 22, 23]。此外,抗体内的偶联位点也会影响ADC的清除,这一点在Fab或Fc区不同偶联位点的半胱氨酸硫醇基ADC具有不同的PK性质中得到了例证[22, 24]。最后,其他可以影响ADC及裸抗体的PK性质的参数包括:①影响其溶解性和聚集的总体物理化学性质;②抗体工程对FcRn结合能力的影响;③靶点本身,通过在肿瘤中的表达水平或作为脱落抗原,以及治疗过程中的潜在调节[24, 26]。

ADC的PK性质研究是通过以下重要分析方法来实现的:①测定偶联和总抗体动力学性质的ELISA;②用于精确定量游离药物/代谢物的TFC-MS/MS;③体内水平分析药物抗体比的HRMS。在ADC的发现、临床前研究和临床开发过程中发展了两种互补的定量ELISA方法:第一种方法检测总抗体,即药物抗体比大于或等于零的ADC;第二种检测方法测定药物偶联的抗体,即药物抗体比大于或等于1的ADC。

对于总抗体的测定方法来说,有一些ELISA方法可供选择:①如果有纯化的抗原蛋白,可采用抗原包被作为捕获剂,接下来用酶联的抗鼠或人源化IgG的抗体进行检测;②当无法获得纯化的抗原时,可采用电发光检测(meso scale discovery, MSD)[27],利用羊抗人 IgG-sulfo-TAG^{TM} 在化学激发后发射光。另一种不使用抗原的 mAb 捕获检测策略是采用抗独特型抗体，其具有人肿瘤抗原的内在影像并可以模拟它[28]。一种高通量的标准检测方法为采用羊抗人 IgG[Fc 或 F(ab′)$_2$]抗体作为捕获和偶联辣根过氧化物酶（horseradish peroxidase, HRP）的驴抗人 IgG 抗体进行检测[29]，或者采用生物素标记的驴抗人 IgG、固定在链霉亲和素上的 Fcγ 特异抗体来捕获，并采用带 Alexa 荧光标签的羊抗人 IgG(GyroLab)来检测。一些检测方法利用对负载药物敏感的优势，可以改变亲和结合的修饰并影响 ADC 的定量[6, 30]。

对于偶联抗体的测定，传统的 ELISA 检测方法基于采用抗药物的抗体进行捕获，如果可以，则利用靶抗原进行检测，或采用抗 CDR 甚至抗 IgG[抗 Fc 或抗 F(ab′)$_2$]抗体进行检测。上述检测方式最为常用，但抗药物抗体也可被作为检测试剂使用。其他检测方式包括包被鼠源或人源的抗细胞毒素的 mAb 作为捕获剂，可采用：带电发光信号的羊抗人 IgG-sulfo-tag 或生物素化的抗原，继而采用链霉亲和素-HRP 检测或偶联 HRP 的驴抗人 IgG 抗体或偶联 HRP 的羊抗人 IgG 抗体、Fc 或 F(ab′)。这些不同方法所获得的结果之间的可能差异反映了检测灵敏性、效价或药物低估差异[6, 29, 30]。然而，需要注意的是，由于偶联抗体的分析方法检测的是至少偶联了一个药物的抗体，这种方法不适用于监测血流中 ADC 异质混合物的药物损失，也可根据药物数量和偶联位置产生定量差异[6, 29, 30]。此外，在血液中存在脱落抗原或高水平可溶性配体时，PK 性质可能会改变[25, 26]。

对于游离药物/代谢物的定量测定，采用 ELISA 竞争检测方法或高度灵敏和特异的物理化学质谱分析，随后是血浆蛋白的固相萃取、沉淀和反向液相色谱或下面介绍的高通量湍流色谱。

HRMS 测定药物抗体比的技术见第 18 章。

下面的部分将详细介绍 ELISA 免疫分析法、TFC-MS/MS 物理化学分析法进行游离药物定量，以及随后的 PK 分析的实验步骤和技巧，目的是协助 ADC 体内水平性质分析。

2　材　料

下面提及的所有材料涉及 PK 研究本身，即活体动物阶段和生物分析、通过 ELISA 检测偶联和总抗体的浓度，以及通过 TFC-MS/MS 测定游离药物水平。HRMS 分析药物抗体比见第 18 章。除非另有说明，所有的缓冲液和溶液都是在室温配制并储存于 4℃。

2.1　活体动物阶段

(1) 配方：含赋形剂的化合物，即将 ADC 溶液（见注意事项 1）储备于含 10 mmol/L 组氨酸、130 mmol/L 甘氨酸、5%蔗糖、pH 为 5.5(HGS)的溶液中。对于 HGS 缓冲液的配置，加 146 mL 的 1 mol/L 蔗糖溶液（称量 17.1 g 蔗糖于玻璃烧杯中，加入 38.4 mL 水）、1.55 g 组氨酸和 9.76 g 甘氨酸于容量瓶中。通过加入 8mL 盐酸调节 pH 并加入水定容至 1 L，储存于 4℃。根据所选择的剂量用 HGS 缓冲液稀释 ADC 至所需浓度（见注意事项 2 和 3）。

(2) 动物：雌性 SCID(severe combined immunodeficiency, SCID)小鼠（Charles Rivers, France），每个时间点 3 只，5~6 周龄，体重平均 20~25 g。小鼠饲养在层流罩的无菌条

件下的无菌房间(见注意事项 4 和 5),采用自由采食(UAR A04 pellets,纸袋包装,由法国 SAFE 提供)进行饲养。

(3) 消耗品:肝素锂化的玻璃管,聚丙烯微型管。1 mL 聚丙烯深孔 96 孔板,25 号针。

2.2 ELISA 分析

(1) 包被缓冲液:磷酸盐缓冲液(PBS)。溶解 1 片 PBS 片剂于 1 L 水中,获得 25℃时 pH 为 7.4,含 140 mmol/L 氯化钠、3 mmol/L 氯化钾、10 mmol/L 磷酸盐的缓冲液。溶液可于 4℃储存 3 个月。

(2) 清洗缓冲液:含 0.05%吐温 20 的 PBS(PBST)。溶解 1 片于 1 L 水中,获得 25℃时 pH 为 7.4,含 140 mmol/L 氯化钠、2.7 mmol/L 氯化钾、10 mmol/L 磷酸盐、0.05%吐温 20 的缓冲液。溶液可于 4℃储存 3 个月。

(3) 封闭缓冲液、标准品的稀释液、质量控制(QC)和样品的首次稀释:含 0.5% BSA 的 PBST 溶液。称量 500 mg 牛血清白蛋白(bovine serum albumin,BSA)于 100 mL PBST 溶液中。溶液可储存 1 天。

(4) 检测缓冲液:样品的最后稀释,用含 0.5% BSA、1%血浆的 PBST 溶液。6.00 mL PBST/0.5% BSA 溶液中加入 60.0 μL 含肝素锂鼠血浆库来源血浆。

(5) 试剂溶液:抗细胞毒溶液储存于低吸附聚丙烯管并放于 4℃,生物素化的抗原储存于–80℃,过氧化物酶 HRP-链霉亲和素按 1∶200 稀释,TMB 底物(显色试剂 A 和 B)储存于 4℃,1 mol/L 硫酸中(见注意事项 6)。Costar 板(Sigma Aldrich)储存于室温。BSA、HPLC 级水、肝素锂抗凝的对照鼠血浆储存于–20℃。PBS(和 PBST)片储存于室温。

(6) 消耗品:聚丙烯管、自动吸液管和不同体积的多道移液器。

(7) 仪器:分析天平、涡旋混匀器、Sunrise 分光光度计读板仪 (Tecan)、定轨微孔板振荡器、Tecan Columbus 洗板机和软件 Multicalc v2.7(Perkin Elmer)。

2.3 TFC-MS/MS 分析

(1) 游离药物储备溶液(100 μg/mL):称量 5.00 mg 药物(经纯度校正),用甲醇溶解并用 50.0 mL 容量瓶定容(A 级)。如果有多个药物,每个药物进行同样操作。溶液保存在 4℃(见注意事项 7)。

(2) 校准的标准品工作液(范围:0.05~12.5 μg/mL)和质量控制(低 0.05 μg/mL、中 1.25 μg/mL 和高 10 μg/mL)由最初的储备液在容量瓶中用甲醇稀释而成(见注意事项 8)。

(3) 内标溶液(ISW):称 2.50 mg(经纯度校正)放射标记的药物[$^{13}C_4, D_7$]。用甲醇溶解并用 25.0 mL 容量瓶定容(A 级)。其他药物采用同样的方法。这些溶液保存在 4℃。分别取 0.500 mL 溶液至 10.0 mL 容量瓶(A 级)并用甲醇定容,制备成 5.00 μg/mL 的内标中间工作液。然后取 100 μL 上述溶液至 50.0 mL 容量瓶(A 级),加入终浓度为 1.00%(V/V)甲酸,制备成可加入血浆样本的、含 10.0 ng/mL 标记内标的内标溶液。

(4) TFC 所需溶剂:溶剂 A 通过 1 mL 甲酸稀释于 1 L 水中制备而成。四元泵所用的溶剂 B 为 1 mL 甲酸稀释于 1 L 乙腈所得。二元泵所用溶剂 B 为 1 mL 甲酸稀释于 1 L 甲醇中所得。溶剂 D 为 400 mL 乙腈、300 mL 丙酮和 300 mL 丙醇混合所得。

(5) 色谱柱：TFC：Turboflow™ cyclone，0.5 mm×50 mm。分析：Chromolith RP-18e，2 mm×50 mm。

(6) 消耗品：1 mL 聚丙烯深孔 96 孔板，1.5 mL 聚丙烯微型管，1.5 mL 聚丙烯螺旋盖管，Combitips plus Eppendorf(1~10 mL)，A 级容量瓶(5.00~100 mL)。

(7) 试剂：化学试剂和生物制品：HPLC 级水、甲醇、乙腈、丙酮、丙醇和甲酸(99%)。肝素锂抗凝鼠血浆。

(8) 仪器：天平，Mettler Toledo AT261 Delta Range；离心机，Sigma 6K15；涡旋混匀器，Ika-Schuttler MTSZ；移液管，Biohit eline e120、e300、e1000；移液管，Eppendorf Multipette plus 4981；自动进样器，CTC PAL(软件 PAL ver.2.3.6)、TFC Thermo Fisher Scientific TXl(软件 Aria OS ver.1.5.1)；质谱仪，Applied Biosystems API4000(软件 Analyst 1.4.1)。

3 方 法

药物-接头稳定性的体内评价是通过对用于药理学效价评估的异种移植肿瘤模型 SCID 雌性鼠、物种和品系给药后测定偶联和总抗体的 PK 参数进行的。接头的不稳定性表现为与接头部分相连与否的游离药物的释放，可通过观测裸抗体释放从而评价两者的分离。

PK 的研究包括评价静脉给药后小鼠血浆中一些实体(偶联抗体(DAR 1~n)、总抗体(DAR 0~n)和游离药物的这些 PK 性质及 PK 参数的评测。因此，为了注重血流中接头的不稳定性，采用在非荷瘤小鼠而不是荷瘤小鼠中进行 PK 研究从而区分肿瘤相关清除。

除非特定说明，所有步骤均在室温下进行。

3.1 PK 研究

(1) 处理：对 33 只动物进行尾静脉标记，分成每笼 3 只(每个时间点)。小鼠给药为单次静脉推注(10 mL/kg)(见注意事项 9)。

(2) 血液采样：全血样本(每只每次采血至少 600 μL)通过在长达 21 天中的选定时间点(0.083 h、0.25 h、24 h、72 h、96 h、168 h、240 h、336 h 和 504 h)进行心脏穿刺获得，采用含肝素锂作为抗凝剂的玻璃管进行采集。

(3) 样品处理：采血后，颠倒玻璃管使血液与抗凝剂混合，然后进行离心(4℃、3500 r/min 离心 15 min)，分离血浆并收集至 1 mL 的 96 孔板后储于–80℃直至进行分析。

(4) 动物：研究的整个过程中观察动物的临床症状和死亡率。任何处于较差临床情况，尤其是濒临死亡的动物，采用异氟醚麻醉后过量 CO_2 吸入进行安乐死(见注意事项 10)。

3.2 ELISA：偶联抗体和总抗体

偶联抗体(携带至少一个药物的药物偶联物)和总抗体(不分载药量的药物偶联物)的

PK 性质可通过蛋白质的免疫学检测方法评价血浆浓度-时间过程而测定。免疫检测法一方面利用抗体(可变区)结合抗原的特异性,另一方面利用识别细胞毒性分子或蛋白质(Fc 区)的特异性,为识别目标免疫偶联物提供了方便的途径。

有一些 ELISA 检测方法可用于 ADC 的检测。不同检测方法之间的选择依据便利性、成本、合适仪器和试剂的可用性、灵敏度和动态范围的要求及研发阶段来决定。

传统 ELISA 采用一个抗体结合 ADC 中 mAb 部分,另一个抗体识别细胞毒小分子。采用测定连接一个或更多细胞毒分子的单抗的 ELISA 来确定血浆浓度。偶联物(细胞毒-偶联物——DAR 1~n):检测方法基于采用包被在板上的抗细胞毒 mAb 捕获 ADC,并利用生物素化的抗原其次是链霉亲和素-HRP 进行检测,然后用分光光度法读数。

总抗体(偶联物和未偶联细胞毒抗体——DAR 0~n):检测方法基于包被于板上的羊抗人 IgG Fc 抗体捕获 ADC 并采用生物素化的抗人 IgG Fc 抗体(来自不同种属),其次用链霉亲和素-HRP 进行检测,最后用分光光度法读数。

接下来描述检测用于临床前研究中的 ADC 的一个 ELISA 方法。对于临床的化合物,采用靶抗原进行检测。

(1) 校准标准品:9 个标准品通过首先向肝素锂抗凝小鼠血浆中掺入储备液(1:10),然后在血浆中稀释至 50~2000 ng/mL 浓度范围制备而成(见注意事项 11)。

(2) 质量控制(QC):在低、中、高三个水平分别设立 3 个 QC,与校准标准品进行同样的稀释(QC 低浓度为 150 ng/mL,QC 中浓度为 300 ng/mL,QC 高浓度为 1000 ng/mL)(见注意事项 12)。

(3) 检测过程第 0 天,包被:准备稀释于 PBS 缓冲液浓度为 100 ng/mL 的抗细胞毒溶液,迅速以 60 μL 每孔分装至微孔板 costar 2592 型。盖上微孔板后在 4℃条件下孵育至少 18 h。

(4) 检测过程第 1 天(见注意事项 13),剂量:按照之前提及的方法制备清洗缓冲液。用 300 μL 洗液洗孔 3 次。清洗后,颠倒微孔板并在滤纸上拍干。

(5) 检测过程,封闭:每孔加入 250 μL 封闭缓冲液。盖上微孔板,常温条件下在微孔板振荡器孵育 1 h。

(6) 制备新鲜的校准标准品并解冻储存于−80℃的 QC 样品。标准品、QC 样品和研究样品 1:100 稀释——所有这些分组进行相同的处理,示例如下:5.00 μL 标准品、QC 和研究样品稀释于 495 μL PBST/0.5% BSA(见注意事项 14)。清洗步骤:用 300 μL 洗液洗孔 3 次。清洗后,颠倒微孔板并在滤纸上拍干。每孔分装 50.0 μL 标准品、对照或样品。盖上微孔板,常温条件下在微孔板振荡器孵育 1.5 h。用 300 μL 洗液洗孔 3 次。清洗后,颠倒微孔板并在滤纸上拍干。

(7) 每孔加入 50 μL 浓度为 100 ng/mL 生物素化的抗原。盖上微孔板,常温条件下避光在微孔板振荡器孵育 1 h。用 300 μL 洗液洗孔 3 次。清洗后,颠倒微孔板并在滤纸上拍干。

(8) 每孔加入 50 μL 1:200 稀释的链霉亲和素-HRP。盖上微孔板,常温条件下避光在微孔板振荡器孵育 1 h。用 300 μL 洗液洗孔 3 次。清洗后,颠倒微孔板并在滤纸上拍干。

(9) 每孔加入 50 μL 底物溶液(TMB)。盖上微孔板,常温条件下在微孔板振荡器孵育 10 min（见注意事项 15）。

（10）按照与底物溶液相同的节奏加入 50 μL 终止溶液（硫酸）来终止反应（见注意事项 16）。

（11）采用读板机在 620 nm 波长校正时读取每孔在 450 nm 处的吸光度。

（12）数据通过软件 Multicalc v2.7 采集。标准校准曲线由读板机检测获取的原始数据（DO）对额定标准浓度作图获得。

（13）标准品、质量控制样品和未知样品的浓度值采用对 50~2000 ng/mL 数据从对数转换后，以未加权抛物线回归拟合模型来赋值。

（14）所有这些计算都是通过软件 Multicalc v2.7 完成的。标准品、质量控制和研究样品的浓度值继而输出至 LIMS Watson（版本 7.4，Thermo）（见注意事项 17）。

3.3 TFC-MS/MS 游离药物的分析

血浆中的游离药物也能对接头稳定性的性质研究起到帮助，其是通过 TFC-MS/MS 测定的（见注意事项 18）。

（1）校准标准品、验证样品和质量控制样品在肝素化的小鼠血浆中制备。在玻璃管或容量瓶中稀释各自的工作溶液（见注意事项 19~21）。

（2）样品提取：对于所有的校准标准品、验证样品、QC、空白和分析样品：解冻样品，涡旋混匀。4000 g 离心样品 10 min。向深孔中加入相应的校准标准品、验证样品、QC、空白或分析样品 100 μL。加入 100 μL 内标（ISW：血浆浓度 10.0 ng/mL）。密封深孔板后涡旋数秒。

（3）样品注射：装载深孔板至保持在 4℃的自动进样器托盘。注射 50.0 μL。

（4）积分/定量：标准品的响应比率（细胞毒性物质/所标记的 IS）对额定标准浓度作图获得校准曲线。采用校准模式，标准品、验证样品和 QC 样品的浓度值通过这些曲线插值获得（见注意事项 22）。

3.4 PK 分析

PK 性质被确定为一个时间的函数。PK 参数是通过利用版本 5.2.1 的 WinNonLin（Pharsight）进行非房室分析来估计的。

（1）血浆浓度（高于定量限，limit of quantification，LOQ）对时间作图。低于定量限的浓度报告为 BLQ（below limit of quantification）。对超过定量上限的浓度进行稀释并重新分析。

（2）所计算的 PK 参数如下：最后观察点的浓度-时间曲线下面积（据梯形规则估计得到的 AUC_{last} 和 $AUC_{infinity}$）、C_0、清除、分布体积。终末消除半衰期由浓度-时间曲线的末端直线部分获得。

4 注 意 事 项

（1）制备小鼠给药的 ADC 所需的合适载体对每个 ADC 来说都是特异的，尤其取决于细胞毒性物质和接头部分。应该仔细考察聚集、内毒素水平和稳定性。

（2）ADC 储备液的稀释应该在动物给药前即刻稀释。

（3）在处理动物期间，室温下（20~25℃）避光磁力搅拌制剂。

（4）小鼠品种和性别应该与药理学模型中使用的相同。然而，这些动物必须是非荷瘤动物，目的是对与肿瘤处理无关的接头不稳定性进行性质研究。

（5）动物的处理和饲养依照 EEC 指南（1986）和美国联邦指南（1985）的要求。动物房的条件如下：室温，20~24℃；相对湿度，40%~70%；照明时间，12 h 光照/12 h 黑暗周期；空气流动，每小时非循环更换 15~20 次；习服时间，至少 6 天。习服期间动物饲养于聚砜固体底板笼中。一周至少更换一次垫料。小鼠通常以每笼 3 只分组饲养于含木刨花的通风笼中。

（6）试剂溶液的准备：抗细胞毒游离药物：采用包被缓冲液（PBS）连续稀释储备液使终浓度为 100 ng/mL。生物素化抗原：采用稀释液（PBST/0.5% BSA）连续稀释储备液使终浓度为 100 ng/mL。对于链酶亲和素-HRP：用 5.97 mL 稀释液（PBST/0.5% BSA）稀释 30.0 μL 储备液。TMB 底物：应在使用前 5min 内等体积混合显色剂 A 和 B，并避光。每孔需要 50 μL 所得到的混合液。

（7）对于校准标准品和质量控制品储备液的制备，每种药物进行两次独立称重。

（8）如果为多种分析物，将所有独立的储备液混在一起获得每种分析物浓度为 50.0 μg/mL 的溶液。校准标准品和质量控制样品的工作溶液的可能稀释方案如下：

工作溶液		溶剂	所用溶液	
浓度/(μg/mL)	终体积/mL		浓度/(μg/mL)	所用体积/μL
12.5	4.00	甲醇	50.0	1000
10.0	5.00		50.0	1000
2.50	4.00		50.0	200
1.25	12.0		50.0	300
0.500	5.00		1.25	2000
0.250	5.00		1.25	1000
0.100	5.00		1.25	400
0.0500	5.00		1.25	200

（9）剂量水平高度依赖于细胞毒性效价，是根据效力研究或背景知识来确定的。

（10）对由于较差临床情况而死亡或安乐死的所有动物都进行肉眼检查。处理之前，将动物放置在紫外灯下 3~5min 来扩张尾静脉。

（11）校准标准品在分析当天新鲜制备。采用 6.00 mg/mL 的储备液 A 进行制备，实例如下：600 μg/mL 溶液 B：10.0 μL 的储备液 A 加入 90 μL 血浆中；100 μg/mL 溶液 C：30.0 μL 溶液 B 加入 150 μL 血浆中；10.0 μg/mL 溶液 D：20.0 μL 溶液 C 加入 180 μL 血浆中；1.00 μg/mL 溶液 E：10.0 μL 溶液 D 加入 90 μL 血浆中。

标准品编号	浓度/(ng/mL)	制备
标准品 9	2000	30.0 μL 溶液 D 10.0 μg/mL+120 μL 血浆
标准品 8	1250	15.0 μL 溶液 D 10.0 μg/mL+105 μL 血浆
标准品 7	750	15.0 μL 溶液 D 10.0 μg/mL+185 μL 血浆
标准品 6	500	10.0 μL 溶液 D 10.0 μg/mL+190 μL 血浆
标准品 5	300	30.0 μL 溶液 E 1.0 μg/mL+70 μL 血浆
标准品 4	150	15.0 μL 溶液 E 1.0 μg/mL+85 μL 血浆
标准品 3	100	10.0 μL 溶液 E 1.0 μg/mL+90 μL 血浆
标准品 2	50	10.0 μL 溶液 E 1.0 μg/mL+190 μL 血浆
标准品 1	0	100 μL 血浆

(12)质量控制品在分析当天新鲜制备。采用 6.00 mg/mL 的储备液 A 制备质量控制品实例如下：600 μg/mL 溶液 B：10.0 μL 的储备液 A 加入 90 μL 血浆中；100 μg/mL 溶液 C：30.0 μL 溶液 B 加入 150 μL 血浆中；10.0 μg/mL 溶液 D：10.0 μL 溶液 C 加入 90 μL 血浆中；1.00 μg/mL 溶液 E：10.0 μL 溶液 D 加入 90 μL 血浆中。QC 如下：

编号	浓度/(ng/mL)	制备
QC 低浓度	150	15.0 μL 溶液 E 1.0 μg/mL+85 μL 血浆
QC 中浓度	300	30.0 μL 溶液 E 1.0 μg/mL+70 μL 血浆
QC 高浓度	1000	溶液 E 1.0 μg/mL

所有样品、标准品和 QC 样品重复测定两次。

(13)使用之前将所有试剂和样品放置于室温中。所有样品、标准品和 QC 样品重复测定两次。

(14)如果研究样品浓度高于定量上限，可用含 0.5% BSA 的 PBST(封闭缓冲液)稀释，最后以 1∶100 稀释于检测缓冲液(含 0.5% BSA 和 1%血浆的 PBST 溶液)。

(15)避光。

(16)如果颜色变化不均一，温和晃动微孔板确保充分混合。

(17)稀释因子的应用在 Watson 中进行。浓度数据的计算和汇总统计采用四舍五入后的浓度数据在 Watson 中处理。样品数据报告为 ng/mL，小数点后保留 3 位有效数字。

(18)TFC 参数和检测器参数高度依赖于所需定量的游离药物，具有药物特异性。需要根据药物进行优化。

(19)校准标准品和质量控制品的稀释方案：涡旋使其均匀。按下表转移 150 μL 或 400 μL(标准品 1 和标准品 8)至聚丙烯管中冻存(-80℃)。

校准标准品样品

参考	校准标准品(肝素化小鼠血浆)		所用工作溶液	
	浓度/(ng/mL)	终体积/mL	浓度/(μg/mL)	所用体积/μL
标准品 1	1.00	15.0	0.0500	300
标准品 2	2.00	5.00	0.100	100
标准品 3	5.00	5.00	0.250	100
标准品 4	10.0	5.00	0.500	100
标准品 5	25.0	5.00	1.25	100
标准品 6	50.0	5.00	2.50	100
标准品 7	200	5.00	10.0	100
标准品 8	250	15.0	12.5	300

涡旋使其均匀并转移 150 μL 或 400 μL(标准品 1 和标准品 8)至聚丙烯管中冻存(–80℃)。

质量控制品样品

参考	验证样品和质量控制品(肝素化小鼠血浆)		所用工作溶液	
	浓度/(ng/mL)	终体积/mL	浓度/(μg/mL)	所用体积/μL
LLOQ	1.00	5.00	0.0500	100
Low-QC1	3.00	10.00	0.150	200
Mid-QC2	25.0	5.00	1.25	100
High-QC3	200	10.00	10.0	200

涡旋使其均匀并转移 150 μL 至聚丙烯管中冻存(–80℃)。

(20)可采用其他的稀释方案,只要最终溶剂/基质比对于水相溶剂和有机相溶剂分别保持低于 10.0%、5.0%。

(21)制备校准标准品、验证样品和质量控制样品的储备液时,每种游离药物进行两次独立的称量。

(22)计算模型和权重因子高度依赖于游离药物分析响应、质谱源、检测器参数,应在药物基础上进行优化。

致 谢

感谢 Patrick Verdier、Marie-Hélène Pascual 和 Olivier Pasquier 提供实验步骤、建设性建议和对本章的仔细审阅。感谢 Ingrid Sasson 和 Veronique Blanc 提供高水平的背景知识,以及对稿件的批判性阅读。还要感谢 Delphine Valente、Christine Mauriac、Gerard Sanderink 和 John Newton 给予相关的审阅和支持。

参 考 文 献

1. Wu AM, Senter PD (2005) Arming antibodies: prospects and challenges for immunoconjugates. Nat Biotechnol 23: 1137–1146
2. Lambert JM (2005) Drug-conjugated monoclonal antibodies for the treatment of cancer. Curr Opin Pharmacol 5: 543–549
3. Kratz F, Müller IA, Ryppa C, Warnecke A (2008) Prodrug strategies in anticancer chemotherapy. ChemMedChem 3: 20–53
4. Mould DR, Sweeney KR (2007) The pharmacokinetics and pharmacodynamics of monoclonal antibodies—mechanistic modeling applied to drug development. Curr Opin Drug Discov Dev 10(1): 84–96
5. Carter PJ, Senter PD (2008) Antibody-drug conjugates for cancer therapy. Cancer J 14: 154–169
6. Stephan JP, Kozak KR, Wong WL (2011) Challenges in developing bioanalytical assays for characterization of antibody-drug conjugates. Bioanalysis 3(6): 677–700
7. Hamann PR, Hinman LM, Beyer CF, Lindh D, Upeslacis J, Flowers DA, Bernstein I (2002) An anti-CD33 antibody-calicheamicin conjugate for treatment of acute myeloid leukemia. Choice of linker. Bioconjug Chem 13: 40–46
8. Trail PA, Willner D, Lasch SJ, Henderson AJ, Hofstead S, Casazza AM, Firestone RA, Hellström I, Hellström KE (1993) Cure of xenografted human carcinomas by BR96-doxorubicin immunoconjugates. Science 261: 212–215
9. Chari RVJ (2008) Targeted cancer therapy: conferring specificity to cytotoxic drugs. Acc Chem Res 41: 98–107
10. Lewis Phillips GD, Li G, Dugger DL, Crocker LM, Parsons KL, Mai E, Blattler WA, Lambert JM, Chari RV, Lutz RJ, Wong WL, Jacobson FS, Koeppen H, Schwall RH, Kenkare-Mitra SR, Spencer SD, Sliwkowski MX (2008) Targeting HER2-positive breast cancer with trastuzumab-DM1, an antibody-cytotoxic drug conjugate. Cancer Res 68: 9280–9290
11. Meister A, Anderson ME (1983) Glutathione. Annu Rev Biochem 52: 711–760
12. Blanc V, Bousseau A, Caron A, Carrez C, Lutz RJ, Lambert JM (2011) SAR3419: an anti-CD19-Maytansinoid immunoconjugate for the treatment of B-cell malignancies. Clin Cancer Res 17(20): 6448–6458
13. Ikeda H, Hideshima T, Fulciniti M, Lutz RJ, Yasui H, Okawa Y, Kiziltepe T, Vallet S, Pozzi S, Santo L, Perrone G, Tai YT, Cirstea D, Raje NS, Uherek C, Dälken B, Aigner S, Osterroth F, Munshi N, Richardson P, Anderson KC (2009) The monoclonal antibody nBT062conjugated to cytotoxic maytansinoids has selective cytotoxicity against CD138-positive multiple myeloma cells in vitro and in vivo. Clin Cancer Res 15: 4028–4037
14. Erickson HK, Lambert JM (2012) ADME of antibody-maytansinoid conjugates. AAPS J 14 (4): 799–805
15. Koblinski JE, Ahram M, Sloane BF (2000) Unravelling the role of proteases in cancer. Clin Chim Acta 291: 113–135
16. U. S. Food and Drug Administration (2011) FDA approves adcetris to treat two types of lymphoma, for immediate release: 19 Aug 2011. U. S. Food and Drug Administration, Silver Spring, MD, 20993
17. Doronina SO, Toki BE, Torgov MY, Mendelsohn BA, Cerveny CG, Chace DF, DeBlanc RL, Gearing RP, Bovee TD, Siegall CB, Francisco JA, Wahl AF, Meyer DL, Senter PD (2003) Development of potent monoclonal antibody auristatin conjugates for cancer therapy. Nat Biotechnol 21: 778–784

18. Erickson HK, Park PU, Widdison WC, Kovtun YV, Garrett LM, Hoffman K, Lutz RJ, Goldmacher VS, Blattler WA (2006) Antibodymaytansinoid conjugates are activated in targeted cancer cells by lysosomal degradation and linker-dependent intracellular processing. Cancer Res 66: 4426–4433
19. Junutula JR, Flagella KM, Graham RA, Parsons KL, Ha E, Raab H, Bhakta S, Nguyen T, Dugger DL, Li G, Mai E, Lewis Phillips GD, Hiraragi H, Fuji RN, Tibbitts J, Vandlen R, Spencer SD, Scheller RH, Polakis P, Sliwkowski MX (2010) Engineered thio-trastuzumab-DM1 conjugate with an improved therapeutic index to target human epidermal growth factor receptor 2-positive breast cancer. Clin Cancer Res 16(19): 4769–4778
20. Junutula JR, Bhakta S, Raab H, Ervin KE, Eigenbrot C, Vandlen R, Scheller RH, Lowman HB (2008) Rapid identification of reactive cysteine residues for site-specific labeling of antibody-Fabs. J Immunol Methods 332: 41–52
21. Wang L, Amphlett G, Blattler WA, Lambert JM, Zhang W (2005) Structural characterization of the maytansinoid-monoclonal antibody immunoconjugate, huN901-DM1, by mass spectrometry. Protein Sci 14: 2436–2446
22. Junutula JR, Raab H, Clark S, Bhakta S, Leipold DD, Weir S, Chen Y, Simpson M, Tsai SP, Dennis MS, Lu Y, Meng YG, Ng C, Yang J, Lee CC, Duenas E, Gorrell J, Katta V, Kim A, McDorman K, Flagella K, Venook R, Ross S, Spencer SD, Lee Wong W, Lowman HB, Vandlen R, Sliwkowski MX, Scheller RH, Polakis P, Mallet W (2008) Site-specific conjugation of a cytotoxic drug to an antibody improves the therapeutic index. Nat Biotechnol 26(8): 925–932
23. Lin K, Tibbitts J (2012) Pharmacokinetic considerations for antibody drug conjugates. Pharm Res 29(9): 2354–2366
24. Shen BQ, Xu K, Liu L, Raab H, Bhakta S, Kenrick M, Parsons-Reponte KL, Tien J, Yu SF, Mai E, Li D, Tibbitts J, Baudys J, Saad OM, Scales SJ, McDonald PJ, Hass PE, Eigenbrot C, Nguyen T, Solis WA, Fuji RN, Flagella KM, Patel D, Spencer SD, Khawli LA, Ebens A, Wong WL, Vandlen R, Kaur S, Sliwkowski MX, Scheller RH, Polakis P, Junutula JR (2012) Conjugation site modulates the in vivo stability and therapeutic activity of antibody drug conjugates. Nat Biotechnol 30: 184–189
25. Baker MA, Roncari DAK, Taub RN, Mohanakumar T, Falk JA, Grant S (1982) Characterization of compounds shed from the surface of human leukemic myeloblasts in vitro. Blood 60: 412–419
26. Black PH (1980) Shedding from the cell surface of normal and cancer cells. Adv Cancer Res 32: 75–199
27. Lu Y, Wong WL, Meng YG (2006) A high throughput electrochemiluminescent cellbinding assay for therapeutic anti-CD20 antibody selection. J Immunol Methods 314: 74–79
28. Sanderson RJ, Hering MA, James SF, Sun MM, Doronina SO, Siadak AW, Senter PD, Wahl AF (2005) In vivo drug-linker stability of an anti-CD30 dipeptide-linked auristatin immunoconjugate. Clin Cancer Res 11: 843–852
29. Stephan JP, Chan P, Lee C, Nelson C, Elliott JM, Bechtel C, Raab H, Xie D, Akutagawa J, Baudys J, Saad O, Prabhu S, Wong WL, Vandlen R, Jacobson F, Ebens A (2008) Anti-CD22-MCC-DM1 and MC-MMAF conjugates: impact of assay format on pharmacokinetic parameters determination. Bioconjug Chem 19(8): 1673–1683
30. Fischer SK, Yang J, Anand B, Cowan K, Hendricks R, Li J, Nakamura G, Song A (2012) The assay design used for measurement of therapeutic antibody concentrations can affect pharmacokinetic parameters: case studies. MAbs 4(5): 623–631

第7章 抗体偶联药物的药代动力学和ADME表征

Kedan Lin, Jay Tibbitts, and Ben-Quan Shen

摘 要

抗体偶联药物(antibody-drug conjugate，ADC)的药代动力学和吸收、分布、代谢与排泄(ADME)的分析表征体现了生物系统与ADC的动态相互作用，可为先导化合物选择、优化和临床开发的评估提供关键信息。认识ADC的药代动力学(PK)、ADME特性及药代动力学-药效学特性，对其成功开发至关重要。在本章中论述了ADC的PK特性，用于支持不同开发阶段的PK和ADME研究类型，针对ADC具体特征的PK/ADME的常规设计及对PK参数的解释。

关键词：抗体偶联药物(ADC)，清除，分布容积，药代动力学，药物抗体偶联比率(DAR)，药效学，优化，吸收，分布，代谢和排泄(ADME)

1 引 言

抗体偶联药物(ADC)是单克隆抗体(mAb)通过化学连接子以共价键与细胞毒性药物相连接形成的[1, 2]。作为"靶向化疗药物"，ADC的设计克服了抗体治疗和单独化疗的不足，同时保留二者的优点，因此优于单独的抗体治疗或化疗。

距首次出现ADC已有大约50年[3]，如今此领域再次成为研究热点，并获得成功。最近，Brentuximab vedotin (ADCETRIS®)用于治疗复发性或难治性霍奇金淋巴瘤及复发性或难治性系统性间变性大细胞淋巴瘤[4]获得批准，而且曲妥珠单抗-美登素衍生物(T-DM1)在HER2+转移性乳腺癌患者中显示了有前途的疗效[5]。

对这些复合物分子的行为进行量化评价与机制研究，非常有利于对其进行优化。ADC药代动力学，即"在体内如何处置药物"体现了生物系统与ADC的动态相互作用，可为先导化合物选择、优化和临床开发的评估提供关键信息。具体而言，综合理解ADC的药代动力学和药效学原则并将其应用于靶点选择、抗体设计、连接子/药物选择和药物抗体偶联比率(DAR)优化，有助于指导合理开发出具有最佳安全性与疗效谱的ADC。

在本文中，我们论述了ADC的药代动力学和吸收、分布、代谢与排泄(ADME)特征，用于支持不同开发阶段的PK/ADME研究，针对ADC具体特征的一般PK/ADME研究设计，并解释了PK/ADME的参数。

2　ADC 的药代动力学

ADC 由药理学上明显不同的两种组分，即抗体和细胞毒性小分子药物（在下文中称为药物）组成；此差异使得必须了解两种组分在体内的行为与归宿。从结构上说，ADC 抗体组分占治疗药物的绝大部分（按分子质量计，大概占总 ADC 的 98%）。从生物学上说，潜在的抗体骨架特性强烈影响着 ADC 的 PK，如靶点-特异性结合、新生 Fc 受体(FcRn)-依赖性再循环、Fc（碎片，可结晶）效应子功能。同样地，ADC 的吸收、分布、代谢和排泄(ADME)特征也与未偶联抗体相关的特性相关，包括缓慢消除、长半衰期、低分布容积及蛋白水解介导的分解代谢。但是，它也保留了一些不利的特征，包括较差的口服生物利用度、肌内或皮下注射给药后吸收不完全、免疫原性，以及非线性分布与消除[6,7]。除这些相似性外，ADC 还有很多特征完全不同于未偶联抗体，这是在 ADC 开发期间需要考虑的。ADC 的小分子组分、偶联工艺和 ADC 的体内生物转化都是独特的、重要的方面，也是开发这些分子时需要考虑的内容。简而言之，ADC 是多种分子实体或药物的异质混合物，具体来说是不同位置偶联多个药物分子的抗体——这是在评价其药理学及生物分析与 PK 特征时需要考虑的特征。在表 7-1 中比较了 ADC、单克隆抗体和小分子的 PK 特征。最新的综述详细论述了 ADC PK 的具体特征[8]，本章重点论述 ADC 的 PK 和 ADME 更为实际的方面。在下面的段落中，我们就分析物选择、研究考量事项和 ADC 优化中 PK/ADME 的应用进行论述。

表 7-1　ADC、小分子药物(SMD)和 mAb 的常规 PK 比较

性质	SMD	ADC	mAb
分子质量/Da	一般<1 000	约 150 000	约 150 000
PK 试验	SMD 和相关的代谢产物	偶联物、所有的抗体，以及未偶联细胞毒性药物	所有的抗体
免疫原性	否	是	是
分布	高 V_d；宽范围；可能超过血液和良好灌注组织的实际体积	V_c 接近血浆体积有限的组织分布	V_c 接近血浆体积有限的组织分布
代谢	I 相和 II 相代谢；CYP450 代谢约为药物的 75%	蛋白水解分解代谢和 CYP450 代谢组合	通过蛋白水解、胞吞和吞噬作用分解代谢
排泄	主要通过胆汁分泌和肾脏排泄	预计为 SMD 和 mAb 的组合	短肽和氨基酸重复使用，或通过肾小球过滤消除
半衰期	短(h)	长 $t_{1/2}$(抗体)；持续输送 SMD	长（数天和数周）；FcRn 结合延长半衰期
清除	低剂量：线性 高剂量：非线性	低剂量：非线性 高剂量：线性	低剂量：非线性 高剂量：线性

注：V_d，分布容积；V_c 中央室的分布容积。

3　ADC PK 鉴定的分析物选择和关键参数

如本书其他章节的详细论述，ADC 是一种复合物，且具有高度异质性。多种原因可导致其异质性，其中包括药物与抗体通过如半胱氨酸和赖氨酸等氨基酸的偶联。此过程产生的各种类型 ADC 混合物,不仅抗体连接的药物数量即 DAR 不同,而且药物的连接位点也不同[9, 10]。ADC 异质性的第二个来源是体内给药后的生物或化学过程造成的,即 ADC 的去偶联和降解。

结构复杂性和异质性说明,对于 ADC 的 PK/体内分布,以及 ADC 的优化和开发来说,均需要监测多种分析物。常规监测的分析物可能包括总抗体(偶联和未偶联抗体)、偶联抗体、抗体偶联药物、未偶联抗体和未偶联(游离)药物。在图 7-1 中给出了分析总抗体和偶联抗体典型的 ELISA 法。表 7-2 汇总了各分析物的分析方法、测定对象及其生物学意义。监测多种分析物有助于获取这些复合物分子多方面的行为,如 ADC 的药物损失率(即连接子稳定性)、偶联对 ADC 清除的影响及最终的暴露-响应关系。但是,对全面评估的期望必须平衡可操作性、技术与试剂的可得性及各项研究的最终目的。从 ADC PK 研究测得的两项关键药代动力学参数——清除率和分布容积,有助于阐述 ADC 与生物系统的生物相互作用。

图 7-1 用于 ADC 分析物的常规 ELISA 法。(a)总抗体分析:采用抗原或靶细胞外域(ECD)捕获 ADC 抗体,采用抗 ADC 抗体的标记抗体检测。(b)偶联抗体分析:采用抗细胞毒性药物抗体捕获 ADC,采用标记抗原或胞外域检测。(另见彩图)

表 7-2 ADC PK 鉴定的分析物、分析方法及其生物学意义的比较

分析物/分析方法	测定对象	生物学意义
总抗体(Tab)ELISA	ADC 的偶联抗体和未偶联抗体	对 ADC 抗体-相关 PK 行为的最佳评估方法
偶联抗体 ELISA	与至少一个细胞毒性药物偶联的抗体	估算活性 ADC 的浓度,是大多数 ADC PK 分析的基础
偶联药物 LC-MS/MS	与抗体共价键结合的细胞毒性药物的总量	估算抗体相关的活性药物;同时反映 ADC 从体循环的清除及抗体上细胞毒药物的丢失
游离药物 LC-MS 或 ELISA	全身暴露的从 ADC 释放的游离药物种类	最常见和最强效药物种类的理论评估;可能反映全身毒性的评估

3.1 清除

ADC 的清除一般计为两个并行过程的总和:ADC 的药物损失(去偶联)和 ADC 的分解代谢。通过抗体代谢的清除,主要是分解代谢中特异性的、可饱和抗原介导的吸收与清除;非特异性的清除通过 mAb Fc 区与 Fc 受体间相互作用进行的高容量蛋白水解完成。与 mAb 相似,后一种途径是大多数治疗剂量水平 ADC 主要的清除途径,同时以线性方式清除 ADC。但是,相对于抗体,ADC 的清除率一般会升高,同时半衰期缩短[11],推测这是由偶联物的三级结构紊乱及与清除途径的相互作用改变引起的。

3.2 分布容积

ADC 的结构主要受抗体的骨架控制,因此,ADC 的分布行为通常与未偶联抗体相似[12]。它的初始分布一般局限在血管中,中央室体积与血浆体积(约 50 mL/kg)相似[13, 14]。分布随时间延伸至组织间隙中,稳态分布容积为 150~200 mL/kg。与未偶联抗体相似,ADC 分布还受到靶抗原表达和内化的影响[15]。

偶联的细胞毒性药物的存在,使得我们认识到 ADC,尤其是细胞毒性药物的分布更加重要。未偶联抗体通过抗原-非特异性或抗原-特异性过程在非靶组织的分布,基本上没有药理学效应,而 ADC 在相同组织的分布与蓄积则具有显著的药理学/毒性效应,因为 ADC 可吸收进入细胞中,随后释放细胞毒性药物或细胞毒性药物相关的其他分解代谢产物。有兴趣的读者可参考最近发表文章中的具体内容[15~17]。

4 ADC 优化与开发中 PK 的应用

在 ADC 不同研究与开发阶段开展的 PK 研究,具有不同的目的(表 7-3)。在早期阶段,PK 研究的重点是为了支持 ADC 的选择与优化。在此阶段,对多种 ADC 候选药物和未偶联抗体进行临床前种属研究,有助于认识 ADC 多个方面的特征,包括靶点与 ADC 相互作用(如靶点-介导清除)、药物偶联对抗体药代动力学的影响、连接子稳定性、最佳 DAR,以及可能的药代动力学-药效学(PKPD)关系。例如,比较 ADC 与其未偶联抗体的总抗体浓度(Tab),有助于评价偶联对 ADC 药代动力学行为的影响(图 7-2)[18, 19]。

表 7-3 在 ADC 不同开发阶段的包括 PK 表征在内的重大事件和研究总结

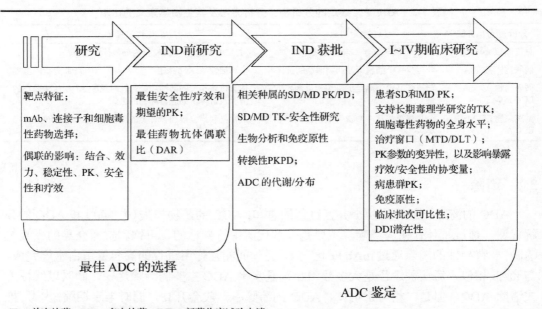

SD:单次给药;MD:多次给药;IND:新药临床试验申请

注:SD 单次给药,MD 多次给药,IND 新药临床试验申请,TK 毒代动力学

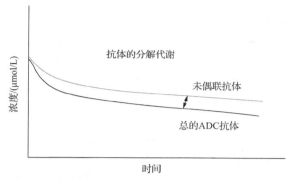

图 7-2 未偶联抗体（抗体给药后）与总抗体（ADC 给药后）的血清或血浆浓度曲线比较。总抗体（Tab）浓度下降较快，说明 ADC 的药代动力学受偶联影响。

一旦选定分子后，新药临床试验申请（IND）研究的重点将转移至全面鉴定其药理学活性，包括有效性和安全性研究中的 PK 暴露、PKPD 关系及分布/代谢。在临床开发期间继续对 ADC 进行 PK 评价，并增加研究内容，如评价药物-药物的潜在相互作用（DDI）（在后文章节中论述）。

5 ADC PK 解释

整合根据多个 ADC 分析物测定结果得出的 PK 信息，可为 ADC 的优化提供关键信息。ADC 行为的关键是 ADC 的药物损失率，即连接子稳定性。通过比较 ADC 分析物、总抗体及偶联抗体或抗体偶联药物，可定性评估连接子的稳定性。在图 7-3 中给出了此项理论比较的示意图。对总抗体与偶联抗体进行比较时，通常可见偶联抗体的浓度下降比总抗体（Tab）浓度下降快，在前文中已经解释了原因（ADC 的浓度下降是通过两个过程造成的，而 Tab 仅有一个过程）。曲线的离散程度说明了 ADC 的完全药物损失率（即 DARn-DAR 零转换）。这是由偶联抗体实验自身性质造成的，此实验测定连接一个或多个药物的 ADC。偶联抗体 PK 相对于总抗体 PK 的分散程度变大，说明 ADC 的药物损失更快[16, 20~24]。

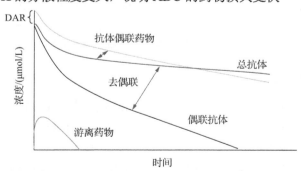

图 7-3 ADC 曲线比较了给药后的分析物的浓度。总抗体（Tab）为抗体典型的多指数曲线。偶联抗体的浓度下降较快，这是由抗体消除和细胞毒性药物去偶联造成的。偶联药物在开始阶段的浓度比 Tab 高，反映了其 DAR 特征，随后则比总抗体下降快，这是由抗体消除和细胞毒性药物去偶联造成的。游离药物的浓度更低，起初随时间增加（这反映了 ADC 去偶联的延迟），然后随时间下降。

最好以摩尔浓度单位，进行总抗体与偶联药物(conjugated drug)浓度的比较(图 7-3)。这样能够更加清楚地看到并评估不同分子质量分析物的浓度-时间曲线。总抗体与抗体偶联药物(antibody-conjugated drug)浓度关系的解释，可能不如偶联抗体直观。抗体偶联药物的浓度下降比总抗体浓度快，因为偶联药物的浓度下降是通过两个消除过程达到的，即 ADC 的药物损失和 ADC 消除，而总抗体浓度变化则是仅由 ADC 和未偶联抗体消除引起的。因此，可采用浓度下降的差异，推测 ADC 的药物损失率[18, 25]。在给药时，摩尔浓度的差异反映了起始的平均 DAR，给药一段时间后，当平均 DAR 等于 1 时，两个浓度(所有抗体和抗体偶联药物)可能相交。

总之，通过比较多种分析物，可定量评估多个优化参数的总体影响，如连接子稳定性、偶联位点和 DAR。这是指导下一代 ADC 选择与优化的关键信息[26~28]。

6 ADC ADME 鉴定

ADC 含细胞毒性药物，其分解代谢产物可能具有潜在的 DDI。因此，了解 ADC 的 ADME 特性和其主要的消除途径具有重要意义，并据此决定是否需要在肝或肾功能损伤患者中进行特殊患者群的研究。为了解 ADC 的 ADME 特性及其主要分解代谢产物，需要说明下述问题：

- 连接子在血浆中的稳定性如何？
- ADC 分布在什么组织中？是否在任何组织中蓄积？
- 偶联是否改变分布？在组织中的主要代谢产物是什么？
- 主要分解代谢产物及其生物活性？
- 主要的消除途径是什么？消除什么分解代谢产物？
- 细胞毒性药物/主要代谢产物是否有任何 DDI 潜在性？
- 分解代谢产物是否可在不同种属中转换？是否需要进行临床 DDI 或特殊患者群研究？

在本章节中，引用 T-DM1 作为示例，说明如何解决 ADC ADME 问题。T-DM1 由重组抗人表皮生长因子受体 2(HER2)单克隆抗体(曲妥珠单抗)与美登素 DM1 通过非还原硫醚键(MCC)偶联而成。T-DM1 目前正在临床开发阶段，用于治疗 HER2-阳性转移性乳腺癌和胃癌(T-DM1 已于 2013 年 2 月被美国 FDA 批准以 Kadcyla 商品名上市——译者注)。

6.1 ADC 连接子在血浆中的稳定性

尽管设计 ADC 连接子在血浆中稳定，仅可通过一些特定的释放机制裂解，如酸性 pH 和蛋白酶，但药物仍可能在血液中提前释放，引起全身毒性。例如，之前已经批准了由人源化 IgG4 与细胞毒性抗肿瘤抗生素卡奇霉素偶联而成的化疗药物 Mylotarg®，用于治疗急性骨髓性白血病。但是，随后发现 Mylotarg 有无法接受的毒性且没有临床获益，这可能部分与较差的连接子稳定性和药物提前释放有关[25, 29]。目前，在临床开发中采用缬氨酸-瓜氨酸或 MCC 作为连接子的 ADC，设计的目的是在血浆中获得稳定性，并要求细胞内溶酶体蛋白酶加工释放药物或活性分解代谢产物[30]。应开展体外血浆稳定性研究，以评估抗体与细胞毒性药物间连接子的稳定性，测定形成含药物产物的潜能，并比较在不同种属中的稳定性差异。这可以简单地通过下述过程完成：向血浆中加入相关浓度的 ADC，随后在 37℃下 CO_2 孵育箱中孵育 0~96 h，然后分析游离细胞毒性药物释放及其他分析物变化(Shen，撰写中的稿件)。

6.2 ADC 组织分布

根据 ADC 的结构特性，预计 ADC 的生物分布与 IgG 抗体一致[15, 31]。ADC 生物分布研究对于确证 ADC 与未偶联抗体分布的相似性很重要，即将药物输送至特定的肿瘤靶点中，而不在正常组织中蓄积或持续存在。针对此目的，可给予荷瘤小鼠或大鼠在抗体标记的未偶联抗体或 ADC（以[125I]标记）或标记药物的 ADC（将抗体和放射性标记药物偶联），然后测定组织和血浆的放射性。通过比较这些研究数据，可评估偶联对抗体分布的影响[15, 32~34]。

另外，了解细胞毒性药物的组织分布也很重要，无论是与抗体偶联，还是未偶联。在文献中有一些示例，说明正常组织与肿瘤中的 ADC 和细胞毒性药物分布存在差异[33]。在部分情况下，正常组织中低水平的靶抗原表达可能导致输送至肿瘤的 ADC 减少和/或输送至正常组织的细胞毒性药物增加[35, 36]。

6.3 ADC 分解代谢/代谢和消除

ADC 抗体组分的分解代谢和消除过程与 mAb 相似。对抗体的分解代谢和消除已进行了充分的研究，已知其主要通过受体介导的胞吞或液相胞饮，以及随后进入溶酶体中，发生酶促降解完成[6, 37, 38]。这个过程主要在肝脏、脾脏、淋巴结、肠道和肾脏中发生[39]，导致抗体降解为氨基酸或无生物活性的肽类组分。正如所预期的，ADC 也发生与 mAb 相似的分解代谢过程(图 7-4)[31, 33, 40~42]。ADC 的消除还需要深入的研究，因为其偶联的细胞毒性药物，ADC 的蛋白酶水解可能产生保留了高细胞毒效力的分解代谢产物。连接子裂解(去偶联)或抗体在细胞内进一步加工分解代谢，均可能产生含细胞毒性药物的分

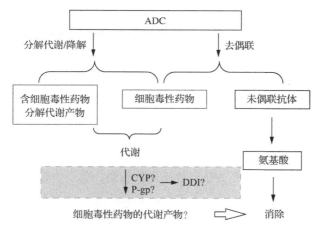

图 7-4 理论 ADC 分解代谢图。ADC 的含细胞毒性药物产物的形成可能包括两个并发过程：去偶联和分解代谢。去偶联过程包括 ADC 通过酶或化学过程释放含细胞毒性药物产物和未偶联抗体，同时保留抗体骨架。分解代谢过程包括抗体的蛋白水解分解代谢和含细胞毒性药物分解代谢产物的形成(游离药物或药物-氨基酸偶联物)。

解代谢产物[43]。生成的分解代谢产物可能具有连接子特异性。采用可裂解连接子的 ADC，如 mAb-SPP-DM1（二硫键）或 mAb-vc-MMAE，在连接子裂解时释放细胞毒性药物[31, 40]；采用非裂解连接子的 ADC，如 mAb-MCC-DM1 和 mAb-mc-MMAF，一般生成含有与氨基酸偶联的连接子-药物的分解代谢产物（如 lys-MCC-DM1 或 cys-mc-MMAF）[32]。

除通过连接子裂解去偶联外，还发现了连接子-药物直接转移至血浆蛋白上[33]。研究发现采用 mc-MMAF 的连接子-药物组合的 ADC，通过转移连接子-药物（mc-MMAF）至血浆中含巯基的白蛋白上，释放细胞毒性药物[33]。推测与此相似的交换过程，也发生在相似连接子结构 ADC 与血清/血浆中其他含巯基的组分之间（如谷胱甘肽、半胱氨酸）。此示例还说明需要采用多种方法，研究 ADC 分解代谢的机制与产物。

适当的体外研究，包括在靶点-表达细胞系中进行分解代谢研究，以及在不同种属中进行血浆稳定性研究，有助于鉴定 ADC 降解产物，并确定与临床前种属的相关性。最近报道的偶联位点对半胱氨酸-工程化巯基-抗体偶联药物（TDC）体内稳定性和治疗活性的影响，很好地确证了此种综合方法的实用性。TDC 的血浆稳定性数据及体内研究数据，确证琥珀酰亚胺环水解对抗体偶联物的稳定性和治疗活性有正面的影响，而与血浆中巯基反应性组分交换马来酰亚胺则有负面的影响[28]。另一方面，体内研究也确证了体外研究结果，并进一步阐述了含药物分解代谢产物及其归宿。

除了了解 ADC 的分解代谢与分布外，鉴定 ADC 及其分解代谢产物的主要排泄途径同样重要。认清主要消除途径有助于确定是否需要开展特殊人群研究，如肝或肾功能损伤患者。对于 T-DM1，在大鼠中开展了放射性标记 T-DM1 和 DM1 的体内研究，以同时鉴定 T-DM1 和 DM1 的分布、排泄途径代谢产物。例如，为测定主要消除途径，给予胆管插管大鼠（采集胆汁）或非插管大鼠（采集粪便和尿液）放射标记的 T-[^{3}H]DM1 或 [^{3}H]DM1。测定粪便、尿液和胆汁等排泄物的放射性后，可测定排泄速率和排泄途径[28]。

在人体中，监测并评估以多种方法在大鼠中鉴定的分解代谢产物，可为 ADC 在不同种属中的处置提供有价值的信息。了解这些细胞毒性分解代谢产物及其药理学特性，在多个方面都有价值。研究发现部分分解代谢产物和释放的药物，如 S-甲基-DM4 和 MMAE，通过产生"旁观者效应"影响药物疗效[40, 41]，这有利于治疗异质性靶点表达的肿瘤。另一方面，含强效可扩散细胞毒素的产物，对全身总体毒性有影响，并存在潜在性的药物-药物相互作用（DDI）。

6.4 体外 DDI 评估

与其他 mAb 治疗药物相似，ADC 抗体基团的 DDI 风险较低[44, 45]。相比之下，ADC 分解代谢产物的大小和结构则与小分子治疗药物相似，如上文所述。这些分解代谢产物可能经受小分子药物相关的代谢和消除过程，包括细胞色素（CYP）和药物转运体，在与其他小分子药物联用时理论上可能存在 DDI。尽管尚未制定专门的 ADC 分解代谢指南，但是已经具有完善的 DDI 评价框架，据此来评估小分子治疗药物的代谢产物[46~49]。值得注意的是，考虑到在体循环中释放的游离药物浓度水平极低[11, 50]，在临床相关剂量水平，ADC 的细胞毒性组分基本上不可能影响 CYP 和转运体的活性。相比之下，在联用其他相似代谢或消除途径的小分子药物时，ADC 高效力组分的暴露水平可能会发生波动。归根到底，DDI 的风险取决于释放的细胞毒性药物与疗效/安全性间的暴露响应关系，必须采用上述多管齐下的方法进行评价。

7 结　　论

在肿瘤学应用中，开发"抗体-连接子-药物"具有广阔的前景；但是，由于需要优化三种不同的基团，并使这些基团同步产生最理想的药理学作用，使问题变得复杂。在鉴定 ADC 独特的 PK 和 ADME 特性时，需要考虑生产和体内加工的异质性，监测多种活性 ADC 分析物的必要性、复杂的 PKPD 关系，以及知之甚少的降解和代谢种类。对 ADC 的兴趣日益增长、强有力分析工具的发展、关键机理数据的获得，预示着 ADC PKPD 光明的前景。

致　　谢

感谢 PKPD 的同事具有建设性的建议及对稿件的仔细审阅。

参 考 文 献

1. Carter PJ, Senter PD (2008) Antibody-drug conjugates for cancer therapy. Cancer J 14 (3): 154–169
2. Schrama D, Reisfeld RA, Becker JC (2006) Antibody targeted drugs as cancer therapeutics. Nat Rev 5(2): 147–159
3. Decarvalho S, Rand HJ, Lewis A (1964) Coupling of cyclic chemotherapeutic compounds to immune gamma-globulins. Nature 202: 255–258
4. de Claro RA, McGinn KM, Kwitkowski VE, Bullock J, Khandelwal A, Habtemariam BA, Ouyang Y, Saber H, Lee K, Koti K, Rothmann MD, Shapiro M, Borrego F, Clouse K, Chen XH, Brown J, Akinsanya L, Kane RC, Kaminskas E, Farrell A, Pazdur R (2012) U. S. Food and Drug Administration approval summary: brentuximab vedotin for the treatment of relapsed Hodgkin lymphoma or relapsed systemic anaplastic large cell lymphoma. Clin Cancer Res 18(21): 5845–5849. doi: 10. 1158/1078-0432. CCR-12-1803
5. Blackwell K (2012) Primary results from EMILIA, a phase III study of trastuzumab emtansine (T-DM1) versus capecitabine (X) and lapatinib (L) in HER2-positive locally advanced or metastatic breast cancer (MBC) previously treated with trastuzumab (T) and a taxane. In: 2012 ASCO annual meeting 2012. J Clin Oncol vol 30, 2012 (suppl; abstr LBA1)
6. Lobo ED, Hansen RJ, Balthasar JP (2004) Antibody pharmacokinetics and pharmacodynamics. J Pharm Sci 93(11): 2645–2668. doi: 10. 1002/jps. 20178
7. Deng R, Jin F, Prabhu S, Iyer S (2012) Monoclonal antibodies: what are the pharmacokinetic and pharmacodynamic considerations for drug development? Expert Opin Drug Metab Toxicol 8(2): 141–160. doi: 10. 1517/17425255. 2012. 643868
8. Lin K, Tibbitts J (2012) Pharmacokinetic considerations for antibody drug conjugates. Pharm Res 29(9): 2354–2366. doi: 10. 1007/s11095-012-0800-y
9. Singh R, Erickson HK (2009) Antibodycytotoxic agent conjugates: preparation and characterization. Methods Mol Biol 525: 445–467, xiv. doi: 10. 1007/978-1-59745-554-1_23
10. Hamblett KJ, Senter PD, Chace DF, Sun MM, Lenox J, Cerveny CG, Kissler KM, Bernhardt SX, Kopcha AK, Zabinski RF, Meyer DL, Francisco JA (2004) Effects of drug loading on the antitumor activity of a monoclonal antibody drug conjugate. Clin Cancer Res 10(20): 7063–7070

11. Girish S, Gupta M, Wang B, Lu D, Krop IE, Vogel CL, Burris Iii HA, Lorusso PM, Yi JH, Saad O, Tong B, Chu YW, Holden S, Joshi A (2012) Clinical pharmacology of trastuzumab emtansine (T-DM1): an antibody-drug conjugate in development for the treatment of HER2-positive cancer. Cancer Chemother Pharmacol 69(5): 1229–1240. doi: 10. 1007/s00280-011-1817-3
12. Tabrizi M, Bornstein GG, Suria H (2010) Biodistribution mechanisms of therapeutic monoclonal antibodies in health and disease. AAPS J 12(1): 33–43. doi: 10. 1208/s12248-009-9157-5
13. Mould DR, Green B (2010) Pharmacokinetics and pharmacodynamics of monoclonal antibodies: concepts and lessons for drug development. BioDrugs 24(1): 23–39. doi: 10. 2165/11530560-000000000-00000
14. Tabrizi MA, Tseng CM, Roskos LK (2006) Elimination mechanisms of therapeutic monoclonal antibodies. Drug Discov Today 11(1–2): 81–88
15. Boswell CA, Mundo EE, Zhang C, Bumbaca D, Valle NR, Kozak KR, Fourie A, Chuh J, Koppada N, Saad O, Gill H, Shen BQ, Rubinfeld B, Tibbitts J, Kaur S, Theil FP, Fielder PJ, Khawli LA, Lin K (2011) Impact of drug conjugation on pharmacokinetics and tissue distribution of anti-STEAP1 antibody-drug conjugates in rats. Bioconjug Chem 22(10): 1994–2004. doi: 10. 1021/bc200212a
16. Tolcher AW, Ochoa L, Hammond LA, Patnaik A, Edwards T, Takimoto C, Smith L, de Bono J, Schwartz G, Mays T, Jonak ZL, Johnson R, DeWitte M, Martino H, Audette C, Maes K, Chari RV, Lambert JM, Rowinsky EK (2003) Cantuzumab mertansine, a maytansinoid immunoconjugate directed to the CanAg antigen: a phase I, pharmacokinetic, and biologic correlative study. J Clin Oncol 21(2): 211–222
17. Pastuskovas CV, Mallet W, Clark S, Kenrick M, Majidy M, Schweiger M, Van Hoy M, Tsai SP, Bennett G, Shen BQ, Ross S, Fielder P, Khawli L, Tibbitts J (2010) Effect of immune complex formation on the distribution of a novel antibody to the ovarian tumor antigen CA125. Drug Metab Dispos 38(12): 2309–2319. doi: 10. 1124/dmd. 110. 034330
18. XieH, Audette C, Hoffee M, Lambert JM, Blattler WA (2004) Pharmacokinetics and biodistribution of the antitumor immunoconjugate, cantuzumab mertansine (huC242-DM1), and its two components in mice. J Pharmacol Exp Ther 308(3): 1073–1082
19. Sapra P, Stein R, Pickett J, Qu Z, Govindan SV, Cardillo TM, Hansen HJ, Horak ID, Griffiths GL, Goldenberg DM (2005) Anti-CD74 antibody-doxorubicin conjugate, IMMU-110, in a human multiple myeloma xenograft and in monkeys. Clin Cancer Res 11(14): 5257–5264. doi: 10. 1158/1078-0432. CCR-05-0204
20. Henry MD, Wen S, Silva MD, Chandra S, Milton M, Worland PJ (2004) A prostate-specific membrane antigen-targeted monoclonal antibody-chemotherapeutic conjugate designed for the treatment of prostate cancer. Cancer Res 64(21): 7995–8001
21. Rupp U, Schoendorf-Holland E, Eichbaum M, Schuetz F, Lauschner I, Schmidt P, Staab A, Hanft G, Huober J, Sinn HP, Sohn C, Schneeweiss A (2007) Safety and pharmacokinetics of bivatuzumab mertansine in patients with CD44v6-positive metastatic breast cancer: final results of a phase I study. Anticancer Drugs 18(4): 477–485
22. Tijink BM, Buter J, de Bree R, Giaccone G, Lang MS, Staab A, Leemans CR, van Dongen GA (2006) A phase I dose escalation study with anti-CD44v6 bivatuzumab mertansine in patients with incurable squamous cell carcinoma of the head and neck or esophagus. Clin Cancer Res 12(20 Pt 1): 6064–6072
23. BurrisHA3rd, Rugo HS, Vukelja SJ, Vogel CL, Borson RA, Limentani S, Tan-Chiu E, Krop IE, Michaelson RA, Girish S, Amler L, Zheng M, Chu YW, Klencke B, O'Shaughnessy JA (2011) Phase II study of the antibody drug conjugate trastuzumab-DM1 for the treatment of human epidermal growth

factor receptor 2 (HER2)-positive breast cancer after prior HER2-directed therapy. J Clin Oncol 29(4): 398–405. doi: 10. 1200/JCO. 2010. 29. 5865

24. Advani A, Coiffier B, Czuczman MS, Dreyling M, Foran J, Gine E, Gisselbrecht C, Ketterer N, Nasta S, Rohatiner A, Schmidt-Wolf IG, Schuler M, Sierra J, Smith MR, Verhoef G, Winter JN, Boni J, Vandendries E, Shapiro M, Fayad L (2010) Safety, pharmacokinetics, and preliminary clinical activity of inotuzumab ozogamicin, a novel immunoconjugate for the treatment of B-cell non-Hodgkin's lymphoma: results of a phase I study. J Clin Oncol 28(12): 2085–2093. doi: 10. 1200/JCO. 2009. 25. 1900

25. Sanderson RJ, Hering MA, James SF, Sun MM, Doronina SO, Siadak AW, Senter PD, Wahl AF (2005) In vivo drug-linker stability of an anti-CD30 dipeptide-linked auristatin immunoconjugate. Clin Cancer Res 11(2 Pt 1): 843–852, doi: 11/2/843 [pii]

26. Dornan D, Bennett F, Chen Y, Dennis M, Eaton D, Elkins K, French D, Go MA, Jack A, Junutula JR, Koeppen H, Lau J, McBride J, Rawstron A, Shi X, Yu N, Yu SF, Yue P, Zheng B, Ebens A, Polson AG (2009) Therapeutic potential of an anti-CD79b antibody-drug conjugate, anti-CD79b-vc-MMAE, for the treatment of non-Hodgkin lymphoma. Blood 114 (13): 2721–2729, doi: blood-2009-02-205500 [pii]10. 1182/blood-2009-02-205500

27. Lewis Phillips GD, Li G, Dugger DL, Crocker LM, Parsons KL, Mai E, Blattler WA, Lambert JM, ChariRV, LutzRJ, WongWL, JacobsonFS, Koeppen H, Schwall RH, Kenkare-Mitra SR, Spencer SD, Sliwkowski MX (2008) Targeting HER2-positive breast cancer with trastuzumab-DM1, an antibody-cytotoxic drug conjugate. Cancer Res 68(22): 9280–9290

28. Shen BQ, Bumbaca D, Saad O, Yue Q, Pastuskovas CV, Khojasteh SC, Tibbitts J, Kaur S, Wang B, Chu YW, Lorusso PM, Girish S (2012) Catabolic fate and pharmacokinetic characterization of trastuzumab emtansine (T-DM1): an emphasis on preclinical and clinical catabolism. Curr Drug Metab 13(7): 901–910

29. van Der Velden VH, te Marvelde JG, Hoogeveen PG, Bernstein ID, Houtsmuller AB, Berger MS, van Dongen JJ (2001) Targeting of the CD33-calicheamicin immunoconjugate Mylotarg (CMA-676) in acute myeloid leukemia: in vivo and in vitro saturation and internalization by leukemic and normal myeloid cells. Blood 97(10): 3197–3204

30. Ducry L, Stump B (2010) Antibody-drug conjugates: linking cytotoxic payloads to monoclonal antibodies. Bioconjug Chem 21(1): 5–13. doi: 10. 1021/bc9002019

31. Erickson HK, Park PU, Widdison WC, Kovtun YV, Garrett LM, Hoffman K, Lutz RJ, Goldmacher VS, Blattler WA (2006) Antibody-maytansinoid conjugates are activated in targeted cancer cells by lysosomal degradation and linker-dependent intracellular processing. Cancer Res 66(8): 4426–4433

32. Alley SC, Benjamin DR, Jeffrey SC, Okeley NM, Meyer DL, Sanderson RJ, Senter PD (2008) Contribution of linker stability to the activities of anticancer immunoconjugates. Bioconjug Chem 19(3): 759–765

33. Alley SC, Zhang X, Okeley NM, Anderson M, Law CL, Senter PD, Benjamin DR (2009) The pharmacologic basis for antibody-auristatin conjugate activity. J Pharmacol Exp Ther 330(3): 932–938

34. Erickson HK, Lambert JM (2012) ADME of antibody-maytansinoid conjugates. AAPS J. doi: 10. 1208/s12248-012-9386-x

35. Boswell CA, Mundo EE, Zhang C, Stainton SL, Yu SF, Lacap JA, Mao W, Kozak KR, Fourie A, Polakis P, Khawli LA, Lin K (2012) Differential effects of predosing on tumor and tissue uptake of an 111in-labeled anti-TENB2 antibody-drug conjugate. J Nucl Med. doi: 10. 2967/jnumed. 112. 103168

36. Boswell CA, Mundo EE, Firestein R, Zhang C, Mao W, Gill H, Young C, Ljumanovic N, Stainton S, Ulufatu S, Fourie A, Kozak KR, Fuji R, Polakis P, Khawli LA, Lin K (2012) An integrated approach to

identify normal tissue expression of targets for antibody drug conjugates: case study of TENB2. Br J Pharmacol. doi: 10. 1111/j. 1476-5381. 2012. 02138. x
37. Lin YS, Nguyen C, Mendoza JL, Escandon E, Fei D, Meng YG, Modi NB (1999) Preclinical pharmacokinetics, interspecies scaling, and tissue distribution of a humanized monoclonal antibody against vascular endothelial growth factor. J Pharmacol Exp Ther 288(1): 371–378
38. Braeckman R (ed) (2000) Pharmacokinetics and pharmacodynamics of protein therapeutics, vol 101. Peptide and Protein Drug Analysis. Marcel Dekker, New York
39. Sands H, Jones PL (1987) Methods for the study of the metabolism of radiolabeled monoclonal antibodies by liver and tumor. J Nucl Med 28(3): 390–398
40. Erickson HK, Widdison WC, Mayo MF, Whiteman K, Audette C, Wilhelm SD, Singh R (2010) Tumor delivery and in vivo processing of disulfide-linked and thioether-linked antibody-maytansinoid conjugates. Bioconjug Chem 21(1): 84–92
41. OkeleyNM, Miyamoto JB, Zhang X, Sanderson RJ, Benjamin DR, Sievers EL, Senter PD, Alley SC (2010) Intracellular activation of SGN-35, a potent anti-CD30 antibody-drug conjugate. Clin Cancer Res 16(3): 888–897
42. Sutherland MS, Sanderson RJ, Gordon KA, Andreyka J, Cerveny CG, Yu C, Lewis TS, Meyer DL, Zabinski RF, Doronina SO, Senter PD, Law CL, Wahl AF (2006) Lysosomal trafficking and cysteine protease metabolism confer target-specific cytotoxicity by peptidelinked anti-CD30-auristatin conjugates. J Biol Chem 281(15): 10540–10547
43. Austin CD, Wen X, Gazzard L, Nelson C, Scheller RH, Scales SJ (2005) Oxidizing potential of endosomes and lysosomes limits intracellular cleavage of disulfide-based antibody-drug conjugates. Proc Natl Acad Sci USA 102(50): 17987–17992. doi: 10. 1073/pnas. 0509035102
44. Girish S, Martin SW, Peterson MC, Zhang LK, Zhao H, Balthasar J, Evers R, Zhou H, Zhu M, Klunk L, Han C, Berglund EG, Huang SM, Joshi A (2011) AAPS workshop report: strategies to address therapeutic protein-drug interactions during clinical development. AAPS J 13(3): 405–416. doi: 10. 1208/s12248-011-9285-6
45. Lu D, Girish S, Theil F, Joshi A (2012) Pharmacokinetic and pharmacodynamic-based drug interactions for therapeutic proteins. In: Zhou H, Meibohm B (eds) Drug-drug interaction for therapeutic biologics
46. Baillie TA, Cayen MN, Fouda H, Gerson RJ, Green JD, Grossman SJ, Klunk LJ, LeBlanc B, Perkins DG, Shipley LA (2002) Drug metabolites in safety testing. Toxicol Appl Pharmacol 182(3): 188–196
47. Smith DA, Obach RS (2009) Metabolites in safety testing (MIST): considerations of mechanisms of toxicity with dose, abundance, and duration of treatment. Chem Res Toxicol 22(2): 267–279. doi: 10. 1021/tx800415j
48. Bjornsson TD, Callaghan JT, Einolf HJ, Fischer V, Gan L, Grimm S, Kao J, King SP, Miwa G, Ni L, Kumar G, McLeod J, Obach RS, Roberts S, Roe A, Shah A, Snikeris F, Sullivan JT, Tweedie D, Vega JM, Walsh J, Wrighton SA (2003) The conduct of in vitro and in vivo drug-drug interaction studies: a Pharmaceutical Research and Manufacturers of America (PhRMA) perspective. Drug Metab Dispos 31(7): 815–832. doi: 10. 1124/dmd. 31. 7. 815
49. Drug interaction studies—study design, data analysis, implications for dosing, and labeling recommendations (Draft guidance) (2012) http: //www. fda. gov/downloads/Drugs/Guidance ComplianceRegulatoryInformation/Guidances/UCM292362. pdf
50. Younes A, Bartlett NL, Leonard JP, Kennedy DA, Lynch CM, Sievers EL, Forero-Torres A (2010) Brentuximab vedotin (SGN-35) for relapsed CD30-positive lymphomas. N Eng J Med 363(19): 1812–1821. doi: 10. 1056/NEJMoa1002965

第8章 生物制药环境下细胞毒性化合物的安全操作

Miriam I. Hensgen and Bernhard Stump

摘 要

与抗体偶联药物(antibody-drug conjugate，ADC)一样的细胞毒性药物，在生物制药环境下操作，是基于此类化合物毒性效力的一个挑战。这些化学衍生物在固态或溶液状态下，如果意外接触到皮肤，被吸入或吞食，对人类将产生巨大危害。任何来自生产过程对人的危害都是必须避免的。另一方面，生物药同时需要避免来自生产人员的污染。为了生产抗体偶联药物，工作环境是强制进行专门设计的。这就要求适合的技术环境来严格控制潜在的危险物质。另外，需要清晰界定基于风险评估的工作程序和涉及生产过程人员的培训，以便安全操作这些强效药物。

关键词：细胞毒性化合物，操作，职业暴露，ADC

1 引 言

很多现代的药物仅用很小的剂量就能产生治疗效果，而且药效强劲。这尤其针对癌症治疗，药物需要有效杀死癌细胞，而且某种程度上要有细胞毒性[1]。ADC 甚至允许使用比传统化疗药效更强的细胞毒性药物，将高活性成分(HAPI)与抗体载体相连进行靶向治疗，这比直接使用这些高活性成分具有更小的副作用[2]。

当药效更强的细胞毒性药物作为 ADC 治疗癌症的有效负载成为可能，并为制药工业所看好时，它也给这些创新药物的生产者提出了一个挑战[3~5]。用于癌症治疗的细胞毒性小分子药物，在治疗剂量时已使患者产生严重的副作用。ADC 的临床用量是典型的低于毫克级范围，所以患者注射的有效负载为微克级量。ADC 的生产过程中，涉及操作 ADC 的细胞毒性成分越来越多，因此需要加强对生产这些药物或操作生产废料人员的关心。这些活性化合物的生产，要求安全的标准操作规程(SOP)、防控策略、严格适宜的培训来把那些可能接触细胞毒性化合物、ADC 及相关废料的人员职业风险降到最低。

2 ADC 的工艺

典型的 ADC 是将细胞毒性分子偶联到抗体上，其生产过程分为三个部分，且这些部分有不同的职业防护要求(图 8-1)。

步骤	抗体修饰	偶联	制剂
工艺	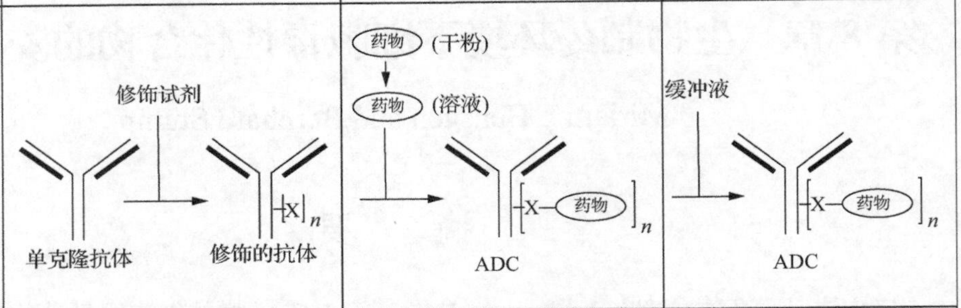 单克隆抗体 修饰试剂→ 修饰的抗体	药物(干粉) 药物(溶液)→ ADC	缓冲液→ ADC
研究与开发的安全要求	标准罩，实验室	操作固体的隔离器 特殊罩，操作液体的实验室	特殊罩，实验室
生产的安全要求	标准生产工作服	操作固体的隔离器 高活性成分生产工作服	高活性成分生产工作服

图 8-1 典型的 ADC 生产工艺基于抗体修饰、偶联、制剂和执行这些步骤的安全设施。

典型的 ADC 工艺中，并不是所有的步骤都需要相同的安全预防措施。通常在细胞毒药物偶联前，ADC 的生产涉及单克隆抗体(mAb)的修饰反应。例如，这将使链间二硫键或作为连接点连接细胞毒药物的接头分子局部减少。起始步骤特征性地涉及起始物的使用，如单克隆抗体和化学药物，它们没有高的污染水平，因为它们的效价和/或毒性是很低的。来自抗体偶联药物工艺的特殊安全挑战与后续偶联步骤相关。高毒力的细胞毒性药物常被加入到工艺物料中，作为溶于有机溶剂的储备液。制备这种溶液，涉及粉末状高毒力衍生物的操作。在工艺过程中，如果使用过量，该毒性化合物会有一部分以非偶联的形式存在，直到使用适宜的纯化步骤将多余的药物清除。因此，仅偶联形式的细胞毒药物存在于后续制剂步骤，这将改变安全操作要求。

在 ADC 的工艺中，安全性主要是基于所使用的细胞毒性药物。

3 ADC 的有效负载——细胞毒性药物

细胞毒性药物主要应用于治疗癌症。另外，还有一些疾病需要这类药品治疗，如多发性硬化、银屑病、系统性红斑狼疮[6]。

细胞毒性指的是药物对细胞有毒性，典型的是阻止快速繁殖细胞的有丝分裂。化疗通常是抑制癌细胞增殖。这些化疗药物很强大，但是通常也产生很严重的副作用，因为它们也能干扰体内健康的快速分裂细胞生长，如胚胎干细胞、表皮细胞和毛囊。众所周知，细胞毒性药物具有如下特性：

- 遗传毒性：与 DNA 相互作用，使它们具有潜在的致癌或致突变性。
- 致癌性：破坏基因组或干扰细胞代谢过程，导致肿瘤的发展和正常细胞的损伤。
- 致突变性：改变机体的 DNA，导致致癌性突变。
- 致畸性：干扰胚胎或胎儿的生长和发育[7]。

细胞毒素作为抗体偶联药物的子弹头,是迄今为止最有潜能的药物。其中,两类天然化合物通过不同的临床阶段被证明是抗体偶联药物最成功的有效负载——美登素衍生物[8]和奥里斯他汀[9](图 8-2)。

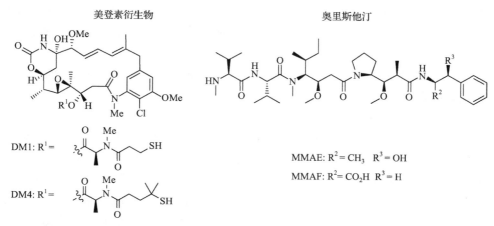

图 8-2 美登素衍生物 DM1、DM4(左)和奥里斯他汀衍生物 MMAE、MMAF(右)。

美登素衍生物是基于美登素的结构,最初从美登木属植物中分离出来。它们可以与细胞的微管蛋白结合,抑制微管组装。在不同的临床阶段,美登素衍生物作为独立的化疗药物进行试验,但是由于其严重的全身毒性而未被通过[8]。与这类作为经典化疗药的化合物形成对比的是,DM1 或 DM4 作为抗体偶联药物的有效负载被证明是成功的。第二类高效的细胞毒性有效负载是奥里斯他汀,它是一种抗有丝分裂药物,能阻碍微管蛋白聚合,其过去十年来在临床上被证明是有效的。与美登素衍生物相比,奥里斯他汀衍生物由于其高毒性,不可能像传统的小分子药物那样进行研发。当与靶向抗体相结合时,成为抗体偶联药物的有效负载,如一甲基奥里斯他汀 E(MMAE)成功通过试验,维布妥昔作为首创的抗体偶联药物于 2011 年获得美国食品药品监督管理局的批准[11]。

美登素衍生物和奥里斯他汀是典型的在较低的范围内 (ng/m^3) 具有职业暴露限值(OEL)的药物,所以为操作这些物质的抗体偶联药物生产者设置了很高的屏障保护。

4 操作人员的职业暴露风险

上面提到,操作这些细胞毒性药物是有挑战性的[12]。即使药物对患者具有显著的效果,如果没有保证合适的生产环境,它的操作对工人仍然有重大风险。治疗利益和职业风险的主要区别是在生产中细胞毒性化合物的量,远高于癌症患者临床使用的治疗剂量。此外,小分子化合物是抗体偶联药物的有效负载,但由于它们严重的全身毒性,其未偶联的形式不适合癌症治疗。

投资方研发和/或生产的目标是避免员工和合同工的健康效应。工人直接暴露于问题物质或者暴露后几周、几个月甚至几年，使得健康的问题变得趋于明显。直接的毒性化合物急性反应包括皮肤、眼睛和黏膜刺激，同时还有恶心、头痛和眩晕。这些警告信号能警示工人，而那些没有警告信号（如气味、刺激性或其他快速产生的效应）的化合物是格外危险的。后者可能适用于细胞毒性药物。那些操作这些药物的工人缺少防患意识，致使无意识地暴露[13]。然而，这种暴露可显著增加日常参与生产抗体偶联药物的工人的健康风险，尤其是这种暴露重复发生的话。

所以，有效地操作抗体偶联药物工艺中的活性物质，要求明确的防范策略和界定清晰的安全操作操作。

公司设立了OEL——某种化合物在工作区域空气8 h累计时间中的平均浓度的可接受量（表8-1），这样做的目的是为有潜在毒性的化合物分类。通过OEL给药物分类：OEL越低，化合物的效力越高，申请药物操作的防范策略越严厉。制药公司起初讨论的一个四层体系，逐步成为了安全桥系统（SafeBridge）的基础[15, 16]。这个体系现在已建好，被高效能化合物的生产者广泛接受。基于它们的OEL和作用模式，SafeBridge的系统涉及在种类1~4的规模上对化合物进行分级。种类1为低刺激性药物，其OEL目前是最大的，在500 $\mu g/m^3$或高于种类2，它包括已经显示有全身毒性的药物。种类3是具有遗传效应和器官毒性的第一级强效药物，它的OEL范围是0.03~10 $\mu g/m^3$。种类4是强效化合物的最高级别，它将暴露限值限定在低于0.03 $\mu g/m^3$。另外，种类4的化合物显示出严重的急性或慢性毒性。

表8-1　OEL测定数据的总结（依据 SafeBridge Consultants Inc. [19]）

	种类1	种类2	种类3	种类4
OEL/($\mu g/m^3$)	>500	10~500	0.1~10	<0.1
毒性和效力	低	中等	高	极高
典型剂量/(mg/kg)	>10	1~10	0.01~1	<0.01
其他特点	● 刺激性 ● 低严重性或慢性	● 中等至严重急性反应 ● 可逆的全身毒性	● 致突变 ● 致癌 ● 不可逆效应	● 致突变 ● 致癌 ● 不可逆效应

一些公司已经建立起可替代的联合分类体系。例如，Lonza将化合物分为6级，提供基于药物毒理学特性的操作规范的详细界定（图8-3）。

对于化合物的操作，一些基于分类的通用规则可以遵照。通常，SafeBridge的种类1，具有较低的效价和较高的剂量水平，吸收慢，药物非临床研究管理规范或标准生产规范是足够的。相反，对于种类4的高效价化合物，需要特殊的程序来操作粉末和溶液，进入工作区域是受到严格限制的，生产要求使用特制的安全设备[3, 14]。

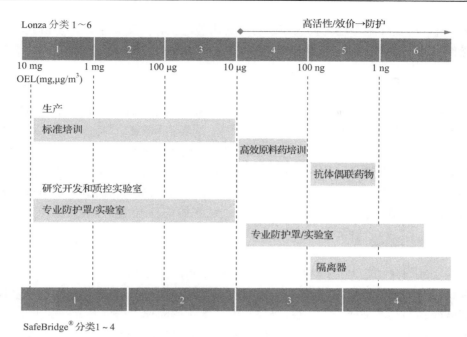

图 8-3　Lonza 分级体系与 SafeBridge 分类比对。

5　风险降低措施

5.1　暴露控制

在抗体偶联药物工艺中，典型的抗体修饰涉及 SafeBridge 的种类 1 或 2 的化合物（见第 2 章）。这样的话，重点就清晰地集中在针对溶解化合物工艺的防护上。生产制造要在无菌的生物药生产环境下进行。

对于主要职业风险的关注是围绕固态和溶液中细胞毒性分子的操作。这些药物是典型的 SafeBridge 分类中的种类 4[17]，必须执行最严格的安全措施。一旦与抗体偶联上了，抗体药物偶联物要在高级别防控状态下操作。

防控级别是由高活性成分和抗体偶联药物的 OEL，以及操作二者的物理状态所决定的[18]。通常，控制暴露于种类 3、4 化合物的措施应该按照下面的规则应用：

- 使用完全封闭的系统作为第一选择来控制致癌物的暴露，除非这不是合理可行的。
- 从源头控制暴露，包括避免产生灰尘或气溶胶、使用适当的通风系统等。
- 规定合适的清除规范，将毒性化合物降解为无毒产物或将活性化合物有效清除掉。此外，适当的组织管理措施有利于降低污染风险。
- 提前计划好任务，目的是将药物使用量、可能暴露的人员数量及暴露持续的时间降低到最低。
- 安排好细胞毒性化合物及其溶液、废物及其污染物的安全操作、储存和运输。实施良好的卫生规范来防止在药物操作的区域内吃喝、吸烟，并提供洗刷设施。

● 培训涉及细胞毒性药物操作或清除的风险的全体员工，学习预防措施和意外事件的操作措施。

5.2 工作环境的监控

尽管使用了严格控制的环境，但是对工作环境中细胞毒性化合物水平的监控还是必需的。这包括为验证暴露控制有效性而进行的周期实验和测试。另一方面，尽管在生产过程中采取了预防的措施，细胞毒性化合物的意外泄露还是可能发生。为了双重的目的，必须建立相应的分析方法，对细胞毒性的高活性成分及其衍生物进行痕量检测。问题化合物的效价越高，检测限和定量限就越低。定量溶液中残留药物的量，使用拭子分析来检测表面的化合物，监控工业卫生空气环境，这些都是理想的监控方式。

5.3 个人的保护装备

如果不能有效地控制健康和安全风险，那么应用个人防护装备（PPE）是一个好的工作标准。这有利于降低设备故障或不当操作相关的风险。PPE的选择应基于风险评估及抗体偶联药物和高活性成分特异性。确保PPE对其预期的使用提供充分的保护是重要的。雇主需确保员工对PPE的使用进行培训，以及确保这些装备进行适当的维护和储存。所选PPE应符合作业要求、使用者和环境的要求，与其他PPE使用相兼容，情况良好，正确穿戴，满足这些才能得到有效的保护。除此之外，下列PPE与操作ADC的生产者是相关的：

手套——可能接触到细胞毒性药物或防控方法适用防护手套时，防护手套必须提供给员工。手套的材料须基于抗细胞毒性药物和工艺中的所有溶剂。

眼睛和脸的防护——眼睛和脸的防护是相关的，尤其是细胞毒性药物及溶有该药物的溶液在封闭系统外操作，存在液体飞溅或细小粉末进入空气的风险。可以选择包括护目镜、面罩和安全眼镜在内的防护装备。

呼吸的防护——细胞毒性药物溶液的制备或这些化合物的称量，应该在匹配的安全柜中或制药隔离器进行，避免高活性成分的粉末扩散。在Lonza公司，固体形式的细胞毒性化合物一直在隔离器中进行（图8-4）。在ADC工艺中，这项用于这些药物储备液的制备。

图8-4 瑞士Visp的Lonza公司ADC大规模GMP生产设备隔离器。

液体如ADC溶液在Safetech层流柜中操作（图8-5）。这些特殊的设计确保防护气溶胶的形成。但是，如果防护隔离或本地通风设备瘫痪，使得控制暴露因故不能进行，呼吸防护设备可以防护粉末或气溶胶。

图 8-5 Visp 的 Lonza 公司在抗体偶联药物研究与开发实验室的 Safetech 层流柜。

防护服——防护服，如长外衣、实验外套或 Tyvek®，可以防止衣服和皮肤的污染。材料的选择是重要的，因为它们的吸收特性可能改变。

5.4 泄露

如果涉及高活性成分或抗体偶联药物衍生物的泄露，操作这类情况的清除程序是必要的，员工须进行相应的培训。在 Visp 的 Lonza 公司，建立了应急箱的使用方法，该应急箱在制备或操作抗体偶联药物或其他细胞毒性药物的溶液时必须随身使用。在 Lonza，应急箱包括如下物品：Tyvek®的工作裤、面罩、套袖、鞋套、手套、防剪手套、能吸收化学品的防刺穿泄露容器、铲子、扫帚、大的塑料操作袋、尼龙扎带、防水笔和警告牌。

泄露在抗体偶联药物和高活性成分的防护预案之外，因此，了解适合的 PPE 的用法甚至更重要。泄露应由接受过适当培训的员工单独清除。为防止不知道的人员受到泄露的污染，泄露须用清晰的警示标志或警示牌进行标记。未受过培训的人员和非员工应该在安全的时候撤离泄露区域，直到泄露物被清除。如果可能的话，清除工作应限制少量的人，但基于安全措施，至少要有两个人参与。

5.5 废弃物管理

处理细胞毒性药物的废物和污染物（如手套、长外衣、针头、针管、药瓶、罐子）是员工可能暴露的原因。结实并抗化学物作用的袋子和容器可以用来收集手套、长外衣、酒精棉和其他可能的污染物品。例如，在 Visp 的 Lonza 公司，所有来自研发或生产车间的可能会有污染痕迹的细胞毒性药物残渣及 25 L 以上的液体，用颜色编码的聚丙烯或聚乙烯桶将它们从普通垃圾分出来，贴上细胞毒性警示标记，现场焚烧。

6 结　　论

ADC 是一类很有前景的癌症治疗药物，它将特异性的单克隆抗体与具有细胞杀伤效应的细胞毒药物连接在一起。由于细胞毒素具有高效价，对于生产人员，抗体偶联药物的工艺造成了职业卫生的挑战。基于人员和物料的污染风险，细胞毒素储备液的制备、偶联反应及操作抗体偶联药物的后续工艺流程是敏感的。严格的防控策略结合组织管理措施能促进这类创新治疗药物的安全生产和商业化，这一切都是为了患者的利益。

致　　谢

感谢 Jorge Almodovar 博士(法国 Grenoble INP 的 Whitaker 博士后学者)在生物制药环境下细胞毒性化合物的安全操作相关章节中的付出和有益讨论。

参 考 文 献

1. Harris CC (1976) The carcinogenicity of anticancer drugs: a hazard in man. Cancer 37: 1014–1023
2. Hughes B (2010) Antibody-drug conjugates for cancer: poised to deliver? Nat Rev Drug Discov 9: 665–667
3. AxonMW, Farris JP, Mason J (2008) Handling highly potent active pharmaceutical ingredients. Chem Today 26: 57–61
4. Thayer AM (2008) Contained chemistry. Synthesizing highly potent compounds is a lucrative and growing niche for custom chemical manufacturers. Chem Eng News 86: 17–27
5. Rohrer T (2010) Challenges in the manufacturing of antibody drug conjugates. Innovat Pharmaceut Tech 10–12 http://www.iptonline.com/articles/public/p10-12%20nonprint.pdf
6. The State of Queensland (Department of Industrial Relations) (2005) Queensland workplace health and safety strategy: guide for handling cytotoxic drugs and related waste. See http://www.deir.qld.gov.au/workplace/resources/pdfs/cytotoxicdrugs_guide2006.pdf
7. Canadian Association of University Teachers (2011) Cytotoxic drugs fact sheet. 25: 1–4 http://cupe.ca/health-andsafety/cytotoxicdrugs
8. Widdison WC, Wilhelm SD, Cavanagh EE, Whiteman KR, Leece BA, Kovtun Y, Goldmacher VS, Xie H, Steeves RM, Lutz RJ, Zhao R, Wang L, Bla WA, Chari RVJ (2006) Semisynthetic maytansine analogues for the targeted treatment of cancer. J Med Chem 49: 4392–4408
9. Alley SC, Zhang X, Okeley NM, Anderson M, Law C-L, Senter PT, Benjamin DR (2009) The pharmacologic basis for antibody-auristatin conjugate activity. J Pharmacol Exp Ther 330: 932–938
10. Yu T-W, Bai L, Clade D, Hoffmann D, Toelzer S, Trinh KQ, Xu J, Moss SJ et al (2002) The biosynthetic gene cluster of the maytansinoid antitumor agent ansamitocin from Actinosynnema pretiosum. Proc Natl Acad Sci USA 99: 7968–7973
11. Younes A, Yasothan U, Kirkpatrick P (2012) Brentuximab vedotin. Nat Rev Drug Discov 11: 19–20
12. Colls BM (1985) Safety of handling cytotoxic agents: a cause for concern by pharmaceutical companies? Br Med J 291: 1318–1319
13. Connor TH, McDiarmidMA (2006) Preventing occupational exposures to antineoplastic drugs in health care settings. Cancer J Clin 56: 354–365
14. Bormett D (2009) Antibody drug conjugate: a new set of handling and quality control measures. Chem Today 27: 23–25
15. Farris JP, Ader AW, Ku RH (2006) History, implementation and evolution of the pharmaceutical hazard categorization and control system. Chem Today 24: 5–10
16. Ader AW, Kimmel TA, Sussman RG (2009) Applying health-based risk assessments to worker and product safety for potent pharmaceuticals in contract manufacturing operations. Pharm Outsourcing 10: 48–53

17. Watkins KJ (2001) Handle with care—contract pharmaceutical manufacturers find a niche in handling high-potency active ingredients. Chem Eng News 79: 31–34
18. Allwood M, Stanley A, Wright P (2002) The cytotoxics handbook, 4th edn. Radcliffe Medical Press, Oxford
19. A1 SafeTech containment strategies, Expositionsschutz durch offene Containments, see http: //www.a1-safetech.ch/assets/files/a1safetech_containment_technologies_2012.pdf

第 9 章 针对肿瘤靶向的细胞毒性药物与抗体铰链区巯基之间基于马来酰亚胺的小试、中试规模偶联

James E. Stefano, Michelle Busch, Lihui Hou, Anna Park, and Diego A. Gianolio

摘　要

目前，制备抗体偶联药物(antibody-drug conjugate，ADC)的主要化学合成方法是将赖氨酸或半胱氨酸与细胞毒性药物偶联，并将偶联物递送至表达肿瘤特异性抗原的靶细胞。所有这些化学合成方法可生成具有不同关键性质的分子群体，已知这些性质可影响疗效、药代动力学和治疗窗口。关键是找到能够将这种异质性降至最低的方法，以获得具有重现性的产品特征和疗效。目前 ADC 开发中的一个趋势是，在进行符合临床质量要求的偶联物工艺开发之前，对适合的靶点、抗体和负载进行评价。这就需要能够在早期开发阶段获得具有可比性、具有足够生产规模的高质量产品，用于进行体外效价和体内疗效评价，并在早期阶段鉴定出关键质量属性中的任何缺陷(包括溶解度和稳定性)。本文中，我们详细阐述了采用基于马来酰亚胺的化学合成法，即通过还原抗体铰链区二硫键与几种细胞毒性药物进行偶联的方案。我们阐述了以聚乙二醇(PEG)作为替代药物进行还原/烷基化反应初步鉴定的方法，其中，5 mg 规模药物偶联为包括细胞增殖分析在内的初步鉴定提供了材料；150 mg 规模工艺用于在小动物中开展疗效研究。利用这些方法，获得了明确可预测的产品特性，产量高，并且杂质水平低。这些规程包括在典型实验室环境中以安全、可控的方式执行这些方法的相关详细说明。

关键词：抗体偶联药物，铰链区二硫键，马来酰亚胺，还原，烷基化，平行凝胶过滤色谱法，实验室环境中有毒物质的处理，LC-MS 分析

1　引　言

利用针对蛋白质骨架上不同官能团的一些化学合成方法，已经成功实现了细胞毒性药物与抗体的偶联以应用于肿瘤治疗中。就当前来说，赖氨酸残基以及铰链区二硫键部分还原所产生的半胱氨酸是最为普遍的连接位点[1, 2]。美国食品药品监督管理局(FDA)在 2011 年已经批准一个该类型的偶联物——布妥昔单抗(brentuximab vedotin)用于霍奇金淋巴瘤患者的治疗[3, 4]，该偶联物是通过一种微管抑制剂——甲基澳瑞他汀 E 与一种抗 CD30 抗体偶联制成的。由于表面赖氨酸(至少 30 个/IgG)和铰链区二硫键(4 个/IgG)数量上均存在多样性，此类偶联物并非单一实体，而是由药代动力学、药物负载、最终

疗效方面均存在差异的多个产品所组成的[5, 6]。这种产品组分的异质性对早期开发阶段提出了根本性的挑战，即如何可重复地生产出组分比例与后续临床批次的组分比例相当的产品。虽然通过定点偶联引入半胱氨酸或非天然氨基酸可极大地简化这一问题，但这些新偶联物尚未进入临床试验。另外，研究发现偶联位点对偶联物的体内稳定性、疗效和体外行为均有影响，最佳偶联位点的选择还取决于细胞毒性药物[7~9]。因此，尽管可能不是最佳方案，但是在进行位点特异性偶联物的开发或研究之前，利用较简单的化学反应与靶向抗体候选物偶联所生成的有限异质性的ADC，为评价药物与抗体之间的适当组合提供了一个合理的平台。

ADC中所使用的许多细胞毒性药物具有疏水性，原因可能是偶联物内化和降解后，作为分解代谢物的活性药物需要从溶酶体中有效逃逸。就可裂解偶联的前体药物而言，分解代谢产物的疏水性可能在实现"旁观者效应"方面具有显著作用，"旁观者效应"可能对某些类型肿瘤的疗效有影响[10, 11]。这种预期性质对ADC的整体疏水性也有影响。因此，在抗体上加载尽可能多的药物实体以提高效力的设想，还必须考虑到这些药物可能对偶联物的物理性质造成影响，否则将显著影响向临床级别药物的过渡。因此，如欲获得同时具有最高肿瘤细胞杀伤力和最高物理稳定性的偶联物，必须严格控制工艺过程。偶联和纯化方法的一些详情已有报道[6]，但是，它们只能为确定理想的平均药物抗体偶联比（DAR）或者以简单方式来维持可控的产品特征和溶解度提供有限的指导。当较低DAR值主要用于针对于高疏水性药物或者旨在限制治疗概况不太理想的高DAR值种类的丰度时，尤其如此。针对与还原型铰链区二硫键的偶联这种情况，目前尚无研究者详细阐述控制工艺过程的方法，即如何将再氧化的概率降至最低，如何确保药物-连接子的高效偶联过程，而无需最后再对单个种类的DAR进行纯化。偶联过程中，通常需要使用有机共溶剂来维持药物-连接子的溶解度，这也对蛋白质的稳定性构成了不利影响，可能会导致蛋白质发生聚集。另外，降低未偶联的游离药物水平的具体方法尚无报道，而所述的质量标准（一般为0.5 mol%）[12]可能并不适合对高细胞毒性药物进行功能鉴定。实际上，我们在文献中已经发现[6]，某些条件下，偶联过程中使用略微过量的药物-连接子并不能确保所有化合物的完全烷基化，所生成的ADC中仍然存在着显著的游离硫醇，利用疏水作用色谱（HIC）分析法可观察到具有奇数DAR的种类。为了确保偶联步骤的完成而提高药物-连接子水平，会对后续纯化步骤的效率提出挑战。最后，这些工艺的可放大性成为了一个重要的因素，在于工艺能否在药物评价的早期阶段获得相似的产品特征，同时达到动物研究所需的生产规模。耐用性工艺流程的开发，为抗体和负载药物的相容性及该组合的进一步开发提供了又一保证。

影响这些尝试的一个重大问题是安全性。有效ADC的负载本质上具有极高的毒性，但又可能不容易被灭活。依靠专门实验室实施的工艺流程的被动控制，不太可能完全阻止污染扩散，因此被污染设备的停运或认证将产生额外的负担和费用。鉴于人员有可能暴露于毒性不明的化合物，研究机构需要采取主动降低风险的措施，这就进一步构成了一种法律上的负担。另外，通过降低一般具有非特异性毒性和高于偶联物的毒性强度的游离药物的水平，可最大化地减少参与产品分析的人员数量。在维持产品无菌性和低水平内毒素的同时，还需要维持无菌工作环境，这又增加了额外的复杂性。在实现可放大工艺的同时，找到达成所有这些目标的适当方法，是一个巨大的挑战。

本章中，我们详细描述了马来酰亚胺-功能化药物-连接子与部分还原型抗体铰链区二硫键的偶联过程，部分内容是基于已报道的以三(2-羧乙基)膦盐酸盐(TCEP)作为还原剂的方法[6]。这里也提供了一种以聚乙二醇(PEG)作为替代药物的包括还原步骤的模拟偶联工艺规程。本章中，随后展示了 5 mg 小试和 150 mg 制备规模的偶联方法，药物偶联和纯化步骤均在常规生物安全柜(BSC)中完成，获得了具有高度可预测性的产品特征。

基于模拟偶联实验，对在大规模生产时获得所需的产品 DAR 的系统性方法进行了详细说明，并对高效纯化工艺进行了说明，包括清除游离药物和药物-连接子及随后进行的缓冲液置换，纯化过程可在数小时内以最少的操作人员暴露来完成，并且全部使用一次性设备。两种规模所生成的 ADC 药物均适用于体外细胞毒性检测，并且使用清除剂和低水平内毒素(<0.1 EU/mL)的情况下，游离药物水平一般低于 0.1mol%。较大规模生产的药物可用于动物研究给药。

2　材　料

2.1　实验室供应和设备

(1) 锥形底试管架，蓝色(VWR；见注意事项 1)。

(2) 用于夹持多个 PD-10 层析柱的支架(见注意事项 1)。

(3) 一次性 PD-10 凝胶过滤层析(GFC)柱(编号 17-0851-01，G.E. Healthcare，Piscataway，NJ)。

(4) 开盖并经过高压灭菌的 5 mL 微量离心管(编号 T2076，Argos Technologies，Elgin，IL)，本文中统称为"Argos 5 mL 试管"。

(5) 层析柱清洗容器，利用 70%乙醇进行消毒(见注意事项 13)。

(6) 放置于电子搅拌器上，同时搅拌多个反应的六边形 7 孔试管架(是利用锥形底试管架制成)(针对 5 mg 规模偶联——见注意事项 2)。

(7) 小动物趾甲剪(编号 1718SS，Integra Miltex，York，PA；见注意事项 3)，经过高压灭菌。

(8) Eppendorf Repeater Plus 移液器(编号 022260201，Eppendorf North America，Hauppauge，NY；见注意事项 3)。

(9) Amicon 30 kDa 截留分子质量(MWCO)离心超滤管(Ultra 15，编号 UFC903024，EMD Millipore Corp，Billerica，MA)或等效设备。

(10) Acrodisc 25 mm PF 注射器式滤器，0.8/0.2 μm Supor 膜(编号 4612，Pall Corporation，Ann Arbor，MI)。

(11) Steriflip 滤器，0.22 μm(编号 SE1M179M6，Millipore Corp，Billerica，MA)。

(12) 5 mmol/L 钐钴(SmCo)回转式搅拌盘(编号 VP 779-5，V&P Scientific，San Diego，CA)。

(13) 13 mm SmCo 回转式搅拌盘(编号 VP 779-13，V&P Scientific，San Diego，CA)。

(14) Endosafe PTS 读数器(编号 PTS100，Charles River Corp.，Wilmington，MA)，0.005 EU/mL 灵敏度盒(编号 PTS20005F)。

(15) 无菌垫(SterileWipe HSII；编号 TX3210，ITW，Kernersville，NC)。

(16) Lab disc 电子搅拌器，各三个(编号 3907500，IKA，Wilmington，NC；见注意事项 3)。

(17) 铝冷却块，5×50 mL (2 ea)(编号 246314，Research Products International，Mount Prospect，IL；见注意事项 3)。

(18) Labquake 混合器(Thermo 400110Q；见注意事项 3)。

(19) 带罩的干废物容器：2gal[①] (VWR 编号 19001-006)，利用 18 in×20 in[②] 自封袋来丢弃口盖和管路(编号 S-12319，Uline，Pleasant Prairie，WI；见注意事项 4)。

(20) 带罩的尖锐废物处理容器(编号 305543，Becton Dickinson，Franklin Lakes，NJ)。

(21) UVette 一次性塑料比色皿(编号 952010051，Eppendorf North America，Hauppauge，NY)。

(22) P200、P500 和 P5000 移液器(Rainin Instrument LLC，Oakland，CA)。

(23) P5000 滤器移液枪头(编号 1050-0810，USA Scientific，Ocala，FL)；无菌安装在 15 mL 锥形试管内(Falcon 编号 352059，BD，Franklin Lakes，NJ)，利用无菌技术，在无菌垫上工作[SterileWipe HSII(见上文)]，以维持无菌条件。

(24) Combitips Plus，50 mL，BioPur®(编号 022496140，Eppendorf North America，Hauppauge，NY)。

(25) CaviWipes (13-1100，Metrex Research Corp.，Romulus，MI)。

(26) DMSO 共溶剂用 I 类生物安全柜(BSC)。对于挥发性有毒共溶剂(如乙腈)，必须使用 B2 类安全柜。

(27) Chemo Prep Mat，11 in×19 in(CST400，Healthcare Safety Systems，Elkhart，IN)。

(28) 注射用水(WFI)。

(29) Bio-Rad 10%聚丙烯酰胺 Criterion Stain-Free 凝胶(编号 345-1012，Bio-Rad Laboratories，Hercules，CA)。

(30) 用于目视观察 Stain-Free 凝胶的 Gel Doc™ System(例如，编号 170-8270，Bio-Rad Laboratories，Hercules，CA，或等效设备)和样品托盘(编号 170-8274)。

(31) Invitrogen NuPAGE 10% Bis-Tris 凝胶(编号 NP0302B0X，Invitrogen Life Technologies，Grand Island，NY)。

(32) 手掌大小的 3.4 in×4 in 镀铝袋，底部密封(编号 034MFB0ZE04FTN，黑色)和分子筛包(编号 41MS43，Sorbent Systems，Los Angeles，CA)。

(33) SpeedVac 真空离心浓缩仪(Thermo Savant，Asheville，NC)。

(34) 带有定量功能的 SDS-PAGE 凝胶扫描仪。对于 Stain-Free 凝胶，使用 Gel Doc™ System(Bio-Rad Laboratories，Hercules，CA)或等效设备。对于考马斯蓝染色的凝胶，

---

① gal，加仑，1 gal≈3.785 L。
② in，英寸，1 in=0.0254 m。

使用Odyssey Fc(Li-Cor Biotechnology,Lincoln,NE)或能够探测考马斯蓝红外荧光的等效设备。

(35) TSKButyl-NPR层析柱(2.5 μm×4.6 mm×3.5 cm),Tosoh Bioscience LLC,King of Prussia,PA。

(36) TSK G3000SWXL层析柱(7.8 mm ID×30 cm,Tosoh Bioscience,Tokyo,Japan)。

2.2 试剂

(1) 硼酸盐缓冲液:25 mmol/L 硼酸钠,25 mmol/L NaCl,1 mmol/L 二亚乙基三胺五乙酸(DTPA),pH 8(采用 0.2 mol/L NaOH 滴定的硼酸钠),利用 WFI 配制。

(2) His/Tween 缓冲液:20 mmol/L 组氨酸,0.005% 聚山梨酯 80 HX2(NOF Corp.,White Plains,NY,USA),pH 6.0,无菌条件下利用 WFI 配制。

(3) 0.5 mol/L TCEP(Bond Breaker™,Pierce,Rockford,IL,USA)。100 μL 等份储存于-80℃环境中。

(4) 10%聚山梨酯 80 HX2(NOF Corp.,White Plains,NY,USA),利用 WFI 配制,经无菌过滤后,分装并储存于-80℃环境中。文本中统称为"Tween"。

(5) m-dPEG24-MAL(编号 10319,Quanta Biodesign,Powell,OH)。

(6) 无水二甲基亚砜(DMSO)(编号 276855,Sigma)。在室温下储存 6 个月后需弃去。

(7) 75%(V/V) DMSO:H$_2$O(见注意事项 16)。

(8) 马来酰亚胺药物连接子。在能处理高毒强效化合物的设施内,使用适当的粉末称量保护罩,为每种合成规模制备合适大小的一次性粉末等份(例如,6×5 mg 偶联,2.5 μmol;150 mg 偶联,12.5 μmol)。该程序中所采用的一次性夹具能够夹持住 4 mL 螺旋帽方底瓶(例如,编号 C4015-21,National Scientific,Rockwood,TN)。溶解后的溶液体积不得超过瓶体积的 70%(例如,14 μmol,5 mmol/L)。检查用于药物连接子分装的移液枪头是否能够接触小瓶底部。对于上述小瓶而言,宜采用 1250 μL 滤器枪头(编号 8045,Thermo Scientific,Hudson,NH)。

(9) Falcon 14 mL 圆底试管(编号 352059,Becton Dickinson,Franklin Lakes,NJ)。

(10) PNGase F(N-Glycanase-PLUS®,10 mU/μL,编号 GKE-5010,ProZyme Corporation,Hayward,CA,USA)。

3 方 法

3.1 利用马来酰亚胺 PEG 作为替代药物的模拟偶联

已证明这一工艺规程对于将毒素引入工艺过程之前的模拟偶联是有用的。此方法证实了抗体在非疏水性烷化剂(单一链长的马来酰亚胺 PEG)所引发的还原/烷化反应中能够保持稳定,还可以对还原步骤效率进行初步评价,这可以识别偶联过程中的试剂问题或竞争性硫醇的再氧化。这种方法比 5,5'-二硫代双(2-硝基苯甲酸)(DTNB)更适宜进行游离硫醇水平分析,因为后一种方法要求在反应开始前进行脱盐处理,而任何残留的、尚未反应的 TCEP 均有可能还原 DTNB。在一段时间内，定量 SDS-PAGE 能够提供足以与 LC-MS 分析相媲美的数据。

(1) 使用 30 kDa MWCO 离心超滤管进行离心超滤，通过缓冲液置换，将抗体置换至硼酸盐缓冲液中，然后对最终产品进行浓缩，A_{280} 处测得的浓度不低于 5 mg/mL。利用真空离心浓缩仪(如 SpeedVac)短暂脱气或使用 0.22 μm 滤器进行过滤，然后在真空环境中涡旋 1~2 min。将浓度调整至 5 mg/mL，并将 100 μL(0.5 mg)溶液分装入 1 mL 螺旋帽瓶中。

(2) 加入适当体积的 1 mmol/L TCEP 水溶液(1∶500 稀释度)，假定 1 mol TCEP 生成 2 mol 硫醇，轻轻敲击管壁混匀。最好是充氩气或氮气。孵育 2 h，首先在水浴中孵育至一定温度，然后再在孵育箱中(37℃)孵育至结束。取出反应器并静置冷却至室温。

(3) 配制 41.3 mg/mL(33 mmol/L) MAL-mPEG24 水溶液(MW = 1239)，假定 PEG 的部分比容为 1 mL/g(即 23.2 μL H_2O/mg PEG)。向每个反应中加入 10 μL，室温下孵育过夜，但最好还是在 25℃ 孵育箱中孵育。

(4) 在 10% Bio-Rad Criterion Stain-Free Tris-HCl 凝胶(每个泳道 4 μg)上分析分装产品，直接成像，或在 Invitrogen 4%~12% Bis-Tris 凝胶(每个泳道 1 μg)上分析分装产品，利用考马斯蓝 IR 荧光成像。为获得最佳分辨率，将凝胶盒置于冰上冷却来实施这一步骤。

(5) 对于 Stain-Free 凝胶，使用适当仪器(见 2.1 节)进行成像。对于考马斯蓝凝胶成像，按照文献[13]所述在红外线(IR)荧光扫描仪上进行染色和成像。对 Odyssey IR 扫描仪结果所进行的分析见图 9-1。对于典型的 IgG1 来说，轻链最多可出现一种聚乙二醇化产

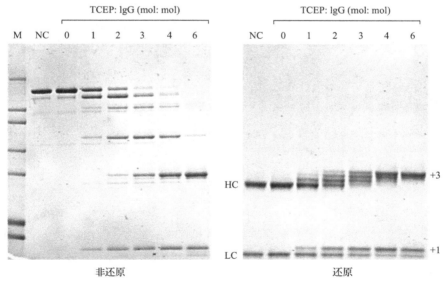

图 9-1 采用 TCEP 进行的 IgG1 的部分还原反应，以及采用 MAL-dPEG24 进行的 IgG1 的烷化反应。使用摩尔比率逐渐增大的 TCEP，于 37℃ 下处理抗体 2 h(100 μg IgG，20 μL 硼酸盐缓冲液，pH 8)。立即对中间体进行烷化处理，加入大于 10 倍的 MAL-dPEG2，不再进行进一步纯化处理。利用 SDS-PAGE 4%~12% Bis-Tris 凝胶对分装产品(1 μg)进行分析，使用考马斯蓝染色 5 min，并采用 Odyssey IR 成像仪进行成像分析。左侧：非还原型样品。片段代表链间二硫化物的部分还原/烷化反应产物。右侧：70℃ 下采用还原剂还原样品 10 min。注意，观察到了相当于 ≤3 条 PEG 链/抗体重链和 1 条 PEG 链/轻链的条带，未观察到副产物，这表明只与链间二硫化物发生了偶联反应(NC，阴性对照-未经处理的 mAb)。

物,重链最多可出现三种聚乙二醇化产物。使用中间体 TCEP:IgG 产生的梯形条带模式进行条带指认,测得的 DAR 值与 LC-MS 测得的 DAR 值相同。

(6)使用所提供的仪器积分方法,测定峰面积(在最小峰值分裂)。将重链的每个峰面积百分比乘以其所对应的 PEG 数量,再将轻链的每个峰面积百分比乘以其所对应的 PEG 数量,最后将这些值的和乘以 2,如此得到了 PEG/抗体比率(PAR)。图 9-2 显示了还原 SDS-PAGE 和 LC-MS 所获得的 PAR 值。利用对经过脱盐处理后中间体的 DTNB 检测,确定初始硫醇滴度。

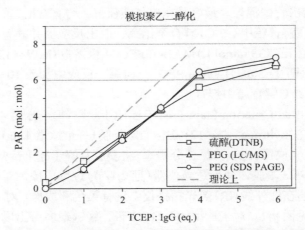

图 9-2 MAL-dPEG24 作为药物-连接子的替代物,来确定还原后可偶联的硫醇。注意,非零初始 DTNB 值和较小的斜率,表明 IgG 中存在着一些非特异性的硫醇样组分,并且脱盐步骤实施期间及与 DTNB 反应前,抗体被再氧化。TCEP 投料比较低时,PEG 偶联反应略微延迟,表明 TCEP 接近耗尽时的还原速率可能变慢,但该可能性不是持续一致的。

3.2 小试(5 mg)规模的 ADC 制备

以下方法是基于 6 种偶联物的制备(即共 3 种 TCEP 投料比,每种投料比 2 种抗体)。我们建议在连续 2 天内完成这些工作。

3.2.1 介绍

第 1 天

(1)使用 30 kDa MWCO 离心超滤管进行离心超滤,通过缓冲液置换,将抗体置换至硼酸盐缓冲液中,然后对最终产品进行浓缩,A_{280} 处测得的浓度不低于 5 mg/mL。称量以确定体积,根据 $\varepsilon_{280} = 1.37$ mL/(mg·cm),将浓度调整至 5 mg/mL,并于 4~8℃下储存。对 1∶5 稀释度的内毒素进行检查。

(2)配制 His/Tween 缓冲液。使用前,检查内毒素水平(水中稀释度 1∶5)。

(3)组装层析柱支撑架流通试管组件(见注意事项 1)。试管盖保留在收集试管架中用于储存偶联物的 Argos 5 mL 试管上。

(4)组装含试管的六边形反应试管架(六角架)(见注意事项 2)。利用该试管架,将试管放置于 Lab Disc 电子搅拌器的适当位置上，在该位置上使用钐钴(SmCo)磁力回转式搅拌盘，可同时搅拌高达 7 个反应试管(见注意事项 2)。同时对 Argos 5 mL 试管的内外侧口盖进行标记，这样无论在盖打开状态或是放入 5 mm SmCo 搅拌盘，均不会影响标记的读取。在盖打开的六角架中(见注意事项 2)放入铝箔包裹的 Argos 5 mL 试管，然后进行高压灭菌。高压灭菌结束后，关闭试管盖。

(5) 制作层析柱洗脱液收集架。同时在 6 个 Argos 5 mL 试管盖的内侧、外侧进行标记(见步骤 4)，再放入 VWR 15 mL 锥形试管架中层析柱的相应位置，包裹铝箔，然后再进行高压灭菌。高压灭菌结束后，盖上试管盖。

(6) 制作 PD-10 GFC 层析柱。每个层析柱将只用于一个反应。另准备一个层析柱作为备份。如希望得到较低的内毒素水平，则遵循下列步骤，从以下步骤(a)开始；否则，直接从步骤(e)开始。

(a) 使用 70%乙醇对 7 个 PD-10 层析柱的外部进行喷洒，再转移至 BSC 内，去盖，排出运输缓冲液。使用经过消毒的小动物趾甲剪，打开排出口，并将层析柱装入经过高压灭菌的层析柱支撑架洗脱试管相同位置上。对齐顶部，使得排出口处于收集试管内，但并不接触试管边缘，层析柱体高出试管边缘 1~2 mm(图 9-6)。将支架放入清洗收集容器内。

(b) 使用 25 mL 0.2 mol/L NaOH 清洗 50 mL Combitip 分液管盒中放置的 5 mL 分装产品(5.0 mL 恰好可充满层析柱顶部空间)。覆盖一个 150 mm 无菌培养皿，再包裹经过高压灭菌的铝箔。室温下静置 2 h 或于 4℃过夜。

(c) 孵育结束后，将层析柱转移至清洗收集容器中，如上次一样，另外采用 25 mL 0.2 mol/L NaOH 对 5 mL 分装产品进行清洗。

(d) 使用 25 mL His/Tween 缓冲液(pH 6)，在 5 份 5 mL 分装产品中对层析柱进行平衡。使用石蕊试纸检查移液管中最后一滴缓冲液的 pH。

(e) 如果同一天使用，则将层析柱放置于 BSC 中；如果次日使用，则在 4℃下采用培养皿盖覆盖层析柱，且外裹铝箔。

第 2 天

(7) 对抗体进行脱气处理：首先滤过 0.22 μm Steriflip 滤器，然后再在真空环境中涡旋 1 min。

(8) 移除并弃去滤器膜组件。采用反向移液，将经过脱气处理的产品等份移入经过高压灭菌的 Argos 5 mL 反应管中，反应管中放入了 5 mm 搅拌盘，反应管放入六角架中。放置于 VWR Lab Disc 搅拌器中心位置上，以预先经过校准的速度，在室温下进行有效、稳定的搅拌。

(9) 持续搅拌的状态下加入 50 mmol/L TCEP 水溶液(1∶10 稀释度 Pierce Bond Breaker)。添加过程结束后，再持续搅拌 1 min，以获得均匀溶液。可在 PEG 滴定基础上，对 TCEP∶IgG 投料比进行调整，使得 DAR 预期值(2 倍于 TCEP∶IgG 投料比)接近于理想值(基于硫醇的偶联物一般采用 DAR 4)。

(10) 充满氮气或氩气,在 37℃孵育箱中孵育 2 h。

(11) 添加 1.75 mL WFI 至 4.5 mL DMSO 中,冰上冷却,配制冰冷 75%(V/V)DMSO/水。

(12) 准备 2 份各 1 mL 无水 DMSO,用于溶解药物-连接子(1 份备用)。室温下放置。

(13) 将 TCEP-还原型 IgG 反应试管置于湿冰上冷却。

(14) 在无水 DMSO 中制备 5 mmol/L 药物-连接子溶液(见注意事项 5)。

(a) 将一份预先称量的等份(2.5 μmol)药物-连接子粉末放入 4 mL 小瓶内,最好是将小瓶放入含干燥剂包的二级箔衬袋内,在经认证的、可处理高毒强效化合物的设施中进行分装(见注意事项 5)。在专门为偶联反应设计的 BSC 中,将箔衬袋放在吸收垫上,升温至室温。

(b) 将一次性瓶架(见注意事项 6)放在酒精棉片上。将药物-连接子瓶从其二级容器中取出,轻轻敲击,使黏附于瓶盖上的粉末脱落,然后再将瓶盖打开,将瓶放置于瓶架上。更换手套,并将更换下来的手套丢入带罩(内衬有聚乙烯袋自封袋)的干废物容器内。

(c) 将试剂和无水 DMSO 进行溶解,获得 5 mmol/L 溶液,并将溶剂沿着瓶内壁流下,以溶解所有痕量的粉末。丢弃移液器枪头,重新盖上瓶盖,涡旋,直至获得完全溶解的溶液。勿倒置小瓶,避免液体污染瓶盖和螺纹口(也见注意事项 7)。将小瓶放回瓶架上,更换手套和袖套,将其丢弃于带罩的干废物容器内。

(15) 取出六角架内放置的冷却 IgG 溶液,并将其放置于带罩的 Lab Disc 搅拌器中心位置上,然后开启搅拌器。为了尽量减少搅拌盘倾倒事件的发生,必要时可调整搅拌速度(见注意事项 8)。

(16) 持续搅拌的状态下缓慢加入 0.167(V/V)冰冷 75%(V/V)DMSO。持续搅拌 1 min,以确保获得均匀溶液。

(17) 持续搅拌的状态下向各个反应中稳定加入 12 份 5 mmol/L 药物-连接子 DMSO 溶液(小心——见注意事项 9)。将移液器枪头丢弃入带罩的尖锐废物容器中(见注意事项 7b)

(18) 溶液上充满氮气或氩气,并重新盖上盖。将药物-连接子试剂瓶重新盖上瓶盖,更换手套。

(19) 将反应支架和试管放置于 Lab Disc 搅拌器中心位置上,4℃下搅拌 1 h。

(20) (可选)。将未使用的药物-连接子于 –20℃下储存(见注意事项 10)。

(21) 将药物-连接子瓶、支架和衬垫一起放入带罩的干废物容器内,经密封后丢弃。

(22) 某些情况下,还需要利用混悬液[14]或层析柱中与疏水性支持物(见注意事项 26)的选择性结合,进一步降低最终产品中的未偶联疏水性药物-连接子的水平(清除)。这一步骤实施过程中,可能还需要加入共溶剂来抑制抗体结合,但究竟需要加入多少共溶剂,完全依靠经验判断。如果需要实施清除,混悬液形式提供的安全系数更高。

(23) 用 P1000 和 1250μL 滤器枪头将反应溶液转移至含预先清洗过的清除剂树脂和

5 mm SmCo 搅拌盘的 Argos 5 mL 试管中。盖上管盖，将试管架置于带罩 Lab Disc 搅拌器上，搅拌 2 h。设置搅拌速度使树脂能够达到溶液高度的至少 70%（见注意事项 11）。由于可能出现树脂微小颗粒或者清除过程中生成细小颗粒，GFC 分析前，还需要对最终清除的产品进行过滤，以免将这些颗粒带入 GFC 洗脱液中（见注意事项 12）。

(24) 准备 GFC 设置。拆除 PD-10 层析柱架、流通试管架和收集架/试管组件，并放置于罩中。丢弃覆盖层析柱的 150 mm 培养皿。

(25) 使用 P1000 和 1250μL 滤器枪头，吸取各反应混合物 1 mL 和清洗过的上清液或滤液，转移到 PD-10 层析柱上。运行，收集流穿液。利用 50 mL Combitip 分液管盒，将 2 mL His/Tween 缓冲液上样至所有层析柱并运行。将层析柱和收集管架一起升高，轻轻敲击，使得层析柱出口处悬挂的液滴脱落。将层析柱转移至洗脱架和试管内。向各个层析柱上样 3 mL His/Tween 缓冲液，并收集洗脱液。如前文所述，升高并轻轻敲击支架，然后在运行前再将层析柱架放回流通试管架上。

(26) 盖上管盖，将合并的洗脱液置于 4℃下储存。如果药物-连接子中存在生色基团，在 280 nm 以外处的 λ_{max}，通过 HIC 或 UV 光谱，验证偶联反应并获取初步的 DAR 值。在 A_{280} 处测定浓度（见注意事项 14）。

(27) 抽取流穿馏分及未收集的痕量洗脱液至有毒废物容器内（见注意事项 21）。将层析柱及其支撑架（层析柱未拆下）、流通试管架、收集试管架和试管、所有衬垫丢入带罩的受污染的干废物容器内。使用 CaviWipes 仔细擦拭罩，并将使用过的 CaviWipes 丢弃入带罩的干废物容器内。密封干废物容器内衬，并将其转移至实验室二级容器内丢弃。

(28) 如下所述，通过 HIC 和/或 LC-MS，测定 DAR。图 9-3 显示了 1.9(mol:mol，TCEP:IgG) 条件下实施偶联的典型 HIC 图谱。图 9-4 显示了使用该程序，利用 HIC 和 LC-MS 所获得的两种抗体和两种药物（在两种情况下实施）偶联的 DAR 值-TCEP:IgG 投料比曲线。DAR 值-TCEP 投料比曲线的斜率（外推至零截距）为还原和烷化反应步骤的联合效率提供了估计值。如这两种抗体和两种药物-连接子所示（表 9-1），采用 LC-MS 获得的 DAR 值，估计此偶联效率[DAR/(2×TCEP：IgG 投料比)]在 90%左右，表明在此处使用的过量药物-连接子条件下，TCEP：IgG 投料比是决定药物负载的主要因素，并且所暴露的游离硫醇在很大程度上与药物偶联。这与利用 HIC 观察到的奇数 DAR 种类水平较低的情况相符（图 9-5b, c）。

(29) 利用 LC-MS 确认游离药物水平<0.1%。各种药物的具体条件和步骤不尽相同。

(30) 相对于适当的抗原表达和非表达细胞系，对选定偶联物的毒性进行测试。如果偶联物对非表达细胞系缺乏毒性，则说明无游离药物和/或药物连接子，尽管细胞系对这些化合物的灵敏度存在差异。

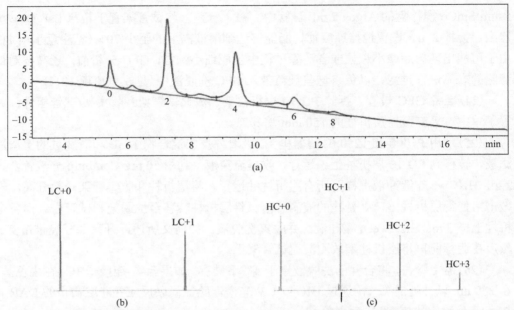

图 9-3 (a) 一个特定 TCEP 投料比 (1.9，mol:mol，TCEP:IgG) 偶联过程的 HIC 图谱。(b) 去卷积轻链 LC-MS。(c) 去卷积重链 LC-MS。

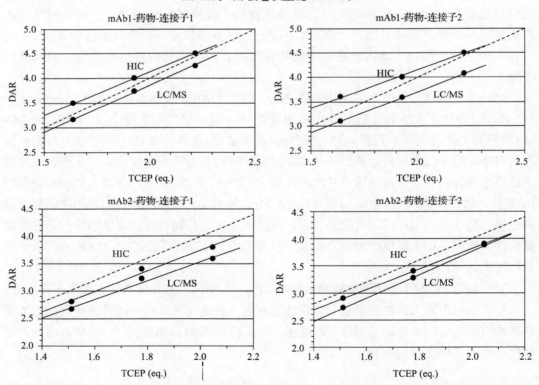

图 9-4 利用 HIC 和 LC-MS 测定的小试规模偶联的 DAR。在某些情况下，HIC 测定的 DAR 值超过了理论可及值（虚线），这可能反映了实际消光系数和理论消光系数（1.37 mL/mg cm）之间可能存在差异。此类小试偶联的结果被用于为更大规模的合成确立适当的 TCEP 投料比。

第 9 章 针对肿瘤靶向的细胞毒性药物与抗体铰链区巯基之间基于马来酰亚胺的小试、中试规模偶联

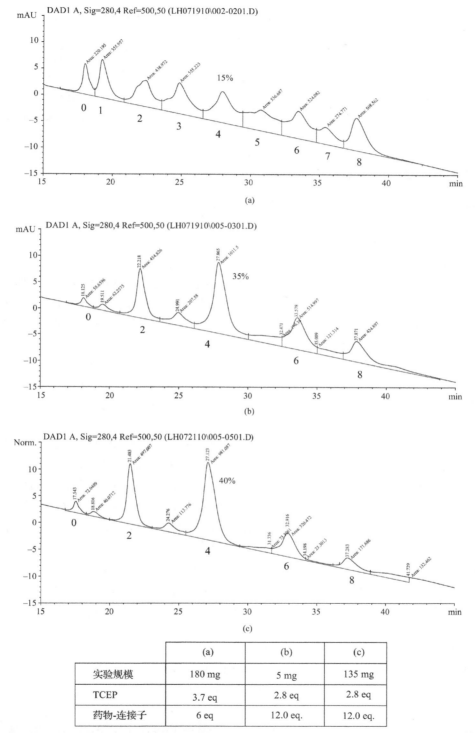

	(a)	(b)	(c)
实验规模	180 mg	5 mg	135 mg
TCEP	3.7 eq	2.8 eq	2.8 eq
药物-连接子	6 eq	12.0 eq.	12.0 eq.

图 9-5　TCEP 过量(a)、药物-连接子过量(b)和药物-连接子过量(c)条件下实施的偶联的 HIC 图谱。最终 DAR 值分别为 4.0、4.0 和 3.9。

表 9-1　下文 3.2 节中所述实验的基于 LC-MS 获得的 DAR 值的偶联效率

	偶联效率	
	药物-连接子 1	药物-连接子 2
mAb 1	96 ± 1%	93 ± 1%
mAb 2	89 ± 2%	92 ± 2%

注：使用了两种不同的单克隆抗体和两种马来酰亚胺-功能化药物连接子。利用方程式效率(%) = DAR/2×TCEP(mol：mol IgG)×100 来计算偶联效率。

3.3　150 mg 规模的 ADC 制备

以下方案类似于小规模方案，但是对反应温度控制补充了一些步骤。

3.3.1　介绍

第 1 天

(1) 使用 30 kDa MWCO 离心超滤管进行离心超滤，通过缓冲液置换，将抗体置换至硼酸盐缓冲液中，然后对最终产品进行浓缩，A_{280} 处测得的浓度不低于 5 mg/mL。称量以确定体积，将浓度调整至 5 mg/mL，并于 4~8℃下储存。对 1：5 稀释度内毒素进行检查。

(2) 配制 His/Tween 缓冲液。检查内毒素水平(水中稀释度 1：5)。

(3) 如上所述，组装层析柱支撑架、流通试管架和收集试管架，并进行高压灭菌。但与上文不同的是，21 个孔分别装入去盖的 5 mL 试管。对 14 mL Falcon 圆底试管(试管盖已用 3 in 平方铝箔替代)中的 3 个 13 mm SmCo 回转式搅拌盘进行高压灭菌。另对一对小动物趾甲剪进行高压灭菌。

(4) 如上所述，组装 PD-10 层析柱并进行消毒。每个层析柱将上样 2 mL 经过清除处理的反应混合物，另取一个层析柱作为备份(150 mg 规模需要 21 个层析柱)。如上所述，对层析柱进行清洁、排干，并放置于支架中(图 9-6)。利用 150 mm 组织培养皿作为参照物，使层析柱顶端对齐[参见上述小规模方案步骤 6(b)]。按照 5 mg 规模方案所述的方法将支架转移至清洗收集容器中，对支架进行消毒，并采用 His/Tween 缓冲液进行平衡。NaOH 处理期间，将层析柱储存于 BSC 中，如果当天使用，则在层析柱上覆盖一个培养皿盖；如果将于次日使用，则以铝箔进行覆盖和遮蔽，于 4℃下储存。

(5) 利用另一块铝块和含 35 mL 水的试管，在 BSC 4℃下，对 Lab Disc 搅拌器进行校准。检查此步骤中所使用的等量 Bio-Beads 的适当混悬液是有用的(见步骤 23)。

第 2 天

(6) 按照上述方法，通过过滤对抗体进行脱气处理。

(7) 移去滤器组件；加入经过高压灭菌的 13 mm 搅拌盘，盖上盖，放置于 Lab Disc 搅拌器上，搅拌器所设置的速度可保证高效、稳定的搅拌效果。

(8) 基于 5 mg 规模滴定实验，持续搅拌的状态下缓慢加入适量的 50 mmol/L TCEP 水溶液(1：10 稀释度)。添加过程结束后，持续搅拌 1 min，以确保获得均匀溶液。

(9) 在溶液上充满氮气和氩气，盖上盖。将溶液放入 37℃水浴中孵育 2 h。

(10) 向 4.5 mL DMSO 内添加 1.75 mL WFI，配制 75%(V/V)DMSO/水，然后置于冰

上冷却。

图 9-6 平行 GFC 层析柱架与层析柱组装到位。请注意，层析柱出口处于试管内，以尽量减少潜在的静电影响。放入支架前，通常将层析柱盖移除（这与图示不同）。装入层析柱的上层支架置于装入收集试管的底层支架上。纯化过程结束后，丢弃包括层析柱在内的全部组件。见 3.3.1(4) 节。

(11) 制备 2 份各 3 mL 的无水 DMSO，用于溶解药物-连接子。将其放置于罩中，于室温下储存。

(12) 在冰冷 5×50 mL 铝块 (Research Products International) 中心孔中冷却 TCEP-还原型 IgG 溶液，以孔中的 1.8 mL 水作为热导体，4℃下放置于 Lab Disc 搅拌器上（见注意事项 15）。搅拌 20 min，使得溶液温度<10℃。

(13) 冷却还原型抗体期间，在无水 DMSO 中配制 5 mmol/L 药物连接子溶液。采用小规模方案中所述的注意事项（见注意事项 5~7）。

(a) 从 4 mL 小瓶内获取预先称量的等份药物连接子粉末（>12.5 μmol），小瓶在内含干燥剂包的袋内。在专用 BSC 中，将其放置于垫上，并将温度升高至室温。

(b) 将小瓶从其二级容器中取出，轻轻敲击小瓶，开盖后，放置于一次性瓶架上，瓶架在吸收垫上方（见注意事项 6）。更换手套。

(c) 使用 P5000 滤器枪头，缓慢吸取适量的 DMSO，获取 5 mmol/L 溶液，并将溶剂沿着瓶内侧流下。重新盖上瓶盖，涡旋小瓶（勿倒置），直至获得完全溶解的溶液（见注意事项 7a）。更换手套。

(14) 取出冷却的 IgG 和铝块，将其放置于带罩的 Lab Disc 搅拌器上，以预先设定的校准速度运行。

(15) 向 IgG 内添加 0.167 体积的冰冷 75%(V/V) DMSO，将 DMSO 分为 4~5 等份，在 1~2 min 内逐次添加（例如，30 mL IgG 添加 5 mL DMSO，将 DMSO 分成 5 等份，每份 1 mL），以便获得均匀溶液。可采用 Eppendorf Repeater Plus 移液器或电动重复移液器。最后一次添加后，持续搅拌 1 min，以便将一些溶液热量散发入铝块中。

(16) 添加 12 份 5 mmol/L 药物-连接子，分为 4~6 等份，每隔 30 s 添加一次，添期间持续搅拌（例如，150 mg IgG 添加 2.4 mL 5 mmol/L 药物-连接子，分为 6 等份，每份 0.4 mL）。此操作可使用 Eppendorf Combitip（见注意事项 9 和注释 18）。重新盖上瓶盖，更换手套。

(17) 溶液上充满氮气或氩气，并盖上盖。将反应块放置于 Lab Disc 搅拌器上，于 4℃下搅拌 1 h（见注意事项 15 和注意事项 17）。

(18) （可选）。如果未使用的药物-连接子溶液量较多，可使用带分子筛封隔器的二级容器（袋），在−20℃下冷冻储存（见注意事项 10）。

(19) 收集小瓶支撑架和衬垫，丢弃于带罩的干废物容器内。

(20) 如果反应产物混浊，GFC 步骤前需将反应产物滤过 Steriflip 滤器。如果使用清除剂树脂，将滤器洗脱液直接收集到含 13 mm SmCo 搅拌盘的 50 mL 试管中的经过清洗的清除剂床上（见注意事项 20）。盖上盖，重新称量，估计过滤回收率，将试管放置于试管架上，再放置于 BSC 中的 Lab Disc 搅拌器上，持续搅拌时间取决于初步实验得出的最终游离药物理想限度。树脂应升高至至少 70%的溶液高度，以确保有效清除。应使用只含缓冲液和树脂的实际试管来预先确定搅拌速度。

(21) 拆除 PD-10 层析柱支架、流通试管组件、收集试管架、试管组件，并放置于罩中。丢弃覆盖层析柱的 150 mm 培养皿。

(22) 使用 P5000 移液器和 5 mL 滤器枪头，向每个层析柱添加 2 mL 滤液或树脂上清液。运行，并收集流穿液。使用 50 mL Combitip 分液管盒，向每个层析柱加样 1 mL His/Tween 缓冲液，运行。将层析柱架和收集试管架一同升高，轻轻敲击，使层析柱出口处悬挂的所有液滴脱落。将层析柱架放置于洗脱试管架上方。向每个层析柱加样 3 mL His/Tween 缓冲液，并收集洗脱液。升高支架，轻轻敲击，使层析柱出口处悬挂的全部液滴脱落，进入下一步骤前，将层析柱支架放置于流通试管架旁边。

(23) 使用 P5000 移液器和滤器枪头，收集洗脱液并将其合并到经过预先去皮重的 100 mL 无菌聚碳酸酯瓶中。注意：将 P5000 移液器枪头插入 5 mL 试管底部将导致洗脱液溢出，造成部分洗脱液损失，还可能造成污染事件。缓慢插入枪头，同时抽取溶液，这一步骤应在防水吸收垫上进行。对产品进行无菌过滤（例如，两次 Steriflip 过滤步骤）。称量合并的洗脱液（见注意事项 19），并将合并的洗脱液于 4℃下储存，直至 HIC 或 UV 光谱证实发生了偶联。于 A_{280} 处测定浓度（见注意事项 14）。

(24) 将流穿馏分和任何残留洗脱液抽吸入带罩的有毒液体废物容器内（见注意事项 21）。将层析柱、层析柱支架和流通试管架、收集试管架及试管全部丢入带罩的内衬干废物容器内。使用 CaviWipes 擦拭罩。拉起可自封的聚乙烯袋干废物容器内衬，密封后再转移至受污染的干废物容器中以进一步处理。

(25) 证实发生偶联以及进行内毒素检查后，对产品进行分装，于−80℃下储存。

图 9-5 显示了在类似于文献报道的方法[6]的条件下实施的偶联 HIC 分析结果比较，其中，TCEP 为 3.7 倍摩尔过量，而药物-连接子相对于 mAb 6 倍过量（假定还原效率为 100%，相对于预期游离硫醇，过量 0.8 倍）(a)；或者相对于 mAb，药物-连接子超出 12 倍摩尔（假定还原效率为 100%，相对于预期游离硫醇，过量 2.1 倍），正如此处 5 mg(b) 或 135 mg(c) 规模所使用的情况一样。此处描述的药物-连接子过量可产生多数为无游离

硫醇的偶数 DAR 种类，并使其具有更为严格的产品特征及最少量的未偶联 mAb。

3.4 HIC 测定药物抗体偶联比（DAR）

这一方法在已报道的 HIC 测定法的基础上进行了修改[9]。

（1）配制流动相：A：1.5 mol/L 硫酸胺的 50 mmol/L 磷酸钾 pH 7 溶液；B：20%异丙醇、80% 50 mmol/L 磷酸钾，pH 7.0。最好是将 TSK gel Butyl-NPR 层析柱（2.5 μm，4.6 mm×3.5 cm，Tosoh Bioscience）安装于配备了二极管阵列 UV 探测器（DAD，例如，Agilent 1200）的 HPLC 上，利用流动相 A 平衡。

（2）为了有效捕获，利用足够量的 $(NH_4)_2SO_4$ 来稀释样品，以获得 15~30μg 的 75 μL 50 mmol/L 磷酸钾 pH 7 溶液，根据抗体和偶联药物的不同，具体稀释度可能会发生改变。为了获得最高吸光度回收率和平均 DAR 的最少变化，可对一系列 $(NH_4)_2SO_4$ 浓度进行检测，从中找出最适宜的 $(NH_4)_2SO_4$ 浓度。对于多数（但并非全部）偶联物来说，含流动相 B 的 1∶1 混合物是适当的。

（3）在室温下于 0% B 下进样 50 μL 样品，流速为 1 mL/min，0% B 保持 1 min，然后在 14 min 内完成 0%~100%B 梯度洗脱（1 mL/min），于 100%流动相 B 下保持 2 min，然后在 1 min 内完成 100%~0%B 梯度洗脱，最后于 0% B 下再平衡 2 min。观察 280 nm 处的吸光度（参比波长 500 nm）。可对含生色基团的药物-连接子的峰波长吸光度进行监测，以获取相对峰 DAR 值[5]。使用人工测量基线，并在峰间极小值处进行拆分，对 A_{280} 光谱进行积分。随着%B 的升高，基线吸光度一般会下降，可以使用基线扣减法，即利用适当空白运行，进行重现性检查。每个峰的曲线下面积分数乘以其所对应的 DAR，再将所得值相加，即为总 DAR。请注意，并非所有药物均具有充分的疏水性可支持其进行分离，因此，并非所有药物均可利用这种方法测定 DAR。对于疏水性不强的药物，则应使用 LC-MS 来测定 DAR 值（3.6 节）。

3.5 聚体的 SE-HPLC 分析

（1）设置 TSK gel G3000SWXL 分析柱（7.8 mm ID×30 cm，Tosoh Bioscience），匹配的保护柱安装于最好配备了二极管阵列探测器（DAD）的 HPLC 上（如 Agilent 1200）。

（2）每次分析时，使用 0.22 μm 过滤的新鲜配制的 40 mmol/L 磷酸钠和 150 mmol/L 氯化钠 pH 7 对层析柱进行平衡，流速 0.5 mL/min，室温下进行。

（3）一式三份进样样品（每次≥50 μg），观测 280 nm 处 UV 吸光度 35 min。每次进样后，清洗针头，包括每个分析物间的空白运行。

（4）相对于未修饰抗体对照，通过曲线下面积证实了质量回收率可以接受。可利用共溶剂或缓冲液辅料，对一些药物-连接子的层析柱相互作用予以控制[15~17]。

3.6 DAR 的 LC-MS 测定

（1）使用 1 μL PNGase F/100 μg mAb，对样品进行去糖基化处理，37℃下过夜反应（见注意事项 22）。

（2）在 Mini Slide-A-Lyzer（20 kDa MWCO，编号 69590，Pierce，Rockford，IL）中，

透析 2 h,透析液进入 25 mmol/L Tris-pH 8.5(见注意事项 23)。

(3)分析开始前,利用 20 mmol/L 二硫苏糖醇(DTT)进行还原,37℃下孵育 30 min(见注意事项 24)。

(4)通过高分辨率电喷雾电离质谱,使用 C8 反相层析柱上的初始捕获进行分析(见注意事项 25)。

(5)为了覆盖 m/z 介于 800~2500 Da 的轻链和重链,,对质量在 10~75 kDa 范围内的全部洗脱化合物的平均谱图进行去卷积化处理。

(6)根据去卷积谱图,识别轻链和重链的游离和偶联(单体、二聚体、三聚体等)化合物,其中,各个峰之间的质量差异为偶联的药物-连接子的质量。分别针对重链和轻链,对峰面积进行积分,基于所对应的偶联药物数量,获得每条链的加权峰值比率。例如,单体偶联的轻链的峰面积加上 2 倍二聚体偶联的轻链峰面积,再除以全部轻链化合物(包括未偶联的)的总峰面积,即得到了轻链的加权峰值比率。

(7)轻链和重链加权峰值比率之和的 2 倍,即为平均 DAR。

4 注 释

(1)用于制备多层析柱支架的蓝色锥形试管架可购自 VWR(US 编号 89079526)。使用 41/64 in 钻头(例如,编号 8870-A55,McMaster-Carr,Robbinsville,NJ)来进行钻孔,其中钻床速度 500 r/min,递进速度<2 mm/min,以矿物油作为切削液。递进速度以能够生成带状物为宜,避免因速度过高而造成加工件碎裂或过热并造成塑料融化。加工过程中,可利用一块透明板将支架压住,避免加工件跳动造成塑料表面碰撞。亦可联系机械工厂,使用立磨进行加工。组装层析柱支架前,使用蚊式止血钳并通过机洗去掉支架上的毛刺。已组装好的层析柱支架见图 9-6。

(2)为了能够在 Lab Disc 搅拌器上同时搅拌多个 5 mg 偶联反应试管,制作了小型六边形支架,切去 VWR 锥形试管架的全部角(需保留一个角)(US 编号 89079526)(共 7 个孔)。可利用配备了塑料切削片的圆盘锯来进行切割。可首先在中心孔底部上钻孔,目视观察是否与搅拌器上中心十字线对齐。详情请咨询机械工厂。

(3)小动物趾甲剪亦可购自 VWR(US 目录号 95039-206)。Lab Disc 电子搅拌器也可购自 VWR(US 目录号 97056-526)。50 mL 试管铝冷却块可购自 Fisher(US 目录号 427901621517421)。Labquake 回转式搅拌器亦可购自 VWR(US 目录号 56264-302)。

(4)将内衬袋放入容器内,将袋子的上半部分翻出内面,沿着容器外侧下拉,盖住容器外表面,防止污染容器表面。使用后,将容器中袋子的上半部分拉出,翻出外表面,拉链密封后以备进一步处理。

(5)所有化合物均应视为剧毒物质。尽管药物连接子的毒性低于游离药物,但是,仍可构成健康风险,特别是使用 DMSO 进行偶联的人员,因为 DMSO 可通过皮肤进入体内。药物-连接子溶液的制备应在 BSC 内进行,BSC 内应配置吸收垫,并且在制备过程中应使用一次性袖套和双层手套。于可处理高毒强效化合物的设施中预先将粉末分装入玻璃瓶内,可最大限度地减少人员暴露的风险及马来酰亚胺官能团暴露于潮湿环境后的

第9章　针对肿瘤靶向的细胞毒性药物与抗体铰链区巯基之间
基于马来酰亚胺的小试、中试规模偶联

降解风险。玻璃瓶中的化合物放在内含分子筛封隔器的金属箔小袋内储存,有可能在–20℃下储存很长时间。这些袋均有市售(Sorbent Systems, Los Angeles, CA)。选择用于分装粉末的小瓶时,需检查所用的移液枪头是否可到达瓶底的角落,同时检查添加溶剂时枪头是否会阻塞孔并可能产生气溶胶。溶解体积不得超过瓶容积的2/3。

(6) 用于4 mL药物-连接子瓶的一次性支架可通过使用二氯甲烷将25 mL塑料移液管锯断后的1 in厚切片与正方形(2 in×2 in)、1/16 in厚丙烯酸板进行溶剂焊接而制成。利用这种支架,可对瓶内容物进行无遮挡的观察,此过程进行期间,还可提供稳定的支撑。考虑到以下实际情况,这一点尤为重要:绝大多数吸收垫表面通常是不平整的,在这些吸收垫上工作,对于未得到支撑的小瓶来说,存在着发生倾覆的危险。每次使用后,将用过的支架丢弃入BSC中的受污染干废物容器内。

(7) 注意:(a) 快速添加DMSO或敲击过程中,轻触瓶外部沾染的任何粉末,均可能产生气溶胶微粒,这将会污染处理点正下方位置上的衬垫。如果在BSC中心线前方操作此步骤,污染将会携带至操作员前方空间内。在标准A1 BSC中心线附近工作高度处,通过所释放出来的荧光示踪颗粒观察到了此现象。将工作区域的前、后区域全部视为污染区域,偶联反应结束后,小心更换衬垫。这一步骤结束后,立即使用CaviWipes对此区域中所有暴露的金属部分进行去污染处理,并将用过的CaviWipes丢弃入BSC中的固体废物容器中。(b) 以小角度射入Becton Dickinson旋转盖锐器容器(能够容纳移液器)的枪头可弹开盖后部,污染工作空间。使用前,可将盖后侧的一半切掉以防止此类事件的发生,同时保留锁定密闭盖的能力。详情请咨询机械工厂。

(8) 搅拌盘上发生的一些翻滚是正常的。最好是在操作前设定搅拌速度(VWR Lab Disc搅拌器能够记忆上次运行的设置)。

(9) 注意:DMSO将在18℃左右冻结。如果添加速度过慢,移液枪头中将形成药物-连接子溶液冷冻塞子。如果发生了这种情况,可将枪头从溶液中取出,将其置于反应管上方,直至冷冻塞子融化(可耗时长达1 min)。

(10)(可选)。可将未使用部分的药物-连接子DMSO溶液放回到含分子筛封隔器的铝箔袋二级容器中,于–20℃下储存。以这种方式储存数月后的试剂,当以此处所述的数倍摩尔过量方式使用时,仍可生产出高质量偶联物。接触任何二级容器或其他实验室器具的外表面前,应除去接触过小瓶的手套。冷冻过程中,确保瓶子和袋子处于垂直位置,以避免液体污染盖和外螺纹。

(11) 清除过程中,避免搅拌盘过度回转,防止树脂破碎。请注意,任何飞溅到试管外侧的液体,将不会被清除,因此最终产品可能会受到污染,降低这一过程的整体效率[注意,图9-6所示的偶联物清除后,游离药物水平将与最终产品(30 mL)的污染水平相当,而起始物料则只有10 μL]。

(12) 如果产生了树脂微粒,清除的产品浆料可能需要过滤后,方可用于GFC。最好使用配备0.8 μm预过滤器元件的Acrodisc滤器。实施这一步骤之前,组装滤器和5 mL注射器。使用直叶片趾甲剪(可在任何药店购买到),将Becton Dickinson注射器活塞组件上的侧棱剪掉。在树脂堵塞滤器和液体流动停止的情况下,这种处理便于拔出活塞,回收剩余的浆液。将浆液移液至注射器筒滤器组件的底部,使用轻微的压力,插入活塞,驱动溶液通过。处理前，勿拆卸注射器/滤器组件。如果需要对多个反应进行过滤，应制作一个适当的支架来支撑注射器。

(13) 层析柱清洗容器可通过使用竖锯将 150 cm^2 T 型瓶顶部切去而制成。将一段 1 mL 移液管保留在原位，利用橡胶塞吸取液体。可将吸出的液体收集到大侧支管真空烧瓶内进行处理。

(14) 于 A_{280} 处测量最好使用一次性比色皿。可购买高质量的 UV-透明比色皿（如 Eppendorf UVette），这种比色皿可提供准确的紫外吸光度值，每次使用后可予以丢弃。2 mm 路径方向读取 UVette，无需对样品进行稀释。应避免使用座架式仪器（如 NanoDrop®），以将实验室中的毒素扩散可能性降至最低。通过光谱估计平均 DAR 值时，需要考虑到 280 nm 处连接子的吸光度[5]。

(15) 大规模工艺中，铝反应块可用于多个偶联反应，但可能会被污染，因此不容易进行监测。铝块可储存于自封袋中，在可能受到污染（如添加药物-连接子）的过程中，每个步骤后均应更换自封袋。最好是将铝块储存于 4℃下，以便使用前于冰上冷却。冰上冷却时，应将铝块放置于袋内。

(16) 利用水将 DMSO 预稀释至 75%（V/V），可消除进一步稀释时所产生的 50% 热量，并可充分降低熔点，使该试剂冷却至 0℃，从而最大限度地减少了添加过程中热量的产生及对单克隆抗体的有害影响。

(17) 初始铝块温度约为 13℃，随后温度下降并稳定于 9~11℃ 范围内。通过铝块上附着的自粘式 LCD 温度计，可方便地对铝块温度进行监测。

(18) 采用 DMSO 作为共溶剂时，本程序是合格的。随着更具有挥发性的共溶剂或低表面张力共溶剂如乙腈等材料的使用，标准移液枪头滴落的液滴构成了一个严重的污染风险。可以通过使用正排量器械如 Combitips，避免这一问题的发生。分配前，应通过反复抽吸液体，排出可能存在的全部空气。考虑到这些设备存在着死体积（Combitips 的死体积为 2 份试样当量），需要提供较大量的药物-连接子。

(19) BSC 中可放置一台价格便宜、准确度合理（0.1 g）的市售小型电子天平（应远离气流），可用于通过称量来确定回收的体积。如果怀疑发生了污染，可将其丢弃。

(20) 为了在大规模过程中实施这一步骤，利用含树脂的锥形管，采用无菌技术，来替换 Steriflip 收集管。为了确保无菌性，这一步骤可在无菌垫上进行。将含清除产品和树脂的滤器及试管组件倒置（这将导致树脂滴落在滤器的背面），将其旋在未加盖反应容器的顶部。连接真空管路，将组件倒置，并将反应产物过滤入树脂床上。轻轻敲击滤器组件，放置于连接真空管路的支架中，再等待 1 min，待最后一滴液滴落下；再次敲击滤器组件，使所有悬滴脱落。旋下滤器的上部管，丢弃入带罩的受污染固体废物容器中。

(21) 可使用 2 mL 组织培养移液管和一次性 250 mL 过滤瓶（Corning）来吸取流穿馏分和未收集洗脱液，滤器组件用带罩单孔塞替换。每次操作完成后，将移液管丢弃入带罩锐器容器中，将管线插入窄口聚丙烯管。关闭真空阀，更换瓶子，保留瓶塞，依照当地有毒废液法规对瓶子进行处理。吸取期间，瓶子的支撑方式是关键所在。可以使用黏附于罩表面（采用双面胶带）的聚丙烯烧杯。

(22) 去糖基化消除了天然重链聚糖的异质性所造成的质量复杂性。

(23) 省略了对更具有疏水性的药物-连接子的透析步骤，因为透析可导致较高值 DAR 化合物的损失，造成平均 DAR 的偏倚。通常情况下，用于 ADC 的储存缓冲液中的盐浓度对结果无影响或仅有很小影响。避免使用含磷酸盐缓冲液。

(24) 由于质谱分析法固有的变性条件，故还原是必要的。如果不进行还原，可观察到多种化合物，包括重链-重链、重链-重链-轻链和重链-轻链，使得后续分析变得极为复杂。

(25) 最好将层析柱放置于高温环境中，以提高抗体回收率[18, 19]。

(26) 此类树脂的示例包括 LH10（G.E. Healthcare）、辛基-琼脂糖（G.E. Healthcare）或 Bio-Beads（Bio-Rad Laboratories）[14]。由于药物-连接子疏水性的差异，此种应用的适当性必须凭经验予以确定。

参 考 文 献

1. Carter PJ, Senter PD (2008) Antibody-drug conjugates for cancer therapy. Cancer J 14: 154–169
2. Senter PD (2009) Potent antibody drug conjugates for cancer therapy. Curr Opin Chem Biol 13: 235–244
3. Younes A, Yasothan U, Kirkpatrick P (2012) Brentuximab vedotin. Nat Rev Drug Discov 11: 19–20
4. Gualberto A (2012) Brentuximab Vedotin (SGN-35), an antibody-drug conjugate for the treatment of CD30-positive malignancies. Expert Opin Investig Drugs 21: 205–216
5. Hamblett KJ, Senter PD, Chace DF, Sun MM, Lenox J, Cerveny CG, Kissler KM, Bernhardt SX, Kopcha AK, Zabinski RF, Meyer DL, Francisco JA (2004) Effects of drug loading on the antitumor activity of a monoclonal antibody drug conjugate. Clin Cancer Res 10: 7063–7070
6. Sun MM, Beam KS, Cerveny CG, Hamblett KJ, Blackmore RS, Torgov MY, Handley FG, Ihle NC, Senter PD, Alley SC (2005) Reduction-alkylation strategies for the modification of specific monoclonal antibody disulfides. Bioconjug Chem 16: 1282–1290
7. Shen BQ, Xu K, Liu L, Raab H, Bhakta S, Kenrick M, Parsons-Reponte KL, Tien J, Yu SF, Mai E, Li D, Tibbitts J, Baudys J, Saad OM, Scales SJ, McDonald PJ, Hass PE, Eigenbrot C, Nguyen T, Solis WA, Fuji RN, Flagella KM, Patel D, Spencer SD, Khawli LA, Ebens A, Wong WL, Vandlen R, Kaur S, Sliwkowski MX, Scheller RH, Polakis P, Junutula JR (2012) Conjugation site modulates the in vivo stability and therapeutic activity of antibody-drug conjugates. Nat Biotechnol 30: 184–189
8. Junutula JR, Flagella KM, Graham RA, Parsons KL, Ha E, Raab H, Bhakta S, Nguyen T, Dugger DL, Li G, Mai E, Lewis Phillips GD, Hiraragi H, Fuji RN, Tibbitts J, Vandlen R, Spencer SD, Scheller RH, Polakis P, Sliwkowski MX (2010) Engineered thio-trastuzumab-DM1 conjugate with an improved therapeutic index to target human epidermal growth factor receptor 2-positive breast cancer. Clin Cancer Res 16: 4769–4778
9. Junutula JR, Raab H, Clark S, Bhakta S, Leipold DD, Weir S, Chen Y, Simpson M, Tsai SP, Dennis MS, Lu Y, Meng YG, Ng C, Yang J, Lee CC, Duenas E, Gorrell J, Katta V, Kim A, McDorman K, Flagella K, Venook R, Ross S, Spencer SD, Lee Wong W, Lowman HB, Vandlen R, Sliwkowski MX, Scheller RH, Polakis P, Mallet W (2008) Site-specific conjugation of a cytotoxic drug to an antibody improves the therapeutic index. Nat Biotechnol 26: 925–932
10. Kovtun YV, Audette CA, Ye Y, Xie H, Ruberti MF, Phinney SJ, Leece BA, Chittenden T, Blattler WA, Goldmacher VS (2006) Antibody-drug conjugates designed to eradicate tumors with homogeneous and heterogeneous expression of the target antigen. Cancer Res 66: 3214–3221

11. Okeley NM, Miyamoto JB, Zhang X, Sanderson RJ, Benjamin DR, Sievers EL, Senter PD, Alley SC (2010) Intracellular activation of SGN-35, a potent anti-CD30 antibody-drug conjugate. Clin Cancer Res 16: 888–897
12. Pollack VA, Alvarez E, Tse KF, Torgov MY, Xie S, Shenoy SG, MacDougall JR, Arrol S, Zhong H, GerwienRW, Hahne WF, Senter PD, Jeffers ME, Lichenstein HS, LaRochelle WJ (2007) Treatment parameters modulating regression of human melanoma xenografts by an antibody-drug conjugate (CR011-vcMMAE) targeting GPNMB. Cancer Chemother Pharmacol 60: 423–435
13. Luo S, Wehr NB, Levine RL (2006) Quantitation of protein on gels and blots by infrared fluorescence of Coomassie blue and Fast Green. Anal Biochem 350: 233–238
14. Spack EG Jr, Packard B, Wier ML, Edidin M (1986) Hydrophobic adsorption chromatography to reduce nonspecific staining by rhodamine-labeled antibodies. Anal Biochem 158: 233–237
15. Ejima D, Yumioka R, Arakawa T, Tsumoto K (2005) Arginine as an effective additive in gel permeation chromatography. J Chromatogr A 1094: 49–55
16. Ricker RD, Sandoval LA (1996) Fast, reproducible size-exclusion chromatography of biological macromolecules. J Chromatogr A 743: 43–50
17. Yumioka R, Sato H, Tomizawa H, Yamasaki Y, Ejima D (2010) Mobile phase containing arginine provides more reliable SEC condition for aggregation analysis. J Pharm Sci 99: 618–620
18. Rehder DS, Dillon TM, Pipes GD, Bondarenko PV (2006) Reversed-phase liquid chromatography/mass spectrometry analysis of reduced monoclonal antibodies in pharmaceutics. J Chromatogr A 1102: 164–175
19. Dillon TM, Bondarenko PV, Rehder DS, Pipes GD, Kleemann GR, Ricci MS (2006) Optimization of a reversed-phase high-performance liquid chromatography/mass spectrometry method for characterizing recombinant antibody heterogeneity and stability. J Chromatogr A 1120: 112–120

第 10 章　通过赖氨酸的偶联方法

Marie-Priscille Brun，Laurence Gauzy-Lazo

摘　要

目前，应用最广泛的单克隆抗体偶联药物的化学方法包括通过赖氨酸或半胱氨酸残基偶联。本章介绍了几种通过将药物偶联到暴露在溶剂中的赖氨酸 ε-氨基上来制备抗体偶联药物（antibody-drug conjugate，ADC）的方法。这些方法包括应用多种细胞毒类药物（如微管抑制剂和 DNA 靶向剂）、不同类型的连接子（可切除的或不可切除的肽类或二硫化物类）。

关键词：赖氨酸偶联，一步或两步法偶联，活化酯，亚氨基硫烷，马来酰亚胺交联剂，碘乙酰胺交联剂，二硫化物交联剂

1　引　言

暴露在抗体（mAb）表面的赖氨酸残基由于其侧链的氨基是强亲核基团，常被选为偶联药物的位点。每个免疫球蛋白（IgG）包含 80~100 个赖氨酸残基，它们中的大部分是充分暴露在分子表面或是反应可及的。

赖氨酸偶联的一个主要的简单化学反应是通过偶联药物的活化酯与赖氨酸残基形成稳定的酰胺键，其中，活化酯通常选用 O-琥珀酰亚胺（O-succinimide）试剂，如 N-羟基琥珀酰亚胺（N-hydroxysuccinimidyl，NHS）或 N-羟基硫代琥珀酰亚胺（sulfo-NHS）酯类。另一种反应是利用酰亚胺酯类化合物（如 Traut's 试剂[1]）与赖氨酸残基形成稳定脒键，脒键在生理 pH 下以质子化形式存在，因此可以保留单克隆抗体（mAb）的天然电荷性质[2]。不论何种合成策略，药物抗体偶联比率（DAR）往往是较小的，相对而言，潜在的偶联位点却很多，这就导致了反应的随机性和产物的异质性，并且药物负载呈统计学分布，这常被称为赖氨酸偶联的"散弹枪随机装载"（random shotgun loading）[3]。

此外，异（硫）氰酸酯可能形成稳定（硫）脲连接的化学性质也是值得探讨的。此方法已经广泛应用于抗体的荧光标记，如异硫氰酸荧光素[4]。目前的报道中，此方法还未应用到 ADC 的制备，但已应用于喜树碱和阿霉素与具有氨基反应活性生物聚合物的偶联[5]，以及放射性标记抗体[6]的制备。

最近有报道称一种具有特定框架结构的 IgG 基于氮杂环丁酮化学实现了赖氨酸的定点偶联，该 IgG 的重链各有一个反应活性很高的赖氨酸，因而提供了两个潜在的偶联位点。此赖氨酸的 pK_a 约为 6，而非常见的 10~11，这使 β-内酰胺部分容易打开，从而形成 β-丙氨酸肽键[7]。目前，此方法还未应用于 ADC 的制备，但用于多肽偶联的详细方法

已有报道[8]。

2 材 料

所有溶液均用分析纯试剂进行配制，所用的超纯水是经纯化的去离子水，其电阻率达到 18 MΩ·cm(25℃)。抗体或 ADC 溶液保存于 4℃。理想的药物溶液应为新制备的，但如果药物在偶联反应所用的有机助溶剂中是稳定的，则可保存于-20℃。药物及 ADC 溶液须小心处理，因其含高活性的细胞毒化合物。最好使用一次性材料，清洗前要先用药物降解溶剂处理玻璃器皿，废料要收集到一个安全隔离箱中，防止任何可能的污染。

(1) Pellicon® 3 超滤膜包和 Millex® 滤膜(Millipore)。

(2) Sephacryl® S200、Sephadex® G25、SP Sepharose® High Performance 和 Superdex® 200 层析介质(GE Healthcare)。

(3) 缓冲液 1：例如，pH 8 的缓冲液是 50 mmol/L 磷酸钾缓冲液(含或不含 50 mmol/L 氯化钠)，或是 50 mmol/L 的 4-(2-羟乙基)-1-哌嗪乙磺酸(HEPES)(含或不含 50 mmol/L 氯化钠)，或者是含有 50 mmol/L 磷酸钾、50 mmol/L 氯化钠和 1 mol/L HEPES 的溶液。这些缓冲溶液中可能会添加 2 mmol/L 的乙二胺四乙酸(EDTA)。

(4) 缓冲液 2：含有 10 mmol/L 组氨酸、130 mmol/L 甘氨酸、5%(m/V) 的蔗糖，pH 5.5 的溶液。

(5) 缓冲液 3：含有 10 mmol/L 磷酸盐、140 mmol/L 氯化钠，pH 6.5 的溶液。

(6) 缓冲液 4：含有 10 mmol/L 柠檬酸钠、135 mmol/L 氯化钠，pH 5.5 的溶液。

(7) 缓冲液 5：含有 50 mmol/L 磷酸钠、100 mmol/L 氯化钠、60 mmol/L 辛酸钠，pH 7.8 的溶液。

(8) 缓冲液 6：含有 50 mmol/L 磷酸盐、100 mmol/L 氯化钠，pH 7.4 的溶液。

(9) 缓冲液 7：含有 50 mmol/L 磷酸钾、50 mmol/L 氯化钠、2 mmol/L EDTA，pH 6.5 的溶液。

(10) 缓冲液 8：含有 100 mmol/L HEPES，pH 8 的溶液。

(11) 缓冲液 9：含有 50 mmol/L 磷酸钾、50 mmol/L 氯化钠、2 mmol/L EDTA，pH 6.5~8.5 的溶液。

(12) 缓冲液 10：含有 10 mmol/L 磷酸盐、140 mmol/L 氯化钠，pH 6.5 或 7 的溶液。

(13) 缓冲液 11：含有 100 mmol/L 磷酸钠、50 mmol/L 氯化钠、2 mmol/L 二乙烯三胺五乙酸(DPTA)，pH 8 的溶液。

(14) 缓冲液 12：含有 50 mmol/L HEPES、5 mmol/L 甘氨酸、2 mmol/L DPTA，pH 5.5 的溶液。

(15) 缓冲液 13：含有 50 mmol/L HEPES、5 mmol/L 甘氨酸、230 mmol/L 氯化钠，pH 5.5 的溶液。

(16) 缓冲液 14：含有 10 mg/mL 甘氨酸、30 mg/mL 蔗糖，pH 6 的溶液。

3 方 法

偶联药物（常为细胞毒素）到抗体上就像让两个不同的世界结合：大多数高活性细胞毒素药物的疏水性特别强，而抗体则是亲水性的。因此，常需要使用有机助溶剂来提高药物的水溶性，使两种物质均能溶解在溶液中以形成共价偶联物。抗体可以通过一步或两步法工艺与细胞毒素药物进行偶联。在两步法工艺中，在添加细胞毒素药物前需要增加一步修饰反应，即用异型双功能试剂来修饰抗体。无论是一步法还是两部法工艺，最终产物均需要通过纯化去除过量的反应物、有机助溶剂、其他工艺添加剂及反应副产物。可单用经典蛋白纯化方法或各种方法的组合进行纯化，如膜过滤、脱盐树脂的凝胶过滤、分子排阻色谱（SEC）去除聚合物、制剂缓冲液的透析、用截留一定分子质量的膜进行切向流过滤（TFF）。使用某些色谱方法进行纯化时，可能需要额外的溶液置换步骤先将 ADC 配制到合适的缓冲液中。无论用何种方法进行的偶联，最后都要通过合适的、可测量偶联到抗体上的药物的方法进行 DAR 的测定。可采用多种技术进行检测，包括紫外-可见光谱、疏水作用色谱（HIC）、液相色谱-质谱联用，这些检测方法将在第 16~18 章中进行介绍。

3.1 一步法偶联

一步法偶联通过使抗体 1 上赖氨酸的 ε-氨基与药物 2 的活性胺基团反应，直接生成酰胺键（图 10-1）。常用的活性酯是 NHS，但也可以利用羟基苯并三唑、氟苯或硝基苯衍生物等其他活性酯[9, 10]。

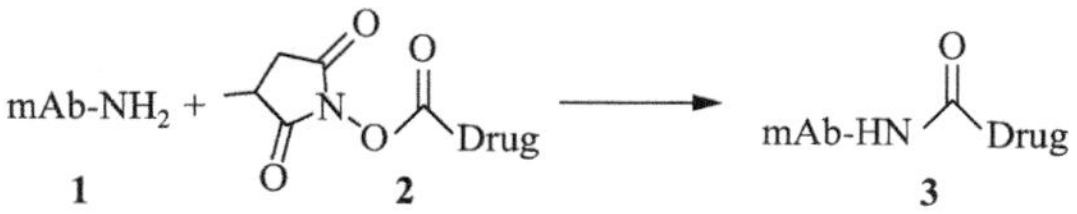

图 10-1 一步法偶联反应。

这种偶联方法广泛应用于含不可切除连接子的细胞毒素药物的偶联（图 10-2），如美登素衍生物 4 和 5[11, 12]、托马霉素/吡咯并苯二氮卓（PBD）二聚物 6 和吲哚啉-苯二氮卓（IBD）二聚物 7[13~15]。

这类细胞毒化合物的偶联方法都十分相似，下述为一个通用工艺方法：

（1）以 N, N-二甲基乙酰胺（DMA）为溶剂，制备约 10 mmol/L 含有 O-琥珀酰亚胺结构的细胞毒药物溶液。

（2）用 pH 8 的缓冲液（缓冲液 1）和 DMA 稀释抗体，加入药物溶液，使抗体与药物的摩尔浓度比为 1∶5~1∶20（视预期的 DAR 和药物的反应活性而定），即体系中抗体的浓度为 2.5~5 mg/mL，DMA 含量不超过 20%。DMA 和药物溶液均要在磁力搅拌状态下缓慢地加入到抗体溶液中。

（3）室温下搅拌 2~4 h。如果未达到预期的 DAR，则需要额外添加药物溶液，并继续反应 2 h（见注释 1）。

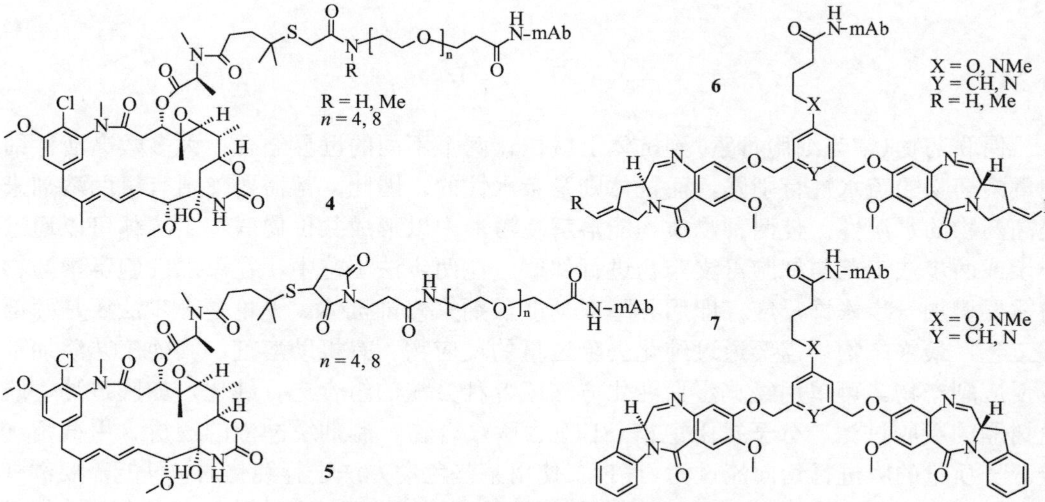

图 10-2 一些不可切除偶联物的结构。

(4) 除去过量的反应物及反应副产物，如有必要，需将缓冲液置换成 ADC 的制剂缓冲液。以下将列举一些实例。

例如，美登素偶联物，可通过 Pellicon® 3 膜进行切向流过滤来纯化。用缓冲液 2 进行 10 倍样品体积的渗滤，或是通过 Sephadex®G25 脱盐树脂进行凝胶过滤，接着用制剂缓冲液做透析。

对于 PBD 偶联物 6，偶联原液用 0.45μm 或 5 μm 的膜过滤后，通过 Superdex® 200 prep grade 色谱柱进行 SEC，将偶联原液置换到缓冲液 3 中，再通过 10 kDa 或 50 kDa 膜离心浓缩。

对于 IBD 偶联物 7，先通过 Sephadex® G25 脱盐树脂进行凝胶过滤，再用缓冲液 4 透析。

一步法偶联也可以制备具有可切除连接子的 ADC，如卡奇霉素衍生物的偶联物伊珠单抗-奥加米星(inotuzumabozogamicin)或 CMC-544(图 10-3)[16~18]。

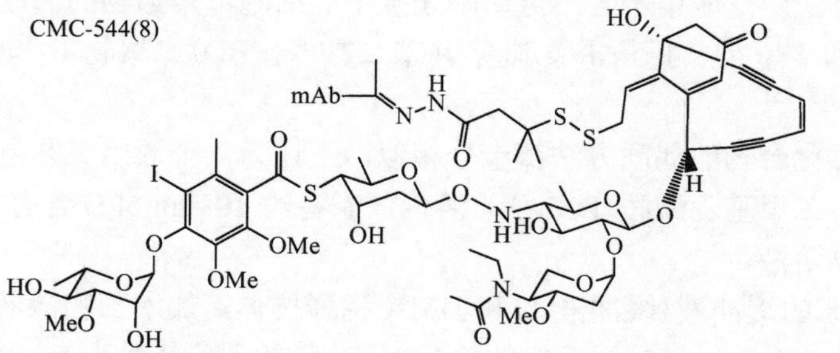

图 10-3 伊珠单抗-奥加米星——一种卡奇霉素类 ADC。

此类偶联的前提是偶联前要合成药物-连接子。其中所用的活性胺基团仍然是活性酯，相应的偶联方法如下。

(1) 将细胞毒药物溶解于二甲基甲酰胺(DMF)或丙二醇中。

(2) 将 mAb 溶于缓冲液 5 中。
(3) 搅拌状态下缓慢地加入药物溶液，使 mAb 与药物的摩尔浓度比为 1∶4~1∶6，即体系中 mAb 的终浓度为 5 mg/mL，药物浓度为 1 mg/mL，DMF 含量为 15%或丙三醇含量为 30%。
(4) 室温下反应 3 h。
(5) 用 Millex®膜过滤后的原液，再用 Sephacryl® S200 进行 SEC，将其置换到缓冲液 6 中。

3.2 采用 O-琥珀酰亚胺试剂的进行两步法偶联

这种类型的偶联首先是对抗体 1 上的赖氨酸残基进行修饰，引入化学功能团，可与下一步反应中的药物 11 的特异活性基团反应（图 10-4）。第一步所生成的抗体-连接子中间产物 10 通常被称为"修饰抗体"。

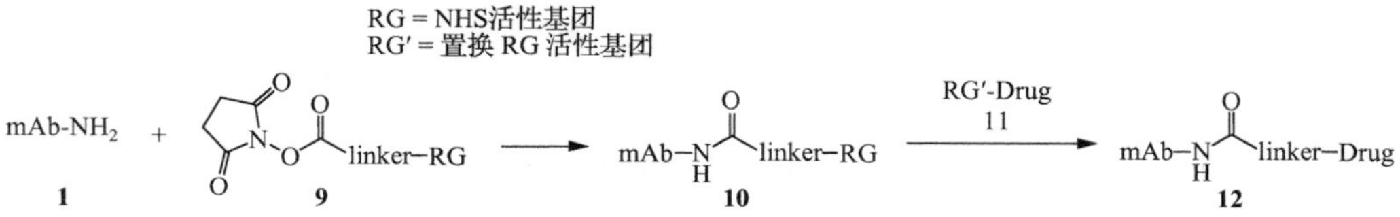

图 10-4 两步法偶联。

下面将介绍用 O-琥珀酰亚胺试剂引入马来酰亚胺（maleimido）、碘乙酰胺（iodoacetamido）、吡啶基二硫化物（pyridyldisulfide）基团的方法。为了计算第二步偶联反应中需添加的药物量，最好先测定抗体的修饰情况，即测定可与药物进行偶联反应的活性基团数量。

不论修饰步骤引入的是何种化学功能基团，药物偶联的步骤都会十分相似，因为药物自身的反应基团总是含有巯基部分。下面将会分别介绍各修饰步骤，并将药物偶联步骤作为一个通用方法来介绍。N-羟基硫代琥珀酰亚胺（sulfo-NHS）衍生物比传统的 NHS 活性酯溶解性好，可以提高交联剂的溶解度。

3.2.1 引入马来酰亚胺基团

此类修饰一般是通过抗体与含马来酰亚胺基团的衍生物反应进行，如 13（图 10-5）。其中最常用的交联剂是 4-(N-马来酰亚胺基甲基)环己烷-1-羧酸琥珀酰亚胺酯（succinimidyl 4-(N-maleimidomethyl)-cyclohexane-1-carboxylate，SMCC，19）。例如，曲妥珠-美登素衍生物（T-DM1，图 10-6，于 2013 年 2 月获 FDA 批准上市，商品名 Kadcyla™）通过 SMCC 将美登素 DM1 偶联至赫赛汀（Herceptin™）[19]。利用 SMCC 为交联剂的例子还有基于 PBD 的 ADC 18[20]。

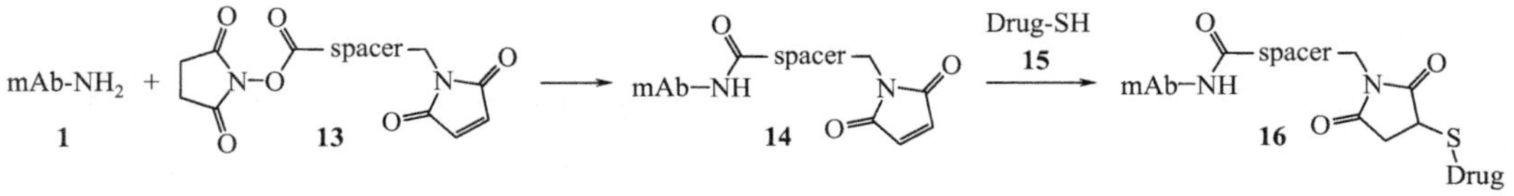

图 10-5 基于马来酰亚胺的偶联反应。

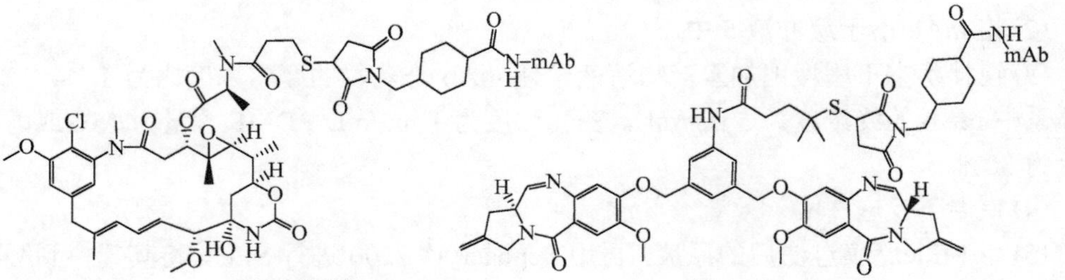

图 10-6 一些基于马来酰亚胺的偶联物结构。

带负电的磺基基团(如 20[21]),或具有中性 PEG 部分(如 21[22])的亲水性连接子,也能用于疏水性药物的偶联,可在得到较高载的药量的同时,又不引起 ADC 的聚集(图 10-7)[23]。

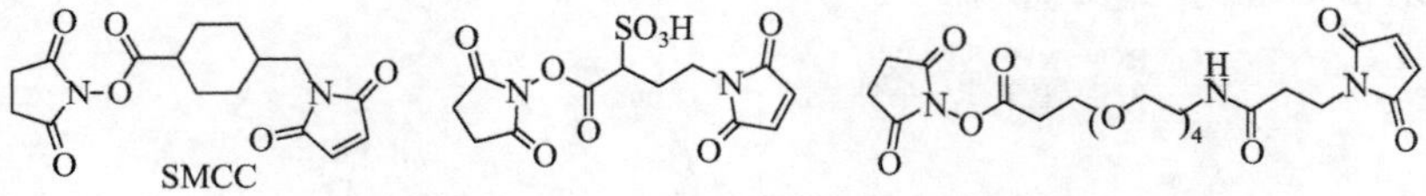

图 10-7 马来酰亚胺类连接子的典型示例。

通过 SMCC 19 或亲水性连接子将 DM1 或 DM4 偶联至不同抗体的一般方法如下[21~25]。

(1) 配制含马来酰亚胺连接子的溶液,用 DMSO 溶解 SMCC,或用 DMA 溶解亲水性连接子,浓度约 20 mmol/L。

(2) 用缓冲液 7 稀释 mAb,浓度大于 8 mg/mL。

(3) 搅拌状态下,缓慢地加入 DMSO 或 DMA。然后加入 SMCC 溶液,使 mAb 与 SMCC 的摩尔浓度比为 1∶7.5~1∶10。一般来说,抗体与亲水性连接子的摩尔浓度比为 1∶5~1∶50。mAb 的终浓度约为 8 mg/mL,有机助溶剂的浓度为 5%(见注释 2)。

(4) 搅拌状态下室温反应 2 h(见注释 3)。

(5) 用缓冲液 7,通过脱盐树脂 Sephadex® G25 进行凝胶过滤,以除去过量反应物及反应副产物。

另一种方法用于吡咯并苯二氮杂卓(PBD)二聚物的偶联,通过类似的连接子得到 ADC 18[20]。偶联方法中助溶剂选用 DMA 而不用 DMSO,凝胶过滤步骤中用缓冲液 8。

测定抗体偶联 SMCC 连接子的平均个数,可取少量修饰抗体的样品,通过 Ellman 试验差减法(UV 法)[25]来测定。具体的方法为用过量的巯基乙醇处理样品,再用 5,5′-二硫代双(2-硝基苯甲酸)(DTNB)进行滴定确定剩余的硫醇量(TNB,ε_{412nm}= 14 150/M/cm)。

3.2.2 引入碘乙酰胺基团

一些卤代乙酰类衍生物可作为 ADC 的连接子(图 10-8)。其中,碘乙酰类衍生物最为常用,因其与巯基部分的反应活性比溴乙酰类衍生物的高。此类交联剂中应用最广的是 4-碘代乙酰氨基苯甲酸琥珀酰亚胺酯(SIAB 28,图 10-10)。多种抗体已用此交联剂偶联美登素类衍生物 DM1（ADC 25，图 10-9）、DM4（如 huC242-DM4 或 IMGN242 26）[24, 25]。

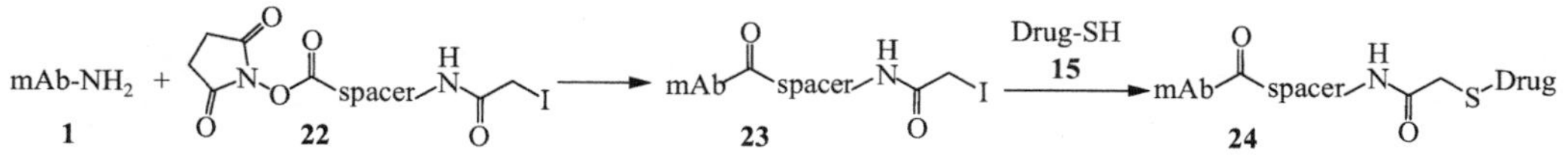

图 10-8 基于碘乙酰胺类的偶联反应。

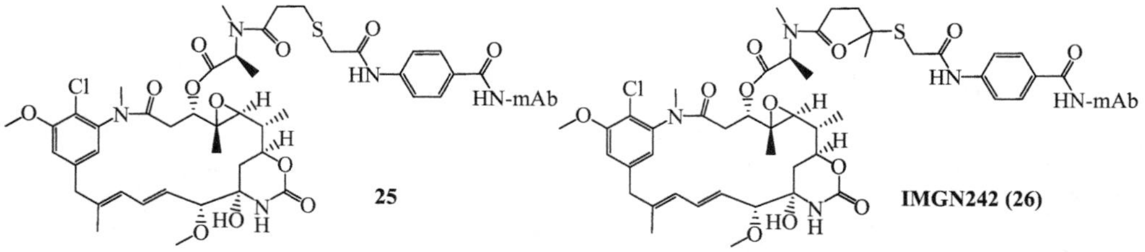

图 10-9 美登素-硫醚乙酰胺偶联物。

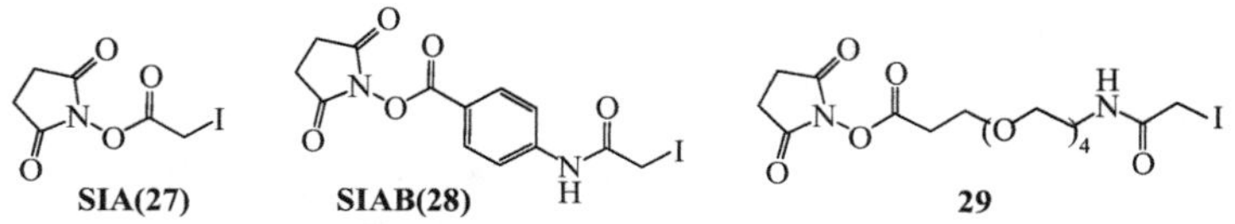

图 10-10 典型的碘乙酰胺类连接子例子。

不过也可用其他衍生物作为连接子，从最简单的 N-琥珀酰亚胺基碘代乙酸酯（SIA，27）到更亲水的含 PEG 部分的碘乙酰类连接子 29（图 10-10）[11]。

几种抗体已通过 SIAB 28 偶联 DM1[24, 25]，据此可将此类修饰的标准方法概括如下：

(1) 将 SIAB 28 溶解于 DMSO 中，浓度约 18 mmol/L。
(2) 用缓冲液 7 稀释浓度大于 20 mg/mL 的 mAb。
(3) 搅拌状态下，缓慢地加入 DMSO。然后加入药物溶液，使 mAb 与药物的摩尔浓度比为 1∶7~1∶10。mAb 的终浓度约为 20 mg/mL，DMSO 的终浓度为 5%。
(4) 避光搅拌，室温反应 2 h。
(5) 用缓冲液 7，通过脱盐树脂进行凝胶过滤，以除去过量反应物及副产物。用 1 mol/L 的氢氧化钠调 pH 至 8，此 pH 是下一步的偶联反应所需的 pH。

通过 SIAB 的投料量可理论上推出 SIAB 28 修饰抗体的产率。

3.2.3 引入吡啶二硫化物基团

首先引入含活性巯基部分的连接子如（硝基-）吡啶二硫化物 30 以活化抗体 1，其中的活性巯基部分将被药物 15 的自由巯基取代（图 10-11）。此方法由 ImmunoGen 公司开发，广泛应用于含可切除二硫键连接子的 ADC 制备[26, 27]。此方法已成功应用于制备 huB4-SPDB-DM4（SAR3419 33，图 10-12）[28]、DM1 类的 ADC 34、PBD 类的 ADC 35[20] 及 cryptophycin 类的 ADC 36[29]。

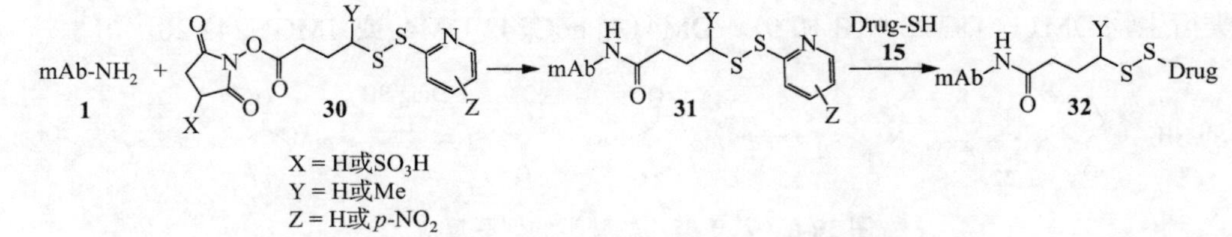

图 10-11 基于吡啶二硫化物的偶联反应。

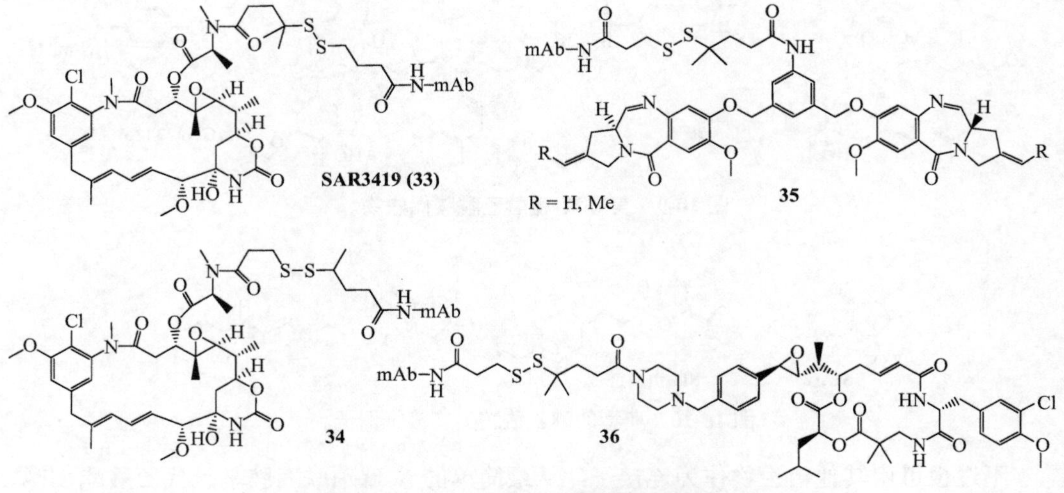

图 10-12 一些二硫化物偶联物的结构。

通常所用的吡啶基二硫化物(pyridyl disulfide)连接子(图 10-13)都是商品化的 N-琥珀酰亚胺-3-(2-吡啶二硫代)丙酸酯(SPDP, 37)或 N-琥珀酰亚胺-4-(2-吡啶二硫代)丁酸酯(SPDB, 38)[30]。另外,用具有空间位阻效应的二硫化物连接子(如 39、40)制备的 ADC,可控制药物的释放[30, 31]。目前已制备出含有亲水性磺酸基 41 或 PEG 化 42[21~23]的马来酰亚胺类连接子。吡啶环上的硝基取代生成了对巯基衍生物取代具有更高反应活性的吡啶基二硫代部分,因此可将其用于低反应活性的药物偶联。

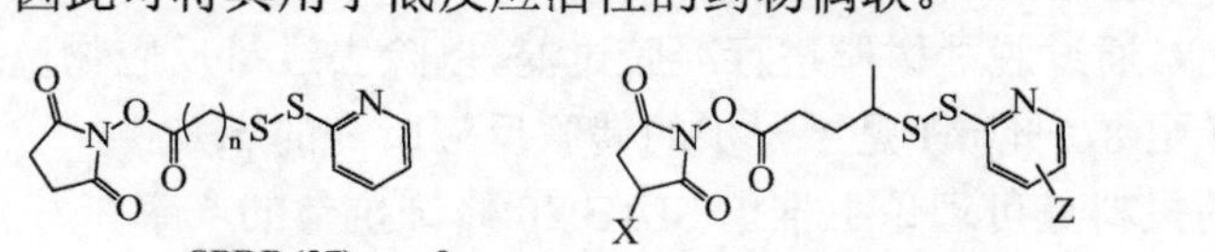

图 10-13 典型的二硫化物连接子例子。

以二硫化物为连接子,抗体偶联美登素或 PBD 类衍生物已有一个通用方法[20, 23, 25, 26, 30]。最为广泛应用的方法如下。

(1)对于亲水性连接子,将交联剂溶于乙醇或 DMA 中,配制浓度约为 10 mmol/L 或

20 mmol/L 的溶液。

(2)用缓冲液 7 稀释浓度大于 8 mg/mL 的 mAb。

(3)搅拌状态下,缓慢地加入乙醇或 DMA,然后加入 SPDB 38 溶液,使 mAb 与 SPDB 的摩尔浓度比为 1∶4~1∶7(视预期的最终 DAR 而定);或者是加入亲水性连接子,使 mAb 与其摩尔浓度比为 1∶5~1∶50。mAb 的终浓度约为 8 mg/mL,有机助溶剂终含量为 5%。

(4)搅拌状态下室温反应约 2 h(见注释 3)。

(5)用缓冲液 9,通过脱盐树脂 Sephadex® G25,进行凝胶过滤,以除去过量反应物及副产物。

测定抗体上连接子的平均个数的方法,要根据连接子的性质而定。例如,测定每个抗体连接的 SPDB 38 数量的方法为,取少量被修饰的抗体样品,用 50 mmol/L 的 DTT 处理样品,然后通过 UV 法(ε_{343nm}= 8080/M/cm 和 ε_{280nm}= 5100/M/cm)检测释放的吡啶-2-硫酮(pyridine-2-thione)量。对于连接子 sulfo-SNPP 40,因为 4-硝基-吡啶-2 二硫代修饰抗体的 ε_{325nm} 为 10 964/M/cm,可直接通过检测 325 nm 的吸光值进行测定[30]。而测定亲水性的磺基-连接子 41(sulfo-linker 41),则可取少量被修饰的抗体样品,添加 DTT,检测释放的 2 -巯基-4 -硝基吡啶(2-mercapto-4-nitropyridine)($\varepsilon_{394\,nm}$=14 205/M/cm,[21])的量来测定。

另一种"一锅煮"("one-pot")法(无需纯化修饰反应的中间产物),是应用连接子 SPDB 38 偶联念珠藻素类衍生物[29]测定。

(1)溶解 SPDB 38 于 DMA 中,浓度约 15 mmol/L。

(2)用缓冲液 7 稀释浓度大于 8 mg/mL 的 mAb,用 1 mol/L 的 HEPES 调 pH 至 8。

(3)搅拌状态下,缓慢地加入 DMA,然后加入连接子溶液,使 mAb 与其摩尔浓度比为 1∶5~1∶10(根据最终期望的 DAR 而定)。mAb 的终浓度约为 8 mg/mL,DMA 的终浓度为 5%。

(4)搅拌状态下室温反应 2 h,无需任何纯化步骤直接开始第二步反应。

根据 SPDB 的投入量可以推算修饰反应产率。

3.2.4 第二步:引入药物

无论修饰反应中引入的是何种化学功能基团,引入含巯基药物 15 的第二步反应都是一致的。一般方法如下。

(1)溶解药物 15 于 DMA 中,浓度 1~5 mmol/L。

(2)如有必要,则需将已修饰的 mAb 稀释到适当的反应缓冲液中。

(3)搅拌状态下添加 DMA,然后加入药物溶液,使连接子与其摩尔浓度比为 1∶1.5~1∶7,使反应体系中 mAb 的终浓度为 2.5~12.5 mg/mL,DMA 的终含量不超过 20%。

(4)室温下反应 20 h(见注释 4)。如是 SIAB 修饰抗体,则需避光反应。

(5)除去过量的反应物和副产物,并将产品做成制剂。实例如下:

用缓冲液 10,通过 Sephadex®G25 脱盐树脂或透析方法纯化 DM1、DM4 和 PBD 偶联物。

对于念珠藻素类偶联物，偶联物原液先用 5 μm 的 Millex®膜澄清过滤，再用含 10%~20%的 N-甲基吡咯烷酮（NMP）的缓冲液 3，通过 Superdex®200 prep grade 色谱柱进行纯化。收集抗体偶联物的单体部分，通过 50 kDa 膜离心浓缩。用 Sephadex®G25 脱盐树脂通过凝胶过滤方法置换缓冲液，将 ADC 置换到最终的缓冲液（如缓冲液 3）中。

3.3 采用亚氨基硫烷试剂进行两步法偶联

首先通过亚氨基硫烷试剂向抗体 **1** 的赖氨酸残基上引入巯基基团，随后这些巯基可与药物 **45**（图 10-14）特定的活性基团（如马来酰亚胺基团）反应。

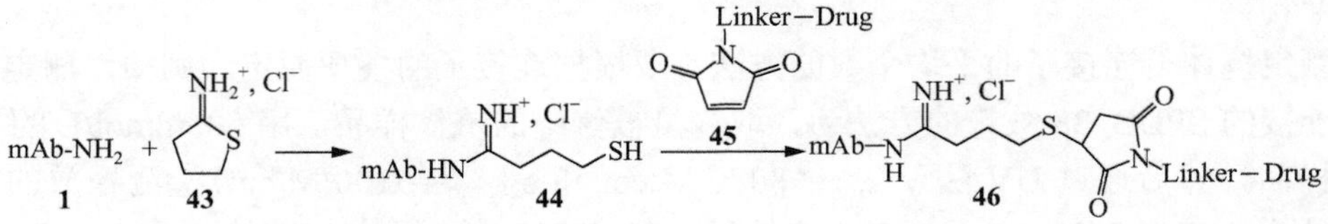

图 10-14 基于亚氨基硫烷的偶联反应。

已被报道过的取代亚氨基硫烷氢卤化物有几种[32]，但用于 ADC 制备的仅有 2-亚氨基硫烷 43（图 10-14），也叫 Traut's 试剂[1]。它能与任何带有活性巯基基团的药物反应，目前 ADC 中最常用的是马来酰亚胺基团。

用于抗体偶联多卡霉素衍生物（图 10-15）的方法如下，其中所用的连接子对组织蛋白酶 B 敏感[33]：

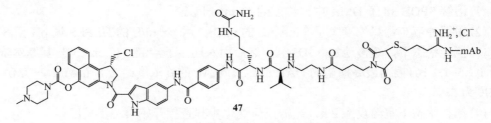

图 10-15 含有脒基连接子的多卡霉素 ADC。

(1) 用缓冲液 11 稀释浓度大于 5 mg/mL 的 mAb。

(2) 搅拌状态下缓慢加入 2-亚氨基硫烷 43，使 mAb 与其摩尔浓度比为 1∶10，mAb 的终浓度为 5 mg/mL。

(3) 室温搅拌反应 1 h。

(4) 用 10 kDa 切向流膜系统的渗滤法，去除过量的反应物及副产物，并将产物置换到偶联反应缓冲液 12 中。调整抗体修饰产物浓度至 2.5 mg/mL 并测定其巯基浓度。检测方法为：取少量的抗体修饰样品，加入过量的 4,4'-二硫代二吡啶（DTDP）处理，通过 UV 法（ε_{324nm}=19 800/M/cm）检测释放的硫代吡啶的量。

(5) 溶解药物于 DMSO 中，浓度为 5 mmol/L。

(6) 搅拌状态下缓慢地加入药物溶液，使其与硫醇的摩尔浓度比为 3∶1。

(7) 室温搅拌反应 1.5 h。

(8) 用 0.2 μm 滤膜过滤后，加入含 100 mmol/L N-乙基马来酰亚胺的 DMSO 溶液以终止反应，使其与硫醇的摩尔浓度比为 10∶1。

(9) 用 0.2 μm 的滤膜过滤，再进行阳离子交换 (CEX) 层析，用 SP Sepharose® 高效 CEX 层析柱，以缓冲液 13 洗脱，去除聚合物、过量的反应物及反应副产物。

(10) 用 10 kDa 切向流膜系统通过透析法将 ADC 置换在缓冲液 14 中，添加葡聚糖 40 使其终浓度为 10 mg/mL，用 0.2 μm 的滤膜过滤除菌。

4 注 释

(1) 此步骤中可以停止搅拌，代之以略加热至 30℃。

可通过合适的技术检测 DAR 值，具体方法视药物而定 (参见第 16~18 章中所述的方法)。

(2) 某些情况下浓度可达 20 mg/mL。所加入的连接子的过量程度需视其反应活性及预期的 DAR 而定。

(3) 为了减少连接子的投入量，反应时间可以延长至 24 h。

(4) 此步骤过程中可以停止搅拌，代之以略加热至 30℃。

参 考 文 献

1. Traut RR, Bollen A, Sun T-T, Hershey WB, Sundberg J, Pierce LR (1973) Methyl 4-mercaptobutyrimidate as a cleavable crosslinking reagent and its application to *Escherichia coli* 30S ribosome. Biochemistry 12: 3266–3273
2. Wilbur DS (1992) Radiohalogenation of proteins: an overview of radionuclides, labeling methods, and reagents for conjugate labeling. Bioconjugate Chem 3: 433–470
3. Wang L, Amphlett G, Blättler WA, Lambert JM, Zhang W (2005) Structural characterization of the maytansinoid-monoclonal antibody conjugate, huN901-DM1, by mass spectroscopy. Protein Sci 14: 2436–2446
4. Jobbagy A, Kiraly K (1966) Chemical characterization of fluorescein isothiocyanate-protein conjugates. Biochim Biophys Acta 124: 166
5. Chen Q, Sowa D, Gabathuler R (2004) The use of isocyanate linkers to make hydrolyzable active agent biopolymer conjugates. WO2004/008101
6. Wilbur DS, Chyan M-K, Nakamae H, Chen Y, Hamlin DK, Santos EB, Kornblit BT, Sandmaier BM (2012) Reagents for astatination of biomolecules. 6. An intact antibody conjugated with a maleimido-closo-decaborate (2-) reagent via sulfhydryl groups had considerably higher kidney concentrations than the same antibody conjugated with an isothiocyanatocloso-decaborate (2-) reagent via lysine amines. Bioconjugate Chem 23: 409–420
7. Gavrilyuk JI, Wuellner U, Barbas CF III (2009) β-Lactam-based approach for the chemical programming of aldolase antibody 38C2. Bioorg Med Chem Lett 19: 1421–1424
8. Gavrilyuk JI, Wuellner U, Salahuddin S, Goswami RK, Sinha SC, Barbas CF III (2009) An efficient chemical approach to bispecific antibodies and antibodies of high valency. Bioorg Med ChemLett 19: 3716–3720

9. Tietze LF, Goerlach A, Beller M (1988) Glycosidation, X. Synthesis of glycoconjugates of acetal-glycosides with lysine and tripeptides for selective cancer therapy. Liebigs Ann Chem 565–577
10. Mier W, Hoffend J, Krämer S, Schuhmacher J, Hull WE, Eisenhut M, Haberkorn U (2005) Conjugation of DOTA using isolated phenolic active esters: the labeling and biodistribution of albumin as blood pool marker. Bioconjugate Chem 16: 237–240
11. Singh R, Kovtun Y, Wilhelm SD, Chari R (2010) Potent conjugates and hydrophilic linkers. WO2010/126551
12. Bouchard H, Commerc on A, Fromond C, Mikol V, Parker F, Sassoon I, Tavares D (2011) New maytansinoids and the use of said maytansinoids to prepare conjugates with an antibody. WO2011/039721
13. Bouchard H, Chari RVJ, Commerçon A, Deng Y (2009) Cytotoxic agents comprising new tomaymycin derivatives and their therapeutic use. WO2009/016516
14. Li W, Fishkin NE, Zhao RY, Miller ML, Chari RVJ (2010) Novel benzodiazepine derivatives. WO2010/091150
15. Commerçon A, Gauzy-Lazo L (2011) Conjugates of pyrrolo[1, 4]benzodiazepine dimers as anticancer agents. WO2011/023883
16. Hinman LM, Hamann PR, Wallace R, Menendez AT, Durr FE, Upeslacis J (1993) Preparation and characterization of monoclonal antibody conjugates of the calicheamicins: a novel and potent family of antitumor antibiotics. Cancer Res 53: 3336–3342
17. Hamann PR, Hinman LM, Beyer CF, Lindh D, Upeslacis J, Flowers DA, Bernstein I (2002) An anti-CD33 antibody_calicheamicin conjugate for treatment of acute myeloid leukemia. Choice of linker. Bioconjugate Chem 13: 40–46
18. Hamann PR, Hinman LM, Hollander I, Beyer CF, Lindh D, Holcomb R, Hallett W, Tsou HR, Upeslacis J, Shochat D, Mountain A, Flowers DA, Bernstein I (2002) Gemtuzumab ozogamicin, a potent and selective anti-CD33 antibody-calicheamicin conjugate for treatment of acute myeloid leukemia. Bioconjugate Chem 13: 47–58
19. Lewis Phillips GD, LiG, Dugger DL, Crocker LM, Parsons KL, Elaine Mai E, Blättler WA, Lambert JM, Chari RVJ, Lutz RJ, WongWLT, Jacobson FS, Koeppen H, Schwall RH, Kenkare-Mitra SR, Spencer SD, Sliwkowski MX (2008) Targeting HER2-positive breast cancer with Trastuzumab-DM1, an antibody-cytotoxic drug conjugate. Cancer Res 68: 9280–9290
20. Gauzy L, Zhao R, Deng Y, Li W, Bouchard H, Chari RVJ, Commerçon A (2007) Cytotoxic agents comprising new tomaymycin derivatives and their therapeutic use. WO2007/085930
21. Chari RVJ, Zhao RY, Kovtun Y, Singh R, Widdison WC (2009) Cross-linkers and their uses. WO2009/134977
22. Singh R, Kovtun Y, Wilhelm SD, Chari RVJ (2009) Potent conjugates and hydrophilic linkers. WO2009/134976
23. Zhao RY, Wilhelm SD, Audette C, Jones G, Leece BA, Lazar AC, Goldmacher VS, Singh R, Kovtun Y, Widdison WC, Lambert JM, Chari RVJ (2011) Synthesis and evaluation of hydrophilic linkers for antibody maytansinoid conjugates. J Med Chem 54: 3606–3623
24. Steeves R, Lutz R, Chari R, Xie H, Kovtun Y (2005) Method of targeting specific cell populations using cell-binding agent maytansinoids conjugates linked via a non-cleavable linker, said conjugates, and methods of making said conjugates. WO2005/037992
25. Chari RVJ, Widdison WC (2004) Cytotoxic agents comprising new maytansinoids. US2004/0235840

26. Widdison WC, Wilhelm SD, Cavanagh EE, Whiteman KR, Leece BA, Kovtun Y, Goldmacher VS, Xie H, Steeves RM, Lutz RJ, Zhao R, Wang L, Blättler WA, Chari RVJ (2006) Semisynthetic maytansine analogues for the targeted treatment of cancer. J Med Chem 49: 4392–4408
27. Lambert JM (2010) Antibody-maytansinoid conjugates: a new strategy for the treatment of cancer. Drugs Future 35: 471–480
28. Blanc V, Bousseau A, Caron A, Carrez C, Lutz RJ, Lambert JL (2011) SAR3419: an anti-CD19-maytansinoid immunoconjugate for the treatment of B-cell malignancies. Clin Cancer Res 17: 6448–6458
29. Bouchard H, Brun M-P, Commerçon A, Zhang J (2011) Novel conjugates, preparation thereof, and therapeutic use thereof. WO2011/001052
30. Widdison WC (2004) Cross-linkers with high reactivity and solubility and their use in the preparation of conjugates for targeted delivery of small molecule drugs. WO2004/016801
31. Kellogg BA, Garrett L, Kovtun Y, Lai KC, Leece B, Miller M, Payne G, Steeves R, Whiteman KR, Widdison W, Xie H, Singh R, Chari RVJ, Lambert JM, Lutz RJ (2011) Disulfidelinked antibody_maytansinoid conjugates: optimization of in vivo activity by varying the steric hindrance at carbon atoms adjacent to the disulfide linkage. Bionconjugate Chem 22: 717–727
32. Carroll SF, Goff DA (1990) Hindered linking agents and methods. WO1990/06774
33. King DJ, Terrett JA, Gangwar S, Cardarelli JM, Raonaik C, Pan C (2009) Conjugates of anti-RG1 antibodies. WO2009/073524

第 11 章 基于巯基反应性连接子的位点特异性偶联：改造 THIOMAB

Sunil Bhakta, Helga Raab, and Jagath R. Junutula

摘　要

抗体偶联物已应用于多种治疗和研究用途中，它是强效化疗药物或其他功能团通过柔性连接子连接于半胱氨酸或赖氨酸残基而产生的。最近，我们设计了 THIOMAB（带有反应性半胱氨酸改造残基的抗体）以进行位点特异性偶联，表明这些抗体偶联物可显示同质化的特性，并具有最佳的体内外特征。在这里，我们描述如何设计、选择和进行位点特异性偶联带有反应性巯基的 THIOMAB 的流程。

关键词：抗体偶联物，THIOMAB，位点特异性偶联，抗体偶联药物（ADC），改造药物偶联抗体

1　引　言

迄今为止，超过 30 种单克隆抗体已经被批准用于多种适应证，包括癌症，基于抗体的靶向治疗药物对治疗一系列人类疾病的方法已产生了革命化的影响[1]。一些抗体（如利妥昔、曲妥珠、西妥昔和贝伐单抗）在治疗某些肿瘤癌症中已显示出明显的临床获益，而许多其他单抗正处于临床试验中[2]。所研发的针对肿瘤特异性的细胞膜抗原的抗体经常缺乏或者显示出较差的治疗效果，所以已探索出替代策略以增强其活性，其中就包括 ADC。ADC 可将强效的毒性物质特异地直接运送至癌细胞，从而将抗体的肿瘤靶向特异性与毒性物质的高效抗肿瘤活性结合起来[3~5]。一系列细胞毒性药物，包括奥里斯他汀、卡奇霉素、苯并二吡咯类抗生素、美登素及其他小分子化疗物质，已被偶联于抗体以产生 ADC，这些 ADC 在体外和小鼠肿瘤异种移植研究中显示出选择性杀伤目标肿瘤细胞的作用[6~15]。

细胞毒性药物和其他小分子一般通过赖氨酸的 ε-氨基偶联，或者通过被链间二硫键还原后所活化的半胱氨酸巯基偶联。这些传统的偶联方法可形成具有异质性的抗体偶联物产物，为偶联于抗体不同位点的偶联物与抗体不同摩尔比的混合物[16~19]。为发明更加同质的 ADC 以适应临床开发，最近我们发明了具有半胱氨酸改造的抗体，使巯基偶联在这些特异性位点成为可能，将其命名为 THIOMAB[17,18]。THIOMAB-药物偶联物显示出均一的连接子-药物分布，具有与传统 ADC 相同的药效，并且在大鼠和猴体实验中，

在肝和骨髓毒性方面显示出更高的安全性,所以其优于传统 ADC[17, 18]。本章描述了如何设计、选择和进行位点特异性偶联带有反应性巯基的 THIOMAB 的流程,另外我们也描述了相关分析(对连接于抗体连接子-药物进行定量)和功能(结合和体外活性)鉴别方法,改造的和常规 ADC 均可以应用这些方法。改造 THIOMAB 已成功应用于与细胞毒性药物偶联用于临床治疗,也成功与生物素、荧光团或放射性标记物偶联,用于基于抗体的研究和成像应用[20, 21]。

2 材 料

2.1 位点特异性突变

(1) IgG1 重轻链表达质粒。
(2) 具有预期半胱氨酸改造的正反向引物(见注意事项 1)。
(3) *Pfu* Ultra 高保真 DNA 扩增酶和 10×缓冲液(Agilent)(见注意事项 2)。
(4) 100 mmol/L 的 dNTP 混合物(Roche)。
(5) *Dpn*I(New England BIolabs)。
(6) 亚克隆级大肠杆菌感受态细胞(见注意事项 3)。
(7) LB 培养基。
(8) 含 50 μg/mL 羧苄青霉素/氨苄青霉素或其他合适选择性抗生素的 LB 琼脂板。

2.2 THIOMAB

(1) 具有预期半胱氨酸改造的 IgG1 重轻链。
(2) HEK293 细胞。
(3) Fugene® HD 转染试剂(Roche)(见注意事项 4)。
(4) 细胞生长培养基:Ham's F-12:高葡萄糖 DMEM(50:50),加有 10%热灭活的胎牛血清和 2 mmol/L 的 L-谷氨酰胺(Invitrogen)。
(5) Opti-MEM 培养基(Gibco)。
(6) Gibco 293 自由式培养基。
(7) 蛋白 A-琼脂糖珠(GE Healthcare Life sciences)。
(8) 1×磷酸盐缓冲液(PBS):8 g 氯化钠,0.2 g 氯化钾,1.13 g 磷酸氢二钠,0.2 g 磷酸二氢钾,加水至 1 L,并用 6 mol/L 的盐酸将 pH 调至 7.2。
(9) 洗脱缓冲液:0.1 mol/L 乙酸。
(10) 中和缓冲液:1 mol/L Tris-盐酸,pH 8.0。

2.3 偶联

(1) 偶联缓冲液:50 mmol Tris-盐酸,pH 7.5,2 mmol/L 乙二胺四乙酸。
(2) 100 mmol/L 二硫基苏糖醇。
(3) HiTrap SP FF 柱 1 mL(GE Healthcare Bio-Science AB)。

(4) 阳离子交换色谱(CEX)结合缓冲液：20 mmol/L 琥珀酸盐，pH 5.0。

(5) 阳离子交换色谱洗脱缓冲液：50 mmol/L Tris-盐酸，pH 7.5，150 mmol/L 氯化钠。

(6) 100 mmol/L 去氢抗坏血酸(DHAA)：溶于 N,N-二甲基乙酰胺(DMA)(见注意事项 5)。

(7) Biotin-PEO-maleimide(Pierce)：溶于水。

(8) 美登素(DM1)-MPEO-马来酰亚胺(Genentech)：溶于 N,N-二甲基乙酰胺。

2.4 疏水相互作用色谱(HIC)和质谱(LC-MS)分析

(1) Butyl HIC NPR 柱，2.5 μm，4.6 mm×3.5 cm(Tosoh Bioscience)。

(2) 疏水相互作用色谱流动相 A：50 mmol/L 磷酸钾(pH 7.0)和 1.5 mmol/L 硫酸铵。

(3) 疏水相互作用色谱流动相 B：50 mmol/L 磷酸钾(pH 7.0)和 20%异丙醇。

(4) ChemStation 软件(Agilent Technologies)。

(5) 去糖酶：PNGase(New England Biolabs)。

(6) 聚合型反相柱(PL 1912-1802，PLRPS 1000 Å，50 mm×2.1 mm，8 μm(Agilent Technologies)。

(7) 流动相 A：含 0.05%三氟乙酸的水。

(8) 流动相 B：含 0.05%三氟乙酸的乙腈。

(9) Masshunter 软件(Agilent Technologies)。

(10) THIOMAB-药物偶联物，如 Thio-曲妥珠-mpeo-DM1 (HC-A118C and LC-V205C variants)(Genentech)。

(11) 传统 ADC，如曲妥珠-mcc-DM1(Genentech)。

2.5 细胞表面结合

(1) 高表达靶抗原的细胞系(如 SK-BR-3，结合曲妥珠偶联物的表达 Her2 的细胞系)。

(2) 96 孔圆底 falcon 板(Becton Dickinson)。

(3) 细胞生长培养基：Ham's F-12：高葡萄糖 DMEM(50:50)，加有 10%热灭活的胎牛血清和 2 mmol/L 的 L-谷氨酰胺(Invitrogen)。

(4) 1×磷酸盐缓冲液：8 g 氯化钠，0.2 g 氯化钾，1.13 g 磷酸氢二钠，0.2 g 磷酸二氢钾，加水至 1 L，并用 6 mol/L 的盐酸将 pH 调至 7.2。

(5) 流式结合缓冲液：包含 1%牛血清白蛋白的磷酸盐缓冲液，pH 7.2。

(6) 曲妥珠(Genentech)。

(7) Thio-曲妥珠-mpeo-DM1(Genentech)。

(8) 藻红蛋白标记的羊抗人 Fc 二抗(Jackson ImmunoResearch)。

2.6 体外活性

(1) 表达抗原的细胞。

(2) 96 孔透明平底黑板(Corning)。

(3) 细胞生长培养基：Ham's F-12：高葡萄糖 DMEM(50:50)，加有 10%热灭活的胎牛血清和 2 mmol/L 的 L-谷氨酰胺(Invitrogen)。

(4)未偶联抗体，如曲妥珠(Genentech)。

(5)THIOMAB-药物偶联物，如 Thio-曲妥珠-mpeo-DM1 (Genentech)。

(6)非结合性阴性对照偶联物，如 Thio-曲妥珠-抗 CD22-DM1(Genentech)。

(7)CellTiter-Glo® 细胞活力检测化学发光试剂盒(Promega)(见注意事项 6)。

3 方　　法

3.1 定点突变

(1)建立 25 μL PCR 反应体系，其中包括 1×*Pfu* DNA 聚合酶缓冲液、20 mmol/L dNTP 混合物、正反向突变引物各 200 ng、100 ng 双链 IgG 重链表达质粒，以及 0.5 μL HF *Pfu* DNA 聚合酶(2.5 U/mL)。

(2)在 PCR 仪中进行 PCR 反应：95℃变性 2min，然后变性 95℃变性 30 s、52℃退火 30 s、68℃延伸 10 min，共 20 个循环(见注意事项 7)。

(3)向每个 PCR 样品中加入 1 μL *Dpn*I(10 U/μL)，37℃孵育 3h(见注意事项 8)。

(4)向 50 μL 大肠杆菌感受态细胞中加入 1 μL *Dpn*I 处理过的 PCR 样品,冰浴细胞 30 min。

(5)于 42℃热激处理 30 s，将反应罐转移至冰浴 2 min。

(6)向反应管中加入 LB 培养基 150 μL，于 37℃摇床孵育 30 min。

(7)将大肠杆菌细胞铺至含羧苄青霉素的 LB 琼脂板上，并于 37℃孵育 16 h。

(8)将单个克隆接种至含 50 μg/mL 羧苄青霉素的 LB 培养基中，生长 12~14 h。

(9)用 Qiagen 的小量提取试剂盒提取质粒 DNA，进行 DNA 测序以确认存在预期半胱氨酸改造，以及不存在 PCR 可能引起的无用非特异性突变。

3.2 在 HEK293 细胞中的小量 THIOMAB 生产

(1)第 1 天：向含 30 mL 细胞生长培养基的 T175 培养瓶中接种 1×10^7 个 HEK293 细胞，于 CO_2 孵箱中 37℃生长过夜。

(2)第 2 天：将含有预期半胱氨酸替换的 IgG 重链和轻链质粒各 15 μg 稀释至总量为 1.5 mL 的 Opti-MEM 溶质中，终浓度为 0.02 μg/mL(见注意事项 9)。

(3)将 1.5 mL 稀释后的 DNA 加入无菌非硅化反应管中，并将 90 μL 的 Fugene® HD 转染试剂直接加入含稀释 DNA 的溶质中(见注意事项 10)。

(4)振荡 DNA 转染试剂复合物 2 s，室温(20℃)孵育 15 min。

(5)仔细地将转染复合物逐滴加入细胞中，轻柔地将溶液混匀(见注意事项 11)。

(6)将 T175 培养瓶转移至 CO_2 孵箱孵育 24 h。

(7)第 3 天：吸弃培养基,用 15 mL 磷酸盐缓冲液清洗，加入 30mL Gibco 293 Freestyle 培养基，并于 37℃孵育细胞 5 天。

(8)第 8 天：收集培养基，1000 *g* 离心，将上清液转移至 50 mL Falcon 管中，加入 0.5 mL 蛋白 A-琼脂糖珠，于 4℃旋转孵育 3~4 h。

(9) 用 50 mL 冰浴后磷酸盐缓冲液洗涤珠子 4 次,用 2 mL 洗脱缓冲液洗脱所结合的抗体,立即用 0.5 mL pH 为 8.0 的 1 mol/L Tris-HCl 中和所洗脱的样品。重复洗脱步骤一次,并将样品合并。

(10) 用 Amicon ULTRA-15 超滤离心管将样品浓缩至终浓度为 5 mg/mL,并在 4000 g 的离心条件下运用反复浓缩步骤将样品的缓冲液置换至含 2 mmol/L 乙二胺四乙酸的 50 mmol/L Tris-HCl 中。

3.3 与含反应性巯基连接子的偶联

(1) 将 14 μL 100 mmol/L 的二硫基苏糖醇(摩尔比过量 40 倍)加至溶于偶联缓冲液的 5 mg(1 mL) THIOMAB(thio-曲妥珠)中,于室温(约 20℃)反应 16 h(见注意事项 13 和 14)。

(2) 加入约 1/50 反应体积的 10%乙酸将 pH 调至 5.0(见注意事项 15)。

(3) 将样品(约 1.035 mL)上样至 HiTrap SP FF 阳离子交换色谱柱,用 10 倍体积的阳离子交换结合缓冲液洗柱,用 3 mL 的阳离子交换洗脱缓冲液洗脱。

(4) 向抗体中加入 5 μL 100 mmol/L 去氢抗坏血酸,室温孵育 3 h 以重新氧化原始的链间二硫键,同时使改造半胱二酸保留未配对状态(见注意事项 16)。

(5) 加入 BMPEO-DM1 或 biotin-PEO-maleimide(摩尔比过量 2.5~3.5 倍),于室温(约 20℃)孵育 1 h(见注意事项 17)。

(6) 用上述 3.3 节中的阳离子交换色谱法纯化抗体偶联物或者 ADC。

(7) 用 LC-MS 或者疏水相互作用色谱分析抗体偶联物或者 ADC 以检测偶联百分比。用 LC-MS 分析部分(Fc-V280C THIOMAB)和完全偶联(Fc V278C THIOMAB)的变异体的谱图,如图 11-1 所示。在利用生物素-PEO-马来酰亚胺连接子偶联所要用的细胞毒性药物前,可筛选最佳的 THIOMAB 以得到 100%的偶联。

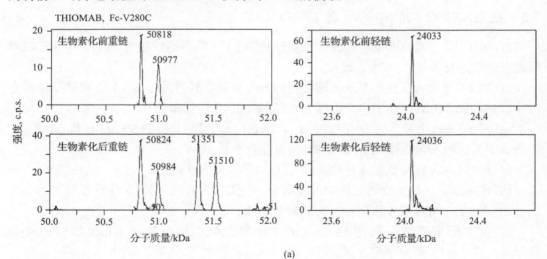

(a)

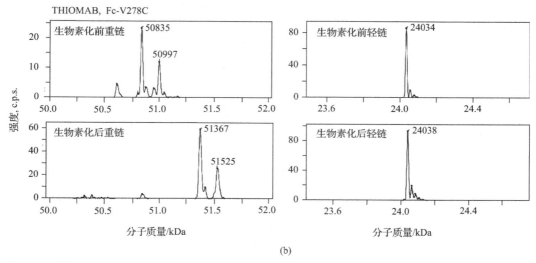

(b)

图 11-1 将 Fc 区域含反应性巯基的 THIOMAB 偶联于生物素-PEO-马来酰亚胺。液相-质谱分析显示 Fc-V280C 位点(a)的偶联为部分性(<2 生物素/抗体)，而 Fc-V278V 位点的偶联则是完全的(=2 生物素/抗体)。与预想一致，轻链(LC)无偶联发生。在定义抗体中半胱氨酸改造时采用 Kabat 编号方法。

3.4 定量

(1) 疏水相互作用色谱分析：将 50 μg 稀释于等体积 2× 疏水相互作用色谱流动相的 ADC 进样至疏水相互作用色谱丁基柱中。

(2) 以 0.8 mL/min 的流速、0%~70%的疏水相互作用色谱流动相 B 线性梯度进行洗脱，并于 UV 280 吸收波长处检测蛋白峰。

(3) 利用如 ChemStation 等软件对含不同摩尔比药物的抗体类型进行分辨和定量(见注意事项 18)。Thio-曲妥珠-mpeo-DM1 各变异体(HC-A114C 和 LC-V205C)和常规 ADC(曲妥珠-mcc-DM1)的疏水相互作用色谱谱图实例见图 11-2。

(4) 将 1μL 的 PNGase 酶加入 100 μg ADC 中，并于 37℃孵育 16 h 对 ADC 进行脱糖，以便用质谱对分子质量进行测量。

(5) 液相-质谱分析：在 10 mmol/L 二巯基苏糖醇中孵育 15 min 以还原抗体偶联物。

(6) 进样 2 μg 至聚合型反向色谱柱，柱温为 80℃，色谱条件为 0.5 mL/min 的流速、34%~42%的流动相 B 线性梯度，于 280 nm 处检测波长。

(7) 所洗脱的峰用液质仪器进行质谱分析，如 9520 ESI Q-TOF Accurate Mass。MassHunter software (Agilent Technologies)用来去卷积谱图以确定洗脱峰的分子质量。

(8) 色谱分离后，用质谱所鉴定出的重轻链各组分的摩尔比来计算平均 DAR(基于 A_{280} 的测量)。完全和脱糖的 Thio-曲妥珠-mpeo-DM1 变异体(HC-A114C and LCV205C)及常规 ADC(曲妥珠-mcc-DM1)的液质谱图，如图 11-3 所示。

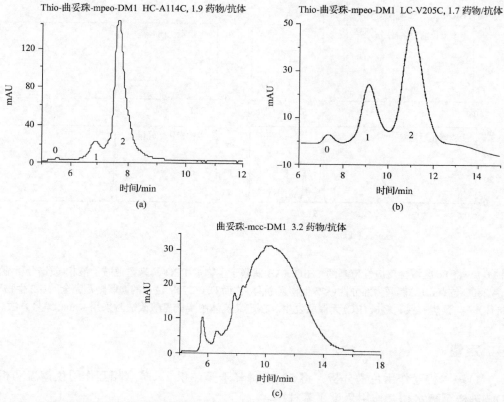

图 11-2 改造 ADC 的疏水相互作用色谱分析。对于改造 ADC(a, b),连接于抗体的药物(DMI)可由 HIC 分析进行测定。而与此形成对比的是,常规 ADC 中的 DMI 通过赖氨酸偶联,由于为不同种类 ADC 的混合物,不适用于此分析。(a) HC-A114C ADC;(b) LC-V205C ADC;(c) 曲妥珠-mcc-DM1。

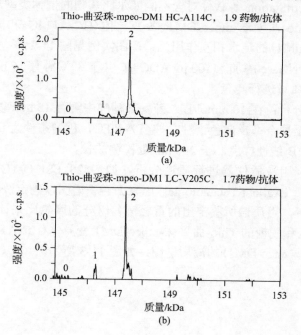

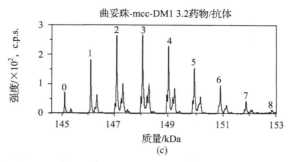

图 11-3 ADC 的液质谱图。所偶联分子相对于抗体的数量(每摩尔抗体的药物数目)及偶联质量(所负载抗体的均一性),用对完全和去糖后抗体的液质联用进行分析测量。(a) HC-A114C ADC;(b) LC-V205C ADC;(c) 常规通过赖氨酸偶联的曲妥珠-mcc-DM1 ADC。

3.5 改造 ADC 的细胞表面结合

(1) 用 1 mmol/L 的乙二胺四乙酸或者其他非酶类细胞脱落液体将 SK-BR-3 细胞脱落,重悬于流式细胞术检测缓冲液至 2×10^6 细胞/mL。在圆底96孔板中每个孔加入 100 μL 细胞(见注意事项19)。

(2) 加入曲妥珠、Thio-曲妥珠-mpeo-DM1 或作为阴性对照的非结合性偶联物如 Thio-anti-CD22-mpeo-DM1,设置梯度范围为 0~5 μg/mL,冰浴 1 h。

(3) 以 300g 离心 96 孔板 5 min,吸弃缓冲液,用 200 μL 流式细胞术检测缓冲液重悬以清洗细胞,重复这个步骤两次。

(4) 加入藻红蛋白标记的羊抗人 Fc 二抗,1∶2500 稀释,冰浴 1 h。

(5) 按步骤 3 清洗 3 次。

(6) 重悬于 3% 的多聚甲醛,利用流式细胞仪进行流式细胞术分析,图 11-4 显示了 Thio-曲妥珠-mpeo-DM1、曲妥珠(阳性对照)和 Thio-anti-CD22-mpeo-DM1(阴性对照)与细胞表面的结合(见注意事项20)。

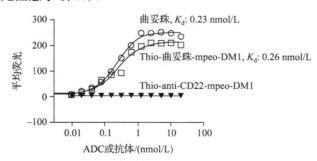

图 11-4 ADC 与靶抗原的功能性结合。改造的 Thio-曲妥珠-mpeo-DM1 显示出与非偶联曲妥珠相似的结合表达 Her2 的 SK-BR-3 细胞的能力,提示偶联并未破坏抗原识别。相比之下,由于这些细胞缺乏 CD22 靶抗原,作为对照的 Thio-anti-CD22-mpeo-DM1 并不能与之结合。

3.6 改造 ADC 的体外活性

（1）第 1 天：在 96 孔黑壁板中每孔接种 5000 个表达抗原的细胞，如 SK-BR-3 细胞，于 37℃孵育过夜（见注意事项 21）。

（2）第 2 天：将非偶联曲妥珠或检测用 ADC（Thio-曲妥珠-mpeo-DM1 或阴性对照非结合性 Thio-anti-CD22-mpeo-DM1）稀释成 0~10 μg/mL 的不同浓度梯度加入 25 μL。

（3）于 37℃的 CO_2 孵箱中孵育板子 3 天（见注意事项 23）。

（4）第 5 天：加入等体积的（100 μL）CellTiter-Glo® 细胞活力测量化学发光试剂，用震板仪混合 5 min。

（5）用发光仪测量发光值，如 Envision PerkinElmer 读板仪。将 0 μg/mL 相对应发光值标准化为 100%，IC_{50} 值可用合适的软件进行计算，如 GraphPad PRISM 分析或 Kaleidagraph。Thio-曲妥珠-mpeo-DM1（有细胞毒性药物）、曲妥珠（无细胞毒性药物）和 Thio-anti-CD22-mpeo-DM1（阴性对照 ADC）的细胞杀伤实例如图 11-5 所示。

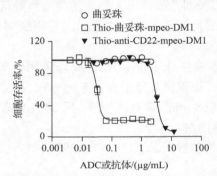

图 11-5 体外增殖实验测量 ADC 的功能。与非偶联抗体相比，改造 Thio-曲妥珠-mpeo-DM1 显示出强效的（IC_{50}：30ng/mL）的靶标依赖性细胞杀伤。对照用 Thio-anti-CD22-mpeo-DM1 显示出非特异性细胞杀伤（IC_{50}：3000 ng/mL）活性，其 EC_{50} 值高于 Thio-曲妥珠-mpeo-DM1 100 倍以上。

4 注意事项

（1）在预期半胱氨酸突变的 3′端至少设计 15 个碱基 5′端设计 10~15 个碱基的引物。

（2）可用其他高保真性 PCR 级 DNA 扩增酶替代，请注意 *Taq*DNA 扩增酶可引入不需要的突变。

（3）可应用其他亚克隆级大肠杆菌化学感受态细胞（DH5α、XL-Blue 或其他等效的感受态细胞）。

（4）可用其他转染试剂替代，按生产商的转染说明进行相应修改。

（5）37℃放置 15min 溶解脱氢抗坏血酸，应用新鲜制备的脱氢抗坏血酸母液。

（6）按照相应生产商的说明书准备 CellTiter-Glo® 试剂。

（7）一般来说，在 PCR 反应中，用 52℃作为退火温度可产生预期结果，但是按照 GC 含量的不同，PCR 反应中应优化退火温度。

(8) *Dpn*I 限制性内切核酸酶可消化模板 DNA，但不能消化 PCR 所合成的 DNA，所以可富集突变克隆。不完全的 *Dpn*I 消化可导致产生野生型质粒克隆。

(9) 在转染中不能应用含抗生素的培养基。

(10) 有必要优化所需要的转染试剂以达到最高的转染效率，但是在准备 DNA：转染试剂复合物时不要用硅酮处理的枪尖或管子，向 DNA 溶液中直接加入转染试剂，不要接触到塑料表面。

(11) 仔细地向溶液中逐滴加入 DNA-转染试剂，不要接触贴壁细胞。由于 293 细胞贴壁不牢，必须小心加入 DNA-转染试剂。

(12) 立即中和所洗脱的抗体样品，以防止因长时间暴露于酸性/低 pH 条件下所导致的抗体变性/错误折叠。

(13) 所描述的偶联反应条件可扩展至更低或更高(0.1~100 mg 规模)的抗体偶联制备规模，已应用于研究和临床前试验。

(14) 抗体表面的改造半胱氨酸可被培养基中(转染后孵育阶段)存在的半胱氨酸或谷胱甘肽所封闭，所以纯化步骤后的 DTT 还原和链内二硫键的再氧化很重要，可去除半胱胺酸和谷胱甘肽加合物并灭活用于和含反应性巯基连接子偶联的改造半胱氨酸的巯基。

(15) 如果偶联反应为小体积的话，可加入 5 倍体积的 20 mmol/L、pH 5.0 的琥珀酸盐稀释偶联反应以调节 pH。

(16) 偶联反应的关键步骤：用液质联用观察完全抗体的质量峰和还原轻重链质量峰的消失以监测再氧化反应。氧化步骤时间过长可导致改造半胱氨酸的氧化，从而使偶联量降低。

(17) 若细胞毒性药物为疏水性，药物应溶于己二酸二甲酯并使反应混合物中的己二酸二甲酯最终浓度为最低，即 5%。为得到最佳的偶联结果，由于生物素-PEO-马来酰亚胺试剂的低质量，其用量应过量 10~50 摩尔倍数。马来酰亚胺基在中性 pH 条件下也不是非常稳定，储存中常可发生水解。为避免水解，应用新鲜制备的生物素-PEO-马来酰亚胺母液。

(18) 细胞毒性药物可显著增加抗体的疏水性，所以疏水相互作用色谱柱和串联于质谱的反相柱可对 ADC 的不同类型进行色谱分离。但是，疏水相互作用色谱不能应用于所有 ADC。如果串联于质谱的反相色谱柱不能对峰进行色谱分离，所去卷积的质量数丰度不能应用于计算 DAR。

(19) 在进行流式细胞术分析前，不要用胰酶从板子或瓶子上脱落细胞，因为细胞可酶解消化细胞表面蛋白，用 1 mmol/L 的乙二胺四乙酸从塑料表面分离细胞。

(20) 在用 ADC 做结合实验时，将其相对应的非偶联抗体纳入对照很重要，因为这可以帮助分析药物偶联是否会导致抗体与靶抗原结合活性的丧失。

(21) 透明底黑色板除了可应用于测量化学发光外，也可应用于在显微镜下成像以观测细胞是否死亡。

(22) 用不结合靶细胞的对照 ADC 作为阴性对照很重要，因为可量化由于靶抗原非特异性胞饮性获取 ADC 或者由于连接子不稳定所导致的非特异性 ADC 活性，其中连接子不稳定，可从抗体释放游离药物至生长培养基中。

(23) 依据细胞系的增殖速率、药物抵抗性、靶标的拷贝数、靶标的内化及其他可影响细胞死亡性质的因素，ADC 与细胞的孵育时间可从 3 天变化至 7 天。所以，对于每个给定的 ADC 和细胞系，为得到最佳的细胞杀伤曲线，决定 ADC 的孵育时间很重要。

参 考 文 献

1. Reichert RM (2012) Marketed therapeutic antibodies compendium. MAbs 4: 413–415
2. Reichert JM, Dhimolea E (2012) The future of antibodies as cancer drugs. Drug Discov Today
3. Beck A, Haeuw JF, Wurch T, Goetsch L, Bailly C, Corvaia N (2011) The next generation of antibody-drug conjugates comes of age. Discov Med 10: 329–339
4. Carter PJ, Senter PD (2008) Antibody-drug conjugates for cancer therapy. Cancer J 14: 154–169
5. Polakis P (2005) Arming antibodies for cancer therapy. Curr Opin Pharmacol 5: 382–387
6. Doronina SO, Toki BE, Torgov MY, Mendelsohn BA, Cerveny CG, Chace DF, DeBlanc RL, Gearing RP, Bovee TD, Siegall CB, Francisco JA, Wahl AF, Meyer DL, Senter PD (2003) Development of potent monoclonal antibody auristatin conjugates for cancer therapy. Nat Biotechnol 21: 778–784
7. Fossella F, McCann J, Tolcher A, Xie H, Hwang LL, Carr C, Berg K, Fram R (2005) Phase II trial of BB-10901 (huN901-DM1) given weekly for four consecutive weeks every 6 weeks in patients with relapsed SCLC and CD56-positive small cell carcinoma. J Clin Oncol 23: 660S
8. Francisco JA, Cerveny CG, Meyer DL, Mixan BJ, Klussman K, Chace DF, Rejniak SX, Gordon KA, DeBlanc R, Toki BE, Law CL, Doronina SO, Siegall CB, Senter PD, Wahl AF (2003) cAC10-vcMMAE, an anti-CD30-monomethyl auristatin E conjugate with potent and selective antitumor activity. Blood 102: 1458–1465
9. Helft PR, Schilsky RL, Hoke FJ, Williams D, Kindler HL, Sprague E, DeWitte M, Martino HK, Erickson J, Pandite L, Russo M, Lambert JM, Howard M, Ratain MJ (2004) A phase I study of cantuzumab mertansine administered as a single intravenous infusion once weekly in patients with advanced solid tumors. Clin Cancer Res 10: 4363–4368
10. Henry MD, Wen SH, Silva MD, Chandra S, Milton M, Worland PJ (2004) A prostatespecific membrane antigen-targeted monoclonal antibody-chemotherapeutic conjugate designed for the treatment of prostate cancer. Cancer Res 64: 7995–8001
11. Liu CN, Tadayoni BM, Bourret LA, Mattocks KM, Derr SM, Widdison WC, Kedersha NL, Ariniello PD, Goldmacher VS, Lambert JM, Blattler WA, Chari RVJ (1996) Eradication of large colon tumor xenografts by targeted delivery of maytansinoids. Proc Natl Acad Sci U S A 93: 8618–8623
12. Naito K, Takeshita A, Shigeno K, Nakamura S, Fujisawa S, Shinjo K, Yoshida H, Ohnishi K, Mori M, Terakawa S, Ohno R (2000) Calicheamicin-conjugated humanized anti-CD33 monoclonal antibody (gemtuzumab zogamicin, CMA-676) shows cytocidal effect on CD33-positive leukemia cell lines, but is inactive on P-glycoprotein-expressing sublines. Leukemia 14: 1436–1443
13. Phillips GDL, Li GM, Dugger DL, Crocker LM, Parsons KL, Mai E, Blattler WA, Lambert JM, Chari RVJ, Lutz RJ, Wong WLT, Jacobson FS, Koeppen H, Schwall RH, Kenkare-Mitra SR, Spencer SD, Sliwkowski MX (2008) Targeting HER2-positive breast cancer with trastuzumab–DM1, an antibody-cytotoxic drug conjugate. Cancer Res 68: 9280–9290
14. Polson AG, Calemine-Fenaux J, Chan P, Chang W, Christensen E, Clark S, de Sauvage FJ, Eaton D, Elkins K, Elliott JM, Frantz G, Fuji RN, Gray A, Harden K, Ingle GS, Kljavin NM, Koeppen H, Nelson C, Prabhu S, Raab H, Ross S, Stephan JP, Scales SJ, Spencer SD, Vandlen R, Wranik B, Yu SF, Zheng B,

Ebens A (2009) Antibody-drug conjugates for the treatment of non-Hodgkin's lymphoma: target and linker-drug selection. Cancer Res 69: 2358–2364

15. Tse KF, Jeffers M, Pollack VA, McCabe DA, Shadish ML, Khramtsov NV, Hackett CS, Shenoy SG, Kuang B, Boldog FL, MacDougall JR, Rastelli L, Herrmann J, Gallo M, Gazit-Bornstein G, Senter PD, Meyer DL, Lichenstein HS, LaRochelle WJ (2006) CR011, a fully human monoclonal antibody-auristatin E conjugate, for the treatment of melanoma. Clin Cancer Res 12: 1373–1382

16. Hamblett KJ, Senter PD, Chace DF, Sun MM, Lenox J, Cerveny CG, Kissler KM, Bernhardt SX, Kopcha AK, Zabinski RF, Meyer DL, Francisco JA (2004) Effects of drug loading on the antitumor activity of a monoclonal antibody drug conjugate. Clin Cancer Res 10: 7063–7070

17. Junutula JR, Flagella KM, Graham RA, Parsons KL, Ha E, Raab H, Bhakta S, Nguyen T, Dugger DL, Li G, Mai E, Lewis Phillips GD, Hiraragi H, Fuji RN, Tibbitts J, Vandlen R, Spencer SD, Scheller RH, Polakis P, Sliwkowski MX (2010) Engineered thio-trastuzumab-DM1 conjugate with an improved therapeutic index to target human epidermal growth factor receptor 2-positive breast cancer. Clin Cancer Res 16: 4769–4778

18. Junutula JR, Raab H, Clark S, Bhakta S, Leipold DD, Weir S, Chen Y, Simpson M, Tsai SP, Dennis MS, Lu YM, Meng YG, Ng C, Yang JH, Lee CC, Duenas E, Gorrell J, Katta V, Kim A, McDorman K, Flagella K, Venook R, Ross S, Spencer SD, Wong WL, Lowman HB, Vandlen R, Sliwkowski MX, Scheller RH, Polakis P, Mallet W (2008) Site-specific conjugation of a cytotoxic drug to an antibody improves the therapeutic index. Nat Biotechnol 26: 925–932

19. Wang L, Amphlett G, Blattler WA, Lambert JM, Zhang W (2005) Structural characterization of the maytansinoid-monoclonal antibody immunoconjugate, huN901-DM1, by mass spectrometry. Protein Sci 14: 2436–2446

20. Junutula JR, Bhakta S, Raab H, Ervin KE, Eigenbrot C, Vandlen R, Scheller RH, Lowman HB (2008) Rapid identification of reactive cysteine residues for site-specific labeling of antibody-Fabs. J Immunol Methods 332: 41–52

21. Tinianow JN, Gill HS, Ogasawara A, Flores JE, Vanderbilt AN, Luis E, Vandlen R, Darwish M, Junutula JR, Williams SP, Marik J (2010) Sitespecifically 89Zr-labeled monoclonal antibodies for ImmunoPET. Nucl Med Biol 37: 289–297

第12章 抗体的细菌谷氨酰胺转胺酶修饰

Patrick Dennler, Roger Schibli, and Eliane Fischer

摘 要

蛋白质的翻译后酶修饰相比活性氨基酸侧链的化学修饰能更精确地控制偶联位点。理想情况下,蛋白质的酶修饰能产生具有优质特性且完全同质、用于研究或治疗的偶联物。例如,我们在这里介绍了通过细菌谷氨酰胺转移酶(bacterial transglutaminase,BTGase)催化的、将尸胺衍生物连接至 IgG1 的操作流程,即在抗体重链 295 位谷氨酰胺和底物之间形成稳定的化学键。此过程需要通过酶解将抗体上的 N-连接的聚糖去除,进而得到确定的底物抗体比(2∶1)。此外,通过定点突变引入一个额外的谷氨酰胺后,底物抗体比则为 4∶1。最后,我们还描述了基于 ESI-TOF 的质谱仪用于分析抗体偶联药物的同质性方法。本章介绍的方法可以灵活地运用于任何 IgG1 和多种尸胺衍生物间的偶联,产生均一性的抗体偶联药物。

关键词:细菌谷氨酰胺转移酶,特异性位点,化学计量的,抗体偶联药物,酶偶联,质谱,抗体偶联,抗体修饰

1 引 言

单克隆抗体偶联小分子的传统方法是基于赖氨酸或半胱氨酸残基的化学修饰,然而这种方法产生的药物通常具有异质性。相比之下,通过精确地控制药物抗体偶联比和偶联位点能生产出批间差异小且具有良好功能的均一性产品。值得注意的是,优化载药量及选取不影响药物靶向性或稳定性的特定偶联位点已经被证实可以改善抗体偶联药物的疗效[1, 2]。

通过酶催化的方式实现药物的位点特异性偶联是一种很好的减少抗体偶联药物异质性的方法。酶偶联反应不仅能通过识别蛋白质的某一共同序列或者三级结构实现偶联位点反应的特异性,而且能够在较温和生理条件下的 pH、温度和离子强度下进行。许多酶能够催化蛋白质的确定位点和药物衍生物之间形成稳定的化学键[3]。大多数情况下,在偶联反应之前,酶特异性的实现需要引入一个肽标签或者突变抗体的序列[4],这些标记的引入虽然避开了对抗体的直接修饰,但不仅需要准确地控制偶联位点,而且通过基因重组改造抗体序列后是非常耗时的。然而在某些情况下,一些抗体不需经基因工程的改造直接用于酶偶联反应就能产生相对均一的偶联物,如糖基转移酶已经用糖类似物修饰 IgG 上 Fc 段 N 连接的糖,以获得相对均一的偶联物[5, 6]。

最近我们描述了用一种来源于链霉菌的 BTGase 催化修饰特定的偶联位点的方法[7]。谷氨酰胺转移酶是能够通过催化谷氨酰胺和含有赖氨酸的肽段或蛋白质的共价连接形成异肽键的酶(EC 2.3.2.13)之一。哺乳动物中有 8 种不同的谷氨酰胺转移酶,藻类、真菌、细菌等一些低等生物也表达谷氨酰胺转移酶。用于代替哺乳动物细胞的谷氨酰胺转移酶的 BTGase 具有高稳定性、不依赖 Ca^{2+} 和高的反应速率的优势,更重要的是 BTGase 具有更弱的底物特异性,所以它能催化多种含有赖氨酸的底物,甚至能用于催化 5-氨基戊烷的反应[8,9],因此可以将尸胺衍生物连接在抗体上。

另外,BTGase 更易选择性修饰蛋白质中的谷氨酰胺残基。如果某一特定的谷氨酰胺能够被谷氨酰胺转移酶修饰,那么蛋白链的弹性和其相邻的氨基酸都会对其造成影响[10]。抗体通常缺少这样的位点,所以不能被 BTGase 有效地修饰。然而,在去除糖基暴露出特定的位点后,BTGase 能够准确地将底物偶联在两条重链的 295 位谷氨酰胺上(图 12-1 上)。我们将 297 位的天冬酰胺定点突变为谷氨酰胺[11],就产生了每条重链能够偶联两个底物去糖基化的抗体(图 12-1 下)。

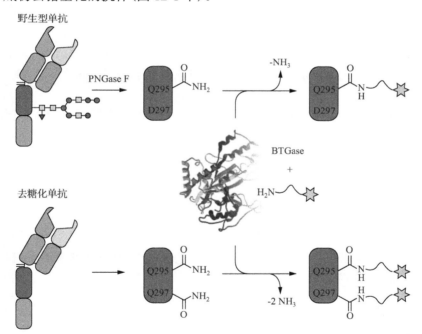

图 12-1 IgG1(上)和去糖基化变体的 IgG1(下)尸胺衍生物偶联。BTGase 的结晶结构来自蛋白质数据库,Research Collaboratory for Structural Bioinformatics, Rutgers University, New Brunswick, www.rcsb.org, code 1IU4, processed with Molsoft ICMBrowser。(另见彩图)

本章主要介绍了酶催化抗体偶联包括生物素-尸胺等尸胺衍生物类小分子药物有关内容,包括 PNGase F 切除抗体重链的糖基、BTGase 后续的修饰,以及将抗体重链定点突变(N297Q)形成能偶联 4 个底物的突变体和质谱鉴别抗体偶联药物的操作流程。

2 材 料

除非另有说明，所有缓冲液和溶液都用 Millipore 超纯水制备。

2.1 抗体和底物

(1) 抗体溶液：用 1×PBS 或者 Tris-HCl 将抗体溶液稀释至 1.5~3 mg/mL（10~20 mmol/L，pH 7.0~7.4），置于–20℃ 冻存。

(2) EZ-Link® Pentylamine-Biotin（白色粉末状）：用 1×PBS 溶解稀释至 10 mmol/L，置于–20℃ 冻存（见注意事项 1）。

(3) 尸胺衍生物（见注意事项 2）。

2.2 去糖基化（见注意事项 3）

(1) 1.5 mL 离心管。

(2) 去糖基化反应缓冲液（见注意事项 4）。

PBS（10×）：称取 2.1 g KH_2PO_4、90 g NaCl、4.8 g $Na_2HPO_4·2H_2O$ 加入烧杯中，充分溶解后定容至 1 L。将 100 mL 10×PBS 加入到 900 mL 超纯水中获得 1×PBS，调节 pH 至 7.2。

(3) PNGase F：重组多肽 N-糖苷酶 F（EC 3.5.1.52 来自脑膜炎败血黄杆菌，1000 U/mL，购自 Roche 公司）。

(4) 离心超滤：Vivaspin 500, 50 kDa MWCO PES 超滤管，购自 Sartorius Stedim Biotech 公司。

2.3 酶偶联

(1) 反应缓冲液：1×PBS（见注意事项 4 和 5）。

(2) 谷氨酰胺转移酶：重组的源于链霉菌的细菌谷氨酰胺转移酶（BTGase，EC 2.3.2.13），50 U/mL，购自 Zedira。

2.4 抗体重链突变

(1) 哺乳动物细胞表达载体 pcDNA3.1+，购自 Invitrogen。

(2) 抗体重链和轻链的 cDNA（此 cDNA 连接于 pcDNA3.1+载体上用于合成嵌合抗体 chCE7）。

(3) 限制性内切核酸酶：HindIII 和 BamHI，购自 Fermentas。

(4) PfuDNA 聚合酶，购自 Fermentas。

(5) 大肠杆菌 XL1-blue。

(6) 氨苄青霉素，购自 Sigma-Aldrich。

(7) 引物（见注意事项 6）：

引物 1：(5'-GCTGGCTAGCGTTTAAACTTAAGC-3')

引物 2：(5'-CACCCGGTACGTGCTTTGGTACTGCTCCTCCC-3')
引物 3：(5'-GGGAGGAGCAGTACCAAAGCACGTACCGGGTG-3')
引物 4：(5'-GCGGATCCTCATTTACCCGGAGACAGGGAGAG-3')

2.5 质谱分析

(1) 变性缓冲液：7.5 mol/L 盐酸胍、0.1 mol/L Tris-HCl 和 1 mmol/L EDTA，pH 为 8.5，称取 0.3152 g Tris-HCl(Sigma)转移至玻璃瓶中，再先后加入 18.75 mL 的 8 mol/L 盐酸胍(Pierce)、40 μL 0.5 mol/L EDTA(Fisher)。用氨水(28%水溶液)调 pH 至 8.5，定容至 20 mL(见注意事项 5)。

(2) 还原剂：1 mol/L DTT，称取 0.1543 g DTT 转移至 1.5 mL 离心管中，加入 1 mL 50 mmol/L NH_4HCO_3 将其溶解配置成 1 mol/L DTT。

(3) 色谱柱：POROS 10 R1 60 mm×1 mm，Dr. Maisch GmbH，Spherical Polystyrenedivinylbenzene。

(4) 质谱：Waters Micromass LCT Premier(LC-ESI-TOF)。

(5) 液相参数：流动相 A(乙腈+0.1%甲酸)，流动相 B(超纯水+0.1%甲酸)，流动相 C(异丙醇)，梯度：0~3 min, 15% A, 80% B, 5% C；3~20 min, 15% A~80% A, 80% B~15% B, 5% C；平衡 10 min, 流速 0.3 mL/min, 柱温：(25±2)℃。

(6) 用 MassLynx V4.1 采集 MS 数据后，利用 MaxEnt1 将原始数据去卷积分析。

3 方　　法

3.1 IgG1 的去糖基化

(1) 向 1 mg 用 1×PBS 溶解的抗体中加入 6U 的多肽 N-糖苷酶 F，37℃孵育过夜(见注意事项 7)。

(2) 使用 Vivaspin 500，50 kDa MWCO PES 超滤管除去酶。将反应的混合物加入超滤管中，4000~6000 g 离心。用缓冲液(见注意事项 8)洗三次，再向脱糖基的抗体加入适量体积的缓冲液以备后用。用质谱分析脱糖基化(见注意事项 7)。

3.2 BTGase 催化偶联

(1) 混合 1×PBS 配制抗体(终浓度为 1 mg/mL)、尸胺衍生物底物(生物素-尸胺，60 mol/L)、BTGase(终浓度为 1 U/mL)(见注意事项 5)，37℃孵育过夜(见注意事项 9)。

(2) 参考 3.1 节(2) 去除过剩的底物和酶的方法。

(3) 在这种实验条件下，偶联反应进行 4 h 后即完成。

3.3 定点突变以及去糖基化 IgG1 的制备

(1) 整个克隆过程如图 12-2 所示。用抗体重链的 cDNA 作为模板，分别用下面两对引物扩增：(a)引物 1 和引物 2；(b)引物 3 和引物 4(95℃ 1 min, 55℃ 1 min, 68℃ 3 min,

20 个循环)(见注意事项 6)。

(2)胶纯化后,用两个初次 PCR 产物作为模板,用外侧引物(引物 1 和引物 4)进行第二次 PCR 反应得到包括 *Bam*HI 和 *Hin*dIII 限制性酶切位点的完整重链。

(3)用限制性内切核酸酶 *Bam*HI 和 *Hin*dIII 消化 DNA 片段(37℃,3 h),胶纯化。

(4)把突变的重链 cDNA 插入 pcDNA3.1+载体的 *Hin*dIII/*Bam*HI 位点(图 12-3)。将构建的质粒载体转化大肠杆菌 XL1-Blue 后,筛选具有氨苄抗性的克隆。纯化 DNA 用于哺乳动物的转染。

(5)在合适的哺乳动物细胞表达系统中表达再糖基化的 IgG1 并纯化(见注意事项 10)。

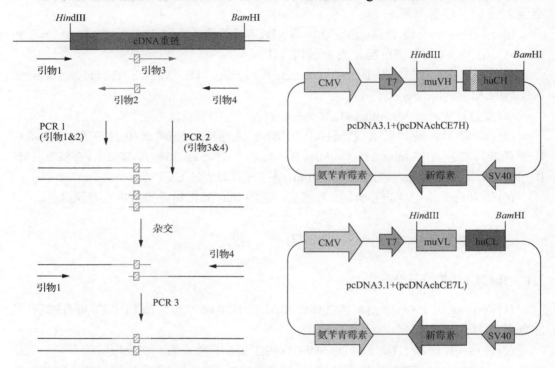

图 12-2 用标准重叠延伸 PCR 技术通过定点突变将 297 位天冬酰胺突变为谷氨酰胺(蓝白条级:突变位点)。(另见彩图)

图 12-3 去糖基化抗体的表达(蓝白条级:突变位点)。两个载体共转染 HEK-293 细胞。(另见彩图)

3.4 质谱在反应质控中的运用

(1)质谱:在质谱样品瓶中加入 10 μg 抗体和 1 mol/L DTT(终浓度为 20 mmol/L),用变性缓冲液将体系补至 50 μL,70℃孵育 30 min。进样 5 μL。

(2)使用合适的软件(如 MassLynxV4.1)对数据进行处理分析。通常,我们能检测到两个明显的峰(图 12-4a),分别对应抗体轻链和重链。使用 MaxEnt1 分别处理两组原始数据(图 12-4c,d)得到抗体轻链(图 12-4c)和重链(图 12-4d)的去卷积图谱。偶联底物重链和未偶联底物重链的分子质量差为底物分子质量减去 17,这是由于偶联反应中氨基丢失引起的。因此,突变的去糖基化重链发生偶联反应后分子质量预期增加 2 倍(增加底物分子质量减去 17 Da 的 2 倍）（见注意事项 13）。

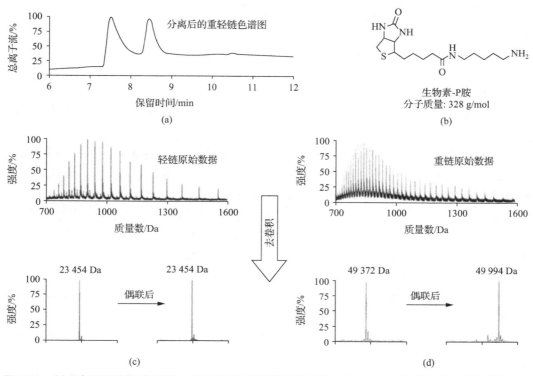

图 12-4　(a)重轻链的液相色谱图。(b)生物素-尸胺的化学结构。(c)IgG1 轻链质谱分析原始数据(上)及偶联前后去卷积的数据(下)。偶联前后分子质量不变。(d)IgG1 重链的原始数据(上)及偶联前后去卷积的数据(下)。偶联前后分子质量相差 622 Da，即由 BTGase 催化偶联的两个生物素-尸胺的分子质量（MW：328 Da，2×328 Da =656 Da)减去两个氨基的分子质量(2×17 Da = 34 Da)（参见图 12-1)。

4　注意事项

(1)我们建议用生物素-尸胺作为在此酶反应条件下的阳性对照。在我们描述的实验条件下，这种底物的偶联反应通常很快，并且抗体修饰率达到 100%，偶联生物素-尸胺后抗体的分子质量增加 311 Da。

(2)BTGase 能够催化大量的包括赖氨酸或者尸胺的衍生物发生反应。例如，我们描述了不同尸胺衍生物螯合剂的合成过程，而这些螯合剂是用放射性金属元素标记的[7]。然而，BTGase 对不同的尸胺衍生物的催化效率是不同的。大分子的空间位阻和有限的可溶性可能会阻碍催化反应。5%的 DMSO 可以增加蛋白溶解度，并且不影响酶的催化能力。酶的活性位点包含一个能抑制巯基反应性底物偶联的游离半胱氨酸残基，因为这些底物可以不可逆地使酶失活。甚至在底物过量的条件下，我们发现含有两个或者更多的末端氨基的底物会导致抗体之间的交联。

(3)抗体的脱糖基对于定量修饰 295 谷氨酰胺是很重要的步骤，然而，对于基于用基因重组方法的将 297 谷氨酰胺突变为天冬酰胺，这种修饰则不需要脱糖基化。

(4) 40 mmol/L Tris-HCl, pH 7.0 (称取 4.85 g Trizma base, 加超纯水定容至 900 mL, 用 1 mol/LHCl 调整 pH 至 7.0) 能够用于脱糖基化、BTGase 偶联反应的缓冲液, 也可以用于储存。以下的缓冲液不推荐用于 BTGase 偶联反应:

(a) 0.2 mol/L Na_2HPO_4/NaH_2PO_4, pH 为 6 或 7。

(b) 0.1 mol/L 柠檬酸/Na_2HPO_4, pH 为 6 或 7。

(c) 0.2 mol/L 咪唑-盐酸, pH 为 7。

缓冲液的缓冲能力取决于底物, 在实验过程中其 pH 可能升高或降低。我们发现在 pH 低于 6 或者高于 8 时, 酶的活性都会下降。

(5) 如果过渡金属螯合剂 (如 DOTA) 被耦合到抗体上, 将金属元素污染减少到最低限度是非常重要的。因此, 我们建议配制缓冲液或者溶剂时用无金属的工具 (如抹刀和冻存瓶), 进行偶联反应时用不含钾的 1×PBS 缓冲液。

(6) 我们描述了通过共转染重链和轻链 pcDNA3.1 质粒载体表达重组抗体的过程。如果抗体序列克隆入不同的载体或使用其他的限制性内切核酸酶, 外侧引物的序列 (引物 1 和 4) 需要相应的调整。突变引物 (引物 2 和 3) 和外侧引物 4 是特异地针对人类 IgG 序列, 如果使用其他亚型的抗体, 则序列需要修改。

(7) 不同抗体脱糖基化的动力学是不同的, 取决于抗体的亚型及不同生产用细胞系等。例如, 鼠源的 IgG2a 和 IgG2b 需要更长的反应时间和/或更高浓度的多肽 N-糖苷酶 F。如果使用其他亚型的抗体, 那么反应条件需要再评价。抗体去糖基化后会影响自身的稳定性, 如一些去糖基的抗体易于形成聚体。

(8) 离心的步骤可以更换缓冲液。依据抗体的浓度、离心的速度及体积适当调整离心的时间。

(9) 底物的结构、BTGase 浓度、反应混合物的 pH 和孵育时间对偶联反应的效率及动力学的影响非常明显。为了保证最优的结果, 不同情况下的条件都需要优化。

(10) 去糖基化的 Fc 段通常不会影响其在蛋白 A 或蛋白 G 琼脂糖凝胶柱上的亲和纯化能力。

(11) 调整适合于质谱系统的进样体积。向抗体中加入变性缓冲液和 DTT 将其还原为重链和轻链, 然后可以分别进行分析 (如连接底物的轻链和重链)。BTGase 引入的异肽键在上述的条件 (还原条件、70℃、弱碱) 下是稳定的。然而, 偶联分子的完整性需要在样品处理后进行验证, 因为不稳定的化学偶联分子可能会导致出现杂峰。质谱可以反映出混合物中脱糖基抗体的修饰率, 即能反映出偶联反应是否彻底。由于糖基化抗体的分子质量异质性, 根据底物的不同, 我们可以尝试用 SDS-PAGE、荧光分析、免疫测定方法或者放射性同位素检测方法定性评价脱糖基抗体的修饰反应。

(12) 重链和轻链的保留时间取决于色谱柱、偶联的分子和抗体的序列, 因此, 不可能预测与重链和轻链对应的峰, 有时甚至重轻链可以同时被洗脱出来。不过, 通过比较原始数据种电荷分布状态的差异能鉴别出重轻链。重链峰分子质量差异比轻链峰之间的分子质量差异小 (图 12-4b)。

(13) 原则上, 抗体可变区中可能存在额外的被 BTGase 识别的偶联位点。这种位点的修饰可能影响抗体的结合能力。我们强烈建议在抗体偶联后，特别是当用质谱检测到比预期数目要多的偶联分子时，要对抗体进行功能性检测。

致　　谢

此项目由瑞士国家基金会支持（SNF，Grant Nr 132611）。

参 考 文 献

1. Junutula J R, Flagella K M, Graham R A, Parsons K L, Ha E, Raab H, Bhakta S, Nguyen T, Dugger DL, Li G, Mai E, Lewis Phillips GD, Hiraragi H, Fuji RN, Tibbitts J, Vandlen R, Spencer SD, Scheller RH, Polakis P, Sliwkowski MX (2010) Engineered thio-trastuzumab- DM1 conjugate with an improved therapeutic index to target human epidermal growth factor receptor 2-positive breast cancer. Clin Cancer Res 16(19): 4769–4778
2. Junutula JR, RaabH, Clark S, Bhakta S, Leipold DD, Weir S, Chen Y, Simpson M, Tsai SP, DennisMS, Lu Y, Meng YG, Ng C, Yang J, Lee CC, Duenas E, Gorrell J, KattaV, KimA, McDorman K, Flagella K, Venook R, Ross S, Spencer SD, Lee WW, Lowman HB, Vandlen R, Sliwkowski MX, Scheller RH, Polakis P, Mallet W (2008) Site-specific conjugation of a cytotoxic drug to an antibody improves the therapeutic index. Nat Biotechnol 26(8): 925–932
3. Sunbul M, Yin J (2009) Site specific protein labeling by enzymatic posttranslational modification. Org Biomol Chem 7(17): 3361–3371
4. Rabuka D (2010) Chemoenzymatic methods for site-specific protein modification. Curr Opin Chem Biol 14(6): 790–796
5. Boeggeman E, Ramakrishnan B, Pasek M, Manzoni M, Puri A, Loomis KH, Waybright TJ, Qasba PK (2009) Site specific conjugation of fluoroprobes to the remodeled Fc N-glycans of monoclonal antibodies using mutant glycosyltransferases: application for cell surface antigen detection. Bioconjug Chem 20(6): 1228–1236
6. Solomon B, Koppel R, Schwartz F, Fleminger G (1990) Enzymic oxidation of monoclonal antibodies by soluble and immobilized bifunctional enzyme complexes. J Chromatogr 510: 321–329
7. Jeger S, Zimmermann K, Blanc A, Grunberg J, Honer M, Hunziker P, Struthers H, Schibli R (2010) Site-specific and stoichiometric modification of antibodies by bacterial transglutaminase. Angew Chem Int Ed Engl 49(51): 9995–9997
8. Mindt TL, Jungi V, Wyss S, Friedli A, Pla G, Novak-Hofer I, Grunberg J, Schibli R (2008) Modification of different IgG1 antibodies via glutamine and lysine using bacterial and human tissue transglutaminase. Bioconjug Chem 19 (1): 271–278
9. Mehta K, Eckert R (2005) Transglutaminases: family of enzymes with diverse functions, vol 38. Progress in experimental tumor research. Karger, Basel
10. Fontana A, Spolaore B, Mero A, Veronese FM (2008) Site-specific modification and PEGylation of pharmaceutical proteins mediated by transglutaminase. Adv Drug Deliv Rev 60(1): 13–28
11. Knogler K, Grünberg J, Novak-Hofer I, Zimmermann K, Schubiger PA (2006) Evaluation of 177Lu-DOTA-labeled aglycosylated monoclonal anti-L1-CAM antibody chCE7: influence of the number of chelators on the in vitro and in vivo properties. Nucl Med Biol 33(7): 883–889

第13章 抗体偶联药物的制剂处方研发

William J. Galush and Aditya A. Wakankar

摘　要

抗体偶联药物(ADC)制剂处方的研发与传统抗体药物类似,但这种抗体-小分子偶联的形式会引入新的属性,如需要考量药物抗体偶联比率和小分子药物本身的稳定性。结合对 ADC 和传统抗体稳定性方面差别的深入认知,再利用一系列的分析方法,可指导 ADC 药物的制剂处方研发。

关键词:质量属性,物理稳定性,化学稳定性,稳定性指示分析方法,生物物理表征

1　引　言

抗体偶联药物(ADC)制剂处方研发的目标是确保为患者提供稳定、高品质的产品。尽管所有药物制剂的研究都是为这一目标,但与传统蛋白药物相比,在安全、质量和疗效等方面,抗体偶联药物(ADC)具有其独特的物理化学性质。尽管对于传统的单克隆抗体(mAb),已有大量文献报道了影响其安全、质量和疗效的产品属性[1],但对于抗体偶联药物(ADC),其关键属性的研究才刚刚兴起。

ADC 的质量属性可以被分成三类,分别是:①与抗体-小分子的偶联形式相关;② 与小分子药物相关;③与抗体本身相关。表 13-1 列举了 ADC 的相关质量属性及其对 ADC 临床的潜在影响,并对质量属性进行了分类。例如,药物抗体偶联比率(drug-to-antibody ratio, DAR)被认为是 ADC 药物一个独有的质量属性。高的 DAR 值可能会影响 ADC 的安全性,而较低的 DAR 值又可能会导致疗效的下降。同样,游离的小分子药物是另一个影响安全性和生物活性的质量属性。除了这些与 ADC 和小分子药物相关的属性外,也有一些是属于单克隆抗体固有的质量属性,如聚合物(aggregates)、碎片(fragment)、电荷异质性(charge heterogeneity),以及化学不稳定性如脱酰胺化(deamidation)和氧化(oxidation)等,这些属性都可能影响药物的临床特征,如生物活性(bioactivity)、免疫原性(immunogenicity)、药代动力学(pharmacokinetics)和安全性。

这些质量属性中的每一个都会被 ADC 的制造工艺参数所影响,也会随着产品的储存期限而改变。深入理解这些源于 ADC 生产工艺且对于评估制剂处方起关键作用的质量属性是非常重要的。ADC 药物的制剂研究应当基于对 ADC 特异的,以及与单抗相关的质量属性的深入理解。以下各节讨论了为实现产品目标特性而必须考虑的 ADC 相关的属性和制剂参数,并以美登素和奥瑞他汀类的 ADC 为例着重分析,这两种毒素和相

关连接化合物是当前生物制药行业中的研究热点[2]。这两种分子的化学结构如图 13-1 所示。在下面的章节中将对 ADC 的降解途径、制剂处方研究中应用的分析技术进行概述。

表 13-1 ADC 药物特有的质量属性

属性	影响	类别	分析技术
聚合物	免疫原性 药代动力学 效价	单抗、偶联物	分子排阻色谱 毛细管电泳(CE-SDS) 分析型超速离心
电荷异质性	药代动力学 效价 安全性	单抗、偶联物	离子交换色谱 等电聚焦
偶联小分子药物的化学稳定性	效价 药代动力学 安全性	小分子药物	基于其降解机制 a
交联物	免疫原性 药代动力学	单抗、偶联物	毛细管电泳(CE-SDS)
药物抗体偶联比率(低、高)	效价 药代动力学 安全性	偶联物	分光光度法 疏水作用色谱 反相色谱 质谱
药物分布	效价 药代动力学 安全性	偶联物	质谱 疏水作用色谱和毛细管电泳或反相 HPLC 成像毛细管等电聚焦
游离小分子药物	安全性	小分子药物	反相色谱

a. 在特定情况下，功能测定可作为替代的分析手段。

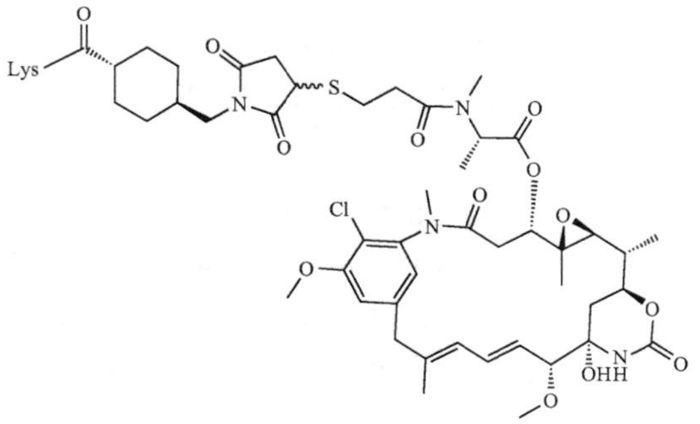

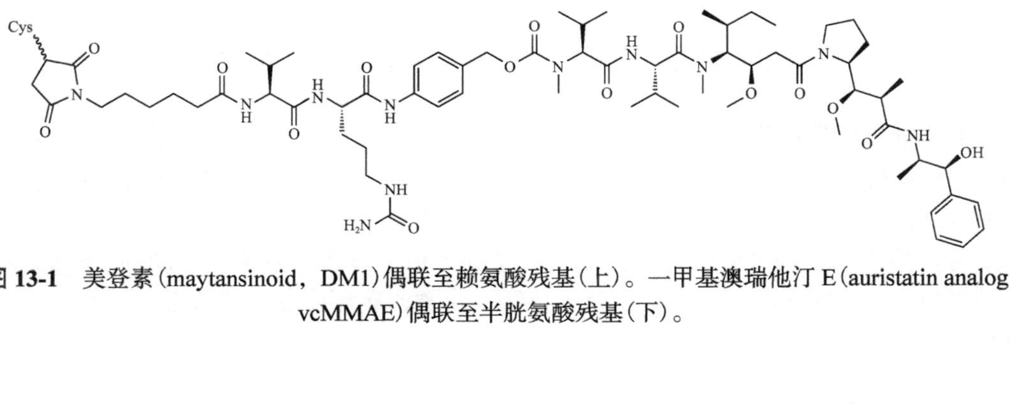

图 13-1 美登素(maytansinoid，DM1)偶联至赖氨酸残基(上)。一甲基澳瑞他汀 E(auristatin analog vcMMAE)偶联至半胱氨酸残基(下)。

2 ADC 质量属性的工艺过程考量

抗体偶联药物根据偶联位点和所用的小分子药物-连接子组合的不同而分为不同种类。在一些典型的例子中，细胞毒素（cytotoxin）的偶联发生在二硫键还原后（disulfide-derived），或基因工程改造过的半胱氨酸残基上[3,4]，或在抗体蛋白自身含有的赖氨酸残基上[5,6]。无论何种偶联位点，ADC 生产过程中的 pH、温度、溶剂及多种物理影响因素都可能改变单克隆抗体的理化性质。

ADC 药物偶联过程通常会出现中间产物（intermediate），如 T-DM1（trastuzumab emtansine）的中间产物 T-MCC[7]。这一中间产物是具有偶联细胞毒药物 DM1 活性的活化后的单克隆抗体，是由 trastuzumab 通过 SMCC 双异官能团连接子（heterobifunctional linker）修饰而成的。一旦 SMCC 连接到赖氨酸残基上，它的另一端自由马来酰亚胺基团（free maleimide group）也随之保留。研究证明，这种单克隆抗体的活性形式随着反应持续的时间不同，会与其他的 T-MCC 发生反应形成分子间交联复合物。这些复合物的形成会导致产品质量变化，因此需要在偶联反应过程中将它作为一项质量属性去监测和控制。例如，在生产 T-DM1 过程中就必须控制这些交联复合物。假如交联复合物没有在偶联过程中得到控制，那么活化的抗体成分可能会出现在最终的药物制剂中，并可能对制剂处方的稳定性构成挑战，需要进一步工艺开发来解决。如表 13-1 所示，交联复合物可能会影响到偶联药的免疫原性及药代动力学。

偶联过程也有可能导致一些蛋白质的降解，例如，偶联的条件有可能使蛋白质发生聚集，并且聚体大小不同，有的无法通过如过滤等下游步骤去除。根据它们的理化性质，在保存原液和成品过程中，聚体还会加速形成更多更大的聚体。

另一类生产过程产生的杂质来自小分子药物本身。小分子药物首先使用有机溶剂溶解，这些溶剂可能会添加到抗体偶联混合物中。由于有机溶剂对产品稳定性和安全性有重大影响，需要试验证明生产工艺过程能够充分清除这些溶剂。与传统的化疗药物相似，由于 ADC 中的细胞毒素如 maytansine、auristatin 及 calicheamicin 类均具有高效性和强度性[3,5,8]，它们未偶联的残留物也是一个潜在问题。前述的有些工艺相关杂质会传递到最终的制剂成品里，所以了解工艺相关的质量属性、它们的影响及存在水平，有助于为制剂处方开发制订产品质量的目标。

3 ADC 制剂处方开发的考虑因素

制剂处方的选择将可能影响 ADC 质量属性的各个方面。由于 ADC 的偶联需要裸抗体作为中间体，偶联药制剂处方开发过程包括在一定阶段上考虑开发裸抗体的制剂处方。ADC 药物抗体部分的处方优化与裸抗体相似，因此可以利用生物制药工业在裸抗体处方开发方面多年积累的经验。有许多取得成功的上市抗体液体或冻干粉制剂（lyophilized）已被报道[9~11]。尽管如此，当将小分子和偶联药物的质量属性一起考虑，制剂处方开发过程将变得更加复杂。

在 ADC 药物制剂处方开发过程中，需要了解哪些不稳定性是由于分子本身机制引起的，以及哪些不稳定性是制剂组分选择带来的影响。制剂处方筛选的设计取决于对 ADC 的物理、化学性质，以及诸如 pH、缓冲液、辅料等制剂因素对分子性质影响的理解。许多这类属性将在后面讨论，但可能不能覆盖所有 ADC 制剂处方方法，因为有时 ADC 属性取决于使用的 ADC 技术平台。

3.1 物理稳定性

单克隆抗体往往会在储存过程中发生非共价聚合。当抗体相互接近时，如分子间的疏水位点靠近，两者为达到自由能最小化而发生聚合。二聚化（dimerization）被认为是聚合的第一步，而有时聚合并不会继续进行下去。二聚物有时是可逆的[12]，有时是不可逆的。二聚物的继续生长将导致寡聚物（oligomers）越来越大，甚至可能随着时间进展形成不溶性微粒[11]。因为 ADC 药物都是经过一个或多个小分子药物部分修饰过，它们相对于裸抗体具有不同的物理性质，从而出现新的或者有所不同的分子间反应。一种抗体在非偶联形式和在偶联形式下会表现出不同的物理聚合现象，有可能是由于表面性质如疏水性的改变，也有可能是由于药物改变了抗体高级结构，使得抗体之间出现新的相互作用机制。这些因素可以导致极为不同的聚合倾向性。在处方筛选试验中，用相同的方法平行检测偶联和非偶联药物，很容易观察到聚合的影响。除非与偶联的形成或者偶联的过程相联系，否则这样的研究并不能直接得出这些影响是由什么原因引起的。偶联所导致的抗体分子物理性质的差异程度，可以通过诸如差热显示技术[7]来对比偶联抗体与裸抗体在起始熔解温度或熔点温度 T_m 的变化（如下降）来表征。相对于裸抗体，这种热力学稳定性的下降可能会转化为偶联抗体的胶体（colloidal）稳定性下降。因此，如前面表 13-1 所提到的，无论是否为共价聚合体，都可能带来各种安全性和有效性方面的影响。

3.2 化学稳定性

ADC 的部分化学稳定性取决于抗体部分。例如，假设裸抗体对于 pH 变化敏感，发生脱酰胺或者异构化，这一降解机制也很可能出现在 ADC。这些类型的降解可能会影响到产品的效价，尤其是当降解位于互补决定区的氨基酸残基上。通过多年的研究经验已知裸抗体常见的、易发生降解的多种氨基酸残基，因此，通过评估蛋白质一级序列，以及结合蛋白表面在溶液中的暴露部分和折叠方式信息，便能够对实际可能的降解位点作出预测[13, 14]。在裸抗体一级序列发生的大多数化学修饰也很可能发生在 ADC 形态。

碎片化是 ADC 可能发生的另一种化学降解途径，该反应通过链间共价键及肽段骨架的断裂发生。加入小分子药物后改变了分子的物理状态，可能会让 ADC 碎片化的敏感性改变，但 ADC 产生碎片的敏感部分主要还是来自单克隆抗体。常见的裸抗体降解机制为重链肽段在接近铰链区的断裂，导致游离的 F_{ab} 及 $F_{ab}+F_c$ 碎片产生[15]，这同样也是 ADC 药物常见的降解途径。通过对比偶联药与裸抗体之间的碎片化发生率，能够发现 ADC 药物是否有因碎片化导致的稳定性差异。

某些抗体的偶联依赖于小分子药物与链间二硫键的连接[4]，该方法打断了用于维持抗体四级结构（quaternary）的共价键。理论上，这可能使得抗体断裂为重链+轻链的碎片或者游离的单链,但在标准水相缓冲溶液中显著的非共价相互作用力仍可使抗体维持在一起。由于链间共价键已经断开,在变性条件如 SDS 的存在下很容易碎片化[16],因此,一些应用到裸抗体碎片化的检测方法,如 SDS-PAGE 或者 CE-SDS,不适于有链间二硫键断裂的分子碎片化检测。尽管碎片聚合作用可能对准确测量造成影响,非变性技术如体积排阻高效液相色谱法(SE-HPLC)仍可以作为稳定性研究中检测 ADC 碎片的方法。

偶联后的 ADC 分子增加了一些新的化学性质,可能出现新的小分子药物,以及偶联部分有关的化学降解途径。额外的化学降解产物取决于使用的小分子药物,可以通过收集非药用但相似的化合物进行生物偶联的案例进行这方面的预测。例如,琥珀酰亚胺环与马来酰亚胺连接到半胱氨酸游离巯基后的产物类似,很早之前已经发现能够通过氨解作用(aminolysis)[17]或依赖 pH 的水解作用发生开环[18~20]。有意思的是,与保持完整的琥珀酰亚胺环的 ADC 药物相比,抗体与其他类似的小分子药物偶联物开环降解后的产物表现出不同的体内稳定性和活性[20]。因此,这些降解途径在 ADC 药物合适的研发阶段就应该得到检测和控制。

产品在正常条件及强制条件下(under stressed storage conditions)储存,其连接小分子药物和抗体的共价键可能会被多种机制破坏。其中一个例子是破坏发生在小分子药物与蛋白质连接的部位。二硫键、腙(hydrazones)及巯基(thioethers)过去常用于临床前或临床期的 ADC 药物中小分子药物和抗体的连接[2],它们本身在处方条件和体内具有不同的稳定性(腙连接剂曾用于首个 FDA 批准的 ADC 药物——gemtuzumab ozogamicin,该药最终从市场上撤回,尽管并不是因为腙的稳定性问题)。在偶联过程中,具有活性的连接子可能会发生副反应,导致与抗体形成了不稳定的共价结合。例如,研究发现常偶联在赖氨酸上的琥珀酰亚胺酯也能和链上其他几种残基发生副反应,包括半胱氨酸和酪氨酸[19]。由于其化学性质并不稳定,小分子药物偶联到这些残基上会很快水解并且从抗体上脱落。不管来源是什么,在稳定性考察计划中,必须对这些可能的药物降解形式进行充分的监测。从图 13-1 可以看到,大多数小分子药物具有高疏水基团,因而常使用反相高效液相色谱来分析检测[21]。

ADC 小分子部分一项受关注的相关属性是偶联的小分子药物的化学稳定性[22]。例如,小分子药物-连接子的空间异构体可能在手性中心(chiral center)部位发生外消旋作用,如用于连接 vcMMAE 的琥珀酰亚胺环稍显不稳定,随着时间可能发生开环。这些因素给分析工作带来挑战,如果不考虑 ADC 的蛋白部分,部分因素可能很容易在水溶液条件下检测。

任何小分子药物从偶联的抗体上脱落都会改变原分子的药物抗体偶联比率。药物抗体偶联比率可以作为整体产品性质进行监测,以整个样本的总体药物抗体偶联比率或者以大量样品中抽取样品的单独药物抗体偶联比率表示。T-DM1 偶联药物就是很容易通过紫外光/可见光光谱测定药物抗体偶联比率的一个例子。然而,基于 vcMMAE 的偶联药物,则需通过色谱法对每个单克隆抗体分离出负载 0、2、4、6、8 个小分子药物的组分,其平均药物抗体偶联比率将从这个结果中计算。游离小分子药物的脱落并不是影响药物抗体偶联比率的仅有原因,因为小分子药物或者连接剂的化学变化可以改变小分子的效价,因此,药物抗体偶联比率可以被认为是每个单克隆抗体中具有完全活性小分子药物的数量，可以等同于也可以不等同于检测得到的小分子部分偶联到单克隆抗体的总数，因为小分子降解产物可能被检测到，也可能不被现有的手段如吸收光谱所检测到。

4 稳定性指示方法

在处方开发中，应采用能够检测抗体、小分子药物及抗体偶联药物相关属性的稳健的分析方法。由于抗体偶联药物保留了传统单克隆抗体的质量属性，故用于表征典型单抗(mAb)[23]的分析方法同样适用于抗体偶联药物。这些分析方法包括用来检测电荷异质性、共价和非共价的聚合物、碎片和活性效价的方法，以及一些标准的溶液检测方法——pH、浓度/离子强度和微粒的测定。但是，将裸抗的检测方法直接用于抗体偶联药物的检测不一定总是可行的，因为在单抗上偶联小分子药物可能会改变其物理和化学性质，这就需要与单抗不同的表征技术。

从制剂处方开发角度而言，选择适当的分析方法对于开发稳健的制剂处方是非常重要的。以下部分讨论了与制剂处方开发相关的 ADC 专有检测项目，其中许多分析方法在本书的其他章节也有详细讨论。

4.1 药物抗体偶联比率(DAR)的测定

正如之前所讨论的，药物抗体偶联比率(DAR)是抗体偶联药物的关键属性。最简单的检测 DAR 值稳定性的方法是利用 ADC 药物的紫外/可见光谱[21]。这种方法需要抗体和小分子药物的光谱具有不同最大吸收波长，这样二者的浓度可以分别计算，进而得到抗体偶联药物平均的 DAR 值。

疏水作用色谱(HIC)是可以检测抗体偶联药物平均 DAR 值的另一种技术[24]。与紫外/可见光谱相比，疏水作用色谱能将不同 DAR 值的组分分离开，从而能直接测定不同 DAR 值组分的比例，而这在稳定性试验中是非常有用的。连接子与抗体或者连接子与小分子药物之间的共价键的断裂会导致游离小分子药物的产生。游离的小分子药物的释放降低了抗体偶联药物的 DAR 值。小分子药物的化学变化也会影响 DAR 值的检测，并会增加其检测的复杂性。因为游离小分子药物与偶联到抗体上的小分子药物可能会有相似的吸收，故在紫外/可见光谱检测中，游离小分子药物的产生不一定会导致 DAR 的测量值降低。在这种情况下，诸如疏水作用色谱或者反相高效液相色谱(RP-HPLC)这样的互补实验可以用来确定游离药物的释放状况。质谱法也可以检测或确证 DAR 的测量值[25]，尽管该方法比紫外/可见光谱或者疏水作用色谱的操作更复杂。

4.2 反相高效液相色谱法(RP-HPLC)检测未偶联的小分子药物

未偶联的小分子药物是典型的疏水性分子且分子质量小，因此在制剂筛选过程中，反相高效液相色谱法成为监测未偶联小分子药物的最有效方法。监测未偶联的小分子药物时经常伴随的问题是被分析样品中会存在单克隆抗体，因此，在分析过程中需要从制剂样品中除去蛋白质，以防止蛋白质与固定相发生不可逆的结合。通常样品使用甲醇等有机溶剂处理，蛋白质会沉淀析出，离心后含有疏水小分子药物的上清液则注射到反相色谱柱中进行分析。通常这个提取过程会受到制剂样品中的缓冲液及赋形剂的影响，因此当蛋白质沉淀不完全时，还需要进一步的开发优化。

4.3 分子排阻高效液相色谱法(SE-HPLC)分析分子大小异质性

与其他生物制剂相似，监测 ADC 中的高分子组分是非常重要的，因为这些组分具有引起抗-治疗抗体应答(anti-therapeutic antibody response, ATA)的风险，并且可能改变 ADC 的活性效价。分子排阻色谱(SE-HPLC)是建立已久的检测蛋白分子大小变异尤其是高分子质量物质的方法。图 13-2 显示的是 ADC 药物的分子排阻色谱的典型图谱，一般来说，在 ADC 类的检测中都采用相同的技术。但是，由于抗体偶联药物与相对应的作为载体的裸抗体相比更加疏水，因此，有时须在流动相中加入有机溶剂，以便调节 ADC 中疏水性小分子药物引起的与固定相之间的非理想相互作用[21]。在流动相中加入类似的溶剂可能使储存过程中形成的高分子物质解离并干扰定量分析。类似于分析超速离心(AUC)这样的互补技术可以用来验证流动相中加入有机试剂后分子排阻色谱法能否准确测定单体和高分子物质的量。在流动相中加入不同量的有机试剂，对强制条件和非强制条件下的样品进行检测，并采用同一液相积分方法分析，也能验证该体积排阻色谱方法是否会因有机溶剂加入量的不同而改变偶联药物制剂产品中高分子质量组分的含量测定。与单克隆抗体类似，除高分子质量物质外，分子排阻色谱法也能够检测抗体偶联药物中的碎片含量。

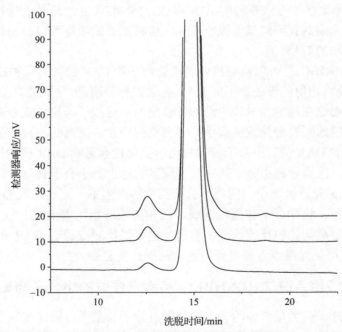

图 13-2 赖氨酸连接的抗体偶联药物的分子排阻色谱(SEC)图谱。如图所示，该标准品的液体制剂在 25℃储存超过 3 个月，图谱分别在 12 min 和 18 min 出现了高分子峰和碎片峰。

4.4 非还原 CE-SDS 法分析分子大小异质性

由于毛细管电泳检测法的检测速度快、重现性好、分辨率高、稳定性能强,以及自动化操作,其已经成为检测单克隆抗体分子大小变异体的首选检测方法[26]。对于单克隆抗体而言,CE-SDS 能检测出通过共价键连接的碎片和聚合物。目前已有报道,通过非还原的 CE-SDS 研究共价交联形成的聚合物,如通过未偶联的连接子而形成的分子间交联[7]。在 T-DM1 合成的中间产物 T-MCC 的稳定性研究中,这些交联产物显著增加,但是在 T-DM1 中,这些共价聚合物的增加非常少。非还原 CE-SDS(图 13-3a)和还原 CE-SDS(图 13-3b) 能够提供链间交联(重链和轻链的各种组合)的信息。另外,在对通过链间二硫键的半胱氨酸偶联的 ADC 进行 CE-SDS 分析时,由于其链间二硫键的丢失,在 SDS 的作用下,ADC 会解离成多种碎片组分,且碎片类型与小分子药物的偶联位点相关(图 13-4)。

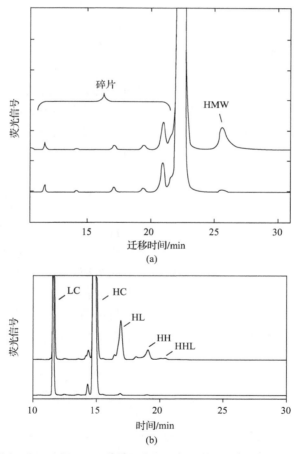

图 13-3 (a)通过赖氨酸偶联 DM1 的 ADC 药物的非还原 CE-SDS 电泳图谱,可见高分子和碎片组分。超出范围的峰为单体。图中对比了抗体偶联药物(上)和裸抗体(下)的非还原 CE-SDS 图谱(Fred Jacobson 提供)。(b)通过赖氨酸偶联 DM1 的 ADC 药物的还原 CE-SDS 电泳图谱。与出峰时间对应的组分按照分子质量由小到大为:LC(轻链)、HC(重链)、HL、HH 和 HHL。其中,HL、HH 和 HHL 是通过赖氨酸(Lys)形成的链间交联产物。图中对比了抗体偶联药物(上)和裸抗体(下)的还原 CE-SDS 图谱(Fred Jacobson 提供)。

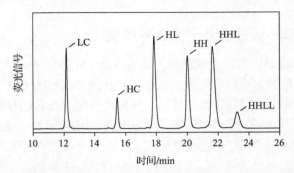

图 13-4 通过链间二硫键半胱氨酸偶联 vcMMAE 的 ADC 药物的非还原 CE-SDS 图谱。与出峰时间对应的组分按照分子质量由小到大为：LC(轻链)、HC(重链)、HL、HH、HHL 和 HHLL。

4.5 活性效价

适宜的 ADC 生物活性或效价的检测方法对于确证产品在货架期内的活性稳定性是非常重要的。它们也在制剂处方筛选中起到重要的作用，因为制剂成分中类似于 pH 或氧化等潜在的因素，会导致生物活性更倾向于在某些处方中发生变化。如果在稳定性研究中活性保持恒定，则表明尽管稳定性研究期间发生了可检出的一些物理化学变化，但未影响 ADC 的整体生物活性功能。在 ADC 中，功能检测可分为两类，分别为基于表位结合的检测和基于细胞杀伤能力的检测。如何选择并建立相关的检测已超出本章的讨论范围，但该类检测对制剂处方研发是至关重要的。

5 影响 ADC 制剂处方开发的生物物理因素

与相对应的裸抗体相比，由于已讨论过的 ADC 特有的生产工艺和制剂处方，人们预期抗体偶联药物的生物物理特性，如构象和结构稳定性将会发生改变。偶联上的药物是新的化学基团，它们在水溶液里必须进行适当的溶剂化或埋在蛋白质的表面；也可能会改变整个蛋白质的电荷分布，如在 T-DM1 中化学毒素与赖氨酸偶联。事实上，在 T-DM1 中，赖氨酸侧链的 ε-胺在药物偶联后，不再保持可电离的形式。而半胱氨酸偶联的药物会以不同方式引入不同程度的生物物理扰动，制备这一类的 ADC 如 brentuximab vedotin 时，需要打断链间二硫键，去除维持抗体四级结构的共价键。

偶联所引起生物物理特性的扰动会对 ADC 药物产生影响，这种影响可以通过与裸抗体的对比研究进行监控。这类研究可以通过诸如分子排阻色谱(如上所述)、毛细管电泳、分析超速离心等方法进行物理稳定性的对比研究。与裸抗体类似，一些灵敏的高级结构研究手段如差示扫描量热法、紫外圆二色光谱和傅里叶变换红外光谱也都可以应用到 ADC 的研究当中。但这一类方法在分析裸抗体和 ADC 药物时面临着同样的缺点，它们只能研究复杂大分子的整体生物物理状态。另外，由于 ADC 中含有一系列不同 DAR 值的分子组分，进而导致 ADC 样品的异质性程度成倍增加。

尽管有诸多影响因素的存在，偶联过程会给药物分子的生物物理性质造成一些可监测的变化，而这些变化可以作为制剂处方开发的有用信息。例如，Wakankar 等的研究表明，在 Trastuzumab 上连接异型双功能连接子 SMCC 之后导致其 CH_2 结构域熔融温度的降低，随后再连接 DM1，会导致抗体的 CH_2 结构域熔融温度的进一步降低[7]，这表明与裸抗体相比，ADC 的 CH_2 结构域的稳定性降低。结构域熔融温度的变化会随偶联药物中抗体和小分子药物的种类不同而变化。IgG1 抗体的链间二硫键偶联 vcMMAE 后与裸抗体 DSC 热谱图的对比可以看到这种变化（图 13-5）。在这种情况下，与裸抗体相比，偶联药物的熔融温度会降低。图 13-5 显示了制剂处方如 pH 也会影响 ADC 的热稳定性。

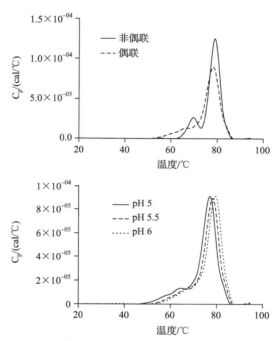

图 13-5 （上）vcMMAE-偶联 ADC 与其裸抗体的叠加 DSC 热谱图；（下）ADC 在同一缓冲体系但不同 pH 条件下的叠加 DSC 热谱图。

这种类似数据的意义必须慎重考量，一方面，熔融温度的降低意味着较差的稳定性，尤其是在强制条件下；另一方面，这种熔融温度的降低不能简单认为在冷藏条件下的药品保质期不可接受。然而，DSC 热谱图数据将有助于理解强制条件下如处方筛选过程中的实验结果。例如，若筛选过程中的温度接近熔融过渡态的温度时，可能意味着实验中所观察到的降解并不能代表实际存储过程可能发生的降解。因此，在选择制剂处方筛选的实验温度时，或者分析相对较高温度条件下的数据时需要慎重对待。

与此类似，像 CD-UV 和 FTIR 这些光谱工具也能用于 ADC 的分析，但其信息内容和价值需要批判性的分析。尽管一些实验室已将这些方法用于裸抗体的分析中，但有效方法的实施和对数据进行阐释仍具有挑战性[27]。而且，由于小分子药物对光谱检测的影响，ADC 药物的分析会更难。该领域期待更富有成效的方法来分析这类化合物的高级结构，而一些在传统单抗药物领域新兴的分析工具如氢/氘交换质谱[28, 29]也将会在 ADC 研究中发挥作用。

6　配伍研究和临床注射

ADC 制剂的最终步骤在于给患者的临床注射。可以使用模拟实际临床注射条件的实验来实现，如 ADC 的稀释液、稀释倍数、静脉注射袋，以及药剂师配制注射液和护士给患者注射所需要的放置时间及温度。同时，ADC 由于连接子-药物部分相对于裸抗体增加的疏水性可能会影响分子配伍后临床使用时的稳定性；并且，越高比例的小分子药物连接到 ADC 上，ADC 分子上就会有越强的疏水性。有较高比例小分子药物连接的 ADC 药物，在生理盐水中由于盐析效应容易形成溶解性的高聚体，甚或出现不溶性微粒。评估 ADC 药物与配伍剂量稀释溶液的相容性是重要的。使用的制剂处方方法并不仅仅是要能够保持产品的储存稳定性，也包括保持在临床注射、可能的稀释后运输过程中的稳定性。如果固有的制剂处方无法满足要求，可以考虑改变临床使用时的溶液，如葡聚糖（dextrose）、半浓度生理盐水，或者含辅料成分的稀释液。

7　制剂处方的决策

制剂处方的筛选是基于选择最能够保证 ADC 药物产品质量的制剂，建议筛选试验参照如表 13-1 所示的质量属性开展。和传统抗体药物一样，ADC 药物的处方选择同样需要考虑诸如 pH、缓冲液种类、浓度、稳定剂、包装容器，以及液体或者冻干粉剂型的选择。这在裸抗体方面的参考案例很容易找到[11]。尽管如此，由于关于 ADC 现有的临床知识和经验有限，我们对 ADC 各种质量属性的安全性和有效性的理解，以及监管部门的要求都在不断发展变化中。ADC 制剂处方的开发需要平衡抗体、小分子药物及连接子部分的特性，与标准的裸抗体药物相比需要考量更多因素。

成功的制剂处方研发确保了产品质量在储存、运输、处理及临床使用过程中不发生改变。ADC 制剂处方的开发既要了解小分子药物-连接子的化学降解机制，也要了解单抗体部分的物理化学不稳定性。对于制备 ADC 药物注射液剂型来说，前一方面更具有挑战性。并且，适合稳定小分子药物-连接子部分的处方可能并不一定对 ADC 的单克隆抗体部分稳定性起作用。这里更推荐使用冻干剂型，已经上市的、使用冻干剂型的 brentuximab vedotin 和 T-DM1 提供了成功证明案例。尽管如此，这种开发途径仍有潜在的使用限制，如是否具有能够控制细胞毒生物制剂的冻干剂生产设备。基于临床经验对 ADC 药物产品开展的关键质量属性分析，将有助于制剂处方的选择。

参 考 文 献

1. Goetze AM, Schenauer MR, Flynn GC (2010) Assessing monoclonal antibody product quality attribute criticality through clinical studies. MAbs 2(5): 500–507. doi: 10.4161/mabs.2.5.12897
2. Ducry L, Stump B (2010) Antibody-drug conjugates: linking cytotoxic payloads to monoclonal antibodies. Bioconjug Chem 21(1): 5–13. doi: 10.1021/bc9002019

3. Doronina SO, Toki BE, Torgov MY, Mendelsohn BA, Cerveny CG, Chace DF, DeBlanc RL, Gearing RP, Bovee TD, Siegall CB, Francisco JA, Wahl AF, Meyer DL, Senter PD (2003) Development of potent monoclonal antibody auristatin conjugates for cancer therapy. Nat Biotechnol 21(7): 778–784. doi: 10.1038/nbt832
4. Junutula JR, Raab H, Clark S, Bhakta S, Leipold DD, Weir S, Chen Y, Simpson M, Tsai SP, Dennis MS, Lu Y, Meng YG, Ng C, Yang J, Lee CC, Duenas E, Gorrell J, Katta V, Kim A, McDorman K, Flagella K, Venook R, Ross S, Spencer SD, Lee Wong W, Lowman HB, Vandlen R, Sliwkowski MX, Scheller RH, Polakis P, Mallet W (2008) Site-specific conjugation of a cytotoxic drug to an antibody improves the therapeutic index. Nat Biotechnol 26(8): 925–932. doi: 10.1038/nbt.1480
5. Chari RV, Martell BA, Gross JL, Cook SB, Shah SA, Blättler WA, McKenzie SJ, Goldmacher VS (1992) Immunoconjugates containing novel maytansinoids: promising anticancer drugs. Cancer Res 52(1): 127–131
6. Kovtun YV, Audette CA, Ye Y, Xie H, Ruberti MF, Phinney SJ, Leece BA, Chittenden T, Blattler WA, Goldmacher VS (2006) Antibody-drug conjugates designed to eradicate tumors with homogeneous and heterogeneous expression of the target antigen. Cancer Res 66(6): 3214–3221. doi: 10.1158/0008-5472.CAN-05-3973
7. Wakankar AA, Feeney MB, Rivera J, Chen Y, Kim M, Sharma VK, Wang YJ (2010) Physicochemical stability of the antibody-drug conjugate Trastuzumab-DM1: changes due to modification and conjugation processes. Bioconjug Chem 21(9): 1588–1595. doi: 10.10 21/bc900434c
8. Hinman L, Hamann P, Wallace R, Menendez A, Durr F, Upeslacis J (1993) Preparation and characterization of monoclonal-antibody conjugates of the calicheamicins – a novel and potent family of antitumor antibiotics. Cancer Res 53(14): 3336–3342
9. Daugherty AL, Mrsny RJ (2006) Formulation and delivery issues formonoclonal antibody therapeutics. Adv Drug Deliv Rev 58(5–6): 686–706. doi: 10.1016/J. Addr. 2006.03.011
10. Wang W, Singh S, Zeng DL, King K, Nema S (2007) Antibody structure, instability, and formulation. J Pharm Sci 96(1): 1–26. doi: 10.10 02/Jps. 20727
11. Wang W, Singh S, Zeng DL, King K, Nema S (2006) Antibody structure, instability, and formulation. J Pharm Sci 96(1): 1–26. doi: 10.10 02/jps. 20727
12. Moore J, Patapoff T, Cromwell M (1999) Kinetics and thermodynamics of dimer formation and dissociation for a recombinant humanized monoclonal antibody to vascular endothelial growth factor. Biochemistry 38(42): 13960–13967
13. Kosky AA, Dharmavaram V, Ratnaswamy G, Manning MC (2009) Multivariate analysis of the sequence dependence of asparagine deamidation rates in peptides. Pharm Res 26(11): 2417–2428. doi: 10.1007/s11095-009-9953-8
14. Robinson NE (2001) Molecular clocks. Proc Natl Acad Sci 98(3): 944–949. doi: 10.1073/pnas. 98.3.944
15. Cordoba A, Shyong B, BreenD, HarrisR (2005) Non-enzymatic hinge region fragmentation of antibodies in solution. J Chromatogr B Anal Technol (Biomed Life Sci) 818(2): 115–121. doi: 10.1016/j.jchromb. 2004.12.033
16. Sun MMC, Beam KS, Cerveny CG, Hamblett KJ, Blackmore RS, Torgov MY, Handley FGM, Ihle NC, Senter PD, Alley SC (2005) Reduction-alkylation strategies for the modification of specific monoclonal antibody disulfides. Bioconjug Chem 16(5): 1282–1290. doi: 10.1021/bc050201y
17. Wu CW, Yarbrough LR (1976) N-(1-pyrene) maleimide: a fluorescent cross-linking reagent. Biochemistry 15(13): 2863–2868

18. Baldwin AD, Kiick KL (2011) Tunable degradation of maleimide-thiol adducts in reducing environments. Bioconjug Chem 22(10): 1946–1953. doi: 10. 1021/bc200148v
19. Chih H-W, Gikanga B, Yang Y, Zhang B (2011) Identification of amino acid residues responsible for the release of free drug from an antibody-drug conjugate utilizing lysinesuccinimidyl ester chemistry. J Pharm Sci. doi: 10. 1002/jps. 22485
20. Shen B-Q, Xu K, Liu L, Raab H, Bhakta S, Kenrick M, Parsons-Reponte KL, Tien J, Yu S-F, Mai E, Li D, Tibbitts J, Baudys J, Saad OM, Scales SJ, McDonald PJ, Hass PE, Eigenbrot C, Nguyen T, Solis WA, Fuji RN, Flagella KM, Patel D, Spencer SD, Khawli LA, Ebens A, Wong WL, Vandlen R, Kaur S, Sliwkowski MX, Scheller RH, Polakis P, Junutula JR (2012) Conjugation site modulates the in vivo stability and therapeutic activity of antibody-drug conjugates. Nat Biotechnol 1–8. doi: 10. 1038/nbt. 2108
21. Wakankar A, Chen Y, Gokarn Y, Jacobson FS (2011) Analytical methods for physicochemical characterization of antibody drug conjugates. MAbs 3(2): 161–172. doi: 10. 4161/mabs. 3. 2. 14960
22. Suchocki JA, Sneden AT (1987) Characterization of decomposition products of maytansine. J Pharm Sci 76(9): 738–743. doi: 10. 1002/jps. 2600760913
23. Harris RJ, Shire SJ, Winter C (2004) Commercial manufacturing scale formulation and analytical characterization of therapeutic recombinant antibodies. Drug Dev Res 61(3): 137–154. doi: 10. 1002/ddr. 10344
24. Hamblett KJ, Senter PD, Chace DF, Sun MMC, Lenox J, Cerveny CG, Kissler KM, Bernhardt SX, Kopcha AK, Zabinski RF, Meyer DL, Francisco JA (2004) Effects of drug loading on the antitumor activity of a monoclonal antibody drug conjugate. Clin Cancer Res J Am Assoc Cancer Res 10(20): 7063–7070. doi: 10. 1158/1078-0432. CCR-04-0789
25. Siegel MM, Hollander IJ, Hamann PR, James JP, Hinman L, Smith BJ, Farnsworth APH, Phipps A, King DJ et al (1991) Matrix-assisted UV-laser desorption/ionization mass spectrometric analysis of monoclonal antibodies for the determination of carbohydrate, conjugated chelator, and conjugated drug content. Anal Chem 63(21): 2470–2481. doi: 10. 1021/ac00021a016
26. Hunt GG, Nashabeh WW (1999) Capillary electrophoresis sodium dodecyl sulfate nongel sieving analysis of a therapeutic recombinant monoclonal antibody: a biotechnology perspective. Anal Chem 71(13): 2390–2397
27. Jiang Y, Li C, Nguyen X, Muzammil S, Towers E, Gabrielson J, Narhi L (2011) Qualification of FTIR spectroscopic method for protein secondary structural analysis. J Pharm Sci 100(11): 4631–4641. doi: 10. 1002/jps. 22686
28. Houde D, Peng Y, Berkowitz S, Engen J (2010) Post-translational modifications differentially affect IgG1 conformation and receptor binding. Mol Cell Proteomics 9: 1716–1728
29. Konermann L, Pan J, Liu Y-H (2011) Hydrogen exchange mass spectrometry for studying protein structure and dynamics. Chem Soc Rev 40(3): 1224. doi: 10. 1039/c0cs00113a

第 14 章 偶联工艺的开发和放大

Bernhard Stump and Jessica Steinmann

摘　要

因为结合了有机化学合成与生物技术制造工艺，制造高效的抗体偶联药物(antibody-drug conjugate，ADC)是一项要求很高的工作，需要解决一系列新奇、独特的工程学问题和化学挑战来支持临床药物及商业化产品的生产。在这个过程中需要开发稳定的工艺以获得质量均一的产品；也需要建立 ADC 特异的分析方法；还需要有操作毒性化合物的安全保障。这篇综述主要关注于 ADC 的工艺开发和放大，并对这个过程中最重要的一些特征进行了重点讨论。

关键词：抗体偶联药物，工艺开发，正交实验设计法，放大，细胞毒性化合物

1　ADC 工艺开发：为何、如何？

抗体偶联药物是一类最近发展起来的抗肿瘤药物，有广阔的应用前景[1~3]。一个 ADC 分子由三部分组成：一个针对肿瘤特异性抗原的单抗(monoclonal antibody，mAb)、一个连接子和一个细胞毒性负载物。抗体部分用于细胞毒性药物的靶向输送，如果没有抗体，细胞毒性药物可能因为治疗窗过窄的问题无法用于患者治疗。高效细胞杀伤活性的负载物需要在不影响抗体生物学功能的情况下连接到抗体上[4]。由于抗体和细胞毒性负载药物有着不同的生物物理学性质，如分子大小和疏水性，所以 ADC 药物的生产面临着巨大的挑战。抗体对高温、温度波动和高速搅拌很敏感，需要小心操作[5, 6]。而细胞毒性负载药物的疏水性通常都很高，需要用有机溶剂溶解，使用的有机共溶剂需要与抗体兼容。以上仅列举了 ADC 生产过程中面临的部分挑战。

通常一个新的、有应用前景的 ADC 药物的合成生产工艺在研发阶段就已经设计好了。那么，为什么还有必要花费时间和金钱而进行更多的工艺开发呢？工艺开发的价值在一个项目的后期更加明显。如果一个项目的主要工艺条件能在生产用于毒理学研究和临床试验的样品之前就已经确定好，就可以减少后续生命周期中工艺变更可能带来的风险。这样可以使质量可比性良好的材料应用于所有生产阶段。

工艺开发的程序应当如何设计？首先，必须确定开发的目标。在工厂设施、设备条件允许的情况下，保证工艺的可靠安全性是一个显而易见的目标。但如何在规模生产该生物药前就评估工艺开发是否成功呢？在整个工艺开发阶段，对 ADC 药物特性在分子水平上的全面理解和控制有助于提示是否建立了可靠、耐用的工艺。诸如药物-抗体偶联

比例(drug-to-antibody ratio，DAR)[7]、单体含量，甚至连接位点等抗体偶联药物的特性都需要通过工艺来控制。此外，这些可被分析技术检测的分子特征是产品质量的关键指标。而且，ADC 必须在细胞杀伤活性分析中表现出活性，在 ELISA 等抗原结合分析中能被靶向抗原识别。

工艺开发程序通常开始于研究者熟悉阶段，目的是对初始的工艺参数进行试验和评估，在实际的工艺开发阶段则可以对这些参数进行改进(图 14-1)。在这个阶段，需要对工艺参数进行详尽的分析，如用所谓的正交试验模式(DoE)进行评估。在第二个阶段中，通过多个验证性试验对优化过的工艺参数进行检验。如果缩小的、有代表性的工艺模型已经建立，所有上述操作都可以在毫克级水平进行。随后，可先尝试将抗体起始量扩大到克级水平，并开始研究纯化步骤。通常工艺流程可以再放大到超过 100 g 的水平，这样可以生产足以供应临床前毒理学和早期临床研究的药物。在通向商业化工艺的道路上，还需要一个工艺确认阶段(process qualification)来对 ADC 的生产流程进行全盘和彻底的研究，这对于满足监管部门的要求是必需的[8]。最终，一个已表征分析清楚的工艺过程可在 1kg 甚至更高水平上进行操作。

熟悉阶段	工艺开发			临床供应	工艺表征	商业供应
试剂滴定	正交试验设计法	验证过程	纯化工艺开发	用于毒理学、临床研究的批次	工艺设计	商业化批次
毫克级水平		克级水平		百克级以上水平	克、毫克级水平	千克级以上水平

图 14-1 典型的 ADC 工艺开发流程。

2 熟悉工艺过程

在一个典型的 ADC 工艺中，只有少数几个工艺参数可以影响到药物-抗体偶联比例(DAR)。例如，Seattle Genetic 公司的基于马来亚酰胺为代表的半胱氨酸连接工艺中，经典的抗体部分还原反应是决定 DAR 的步骤。更有针对性地来说，加入的还原剂如三(2-羧乙基)膦(TCEP)的化学计量可以控制自由巯基生成的数量[9]。随后，自由巯基基团可以连接到选取的药物-连接子分子链上(图 14-2)。在基于赖氨酸连接的 ADC 合成的例子中，如 Immunogen 公司使用的靶向抗体负载(targeted antibody payload, TAP)技术[10]，相应连接子对抗体的修饰通常可以决定负载量。所以，在两种连接工艺中，需要小心处理药物真正连接前抗体的修饰步骤。为了使 ADC 工艺开发有一个好的起点，需要熟悉上述提到的药物负载工艺的关键参数。在起始阶段用抗体修饰剂对单抗进行修饰滴定时，可简单地改变修饰剂的化学计量，随后偶联药物，并分析 ADC 产物的 DAR 值，通过这些工作可以获得宝贵的信息来指导工艺开发以达到理想的药物负载。一般来说，这些实验可以反映单抗修饰剂和 DAR 之间的关系。所以，最初的标准反应条件来自于工艺的熟悉过程，而这些标准反应条件可以使 ADC 以可重复的、预先设定的负载比例进行生产。

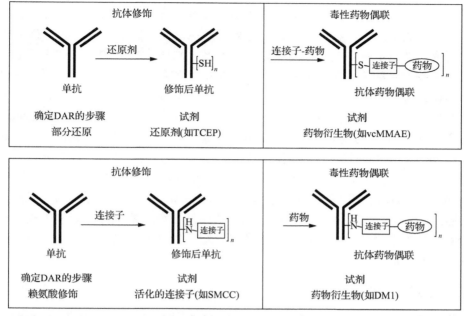

图 14-2 偶联反应前典型的 ADC 抗体修饰工艺流程。列举的两个例子分别是基于半胱氨酸(顶部)和基于赖氨酸(底部)的偶联。

工艺熟悉阶段制备的样品可用于进一步研究，以建立偶联药物的初步稳定性数据。对于后续多个实验平行进行时，由于不能立即进行分析调查，上述数据可用于帮助判断偶联分析结果的有效性。

3 寻找理想的工艺参数：利用 DoE 作为工具

在熟悉阶段，已经获得了偶联工艺的初始信息，现在可以进行更为详细的研究。通过研究反应参数对 ADC 质量属性的影响，可设计一个定制的工艺。

由于可能存在大量可变参数，在独立实验中分别验证每一种可能的反应条件组合的方法效率很低。这种每次一个因子实验法(one factor-at-a-time，OFAT)会导致需要进行大量的实验，不具备可操作性。而且频繁的实验将消耗之前生产的样品原料，操作并分析所有的偶联实验将会延迟工艺开发进程，从而带来可观的花费并耽误临床前研究计划。此外，独立实验也无法评估分析参数间的相互作用。因此，应用少量的实验却能获得相同信息的正交试验设计方法(DoE)是更有益的选择。

所谓 DoE [11]，是一个成熟的、可靠的、可用来系统研究工艺参数的工具。应用 DoE 的原理在于运用统计学知识设计系统的实验，从实验获得的结果外推得到那些没有试验的参数组合结果。随后可在研究参数的取值范围内计算所有工艺参数对偶联物特性的影响。因为只有几个统计学方法选取的组合需要进行实验分析，所需的实验数量比 OFAT 方法有了相当程度的减少。

只有对能够重复生产出满足预先设定的、可测量的质量属性的工艺，才能使用 DoE

方法。只有在这种情况下,才能对变化参数与未变化参数的效果进行解释。在工艺熟悉阶段中获取的信息应使我们对偶联工艺自身的稳定性有信心,使其可在 DoE 中得到进一步研究。随后的任务是选取需要研究的参数。对于大部分的生物技术工业制造工艺来说,一些参数的选取是显而易见的、固定的,如反应温度和时间、蛋白浓度、试剂的化学计量等。此外,反应溶液的 pH、盐的浓度、加入试剂的时间、搅拌速率及更多其他的参数都可以进行分析。如之前提到的,可被分析的影响产品质量属性的 ADC 特性主要包括 DAR、药物分布、单体含量、细胞杀伤活性或抗原识别能力。所有这些特征都可以作为 DoE 方法的输出值。此外,在 DoE 中,多种工艺中间产物的特性,如连接子-抗体比例(linker-to-antibody ratio,LAR)、自由巯基-抗体比例(free thiol-to-antibody ratio,FTAR),或者单体含量都可在相关工艺步骤的 DoE 中进行分析。关键问题是这些方法需要足够精确,产生的数据能够在后续统计学处理中进行分析。这意味着上述参数必须足够准确、精密,只有很小的离散。只有这样,才能检测到工艺参数变化时产品质量的微小差异。

3.1 制订实验计划

一些计算机程序,如 Design Expert [12]、MODDE [13]或者 Statistica [14]可以为制订 DoE 相关的实验计划提供巨大帮助,并在实验结束后用于结果分析。对于一个进入早期临床前研究的课题来说,一个参数筛查 DoE 通常可以提供足够的工艺相关信息,特别是关于哪些参数对工艺的结果有显著性影响,以及这些参数的哪些值可以实现理想的产品特性。对于任何一个选择的工艺参数来说,必须要确定将要研究参数的上限和下限。对可制造性的考量,以及来自于熟悉阶段、偶联阶段、文献数据中的工艺参数经验都有助于限定参数选择的空间限值范围。

3.2 使用 DoE 进行参数筛选的例子

举一个例子,在一个赖氨酸偶联工艺开发过程中(图 14-3),研究了浓度、pH、修饰剂化学计量、反应稳定性、反应时间和有机共溶剂的含量对 LAR 及单体浓度的影响。选择 DoE 中部分因子设计参数的筛选方法。对所有因子来说,确定了一个设定值、一个上限和一个下限。为了研究有机共溶剂对工艺产出的影响,设计了在两个不同的有机溶剂条件下分别进行的实验模块(表 14-1)。

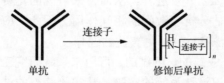

图 14-3 对赖氨酸偶联工艺的研究。

在这个实验计划里,实验的顺序是随机排列的,这样可以避免实验过程中参数发生分组效应。此外,每个共溶剂实验模块中都有 3 个"中心点"实验(表 14-1 中的试验 1、4、8、12、16 和 22),这些"中心点"试验用于分析标准参数条件下工艺的重复性,以及确定这些参数的变化是线性模型还是更复杂的效应面模型(如曲线模型)更适合所研究的实验体系。这 6 个有相同参数的实验随机分布于整个 DoE 实验计划中。

表 14-1 部分因子设计的实验计划。该计划由 Design Expert 软件设计,其中包含两个实验模块,每个实验模块包含 3 个中心点;表中斜体字代表"中心点"实验

Run #（随机排列）	模块（共溶剂）	温度/℃	pH	时间/h	单抗浓度/(g/L)	有机溶剂浓度(V/V)/%	连接子(eq)
1	A	*设定值*	*设定值*	*设定值*	*设定值*	*设定值*	*设定值*
2	A	设定值+	设定值−	设定值+	设定值−	设定值−	设定值+
3	B	设定值+	设定值+	设定值+	设定值+	设定值+	设定值+
4	B	*设定值*	*设定值*	*设定值*	*设定值*	*设定值*	*设定值*
5	A	设定值−	设定值−	设定值−	设定值−	设定值−	设定值−
6	B	设定值−	设定值+	设定值−	设定值+	设定值−	设定值−
7	A	设定值−	设定值+	设定值−	设定值+	设定值−	设定值+
8	A	*设定值*	*设定值*	*设定值*	*设定值*	*设定值*	*设定值*
9	A	设定值−	设定值−	设定值+	设定值+	设定值−	设定值+
10	B	设定值−	设定值−	设定值+	设定值−	设定值+	设定值−
11	B	设定值+	设定值−	设定值−	设定值+	设定值+	设定值−
12	B	*设定值*	*设定值*	*设定值*	*设定值*	*设定值*	*设定值*
13	A	设定值+	设定值+	设定值−	设定值−	设定值+	设定值+
14	B	设定值+	设定值+	设定值−	设定值−	设定值−	设定值+
15	A	设定值+	设定值−	设定值+	设定值+	设定值+	设定值−
16	A	*设定值*	*设定值*	*设定值*	*设定值*	*设定值*	*设定值*
17	B	设定值−	设定值+	设定值+	设定值−	设定值−	设定值+
18	A	设定值+	设定值+	设定值+	设定值+	设定值−	设定值+
19	A	设定值+	设定值−	设定值−	设定值−	设定值+	设定值−
20	B	设定值−	设定值−	设定值−	设定值+	设定值−	设定值+
21	B	设定值+	设定值−	设定值+	设定值−	设定值+	设定值+
22	B	*设定值−*	*设定值−*	*设定值+*	*设定值−*	*设定值+*	*设定值−*

偶联实验在毫克级水平上进行操作。需要有合适的仪器以实现对所研究参数的最好控制。Lonza 使用小规模的、应用于生产临床样本的玻璃反应容器进行实验。如图 14-4 所示,内套的内容积为 10 mL 的玻璃反应容器可提供严格稳定的温度控制,并可使用转子进行搅拌。为了进行偶联反应的 DoE 研究,需要对技术员或科学家进行良好的培训,使其能够安全操作高毒性化合物。此外,由于需要在短时间内进行分析测试,相应的仪器、操作规程和人员必须随时就位。本研究选择观察的两个质量属性为:通过体积排阻色谱检测的单体含量和抗体的药物负载量。另外,对溶液中偶联物和自由连接子的浓度也进行了分析。

图 14-4 Lonza Visp 公司的 ADC 工艺设备：毫克级玻璃内套反应容器、克级玻璃反应容器、千克级不锈钢容器。

采集完整个 DoE 实验数据后，在 DoE 软件的帮助下可以分析单参数的变化和多个参数间的相互作用。可用中心点实验提供标准的条件以分析工艺的重复性。通过分析可以找到显著影响输出结果的参数，如本研究中的 LAR 和修饰后抗体的单体含量。此外，DoE 过程也可以分析单因素，以及诸如温度和 pH 等多因素组合的效果（图 14-5）。通常对结果有统计学意义上显著影响的参数少于实验研究的参数。这表明，只有少量参数能够决定实验条件下偶联成功与否。这些关键工艺参数需要在 ADC 生产操作时严格控制。

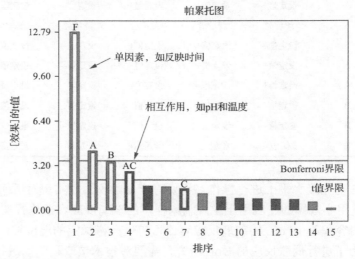

图 14-5 帕累托图，解释了单因素（A，B，C，……）或多因素组合（AB，AC，……）对 LAR 影响的显著性。

除了能够鉴定可影响偶联物质量结果的工艺参数或其组合，DoE 方法的优点还在于可将实验结果外推至没有被实验研究过的参数上。如果同时研究了多个参数，DoE 数据可以二维或三维图的方式呈现。如果数据符合线性关系模型，则基于统计学模型对整个工艺参数变化的分析可以获得达到理想结果所需的最适宜参数值。如果数据分析结果显示工艺参数变动导致的结果不适宜线性关系模型，则需要进行额外的实验以建立响应曲面模型来模拟该工艺过程（图 14-6 提供了一个曲面模型的数据集）。

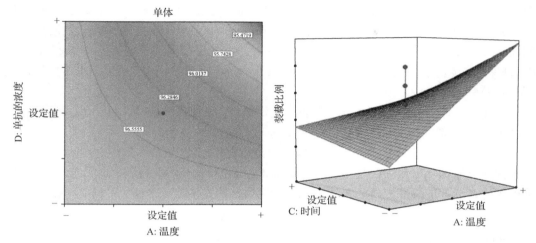

图 14-6 二维图显示单抗浓度和温度对单体含量的影响（左图），三维图显示时间和温度对负载比例的影响（LAR，右图）。（另见彩图）

为了全面了解工艺参数对产品质量的影响，可取的做法是每个 ADC 的工艺开发都进行参数筛选。如果时间和资源有限，在不同 ADC 都使用相同偶联工艺的前提下，将 DoE 在一个 ADC 上获得的信息可以转移到另外一个 ADC 上，以获得对产品质量结果的初步提示。

4 工艺参数的验证

使用通过 DoE 筛选参数值的组合进行多批次工艺验证，可以检验通过控制这些工艺参数是否能真的获得理想的产品质量。进行类似的"真实性检验"是有意义的，因为 DoE 提供的最佳值只是通过少量检测参数的组合推导出来的。

5 规模放大到克级水平及纯化工艺的开发

经过识别显著影响产品质量的工艺参数，并确定和验证它们的设定值后，就可以将工艺从毫克级水平放大到克级水平。这样可以获得关于工艺稳健性和可放大性的更多数据。此时，需要探索纯化工艺技术以用于临床样品的生产。

可以放大的纯化技术如正切流动过滤法（tangential flow piltration，TFF）常受到青睐。TFF 是浓缩和纯化蛋白质的方法之一[16~18]，这种方法可以充分、有效地交换缓冲液并去除抗体修饰过程中常见的小分子杂质。清除游离的小分子衍生物对于 ADC 生产工艺非常关键，因为可以避免在 ADC 的原液中含有任何未偶联的高毒性药物。毫克级水平的溶液体积对于建立类似 TFF 的技术来说太小了，而克级水平的偶联体系可以满足优化 TFF 参数的需要。

在 TFF 体系中，操作参数的选择对工艺性能有显著影响。偶联工艺中 TFF 步骤的一个目标是优化流速以促进缓冲液交换，同时改进杂质去除效果。为了获得工艺中可重复、优化的流量和时间，需要对多个不同种类和来自不同供应商的膜进行筛选，同时应在早期优化关键 TFF 参数。为了快速优化关键参数，首先可在筛选不同的流加（feed flow，FF）速率时一起改变穿膜压力（transmembrane pressure，TMP），这样可以获得最大流速值（图 14-7）（如参考文献 19）。

选择高流速可以缩短 TFF 工艺时间。确定最佳的 TMP 和 FF 后，下一步可研究蛋白浓度对 TFF 效率的影响（图 14-7，左图）。

为了确定 TFF 步骤中所需的透析体积，需要获得相应的分析技术以定量目标杂质。通过抽提分析循环水箱中的物质，可以追踪检测杂质的去除减少，从而确定工艺所需的透析体积。选取的缓冲液体积需要确保这些杂质去除在限定值之下（图 14-7，右图）。

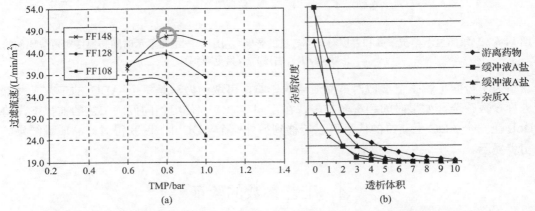

图 14-7　举例说明 TMP 和 FF 对 TFF 流动速率的影响（左）及小分子杂质的清除（右）。

在 TFF 纯化工艺开发的最后阶段，需要确定膜的类型、FF、TMP，以及透析体积的数量。如果工艺开发中发现 TFF 不适合用于去除 ADC 工艺中的杂质，或者对产品质量有不可接受的负面影响（如单体含量），则可以考虑选择诸如色谱层析的其他技术。除非偶联工艺中发生不可控的蛋白聚合，一般不需要使用对产量有影响且成本高的色谱纯化技术。

6　临床供应

当生产临床前毒理学或临床研究用的偶联药物时，需要为整个工艺建立可靠的微生物量控制概念。微生物量控制开始于选择一个恰当的、能供应高质量原材料的供应商，而且应在 ADC 制备场地有严格的放行检测。安装合适的生产设备以保证工艺过程尽可能在封闭和无菌环境下进行，并对操作人员进行严格的微生物限度培训可以减少 ADC 批次间发生污染的风险。通过工艺中控检测内毒素和微生物量可以提供更多的数据并了解潜在的污染源。此外，必须确定工艺中具有可去除微生物量的步骤，如 0.2 μm 膜过滤，才能避免不必要的风险。ADC 工艺通常开始于过滤裸单抗进入邻近的密闭反应容器。反应时间延长后，可能需要在工艺中添加额外的过滤。在配制成 ADC 成品溶液及被储存之前，需要进行最终的过滤。此外，在生产后或在使用时缓冲液也必须进行过滤，这些溶液可接受的存储期和存储温度也须经过严格的评估。

当用 DoE 参数筛选的方法确定工艺参数，完成纯化开发，试生产成功后，通常可以将工艺规模放大到超过 50 kg 的水平，这时产品的量可用于支持临床前毒理学研究和早期临床研究。不同批次获得的产品质量应当可重复，且与前期实验室中获得的产品质量具有可比性。

7 通向商业化进程的挑战

当生产工艺通过临床阶段向商业化生产工艺推进时，必须通过进一步工艺表征以通过最终的工艺验证，这是商业化 ADC 药物生产的必要步骤[8]。在所谓的商业化生产工艺设计阶段，未来商用工艺的参数可从基于实验室水平进行的额外实验，以及从生产规模放大制造用于早期临床研究的 ADC 药物的工艺参数中确定。在工艺生命周期的这个阶段，使用 DoE 方法可以再次帮助我们在比较有限的实验中获得对生产工艺更深入的了解。

在工艺开发早期阶段，通过部分因子 DoE 实验获得的可保证产品质量属性的工艺参数可以在这个"工艺设计"阶段通过更全面的 DoE 实验进行优化。如有需要，在初始筛选阶段 DoE 中观察到的曲线结果可进一步用适合非线性结果的响应面模型进行研究。所以，借助 DoE 方法，我们能够建立一个可精确描述偶联工艺的模型以观察所有相关变量的相互作用。对所有工艺参数可确定一个"设计空间"（design space），而在设计空间界限内，生产工艺应按预期运行。这可以通过额外实验来证明偶联工艺的耐用性。通过这些研究可以找到关键工艺参数（critical process parameter，CPP）以及它们的可接受范围。而为了保证生产出的 ADC 批间质量的一致性，生产过程必须严格控制在这些关键工艺参数范围内。

因为与早期的临床研究阶段相比，实际上需要进一步的规模放大才能更换到商业阶段生产，所以对产品质量可能产生的一切影响都应被考虑到。例如，通过搅拌机输送的动力、混匀机的顶端的速度，以及反应液加入后均一化所用的时间等都很难保持恒定（如参考文献 20）。所以，必须保证选取的这些变量值的设置不会影响任何 ADC 药物性质。如果在进一步规模放大中接触材料发生了变化，可能需要额外的实验研究以确定是否与工艺兼容。另外，进行滤膜大小相关的实验可以帮助选择合适的 0.2 μm 滤膜以用于商业化生产工艺。当通过工艺开发和生产收集到所有信息并对工艺过程有深入了解后，才可以进行 ADC 药物商业化大规模生产。

致 谢

感谢 Nikolaus Bieler 博士参与讨论 DoE 在生物偶联反应中的应用。

参 考 文 献

1. Polson AG, Ho WY, Ramakrishnan Y (2011) Investigational antibody-drug conjugates for hematological malignancies. Expert Opin Investig Drugs 20: 75–85
2. PasquettoMV, Vecchia L, Covini D, Digillio R, Scotti C (2011) Targeted drug delivery using immunoconjugates: principles and applications. J Immunother 34: 611–628
3. Fitzgerald DJ, Wayne AJ, Kreitman RJ, Pastan I (2011) Treatment of hematologic malignancies with immunotoxins and antibody-drug conjugates. Cancer Res 71: 6300–6309
4. Hughes B (2010) Antibody-drug conjugates for cancer: poised to deliver? Nat Rev Drug Discov 9: 665–667
5. Vermeer AWP, Norde W (2000) The thermal stability of immunoglobulin: unfolding and aggregation of a multi-domain protein. Biophys J 78: 394–404
6. Shire SJ, Gombotz W, Bechtold-Peters K, Andya J (2010) Current trends in monoclonal antibody development and manufacturing. Springer, New York
7. Hamblett KJ, Senter PD, Chace DF, Sun MMC, Lenox J, Cerveny CG, Kissler KM, Bernhardt SX, Kopcha AK, Zabinski RF, Meyer DL, Francisco JA (2004) Effects of drug loading on the antitumor activity of a monoclonal antibody drug conjugate. Clin Cancer Res 10: 7063–7070
8. Guidance for industry—process validation: general principles and practices, U. S. Department of Health and Human Services Food and Drug Administration, Jan 2011
9. McDonagh CF, Kim KM, Turcott E, Brown LL, Westendorf L, Feist T, Sussman D, Stone I, Anderson M, Miyamoto J, Lyon R, Alley SC, Gerber H-P, Carter PJ (2008) Engineered anti-CD70 antibody-drug conjugate with increased therapeutic index. Mol Cancer Ther 7: 2913–2923
10. Chari RVJ (2008) Targeted cancer therapy: conferring specificity to cytotoxic drugs. Acc Chem Res 41: 98–107
11. Eriksson L, Johansson E, Kettaneh-Wold N, Wikström C, Wohl S (2008) Design of experiments—principles and applications. Umetrics Academy, Umea
12. Design Expert, Stat-Ease, Inc. 2021 E. Hennepin Avenue, Suite 480 Minneapolis, MN 55413-2726
13. MODDE, Umetrics Inc. /MKS Inst., 70 W. Rio Robles Drive, San Jose, CA 95134, USA
14. Statistica, StatSoft Inc., 2300 East 14th Street, Tulsa, OK 74104, USA
15. Gagnon P (2012) Technology trends in antibody purification. J Chromatogr 1221: 57–70
16. Van Reis R, Gadam S, Frautschy LN, Orlando S, Goodrich EM, Saksena S, Kuriyel R, Simpson CM, Pearl S, Zydney AL (1997) High performance tangential flow filtration. Biotechnol Bioeng 56: 71–82
17. Van Reis R, Zydney A (2001) Membrane separations in biotechnology. Curr Opin Biotechnol 12: 208–212
18. Van Reis R, Zydney A (1997) Bioprocess membrane technology. J Membr Sci 297: 16–50
19. (2008) A hands-on guide to ultrafiltration/diafiltration optimizing using Pellicon® Cassettes. Application note, Millipore http: //www. millipore. com/publications. nsf/a73664f9f981 af8c852569b9005b4eee/ 08773250551d1562852574e0007d4570/ $FILE/an2700en00. pdf
20. (1990) Mixing band agitation. In: Walas SM (ed) Chemical process equipment—selection and design. Elsevier See http: //www. science direct. com/science/book/9780123725066. Chemical Process Equipment (Third Edition), Author(s): James R. Couper, W. Roy Penney, James R. Fair and Stanley M. Walas, therein "Chapter 10 - MIXING AND AGITATION, 273–324"

第 15 章 纳米载体偶联抗体的方法

Anil Wagh and Benedict Law

摘　要

抗体具有特异性和较强的亲和性，又对许多疾病生物标记物有效，因此成为纳米载体领域一种最常用的靶向配体。生物偶联的化学过程是确定药物传送靶向性功效的重要因素，应在逐个案例的基础上选择。抗体包含很多功能基团，这些基团可供形成许多生物偶联。本章主要讨论不同纳米载体偶联抗体的方法，其中包括高碘酸盐氧化、碳二亚胺、马来酰亚胺，以及不同功能的连接子。这些方法的优势和局限性均在此予以讨论，同时列举了具体实例来展示实验过程，并说明应用于其他纳米载体系统的潜力。

关键词：纳米载体，纳米颗粒，生物偶联，抗体，靶向配体

1　引　言

纳米载体是具有将治疗药物递送至疾病位点功能的纳米级材料[1, 2]。它们被设计为拥有独特的物理化学性质，旨在改善药物分子的药代动力学和生物分布[3, 4]，以及递送大量的药物分子。例如，一些治疗用纳米载体分别为脂类颗粒[5]、胶束[6]、纳米颗粒[7]、树状大分子[8]及囊泡[9]。在这些纳米载体中，有些已被提出可用于治疗多种疾病，如癌症[10, 11]、冠状动脉疾病[12, 13]和风湿性关节炎[14, 15]。尤其是癌症，独特的解剖学即肿瘤脉管系统的泄漏，容许通过增强渗透性和保留(EPR)效应实现的纳米载体被动转运[16]。然而，肿瘤血管的多孔性可能会随着肿瘤类型而发生变化[17, 18]。尽管通过 EPR 效应可实现成功传递，纳米载体也必须能够内吞而进入到癌细胞里面[19, 20]。

新的给药模式涉及主动和被动靶向的结合输送。靶向配体如抗体[21]、多肽[22]、小分子[23]或寡核苷酸适配体[10]可以负载到纳米载体表面。载体识别并结合到细胞表面受体，随后通过受体介导的内吞作用进入细胞，释放有效治疗药物[24]。靶向载体的亲和力由于多价效应也可以增加几个数量级[25]。

在所有的靶向配体中，众所周知，抗体具有高亲和力、特异性，并可用于许多疾病生物标记[26]。通过疏水作用和/或静电作用，抗体可以很容易地被吸附到纳米载体表面[27]。然而，通过这种方法，被吸附的抗体可能会在纳米载体表面朝向随机分布，从而导致失去亲和力。此外，抗体还可能与体内的其他内源性蛋白发生交换[28]。因此，抗体通过共价的方式负载到纳米载体是更受青睐的方法[29]。

抗体含有可进行生物偶联的多种官能团[26]。本章描述了治疗用纳米载体偶联多种抗

体的一般方法。基于对官能团的修饰,将偶联方法分为糖修饰、胺基或羧基修饰,以及通过巯基的偶联[26, 28]。但值得注意的是,没有一个方法是普遍优于其他方法的。选择方法时,应该考虑多肽链中氨基酸组成和序列的差异,因为它们可能影响抗体偶联的活性[30]。方法的选择旨在保持抗体的亲和力,同时也应该根据抗体类型及载体表面官能团的可用性来选择合适的化学反应过程。

2 材 料

2.1 糖修饰组分

(1)所有化学药品和试剂均为分析纯级别(≥95%纯度)。

(2)氰基硼氢化钠[$NaBH_3(CN)$]和高碘酸钠($NaIO_4$)均购买于 Sigma-Aldrich (St. Louis,MO)。

(3)葡聚糖凝胶 G-25 购买于 GE Healthcare Biosciences(Piscataway,NJ)。

(4)小鼠源抗-HRP 抗体购买于 Santa Cruz Biotechnology, Inc.(Santa Cruz, CA)。

(5)大鼠源抗-CC52 抗体购买于 Thermo Fisher Scientific,Inc.(Rockford, USA)。

(6)磷酸盐缓冲液(10 mmol/L, pH 7.0):一水合磷酸二氢钠(0.059 g, 0.43 mmol)和七水合磷酸氢二钠(0.16 g, 0.60 mmol)溶于去离子水(100 mL)。

(7)磷酸盐缓冲液(10 mmol/L, pH 8.0):一水合磷酸二氢钠(0.01 g, 0.08 mmol)和七水合磷酸氢二钠(0.25 g, 0.94 mmol)溶于去离子水(100 mL)。

(8)2-吗啉乙磺酸(MES)生理盐水缓冲液(10 mmol/L, pH 6.1):一水合 MES (0.196 g, 1 mmol)和 NaCl (0.87 g, 15 mmol)溶于去离子水(100 mL)。

2.2 胺或羧酸修饰组分

(1)所有化学药品和试剂均为分析纯级别(≥95%纯度)。

(2)1-乙基-3-(3-二甲基氨丙基)碳二亚胺盐酸盐(EDC)和 N-羟基琥珀酰亚胺(NHS)购买于 Sigma-Aldrich(St. Louis, MO)。

(3)抗-EGFR 抗体和 Herceptin 分别由 Imgenex Corporation (San Diego, CA)和 Genentech, Inc.(San Francisco, CA)提供。

(4)磷酸盐生理盐水缓冲液(100 mmol/L, pH 5.8):一水合磷酸二氢钠(1.28 g, 9.3 mmol)、七水合磷酸氢二钠(0.22 g, 0.82 mmol)和 NaCl (0.87 g, 15 mmol)溶于去离子水(100 mL)。

(5)磷酸盐生理盐水缓冲液(100 mmol/L, pH 7.4):一水合磷酸二氢钠(0.32 g, 2.3 mmol)、七水合磷酸氢二钠(2.1 g, 7.9 mmol)和 NaCl (0.87 g, 15 mmol)溶于去离子水(100 mL)。

2.3 巯基偶联组分

(1)所有化学药品和试剂均为分析纯级别(≥95%纯度)。

(2) 二硫苏糖醇(DTT)由 Sigma-Aldrich (St. Louis, MO) 提供。
(3) P-10 脱盐柱和葡聚糖凝胶 CL-4B 购买于 GE Healthcare Biosciences (Piscataway, NJ)。
(4) Herceptin 和抗人 DEC-205 抗体分别购买于 Genentech, Inc. (San Francisco, CA) 和 BioLegend, Inc. (San Diego, CA)。
(5) 葡聚糖脱盐柱、N-琥珀酰亚胺-3-(2-吡啶二硫代)丙酸酯(SPDP)和 Traut's 试剂(2-亚氨基硫杂环戊烷)购买于 Thermo Fisher Scientific, Inc. (Rockford, USA)。
(6) N-(2-羟乙基)哌嗪-N'-(2-乙磺酸)(HEPES)生理盐水缓冲液 (25 mmol/L, pH 6.6): HEPES (0.6 g, 2.5 mmol) 和 NaCl (0.87 g, 15 mmol) 溶于去离子水 (100 mL)。
(7) 乙酸钠生理盐水缓冲液(100 mmol/L, pH 4.5): 乙酸钠 (0.82 g, 10 mmol) 和 NaCl (0.87 g, 15 mmol) 溶于去离子水 (100 mL)。
(8) 磷酸盐缓冲液(100 mmol/L, pH 8.0): 一水合磷酸二氢钠 (0.095 g, 0.69 mmol) 和七水合磷酸氢二钠 (2.5 g, 9.3 mmol) 溶于去离子水 (100 mL)。

3 方 法

3.1 通过高碘酸氧化的糖修饰

高碘酸氧化是一种温和的、用于抗体生物偶联的方法[31~34]。典型的 IgG 抗体含有寡糖，它们共价连接于重链恒定区(F_c)的天冬酰胺残基(Asn297)上[35]。这些寡糖通常以双触角复合物形式出现：位于核心的七糖连接着一条糖残基的可变外臂。这些糖残基包括海藻糖、半乳糖、平分型 N-乙酰基葡萄糖、唾液酸和 N-乙酰神经氨酸[36]。糖类吡喃糖环上邻位连接的两个醇羟基可以被高碘酸钠($NaIO_4$)氧化，生成可以反应的两个醛基[图 15-1a 和 2.2 节(1)][37]，被氧化的抗体(IgG-CHO)可与含有伯胺或是酰肼官能团的纳米载体发生还原胺化反应[图 15-1b 和 2.2 节(2)][38, 39]。这个方法的优势在于它的特异性，因为寡糖的修饰并不会影响抗体-抗原结合[40]。例如，多种 IgG 抗体可以偶联到末端基团为酰肼的脂质体表面($LP-NHNH_2$)[41]和末端基团为氨基的磁纳米颗粒表面($MNP-NH_2$)[42]。然而，对比研究表明，这个方法与使用巯基-马来酰亚胺化学反应过程的方法相比，偶联到相同纳米载体上的抗体量较少(17% vs. 63%)[39]。列举两个例子来证明高碘酸氧化的化学反应过程可以使纳米载体偶联抗体[41, 42]。

3.1.1 抗体的氧化

(1) 抗体(1 mg, 6.67 nmol)溶于 pH 7.0 磷酸盐缓冲液(1 mL), 4℃ (见注释 1~3)。
(2) 将 $NaIO_4$ (21.4 mg, 0.1 mmol)溶于去离子水(1 mL), 即得高碘酸盐溶液(见注释 4)。
(3) 将分装的高碘酸盐溶液(100 μL)加入抗体溶液(1 mL), 4℃孵育 2 h。
(4) 反应混合物由体积排阻色谱(葡聚糖凝胶 G-25)进行纯化，使用 pH 8.0 磷酸盐缓冲液作为洗脱液(见注释 5 和 6)。
(5) 制备的 IgG-CHO 溶液(0.1 mg/mL)立即用于偶联反应(见注释 7 和 3.1.2 节)。

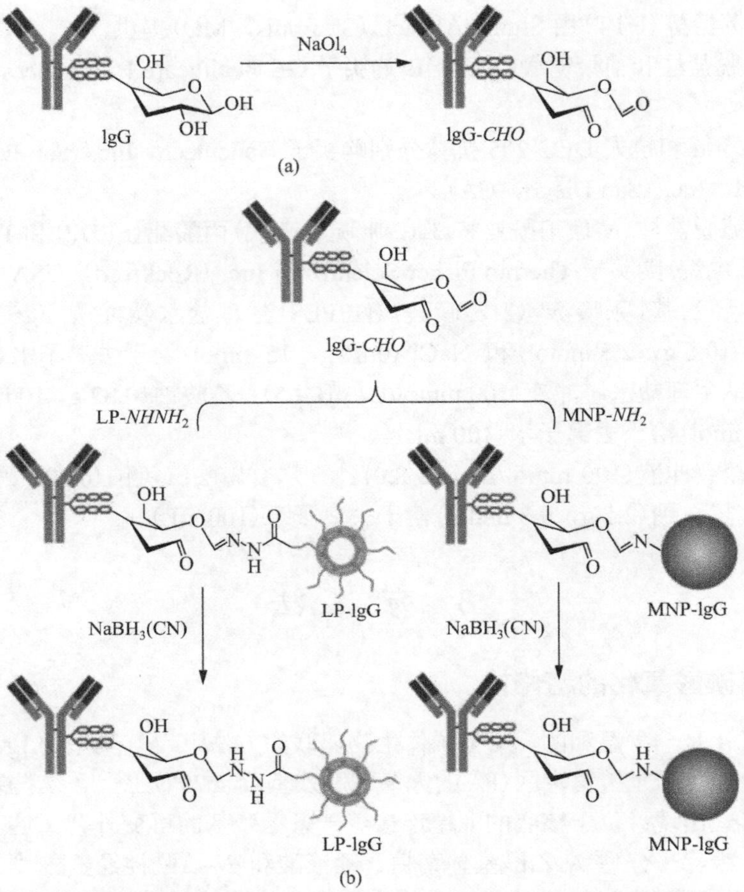

图 15-1 用高碘酸盐氧化法使纳米载体偶联抗体的合成方案。(a) IgG 抗体的寡糖可被 $NaIO_4$ 氧化成二醛基。(b) 得到的抗体 (IgG-CHO) 与末端基团为酰肼的脂质体 ($LP-NHNH_2$) 或末端基团为氨基的磁纳米颗粒 ($MNP-NH_2$) 反应形成 Schiff 碱中间体,同时此中间体可在 $NaBH_3(CN)$ 存在时进一步被还原成相应的二级胺。

3.1.2 末端基团为酰肼或氨基的纳米载体偶联抗体

(1) $LP-NHNH_2$ 由一种脂类水合作用的方法合成[41]。这些颗粒与 5-氟脱氧尿苷形成囊泡。

(2) $MNP-NH_2$ 由先前描述的方法合成[42]。这些颗粒与阿霉素形成囊泡。

(3) 使这些颗粒 (10 mg) 分散并悬浮于 pH 8.0 的磷酸盐缓冲液 (1 mL) (见注释 1)。

(4) 将纳米颗粒 (1 mL) 与制备的 IgG-CHO 溶液 (1 mL) 混匀,并于 37℃孵育 2 h。

(5) 将 $NaBH_3(CN)$ (31.5 mg,0.5 mmol) 加入反应混合液中,并于 37℃孵育 30 min (见注释 8)。

(6) 将所得颗粒离心并用 pH 8.0 磷酸盐缓冲液 (3×2 mL) 洗涤以除去未偶联的抗体,从而达到纯化的目的 (见注释 9)。

(7) 已偶联抗体的纳米颗粒保存在 MES 缓冲液中,并置于 4℃ (见注释 7 和 10)。

3.2 通过碳二亚胺的氨基或羧基修饰

抗体可以分别通过赖氨酸残基侧链上自由的氨基或是天冬氨酸和谷氨酸残基上自由的羧基来偶联到纳米载体上[26, 28]。这些官能团由于带有离子电荷，所以通常暴露在抗体的表面，从而更容易形成生物偶联。然而，众所周知，羧基在一般条件下是无反应活性的。需要用碳二亚胺类化合物，如 1-乙基-(3-二甲氨基丙基)碳二亚胺(EDC)、N,N'-二环己基碳二亚胺(DCC)和 N,N'-二异丙基碳二亚胺(DIC)(图 15-2)来活化羧基，使其生成 O-酰基异脲中间体[43]，此中间体可以进一步与纳米颗粒表面的氨基反应，形成稳定的酰胺键(图 15-3 和 3.2.1 节)[44, 45]。

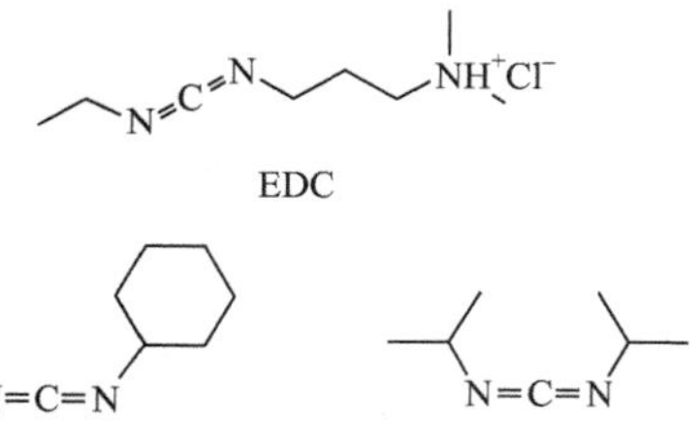

图 15-2 碳二亚胺类化合物示例。

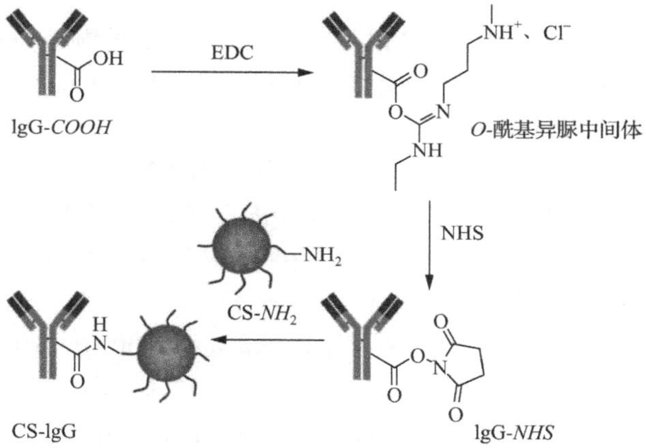

图 15-3 通过碳二亚胺的化学反应过程将抗体偶联到纳米载体的合成方案。先使用 EDC 活化抗体的羧基使其生成 O-酰基异脲中间体，此中间体接着与 NHS 反应生成活化的 NHS 酯。活化的抗体(IgG-NHS)通过生成稳定的酰胺键偶联到末端基为氨基的纳米颗粒($CS-NH_2$)上。

因为 O-酰基异脲中间体能快速地经过水解反应再生成最初的羧基，所以经常加入 N-羟基琥珀酰亚胺产生一种水解速率较低、比较稳定的活化复合物(即琥珀酰亚胺酯)(图 15-3)[46]。例如，在 NHS 存在下，EDC 已被用于将 Herceptin(抗 HER2 受体的一种单克隆抗体)偶联到末端基团为氨基的壳聚糖纳米颗粒($CSNH_2$)上(图 15-3)[47]。同样地，也可以在偶联抗体之前，用 EDC 通过氨基来活化末端基为羧酸的聚乙丙交酯纳米颗粒(3.2.2 节)[48]。后一种方法的优势是可以将抗体的变性及其亲和力的损失降到最低，原因在于活化的化学反应过程是在纳米载体而不是抗体上进行[26]。

接下来的两个实例证明可以使用碳二亚胺化学反应过程的方法将抗体偶联到纳米颗粒上[47, 48]。

3.2.1 末端基团为氨基的纳米载体偶联抗体

(1) 按先前描述的离子凝胶法合成 CS-NH$_2$[49]。这些颗粒与吉西他滨形成囊泡(见注释1)。

(2) 将 CS-NH$_2$(10 mg) 分散并悬浮于 pH 5.8 的 PBS 缓冲液(1 mL)中。

(3) 将 EDC(40 mg, 208 μmol) 和 NHS(9.7 mg, 84.5 μmol)溶于 pH 5.8 的 PBS 缓冲液(4 mL)中(见注释11)。

(4) 将 Herceptin(1 mg, 6.67 nmol)溶于 pH 7.4 的 PBS 缓冲液(1 mL)中(见注释1)。

(5) 将分装的抗体溶液(250 μL)加到 EDC/NHS 溶液(4 mL)中,并于室温下孵育 30 min。

(6) 将 CS-NH$_2$ 溶液(1 mL)加入反应混合液中,并于室温下磁力搅拌 4 h(见注释 12 和 13)。

(7) 将所得颗粒(CS-IgG)于 4℃条件下超速离心(40 000 g, 20 min),并用 pH 5.8 的 PBS 缓冲液(3×5 mL)洗涤以除去未偶联的抗体,纯化 CS-IgG(见注释9)。

(8) 将 CS-IgG 冻干, 4℃保存,备用(见注释7)。

3.2.2 末端基团为羧基的纳米载体偶联抗体

(1) 按先前描述的溶剂蒸发法合成 PLGA-COOH[48]。这些颗粒与雷帕霉素形成囊泡。

(2) 将 PLGA-COOH(10 mg) 分散并悬浮于 pH 7.4 的 PBS 缓冲液(5 mL)中(见注释1)。

(3) 将 EDC(1 mg, 5.2 μmoL)溶于 pH 7.4 的 PBS 缓冲液(1 mL)中(见注释11)。

(4) 将 NHS(1 mg, 8.7 μmoL)溶于 pH 7.4 的 PBS 缓冲液(1 mL)中(见注释11)。

(5) 将抗 EGFR 抗体(100 μg, 0.67 nmol)溶于 pH 7.4 的 PBS 缓冲液(1 mL)中(见注释1)。

(6) 将过量的 EDC(250 μL)和 NHS(250 μL)加入 PLGA-COOH(5 mL)中,于室温下温和地搅拌 4 h,以活化 PLGA-COOH(见注释12)。

(7) 将制得的(PLGA-NHS)于 4℃条件下超速离心(40 000 g, 20 min),并用 pH 7.4 的 PBS 缓冲液(3×1 mL)洗涤以除去未反应完全的 EDC 和 NHS(见注释9 和 14)。

(8) 用 pH 7.4 的 PBS 缓冲液(2 mL)稀释 PLGA-NHS(10 mg)。

(9) 将分装的抗 EGFR 抗体溶液(500 μL)加入 PLGA-NHS 溶液(2 mL)中。反应混合液于室温下温和搅拌 2 h,继续在 4℃条件下孵育 12 h。

(10) 将得到的颗粒(PLGA-IgG)超速离心(40 000 g, 20 min),用 pH 7.4 的 PBS 缓冲液洗涤,以除去未偶联的抗体,达到纯化目的(见注释9)。

(11) 将 PLGA-IgG 在 4℃条件下保存,备用(见注释7)。

3.3 通过巯基偶联

纳米颗粒可以通过半胱氨酸残基的巯基偶联抗体[50]。理论上,因为所有半胱氨酸均参与形成二硫键[51],所以抗体不含任何的游离巯基。然而,由于在转译后修饰过程中二硫键形成不完全[52],或在储存过程中β-消除造成二硫键断裂[53],导致在成熟的抗体上可以发现一些游离巯基。但是，和游离的氨基或羧基相比，游离巯基的数量还是低很多的。

使用二硫苏糖醇(DTT)[54]、2-巯基乙胺[55]或三(2-羧乙基)膦(TCEP)[56]对抗体链间二硫键进行部分或完全的还原反应，可以产生游离巯基。含马来酰亚胺[57, 58]或碘乙酰基[59]官能团的纳米载体可以通过形成硫醚键偶联抗体片段。例如，抗癌胚抗原(CEA)的单克隆抗体被TCEP还原为半抗体，而这些半抗体可以被偶联到末端带有马来酰亚胺的脂类颗粒上[60]。

利用各种带有不同双官能团的连接子，如 N-琥珀酰亚胺-3-(2-吡啶二硫代)丙酸酯(SPDP)、4-琥珀酰亚胺基氧羰基-α-甲基-α(2-吡啶二硫代)甲苯(SMPT)、N-琥珀酰亚氨基-S-乙基硫代丙酸酯(SATP)和 N-琥珀酰亚氨基-S-乙基硫代乙酸酯(SATA)(图 15-4)，可在抗体上引入额外的巯基。每个连接子的一侧含有 N-羟基琥珀酰亚胺酯，以便能通过碳二亚胺的化学反应过程与抗体上的赖氨酸残基发生偶联[61]，此连接子的另一侧接有巯基吡啶或乙酰基保护的巯基。

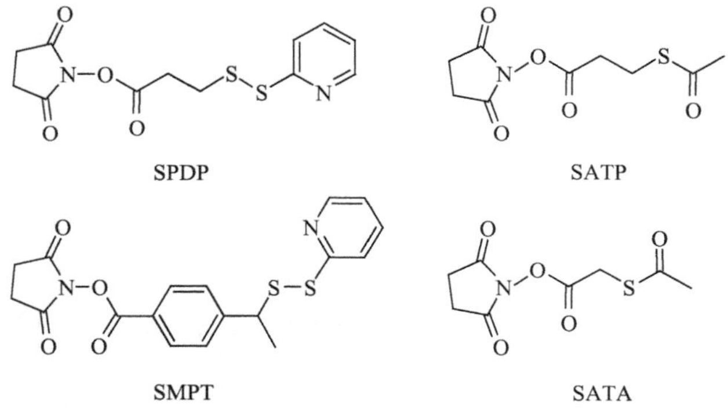

图 15-4 不同双官能团连接子示例。

巯基吡啶和乙酰基可用来保护末端巯基，同时也很容易被 DTT 和羟胺分别脱保护，以得到游离巯基，并进一步与末端基团为马来酰亚胺的纳米颗粒反应(图15-5和3.3.2节)[26, 28, 62]。然而，此方法需多个纯化步骤以便除去过量的连接子和脱保护试剂。在使用巯基吡啶作为保护基团时，因为巯基吡啶可与游离巯基反应生成二硫键[63]，所以末端基团为巯基的纳米颗粒可直接偶联抗体。为了发展抗体-纳米颗粒在生物体内的应用，硫醚键通常更受欢迎，原因在于二硫键在体循环中并不稳定[64]。

另一种在抗体上引入游离巯基的方法是使用2-亚氨基硫杂环戊烷(Traut's试剂)。2-亚氨基硫杂环戊烷是一种环状的亚氨基硫醚，可与抗体的伯胺反应，从而打开噻吩环并产生位于末端的游离巯基(图15-6和3.3.2节)[65]。同使用不同双官能团连接子的方法相比，此方法不需要脱保护步骤，因此将若干纯化步骤减到最少。更为重要的是，因为偶联后存在氨基[65]，所以可以保持抗体最初的正电荷。Herceptin是一种抗HER2受体的单克隆抗体，可通过这种方法修饰到末端基团为马来酰亚胺的人血清蛋白纳米颗粒(HAS-Mal)表面，用于选择性靶向针对过表达HER2的癌细胞。

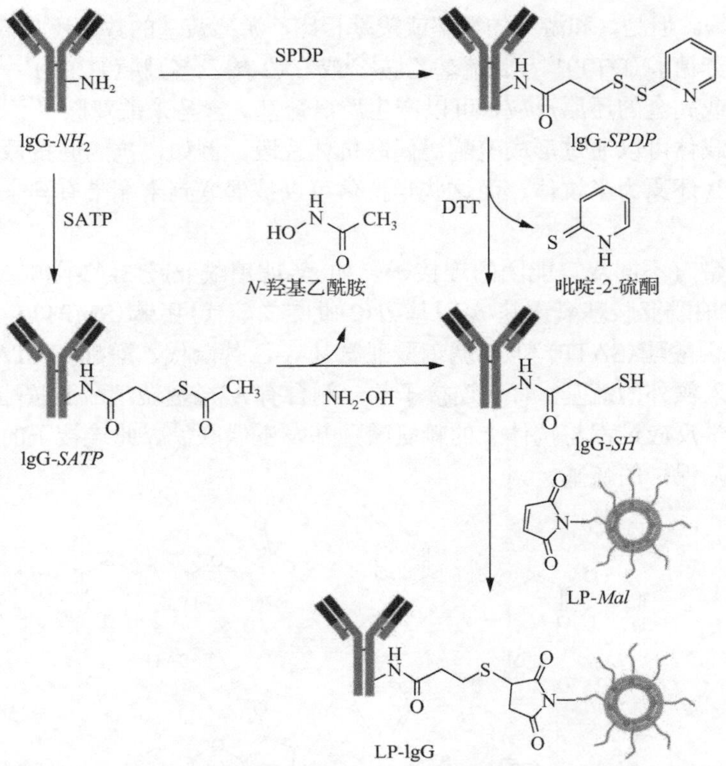

图 15-5 纳米载体使用不同双官能团连接子方法偶联抗体的合成方案。抗体的氨基被 SPDP 或 SATP 修饰，接着分别用 DTT 或羟胺（NH₂OH）去除末端保护基团，产生游离巯基。修饰后的抗体（IgG-SH）通过与末端马来酰亚胺基团反应，与脂质体（LP-Mal）形成偶联体。

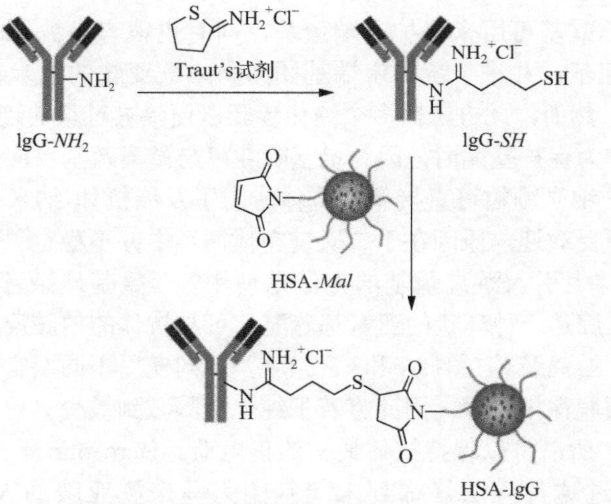

图 15-6 纳米颗粒通过 Traut's 试剂作为连接子偶联抗体的合成方案。Traut's 试剂与抗体的氨基反应产生游离巯基。修饰后的抗体（IgG-SH）可通过硫醚键固定在末端基团为马来酰亚胺的人血清蛋白纳米颗粒（HAS-Mal）表面。

列举两个实例展示如何利用 SPDP 和 Traut's 试剂使纳米载体偶联抗体[66, 67]。

3.3.1 利用 SPDP 使纳米载体偶联抗体

(1)按之前描述的脂类水合作用的方法合成 LP-Mal[67]。这些颗粒与 1,1′-双十八烷基-3,3,3′,3′-四甲基吲哚羰花青高氯酸盐形成囊泡。

(2)将 LP-Mal（1.6 mg，2 μmol）分散并悬浮于 HBS 缓冲液（1 mL）中（见注释 1 和 15）。

(3)将 SPDP（6.25 mg，20 μmol）溶于 HBS 缓冲液（1 mL）中（见注释 16）。

(4)将抗人 DEC-205 抗体（5 mg，33 nmol）溶于 HBS 缓冲液（1 mL）中，并于 4℃保存（见注释 1 和 2）。

(5)向抗体溶液（1 mL）中加入分装的 SPDP 溶液（17 μL）并于室温孵育 30 min。

(6)反应混合液由体积排阻色谱纯化（P-10 脱盐柱，GE Healthcare Biosciences），使用 SAS 缓冲液作为洗脱液。

(7)将纯化后的 IgG-SPDP（5 mg）溶于 SAS 缓冲液（1 mL）中（见注释 7）。

(8)向 IgG-SPDP 溶液（1 mL）中加入 DTT（7.7 mg，50 μmol），室温孵育 20 min（见注释 17 和 18）。

(9)反应混合液由体积排阻色谱纯化（P-10 脱盐柱），使用 HBS 缓冲液作为洗脱液。

(10)制得的 IgG-SH（1 mg/mL）要立即使用（见注释 6、7和19）。

(11)向 LP-Mal 溶液（1 mL）中加入分装的抗体溶液（300 μL），室温下避光孵育 12 h（见注释 18）。

(12)所得产品（LP-IgG）由体积排阻色谱（Sephadex CL-4B）进行纯化，使用 HBS 缓冲液作为洗脱液。

(13)LP-IgG 在 4℃条件下保存在 HBS 缓冲液中（见注释 7 和 10）。

3.3.2 利用 Traut's 试剂使纳米载体偶联抗体

(1)按先前描述的去溶剂方法合成 HSA-Mal[66]。这些颗粒与阿霉素形成囊泡。

(2)将 HSA-Mal（40 mg）溶于磷酸盐缓冲液（1 mL）（见注释 1 和 15）。

(3)将 Traut's 试剂（1.14 mg，8.3 μmol）溶于磷酸盐缓冲液（1 mL）。

(4)将 Herceptin（1 mg，6.67 nmol）溶于磷酸盐缓冲液（1 mL）中（见注释 1 和 2）。

(5)向抗体溶液（1 mL）中加入分装的 Traut's 试剂（40 μL），室温孵育 2 h（见注释 18）。

(6)反应混合液由葡聚糖脱盐柱进行纯化，使用磷酸盐缓冲液作为洗脱液。

(7)制得的 IgG-SH（0.5 mg/mL）要立即使用（见注释 7 和 19）。

(8)将 HSA-Mal 溶液（1 mL）与 IgG-SH 溶液（1 mL）混合，在恒定振荡速率下，20℃孵育 12 h（见注释 18）。

(9)得到的（HSA-IgG）在 4℃离心（16 100 g，10 min），并用磷酸盐缓冲液洗涤（3×2 mL）（见注释 9）。

(10)HSA-IgG 在 4℃条件下保存在去离子水中（见注释 7 和 10）。

4 注 释

(1) 根据抗体稳定性和纳米载体理化性质的不同,反应条件包括pH和缓冲液的选择,也会有所不同。

(2) IgG 抗体在储存过程中可能会在缓冲液中发生聚沉,应该离心($10\,000g$, 10 min)以便除去任何可见的聚合物。

(3) 依据抗体类型和来源的不同,抗体的糖基化程度也可能会有差异。在反应前应该先确定寡糖是否存在[36]。

(4) 高碘酸盐溶液应新鲜配制并避光保存。在光照条件下,高碘酸盐可被还原为碘单质。

(5) 过量的 $NaIO_4$ 可被乙二醇淬灭(0.25 mL)。乙二醇被过量的 $NaOI_4$ 氧化,生成甲醛和碘酸盐(IO_3^-)[68]。

(6) 可通过 SDS-PAGE 凝胶来验证抗体的完整性。SDS-PAGE 需在非还原条件下完成,以防止抗体内在二硫键被还原。

(7) 抗体的数量可由标准蛋白分析方法来测定,如 microBCA™和 Bradford 蛋白分析[69, 70]。另外,抗体也可由 280 nm 处的吸光度来定量分析($\varepsilon_{280\,nm}=210\,000\,M^{-1}\cdot cm^{-1}$)[71]。

(8) $NaBH_3(CN)$ 是一种温和的还原剂,可以将中间体上的亚胺还原为二级胺。也可选择使用硼氢化钠或吡啶硼烷[72, 73]。

(9) 遇到不能通过离心纯化的纳米载体,可通过透析或体积排阻色谱(Sephadex CL-4B)来除去杂质[31, 74]。

(10) 偶联后的纳米颗粒可能不适宜长期保存。依赖于药物传递系统,药物会随着时间的推移从颗粒上释放出来。

(11) EDC 和 NHS 在水环境中都会发生水解。它们都应新鲜配制并立即使用。

(12) 在缺少 NHS 时,O-酰基异脲中间体会通过分子内的酰基转移而自发重排,生成无化学反应活性的 N-酰基脲衍生物,因此会显著降低偶联效率[75]。

(13) 一个抗体上的 NHS 酯可与其他抗体上的游离氨基反应。若有必要,内在的氨基可被柠康酸酐或马来酸酐可逆性保护,以防止抗体偶联或沉淀[76]。

(14) 因为 NHS 酯在水环境中易发生水解,所以这些颗粒应立即使用。

(15) 马来酰亚胺在水环境中可发生水解。末端基团为马来酰亚胺的颗粒应为新鲜制备的。

(16) SPDP 在缓冲液中不能完全溶解。在用缓冲液稀释前,应向缓冲液中溶入少量的水溶性极性有机溶剂,如二甲基亚砜(DMSO)或二甲基甲酰胺(DMF)。也可用水溶性衍生物来替代,如硫代-LC-SPDP[77]。

(17) 可通过释放的吡啶-2-硫酮来监测反应,体现在 343 nm 处吸光度的增强($\varepsilon=8080\,M^{-1}\cdot cm^{-1}$)。抗体偶联 SPDP 分子的数量可由这个方法测定[65]。

(18) 反应应在惰性气体保护下进行,或向缓冲液中加入偶联剂,如乙二胺四乙酸(EDTA)(2~5 mmol/L),以防止金属催化的氧化反应发生。或者,利用向缓冲液中通入氮气并鼓泡 20 min,以除掉其中的氧气[78]。

(19) 抗体上巯基的数目可以用 Ellman's 试剂或 N-(1-芘基)马来酰亚胺的多种分析方

法来定量分析[79, 80]。

致 谢

作者感谢 Elango Kumarasamy 在编辑方面给予的帮助。这项研究工作由 North Dakota EPSCoR Program，Department of Pharmaceutical Sciences（NDSU），Darryle and Clare Schoepp Research Fund 和 American Association of Colleges of Pharmacy（AACP）NIA award to B.L 提供部分支持。

参 考 文 献

1. Schroeder A, Heller DA, Winslow MM, Dahlman JE, Pratt GW, Langer R, Jacks T, Anderson DG (2012) Treating metastatic cancer with nanotechnology. Nat Rev Cancer 12: 39–50
2. Arias JL (2011) Advanced methodologies to formulate nanotheragnostic agents for combined drug delivery and imaging. Expert Opin Drug Deliv 8: 1589–1608
3. Alexis F, Pridgen E, Molnar LK, Farokhzad OC (2008) Factors affecting the clearance and biodistribution of polymeric nanoparticles. Mol Pharm 5: 505–515
4. Li SD, Huang L (2008) Pharmacokinetics and biodistribution of nanoparticles. Mol Pharm 5: 496–504
5. Al-Jamal WT, Kostarelos K (2011) Liposomes: from a clinically established drug delivery system to a nanoparticle platform for theranostic nanomedicine. Acc Chem Res 44: 1094–1104
6. Kedar U, Phutane P, Shidhaye S, Kadam V (2010) Advances in polymeric micelles for drug delivery and tumor targeting. Nanomedicine 6: 714–729
7. Shi J, Votruba AR, Farokhzad OC, Langer R (2010) Nanotechnology in drug delivery and tissue engineering: from discovery to applications. Nano Lett 10: 3223–3230
8. Svenson S (2009) Dendrimers as versatile platform in drug delivery applications. Eur J Pharm Biopharm 71: 445–462
9. Levine DH, Ghoroghchian PP, Freudenberg J, Zhang G, Therien MJ, Greene MI, Hammer DA, Murali R (2008) Polymersomes: a new multi-functional tool for cancer diagnosis and therapy. Methods 46: 25–32
10. Farokhzad OC, Cheng J, Teply BA, Sherifi I, Jon S, Kantoff PW, Richie JP, Langer R (2006) Targeted nanoparticle-aptamer bioconjugates for cancer chemotherapy in vivo. Proc Natl Acad Sci USA 103: 6315–6320
11. Dhar S, Kolishetti N, Lippard SJ, Farokhzad OC (2011) Targeted delivery of a cisplatin prodrug for safer and more effective prostate cancer therapy in vivo. Proc Natl Acad Sci USA 108: 1850–1855
12. Chan JM, Zhang L, Tong R, Ghosh D, GaoW, Liao G, Yuet KP, Gray D, Rhee JW, Cheng J, Golomb G, Libby P, Langer R, Farokhzad OC (2010) Spatiotemporal controlled delivery of nanoparticles to injured vasculature. Proc Natl Acad Sci USA 107: 2213–2218
13. Chan JM, Rhee JW, Drum CL, Bronson RT, Golomb G, Langer R, Farokhzad OC (2011) In vivo prevention of arterial restenosis with paclitaxel-encapsulated targeted lipidpolymeric nanoparticles. Proc Natl Acad Sci USA 108: 19347–19352
14. Thomas TP, Goonewardena SN, Majoros IJ, Kotlyar A, Cao Z, Leroueil PR, Baker JR Jr (2011) Folate-targeted nanoparticles show efficacy in the treatment of inflammatory arthritis. Arthritis Rheum 63: 2671–2680
15. Bosch X (2011) Dendrimers to treat rheumatoid arthritis. ACS Nano 5: 6779–6785

16. Maeda H, Fang J, Inutsuka T, Kitamoto Y (2003) Vascular permeability enhancement in solid tumor: various factors, mechanisms involved and its implications. Int Immunopharmacol 3: 319–328
17. Hobbs SK, Monsky WL, Yuan F, Roberts WG, Griffith L, Torchilin VP, Jain RK (1998) Regulation of transport pathways in tumor vessels: role of tumor type and microenvironment. Proc Natl Acad Sci USA 95: 4607–4612
18. Bae YH (2009) Drug targeting and tumor heterogeneity. J Control Release 133: 2–3
19. Northfelt DW, Dezube BJ, Thommes JA, Miller BJ, Fischl MA, Friedman-Kien A, Kaplan LD, Du Mond C, Mamelok RD, Henry DH (1998) Pegylated-liposomal doxorubicin versus doxorubicin, bleomycin, and vincristine in the treatment of AIDS-related Kaposi's sarcoma: results of a randomized phase III clinical trial. J Clin Oncol 16: 2445–2451
20. Gradishar WJ, Tjulandin S, Davidson N, Shaw H, Desai N, Bhar P, Hawkins M, O'Shaughnessy J (2005) Phase III trial of nanoparticle albumin-bound paclitaxel compared with polyethylated castor oil-based paclitaxel in women with breast cancer. J Clin Oncol 23: 7794–7803
21. Mamot C, Drummond DC, Noble CO, Kallab V, Guo Z, Hong K, Kirpotin DB, Park JW (2005) Epidermal growth factor receptortargeted immunoliposomes significantly enhance the efficacy of multiple anticancer drugs in vivo. Cancer Res 65: 11631–11638
22. Srinivasan R, Marchant RE, Gupta AS (2009) In vitro and in vivo platelet targeting by cyclic RGD-modified liposomes. J Biomed Mater Res A 93: 1004–1015
23. Kukowska-Latallo JF, Candido KA, Cao Z, Nigavekar SS, Majoros IJ, Thomas TP, Balogh LP, Khan MK, Baker JR Jr (2005) Nanoparticle targeting of anticancer drug improves therapeutic response in animal model of human epithelial cancer. Cancer Res 65: 5317–5324
24. Shi J, Xiao Z, Kamaly N, Farokhzad OC (2011) Self-assembled targeted nanoparticles: evolution of technologies and bench to bedside translation. Acc Chem Res 44: 1123–1134
25. Wang J, Tian S, Petros RA, Napier ME, Desimone JM (2010) The complex role of multivalency in nanoparticles targeting the transferrin receptor for cancer therapies. J Am Chem Soc 132: 11306–11313
26. Manjappa AS, Chaudhari KR, Venkataraju MP, Dantuluri P, Nanda B, Sidda C, Sawant KK, Murthy RS (2011) Antibody derivatization and conjugation strategies: application in preparation of stealth immunoliposome to target chemotherapeutics to tumor. J Control Release 150: 2–22
27. Sokolov K, Follen M, Aaron J, Pavlova I, Malpica A, Lotan R, Richards-Kortum R (2003) Real-time vital optical imaging of precancer using anti-epidermal growth factor receptor antibodies conjugated to gold nanoparticles. Cancer Res 63: 1999–2004
28. Nobs L, Buchegger F, Gurny R, Allemann E (2004) Current methods for attaching targeting ligands to liposomes and nanoparticles. J Pharm Sci 93: 1980–1992
29. Arruebo M, Valladares M, González-Fernández A (2009) Antibody-conjugated nanoparticles for biomedical applications. J Nanomaterials. Article ID 439389
30. Soga S, Kuroda D, Shirai H, Kobori M, Hirayama N (2010) Use of amino acid composition to predict epitope residues of individual antibodies. Protein Eng Des Sel 23: 441–448
31. Simard P, Leroux JC (2009) pH-sensitive immunoliposomes specific to the CD33 cell surface antigen of leukemic cells. Int J Pharm 381: 86–96
32. Pereira M, Lai EP (2008) Capillary electrophoresis for the characterization of quantum dots after non-selective or selective bioconjugation with antibodies for immunoassay. J Nanobiotechnol 6: 10
33. Simard P, Leroux JC (2010) In vivo evaluation of pH-sensitive polymer-based immunoliposomes targeting the CD33 antigen. Mol Pharm 7: 1098–1107

34. Yokoyama T, Tam J, Kuroda S, Scott AW, Aaron J, Larson T, Shanker M, Correa AM, Kondo S, Roth JA, Sokolov K, Ramesh R (2011) EGFR-targeted hybrid plasmonic magnetic nanoparticles synergistically induce autophagy and apoptosis in non-small cell lung cancer cells. PLoS One 6: e25507
35. Jefferis R (2009) Glycosylation as a strategy to improve antibody-based therapeutics. Nat Rev Drug Discov 8: 226–234
36. Jefferis R (2005) Glycosylation of recombinant antibody therapeutics. Biotechnol Prog 21: 11–16
37. Kristiansen KA, Potthast A, Christensen BE (2010) Periodate oxidation of polysaccharides for modification of chemical and physical properties. Carbohydr Res 345: 1264–1271
38. Goren D, Horowitz AT, Zalipsky S, Woodle MC, Yarden Y, Gabizon A (1996) Targeting of stealth liposomes to erbB-2 (Her/2) receptor: in vitro and in vivo studies. Br J Cancer 74: 1749–1756
39. Hansen CB, Kao GY, Moase EH, Zalipsky S, Allen TM (1995) Attachment of antibodies to sterically stabilized liposomes: evaluation, comparison and optimization of coupling procedures. Biochim Biophys Acta 1239: 133–144
40. Domen PL, Nevens JR, Mallia AK, Hermanson GT, Klenk DC (1990) Site-directed immobilization of proteins. J Chromatogr 510: 293–302
41. Koning GA, Kamps JA, Scherphof GL (2002) Efficient intracellular delivery of 5-fluorodeoxyuridine into colon cancer cells by targeted immunoliposomes. Cancer Detect Prev 26: 299–307
42. Puertas S, Batalla P, Moros M, Polo E, Del Pino P, Guisan JM, Grazu V, de la Fuente JM (2011) Taking advantage of unspecific interactions to produce highly active magnetic nanoparticle-antibody conjugates. ACS Nano 5: 4521–4528
43. Valeur E, Bradley M (2009) Amide bond formation: beyond the myth of coupling reagents. Chem Soc Rev 38: 606–631
44. McCarron PA, Marouf WM, Quinn DJ, Fay F, Burden RE, Olwill SA, Scott CJ (2008) Antibody targeting of camptothecin-loaded PLGA nanoparticles to tumor cells. Bioconjug Chem 19: 1561–1569
45. Bullous AJ, Alonso CM, Boyle RW (2011) Photosensitiser-antibody conjugates for photodynamic therapy. Photochem Photobiol Sci 10: 721–750
46. Grabarek Z, Gergely J (1990) Zero-length crosslinking procedure with the use of active esters. Anal Biochem 185: 131–135
47. Liu Y, Li K, Liu B, Feng SS (2010) A strategy for precision engineering of nanoparticles of biodegradable copolymers for quantitative control of targeted drug delivery. Biomaterials 31: 9145–9155
48. Acharya S, Dilnawaz F, Sahoo SK (2009) Targeted epidermal growth factor receptor nanoparticle bioconjugates for breast cancer therapy. Biomaterials 30: 5737–5750
49. Arya G, Vandana M, Acharya S, Sahoo SK (2011) Enhanced antiproliferative activity of Herceptin (HER2)-conjugated gemcitabineloaded chitosan nanoparticle in pancreatic cancer therapy. Nanomedicine 7: 859–870
50. Mamot C, Drummond DC, Greiser U, Hong K, Kirpotin DB, Marks JD, Park JW (2003) Epidermal growth factor receptor (EGFR)-targeted immunoliposomes mediate specific and efficient drug delivery to EGFR- and EGFRvIII-overexpressing tumor cells. Cancer Res 63: 3154–3161
51. Chumsae C, Gaza-Bulseco G, Liu H (2009) Identification and localization of unpaired cysteine residues in monoclonal antibodies by fluorescence labeling and mass spectrometry. Anal Chem 81: 6449–6457
52. Zhang W, Czupryn MJ (2002) Free sulfhydryl in recombinant monoclonal antibodies. Biotechnol Prog 18: 509–513
53. Cohen SL, Price C, Vlasak J (2007) Betaelimination and peptide bond hydrolysis: two distinct mechanisms of human IgG1 hinge fragmentation upon storage. J Am Chem Soc 129: 6976–6977

54. Ji T, Muenker MC, Papineni RV, Harder JW, Vizard DL, McLaughlin WE (2010) Increased sensitivity in antigen detection with fluorescent latex nanosphere-IgG antibody conjugates. Bioconjug Chem 21: 427–435
55. Kausaite-Minkstimiene A, Ramanaviciene A, Kirlyte J, Ramanavicius A (2010) Comparative study of random and oriented antibody immobilization techniques on the binding capacity of immunosensor. Anal Chem 82: 6401–6408
56. Humphreys DP, Heywood SP, Henry A, Ait-Lhadj L, Antoniw P, Palframan R, Greenslade KJ, Carrington B, Reeks DG, Bowering LC, West S, Brand HA (2007) Alternative antibody Fab' fragment PEGylation strategies: combination of strong reducing agents, disruption of the interchain disulphide bond and disulphide engineering. Protein Eng Des Sel 20: 227–234
57. Mamot C, Ritschard R, Kung W, Park JW, Herrmann R, Rochlitz CF (2006) EGFRtargeted immunoliposomes derived from the monoclonal antibody EMD72000 mediate specific and efficient drug delivery to a variety of colorectal cancer cells. J Drug Target 14: 215–223
58. Brignole C, Marimpietri D, Gambini C, Allen TM, Ponzoni M, Pastorino F (2003) Development of Fab' fragments of anti-GD(2) immunoliposomes entrapping doxorubicin for experimental therapy of human neuroblastoma. Cancer Lett 197: 199–204
59. Hashimoto K, Loader JE, Kinsky SC (1986) Iodoacetylated and biotinylated liposomes: effect of spacer length on sulfhydryl ligand binding and avidin precipitability. Biochim Biophys Acta 856: 556–565
60. Hu CM, Kaushal S, Tran Cao HS, Aryal S, Sartor M, Esener S, Bouvet M, Zhang L (2010) Half-antibody functionalized lipidpolymer hybrid nanoparticles for targeted drug delivery to carcinoembryonic antigen presenting pancreatic cancer cells. Mol Pharm 7: 914–920
61. East DA, Mulvihill DP, Todd M, Bruce IJ (2011) QD-antibody conjugates via carbodiimide-mediated coupling: a detailed study of the variables involved and a possible new mechanism for the coupling reaction under basic aqueous conditions. Langmuir 27: 13888–13896
62. Kozlova D, Chernousova S, Knuschke T, Buer J, Westendorf AM, Epple M (2012) Cell targeting by antibody-functionalized calcium phosphate nanoparticles. J Mater Chem 22: 396–404
63. Mercadal M, Domingo JC, Petriz J, Garcia J, de Madariaga MA (2000) Preparation of immunoliposomes bearing poly(ethylene glycol)-coupled monoclonal antibody linked via a cleavable disulfide bond for ex vivo applications. Biochim Biophys Acta 1509: 299–310
64. Saito G, Swanson JA, Lee KD (2003) Drug delivery strategy utilizing conjugation via reversible disulfide linkages: role and site of cellular reducing activities. Adv Drug Deliv Rev 55: 199–215
65. Jue R, Lambert JM, Pierce LR, Traut RR (1978) Addition of sulfhydryl groups to *Escherichia coli* ribosomes by protein modification with 2-iminothiolane (methyl 4-mercaptobutyrimidate). Biochemistry 17: 5399–5406
66. Anhorn MG, Wagner S, Kreuter J, Langer K, von Briesen H (2008) Specific targeting of HER2 overexpressing breast cancer cells with doxorubicin-loaded trastuzumab-modified human serum albumin nanoparticles. Bioconjug Chem 19: 2321–2331
67. Badiee A, Davies N, McDonald K, Radford K, Michiue H, Hart D, Kato M (2007) Enhanced delivery of immunoliposomes to human dendritic cells by targeting the multilectin receptor DEC-205. Vaccine 25: 4757–4766
68. Wu Y-P, Miller LG, Danielson ND (1985) Determination of ethylene glycol using periodate oxidation and liquid chromatography. Analyst 110: 1073–1076
69. Puertas S, Moros M, Fernández-Pacheco R, Ibarra MR, Grazú V, de la Fuente JM (2010) Designing novel nano-immunoassays: antibody orientation versus sensitivity. J Phys D: Appl Phys 43: 474012

70. Lin PC, Chen SH, Wang KY, Chen ML, Adak AK, Hwu JR, Chen YJ, Lin CC (2009) Fabrication of oriented antibody-conjugated magnetic nanoprobes and their immunoaffinity application. Anal Chem 81: 8774–8782
71. Grimsley GR, Pace CN (2004) Spectrophotometric determination of protein concentration. Curr Protoc Protein Sci Chapter 3: Unit 3. 1
72. Peng L, Calton GJ, Burnett JW (1987) Effect of borohydride reduction on antibodies. Appl Biochem Biotechnol 14: 91–99
73. Wong WS, Osuga DT, Feeney RE (1984) Pyridine borane as a reducing agent for proteins. Anal Biochem 139: 58–67
74. Tiwari DK, Tanaka S, Inouye Y, Yoshizawa K, Watanabe TM, Jin T (2009) Synthesis and characterization of Anti-HER2 antibody conjugated CdSe/CdZnS quantum dots for fluorescence imaging of breast cancer cells. Sensors (Basel) 9: 9332–9364
75. Hermanson G (2008) Bioconjugate techniques, 2nd edn. Academic, London
76. Freedman MH, Grossberg AL, Pressman D (1968) The effects of complete modification of amino groups on the antibody activity of antihapten antibodies. Reversible inactivation with maleic anhydride. Biochemistry 7: 1941–1950
77. Lee J, Choi Y, Kim K, Hong S, Park HY, Lee T, Cheon GJ, Song R (2010) Characterization and cancer cell specific binding properties of anti-EGFR antibody conjugated quantum dots. Bioconjug Chem 21: 940–946
78. Vinci F, Catharino S, Frey S, Buchner J, Marino G, Pucci P, Ruoppolo M (2004) Hierarchical formation of disulfide bonds in the immunoglobulin Fc fragment is assisted by protein-disulfide isomerase. J Biol Chem 279: 15059–15066
79. Riener CK, Kada G, Gruber HJ (2002) Quick measurement of protein sulfhydryls with Ellman's reagent and with 4, 4'-dithiodipyridine. Anal Bioanal Chem 373: 266–276
80. Woodward J, Tate J, Herrmann PC, Evans BR (1993) Comparison of Ellman's reagent with N-(1-pyrenyl)maleimide for the determination of free sulfhydryl groups in reduced cellobiohydrolase I from *Trichoderma reesei*. J Biochem Biophys Methods 26: 121–129

第16章 紫外/可见分光光度法(UV/Vis)测定药物抗体偶联比率(DAR)

Yan Chen

摘　要

紫外/可见分光光度法(UV/Vis)是一种简单方便的方法,可用于测定蛋白浓度,以及抗体偶联药物(antibody-drug conjugate,ADC)中抗体所偶联的药物平均数。通过使用 ADC 吸光度测量值,以及相应抗体和药物的消光系数,可确定平均药物抗体偶联比率(drug to antibody ratio,DAR)。

关键词:抗体偶联药物,药物抗体偶联比率,紫外/可见分光光度法,消光系数

1　引　言

药物抗体偶联比率(DAR)是 ADC 的一项重要质量属性,因为它决定了可递送至肿瘤细胞,以及可直接影响安全性和有效性的"负载"量[1]。有多种方法可用于测定 DAR,包括分光光度测定法[2]、辐射测量法[3]、疏水作用色谱法[2]和质谱法[4, 5]。我们在这里描述一个最简单的技术,它依赖于 ADC 的紫外/可见分光光度法分析。

紫外/可见分光光度法常规用于定量测定多种不同的分析物,如过渡金属离子[6]、高度共轭有机化合物[7]及生物大分子[8]。紫外/可见分光光度测定法用于定量分析的理论基础是比尔-朗伯定律,即吸光度与浓度之间呈正比关系。

$$A = \varepsilon c \ell$$

式中,A 为吸光度;ε 为消光系数(物质的物理常数);ℓ 是通过含有分析物的比色皿的路径长度(通常为 1 cm);c 为浓度。

比尔-朗伯定律也可适用于多组分体系,如果这些组分有不同的吸收光谱且组分之间无相互作用,在这种情况下,样品溶液的这些组分的光吸收可加成。在给定的波长 λ 下,该溶液的总吸光度是每种组分单个吸光度的总和:

$$A_\lambda = (\varepsilon_1^\lambda c_1 + \varepsilon_2^\lambda c_2 + \cdots + \{\varepsilon_n^\lambda c_n+\})\ell$$

式中,n 是样品溶液中不同吸收组分的数量;ε_n^λ 是第 n 种组分的消光系数;c_n 是第 n 种组分的浓度。

通过在大于或等于 n 个波长下测量多组分体系的吸光度，使用吸光度、路径长度、消光系数、这些不同组分的浓度可列出一系列联立方程式。如路径长度和的消光系数已知，通过解联立方程，可得到样品中各个组分的浓度。

这个原理可应用于测定 ADC 样品中的 DAR 平均值。它要求：①该药物在紫外/可见光区内具有发色基团；②药物和抗体在其紫外/可见光谱中表现出明显的最大吸收值；③药物的存在不影响 ADC 样品中抗体部分的光吸收特性，反之亦然。如满足这些要求，可考虑将 ADC 样品作为双组分混合物，并应用比尔-朗伯定律来分别测定抗体和药物的浓度[2]。因此，随后可以计算出平均 DAR（每摩尔抗体的药物摩尔数）。

这种技术被广泛地用于多种具有不同药物的 ADC，包括美登素 DM1[(N2′-脱乙酰-N′-(3-巯基-1-氧代丙基)-美登素)][9]、氨甲蝶呤[10]、CC-1065 类似物[11]、阿霉素[12, 13]、卡奇霉素类似物[3, 14]及二肽联澳瑞他汀类（如 VC-MMAE）[2]。这些细胞毒性药物大多数在显著不同于 280 nm 处表现出最大吸收，而含色氨酸或酪氨酸残基的蛋白质通常在 280 nm 处观察到最大吸收。图 16-1 是如下样品的紫外吸收图谱：①DM1，一种细胞毒性药

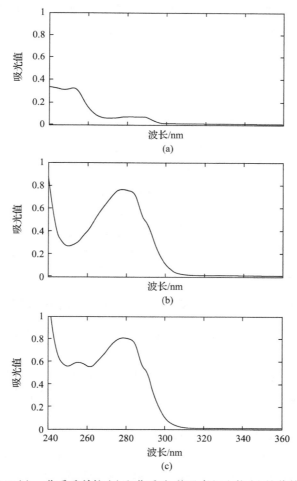

图 16-1 DM1(a)、曲妥珠单抗(b)和曲妥珠-美登素衍生物(c)的紫外吸收图谱。

物;②曲妥珠单抗,人源化抗HER2 IgG1抗体;③曲妥珠-美登素衍生物,一种ADC,其中曲妥珠单抗通过MCC(maleido-cyclohexane-1-carboxylate)的硫醚键连接至微管抑制剂DM1。由于DM1在252 nm处具有最大吸收,而MCC连接体在252 nm或280 nm处均无显著吸收,可通过吸收光谱法测量在252 nm和280 nm处不同的吸光度来测定抗体结合的药物量。据报道[15],相似的光谱分析法甚至被应用于蛋白质和药物的最大吸收仅有相对较小差异的ADC中,如偶联的长春花生物碱4-去乙酰基长春花碱,其中药物的最大吸收波长为270 nm。在所有情况下,采用紫外/分光光度法测定DAR的平均值均需要考虑药物和抗体的影响。

2 材 料

(1)任何能够在紫外/可见光范围内进行基线扣除和测量的双光束分光光度计或单光束分光光度计。

(2)通常用石英比色皿进行测量(见注意事项1)。应使用不含蛋白质或药物的样品缓冲液对空白样品进行测量(见注意事项2)。

3 方 法

3.1 测定药物最大吸收 $\lambda(D)$

按照紫外/可见分光光度计操作说明,打开分光光度计,使用前充分预热仪器。选择合适的波长范围,即200~500 nm。在样品架中插入含有空白溶液的洁净比色皿。因为细胞毒性药物通常为低分子质量、疏水性分子,通常使用有机溶剂(如二甲基乙酰胺和甲醇)来溶解细胞毒素药物。确保比色皿洁净且无指纹。用空白溶液调零分光光度计。读取样品时,仅插入装有供试品溶液的相同或者匹配比色皿,获取药物的光谱图。高浓度下,吸收谱带可能饱和并显示扁平的吸收峰。如需要,稀释样品以避免饱和。通过检查光谱图确定细胞毒性药物的 $\lambda(D)$。

3.2 测定抗体和药物在 280 nm 和最大吸收 $\lambda(D)$ 处的消光系数 (ε)

这个方法需要准确测定抗体和药物在280 nm和最大吸收 $\lambda(D)$ 处的消光系数 (ε)(见注意事项2)。

抗体在任何给定波长处的消光系数,根据比尔-朗伯定律,可通过蛋白质浓度已知的抗体产品溶液测定,其中蛋白质浓度可以通过氨基酸组成分析[16]或氮测定[17]技术测定。

如果抗体的氨基酸组成已知,也可以预测消光系数。蛋白质在280 nm处的吸光度主要是因为色氨酸、酪氨酸和胱氨酸(二硫键连接的半胱氨酸残基),其中色氨酸、酪氨酸和胱氨酸的摩尔消光系数依次降低。特定蛋白的摩尔消光系数,可近似表示为这三种组成氨基酸在280 nm处的摩尔消光系数加权总和。缓冲液类型、离子强度和pH差异将会影响这些氨基酸的吸光系数。估计蛋白消光系数最广泛使用的色氨酸、酪氨酸和胱氨酸摩尔消光系数是由 Pace 等测定的[18]。通过预测消光系数测定蛋白质浓度的平均误差低于 4%[18]。

药物在 280 nm 和最大吸收 λ(D) 处的消光系数可以用已知浓度的药物溶液测定。用适合的溶剂或缓冲液溶解少量(精密称定)高纯度物质。通过物质的重量和纯度计算溶液浓度。测定溶液在 280 nm 和最大吸收 λ(D) 的吸光度。根据比尔-朗伯定律计算消光系数。

3.3 获取 ADC 样品的吸收光谱

记录在 280 nm 和最大吸收 λ(D) 处的吸光度(见注意事项 3 和 4)。如需要,可稀释 ADC 样品以获得吸光度在检测线性范围内的溶液。

3.4 计算 ADC 的平均 DAR

用 ADC 的吸光度测量值(3.3 节)和 3.2 节中的消光系数测定值,通过解下述联立方程计算可测定抗体和药物的浓度,即 c_{mAb} 和 c_{drug}。

在式(1)中,药物和抗体在 280 nm 处的吸光度之和构成总吸光度(A_{280}):

$$A_{280} = (\varepsilon_{drug}^{280} c_{drug} + \varepsilon_{mAb}^{280} c_{mAb})\ell \tag{1}$$

式中,ε_{drug}^{280} 是药物在 280 nm 处的消光系数;c_{drug} 是药物的浓度;ε_{mAb}^{280} 是抗体在 280 nm 处的消光系数;c_{mAb} 是抗体的浓度。

式(2)是药物在最大吸收 λ(D) 处的总吸光度的平行方程式:

$$A_{\lambda(D)} = (\varepsilon_{drug}^{\lambda(D)} c_{drug} + \varepsilon_{mAb}^{\lambda(D)} c_{mAb})\ell \tag{2}$$

式中,$\varepsilon_{drug}^{\lambda(D)}$ 是药物在最大吸收 λ(D) 处的消光系数;c_{drug} 是药物的浓度;$\varepsilon_{mAb}^{\lambda(D)}$ 是抗体在最大吸收 λ(D) 处的消光系数;c_{mAb} 是抗体的浓度。

通过上面的两个方程式可以分别得到抗体和药物的浓度。

$$c_{mAb} = (A_{280}\varepsilon_{drug}^{\lambda(D)} - A_{\lambda(D)}\varepsilon_{drug}^{280}) / \left[(\varepsilon_{mAb}^{280}\varepsilon_{drug}^{\lambda(D)} - \varepsilon_{mAb}^{\lambda(D)}\varepsilon_{drug}^{280})\ell\right]$$

$$c_{drug} = (A_{280}\varepsilon_{mAb}^{\lambda(D)} - A_{\lambda(D)}\varepsilon_{mAb}^{280}) / \left[(\varepsilon_{drug}^{280}\varepsilon_{mAb}^{\lambda(D)} - \varepsilon_{drug}^{\lambda(D)}\varepsilon_{mAb}^{280})\ell\right]$$

用 c_{drug} 除以 c_{mAb} 计算得到平均药物抗体偶联比率(DAR),表示为药物摩尔数除以抗体摩尔数:

$$DAR = c_{drug} / c_{mAb}$$

4 注意事项

(1)石英比色皿通常用于紫外/可见光法。光学玻璃比色皿不适用于分析 λ(D) 等于或低于 320 nm 的药物。目前，有一些供应商可提供一次性比色皿，这些比色皿由多种塑料（包括聚苯乙烯和丙烯酸）制成。使用一次性比色皿时，样品之间不用清洗，这便于处理细胞毒性的 ADC。然而，它们有时也会因有限的波长范围可能不适用于分析某些 ADC。

（2）多种氨基酸（色氨酸和酪氨酸）的吸收光谱对环境比较敏感，因此，当 pH 或溶剂极性有重大变化时，蛋白质在一种缓冲溶液中的消光系数（ε）可能与另外一种缓冲溶液的消光系数（ε）不同。具有强紫外吸收的辅料组分（如洗涤剂 Triton X-100）会干扰该方法，应该避免使用。空白样品应使用不含蛋白质的样品缓冲溶液测量。类似地，如果细胞毒性药物含有酸性或碱性基团，不同溶剂可能影响细胞毒性药物的消光系数。

（3）比尔-朗伯定律可能不适用于高浊度溶液，由于其中存在微观粒子可导致光散射。因此，较少的光线将落在探测器上，从而观察到假高吸光度。假定蛋白质或者药物在 320 nm（或者 340 nm）处没有明显吸收，可通过扣除在 320 nm（或者 340 nm）处的吸光度进行校正。

（4）在 ADC 中，除抗体和细胞毒性药物外，另外一个关键因素是允许药物与抗体共价连接的化学连接子。上述方法适用于化学连接子在 280 nm 或最大吸收 λ(D) 处吸收不明显的 ADC。如果化学连接子在这两个波长处或其中一个波长处有吸收，但与抗体和药物相比有不同的最大吸收，那么可将 ADC 样品作为三组分体系，从而定量测定 DAR。

致　　谢

感谢 Pat Rancatore、Richard Seipert、Boyan Zhang 和 Andrea Ji 为撰写这篇综述提供的宝贵意见和帮助。

参 考 文 献

1. Wakankar A, Chen Y, Gokarn Y (2011) Analytical methods for physicochemical characterization of antibody drug conjugates. Mabs 3: 161–172
2. Hamblett KJ, Senter PD, Chace DF et al (2004) Effects of drug loading on the antitumor activity of a monoclonal antibody drug conjugate. Clin Cancer Res 10: 7063–7070
3. Hinman LM, Hamann PR, Wallace R et al (1993) Preparation and characterization of monoclonal antibody conjugates of the calicheamicins: a novel and potent family of antitumor antibiotics. Cancer Res 53: 3336–3342
4. Siegel MM, Hollander IJ, Hamann PR et al (1991) Matrix-assisted UV-laser desorption/ionization mass spectrometric analysis of monoclonal antibodies for the determination of carbohydrate, conjugated chelator and conjugated drug content. Anal Chem 63: 2470–2481
5. Lazar AC, Wang L, Blattler WA et al (2005) Analysis of the composition of immunoconjugates using size-exclusion chromatography coupled to mass spectrometry. Rapid Commun Mass Spectrom 19: 1806–1814
6. Schoonheydt RA (2010) UV-VIS-NIR spectroscopy and microscopy of heterogeneous catalysts. Chem Soc Rev 39: 5051–5066
7. Pretsch E, Bühlmann P, Badertscher M (2009) Structure determination of organic compounds, tables of spectral data, 4th edn. Springer, New York, pp. 401–420

8. Schmid F (2001) Biological macromolecules: UV-visible spectrophotometry. Encyclopedia Life sci. doi: 10. 1038/npg. els. 0003142
9. Wang L, Amphlett G, Blattler WA et al (2005) Structural characterization of the maytansinoid-monoclonal antibody immunoconjugate, huN901-DM1, by mass spectrometry. Protein Sci 14: 2436–2446
10. Hudecz F, Garnett MC, Khan T et al (1992) The influence of synthetic conditions on the stability of methotrexate-monoclonal antibody conjugates determined by reversed phase high performance liquid chromatography. Biomed Chromatogr 6: 128–132
11. Chari RV, Jackel KA, Bourret LA et al (1995) Enhancement of the selectivity and antitumor efficacy of a CC-1065 analogue through immunoconjugate formation. Cancer Res 55: 4079–4084
12. Greenfield RS, Kaneko T, Daues A et al (1990) Evaluation in vitro of adriamycin immunoconjugates synthesized using an acid-sensitive hydrazone linker. Cancer Res 50: 6600–6607
13. Willner D, Trail PA, Hofstead SJ et al (1993) (6-Maleimidocaproyl) hydrazone of doxorubicin—a new derivative for the preparation of immunoconjugates of doxorubicin. Bioconjug Chem 4: 521–527
14. Moran J (2002) Presentation at 224th American Chemical Society National Meeting, 18–22 Aug, Boston, MA
15. Laguzza BC, Nichols CL, Briggs SL et al (1989) New antitumor monoclonal antibodyvinca conjugates LY203725 and related compounds: design, preparation and representative in vivo activity. J Med Chem 32: 548–555
16. Benson AM, Suruda AJ, Talalay P (1975) Concentration-dependent association of A-3-ketosteroid isomerase of *Pseudomonas testosteroni*. J Biol Chem 250: 276–280
17. Jaenicke L (1974) A rapid micromethod for the determination of nitrogen and phosphate in biological material. Anal Biochem 61: 623–627
18. Pace CN, Vajdos F, Fee L et al (1995) How to measure and predict the molar absorption coefficient of a protein. Protein Sci 4: 2411–2423

第17章 利用疏水作用色谱和反相高效液相色谱法测定药物抗体偶联比率(DAR)和药物负荷分配

Jun Ouyang

摘 要

疏水作用色谱(hydrophobic interaction chromatography, HIC)可用于测定半胱氨酸连接的抗体偶联药物(antibody-drug conjugate, ADC)中药物抗体偶联比率(drug to antibody ratio, DAR)和药物负荷分配。通过疏水性的增加可分离连接不同数目药物的抗体,未偶联药物的抗体疏水性最弱,最先被洗脱;连接8个药物的抗体疏水性最强,最后被洗脱。峰面积百分比代表特定药物数量连接的 ADC 的相对分布。通过峰面积百分比和偶联药物个数计算加权平均 DAR。反相高效液相色谱法(reversed phase high performance liquid chromatography, RP-HPLC)作为正交实验,用于半胱氨酸偶联 ADC 的 DAR 测定。该方法首先通过还原反应将 ADC 的重链和轻链分开,然后利用反相色谱柱分离重链、轻链和相对应的连接药物的重轻链。通过积分处理计算各重轻链的峰面积百分比,结合每个峰所指定的偶联药物个数,计算加权平均 DAR。

关键词:药物抗体偶联比率,药物负荷分配,疏水作用色谱,反相高效液相色谱,半胱氨酸连接的抗体偶联药物

1 引 言

这里介绍的半胱氨酸连接的抗体偶联药物是使用马来酰亚胺-己酰-缬氨酸-瓜氨酸-para-aminobenzyloxycarbonyl(MC-VC-PABC)作为连接子,连接疏水性的细胞毒药物甲基澳瑞他汀 E(monomethyl auristatin E, MMAE)至单克隆抗体上(图 17-1)[1]。为了制备 ADC,抗体需要通过部分还原使链间二硫键转换成游离的半胱氨酸残基。半胱氨酸残基中的巯基与连接子中的马来酰亚胺基反应形成 ADC,即一种包含 0~8 个药物负荷抗体的混合物[2, 3]。

疏水作用色谱方法已经被用于半胱氨酸连接的 ADC 中药物负载物质的分离[2, 4]。抗体上的连接子-药物能够增加其在疏水固定相,如 TOSOH TOSOH Bioscience Butyl-NPR 上的保留。通过梯度洗脱,即降低盐离子浓度,增加有机相,影响药物偶联物在色谱柱上的保留,未偶联药物的抗体疏水性最低,最先被洗脱,偶联 8 个药物的抗体疏水性最强,最后被洗脱(图 17-2)。虽然偶联度较高的 ADC 其链间二硫键(如重链和轻链之间以及两条重链之间)中的半胱氨酸包含连接子-药物,因为疏水作用色谱条件为非变性且相

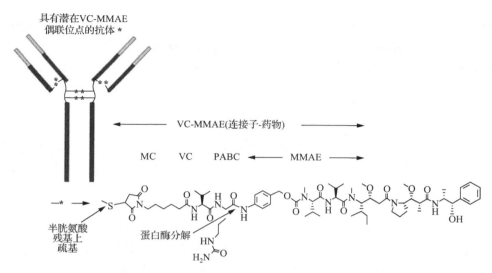

图 17-1　MC-VC-PABC-MMAE ADC 的示意图。

对温和，不会引起这些形式抗体组分的分离，如轻链和重链。疏水作用色谱中峰面积百分比代表特定药物数量连接的 ADC 的相对比例。加权平均 DAR 可以用峰面积百分比和偶联药物个数来计算。

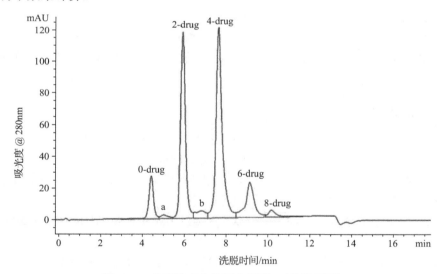

图 17-2　典型的疏水作用色谱图。（另见彩图）

RP-HPLC 是另一个用于半胱氨酸偶联 ADC 分析的分离技术，该方法基于疏水性进行分离[3,4]。然而由于 RP-HPLC 使用有机溶剂和少量有机酸，该方法在分析完整的半胱氨酸偶联的 ADC 时有较大干扰。当直接分析时，ADC 在高变性条件下不能存在，而解离为抗体片段。这是因为在偶联时一些抗体的链间二硫键已被连接子-药物所取代，ADC 是由非共价的疏水相互作用来维持的。通过还原剂处理半胱氨酸偶联的 ADC，如二硫苏糖醇（dithiothreitol，DTT）可以还原剩余的链间二硫键，得到 6 个组分：轻链、偶联一个药物的轻链、重链、分别偶联有 1~3 个药物的重链。这些组分在变性的有机环境中能稳定存在，可以用反相色谱柱如 Varian PLRP-S 进行很好的分离。通过积分计算重轻链峰面积百分比，结合各峰的药物负载分配可以计算加权平均 DAR。

2 材 料

所有溶液和试剂的制备应酌情使用高纯度的盐、缓冲液、高效液相色谱级溶剂和超纯水（高效液相色谱级或者双去离子水）。通常，流动相可在室温保存 1 个月。

2.1 仪器设备

(1) 高效液相色谱（high performance liquid chromatography，HPLC）系统：安捷伦 1100 或者 1200 HPLC 系统，配备有二元泵、恒温自动进样器、可温控的柱温箱和二极管阵列检测器（Agilent Technologies，Santa Clara，CA），或者配备相当模块的其他 HPLC 系统。

(2) 能够控制温度在 (37±2) ℃的水浴。

2.2 HIC

(1) HIC 色谱柱：无孔 TSKgel Butyl-NPR 色谱柱（Tosoh Bioscience，部件号#14947），颗粒大小 2.5 μm，内径 4.6 mm，长度 35 mm。

(2) 流动相：流动相 A 为含 1.5 mol/L 硫酸铵和 25 mmol/L 磷酸钠的水溶液，pH 6.95；流动相 B 由 75%（V/V）的 25 mmol/L pH 6.95 的磷酸钠水溶液和 25%（V/V）的异丙醇（isopropyl alcohol，IPA）混合制备。

2.3 RP-HPLC

(1) 反相色谱柱：基于聚合物的 PLRP-S 色谱柱（Varian，部件号#PL1912-1502），颗粒大小 5 μm，1000 Å 孔隙，内径 2.1 mm，长度 50 mm。

(2) 流动相：流动相 A 为 0.1%甲酸（V/V）和 0.025%三氟乙酸（V/V）的水溶液；流动相 B 为 0.1%甲酸（V/V）和 0.025%三氟乙酸（V/V）。

(3) 三羟甲基氨基甲烷[Tris(hydroxymethyl)aminomethane，Tris]缓冲液：50 mmol/L，pH 8.0。

(4) 二硫苏糖醇（DTT）储备液：1 mol/L DTT 水溶液，使用前新鲜制备。

3 方 法

3.1 HIC

3.1.1 实验条件

(1) 系统的开机启动和基本操作参考仪器生产商的说明。

(2) 连接色谱柱，设置柱温箱温度为 24℃，打开二极管阵列检测器。

(3) 用 100%的流动相 A 在 0.8 mL/min 流速下平衡色谱柱大约 20 min，或直至基线（280 nm 下监测）稳定（见注意事项 1）。

(4) 进样 50~100 μg 的 ADC 样品，进样体积为 5~10 μL。不推荐大体积进样（>10 μL），这样会引起较早的穿透峰。

(5) 根据表 17-1 的线性梯度对样品进行洗脱。

表 17-1　HIC 洗脱梯度条件

时间/min	B/%
0.0	0
12.0	100
12.1	0
18.0	0

(6) 设置二极管阵列检测器检测波长范围为 220~350 nm，并检测 280 nm 下的吸光度（248 nm 可选）。

(7) 紫外 280 nm 下典型的色谱图见图 17-2。

(8) ADC 组分根据由疏水性的连接子-药物引起疏水性的增加进行洗脱，0 个药物（未偶联药物的组分）最先洗脱，偶联 8 个药物的组分最后洗脱（见注意事项 2）。

3.1.2　数据分析

(1) 对峰进行手动积分或自动积分（图 17-2）（见注意事项 3）。

(2) 计算峰面积百分比并将信息填入表格中（如表 17-2 所示：将结果填入表 17-2 中的第 3 列）。

表 17-2　举例说明利用 HIC 计算药物负荷分配和 DAR

峰名	药物负荷	峰面积百分比 [a]/%	加权峰面积（药物负荷×峰面积）/%
0-drug	0	4.7	0.0
(a)[b]	1	0.4	0.4
2- drug	2	28.7	57.4
(b)[b]	3	1.5	4.5
4- drug	4	48.8	195.2
6- drug	6	13.2	79.2
8- drug	8	2.8	22.4
加权平均 DAR			3.6

a. 峰面积百分比（%）代表药物负荷组分的分配（药物负荷分配），例如，偶联两个药物的组分在该 ADC 中占 28.7%。
b. 见注意事项 2。

(3)峰面积百分比与相应的药物负荷相乘计算加权峰面积,将结果填入表格(如表 17-2 第 4 列所示)。

(4)将加权峰面积相加,然后除以 100 得到加权平均 DAR,计算公式如下:

$$DAR=\sum(加权峰面积)/100$$

(5)HIC 中的峰的药物分配可以通过紫外光谱 220~350 nm 进行确认。图 17-3 为 HIC 中对应的峰的紫外光谱叠加图谱,并对 ADC 抗体部分最大吸收波长 280 nm 下的吸光度进行归一化。根据文献报道[2],ADC 中连接子-药物部分的紫外最大吸收波长为 248 nm。如图 17-3 所示,HIC 中主峰在 250 nm 附近的相对吸光度随着药物负荷的增加而增加。

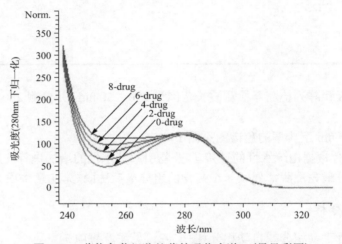

图 17-3 药物负荷组分的紫外吸收光谱。(另见彩图)

3.2 RP-HPLC

3.2.1 实验条件

(1)制备还原的 ADC 样品:用 pH8、50 mmol/L 的 Tris 缓冲液稀释 ADC 样品至 1 mg/mL,然后加入新鲜制备的 DTT 储备液使 DTT 终浓度为 50 mmol/L。37℃孵育 20~30 min 进行还原反应(见注意事项 4)。

(2)连接色谱柱,设置柱温箱温度为 70℃。打开二极管阵列检测器,设置检测波长为紫外 280 nm(248 nm 可选)。

(3)用 73%的流动相 A(27%流动相 B)在 0.25 mL/min 流速下平衡色谱柱大约 30 min,或直至基线(280 nm 下监测)稳定(见注意事项 5)。

(4)进样 10~20 μg 的 ADC 样品[来自于步骤(1)]。

(5)根据表 17-3 的线性梯度对样品进行洗脱(见注意事项 6)。

表 17-3　RP-HPLC 洗脱梯度条件（见注意事项 6）

时间/min	B/%
0.0	27
3.0	27
25.0	49
26.0	95
31.0	95
31.5	27
45.0	27

(6) 紫外 280 nm 下典型的色谱图见图 17-4。

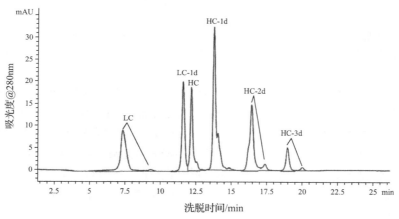

图 17-4　RP-HPLC 典型色谱图。（另见彩图）

(7) 通常轻链峰先洗脱、重链峰后洗脱（见注意事项 8）。

3.2.2　数据分析

(1) 用手动积分或者自动积分对峰进行积分（图 17-4）。

(2) 识别轻链峰并计算峰面积百分比，峰面积百分比总和为 100。同样，识别重链峰并计算峰面积百分比，峰面积百分比总和为 100。如表 17-4 所示，计算的结果填入表 17-4 的第 3 列。

(3) 通过峰面积百分比与相应的药物负荷相乘分别计算轻链和重链的加权峰面积，并将结果填入表格中（如表 17-4，结果在第 4 列）。

(4) 根据以下公式计算加权平均值 DAR：

$$DAR = 2 \times (\Sigma 重链加权峰面积 + \Sigma 轻链加权峰面积)/100$$

表 17-4 举例说明利用 RP-HPLC 计算 DAR

峰名	药物负荷	峰面积百分比 [a]/%	加权峰面积(药物负荷×峰面积)/%
(LC)	0	44.8	0.0
(LC-1d)	1	55.2	55.2
(HC)	0	20.6	0.0
(HC-1d)	1	48.3	48.3
(HC-2d)	2	22.3	44.6
(HC-3d)	3	8.8	26.4
加权平均 DAR			3.5

a. 峰面积百分比(%)代表轻链或重链药物负荷组分的分配(药物负荷分配),例如,轻链-1个药物(偶联1个药物的轻链)组分在整个轻链中占 55.2%,重链-2个药物(偶联2个药物的重链)组分在整个重链中占 22.3%

4 注意事项

(1)对于新的 HIC 色谱柱,建议先少量进样(3~5 次)标准样品,使色谱柱在后续分析中达到最好的性能。同样推荐在样品分析前和/或分析后进样空白样品(如无 ADC 的配方缓冲液)。

(2)图 17-2 中较小的峰(a)和(b)分别是偶联 1 个和 3 个药物的组分。较小峰的分配在不同 ADC 之间会有所不同。根据数据分析,3.1.2 节步骤(5)中描述的鉴别方法可以辅助分析药物分配。对于某些 ADC 分子,峰(a)看上去类似于偶联 2 个药物的组分,峰(b)看上去类似于偶联 4 个药物的组分。然而,这些小峰只占总峰面积的很小比例(在本示例中小于 2%,见表 17-2),最终的 DAR 值并不会因为忽略小峰的药物负荷分配而受到影响。

(3)图 17-2 中使用手动积分在峰区域的起始点和终止点划了一条基线。在每个主峰的拐点处划了竖直的线。

(4)根据我们的经验,DTT 是首选的能够强效还原链间二硫键的还原剂,然而它也能还原极少部分的链内二硫键(见图 17-4 和注意事项 7)。TCEP(磷酸三氯乙酯)可以替代 DTT,但是根据我们的经验,它会因还原链内二硫键而产生更多的峰,从而可能影响数据分析。

(5)同 HIC 一样,对于新的 RP-HPLC 色谱柱,建议先少量进样(3~5 次)标准样品,使色谱柱在后续分析中达到最好的性能。同样推荐在样品分析前和/或分析后进样空白样品(如无 ADC 的配方缓冲液)。

(6)梯度洗脱条件必须进行优化,因此不同的 ADC 的洗脱梯度会有所不同。

(7)如图 17-4 所示,在主峰后能看到紧随的小峰(或者肩峰)。这些峰由小部分的链内二硫键的还原产生(通过质谱分析确证)。在线液相色谱-质谱(liquid chromatography mass spectrometry, LC-MS),可以根据本文中描述的 RP-HPLC 条件运行,因此我们选择适用于质谱的甲酸。很小数量的三氟乙酸(0.025%)对于峰型的改善是必需的,而且不会抑制质谱信号。如果不需要质谱数据,将甲酸替换为 0.1%的三氟乙酸可以获得与本文描述的运行条件下相同的结果。

(8) 对于某些 ADC，重链有可能比偶联 1 个药物的轻链先洗脱。推荐首先用 LC-MS 进行峰的鉴定。

参 考 文 献

1. Senter PD (2009) Potent antibody drug conjugates for cancer therapy. Curr Op Chem Biol 13: 1–10
2. Hamblett KJ, Senter PD, Chace DF, Sun MM, Lenox J, Cerveny CG, Kissler KM, Bernhardt SX, Kopcha AK, Zabinski RF, Meyer DL, Francisco JA (2004) Effects of drug loading on the antitumor activity of a monoclonal antibody drug conjugate. Clin Cancer Res 10: 7063–7070
3. Sun MM, Beam KS, Cerveny CG, Hamblett KJ, Blackmore RS, Torgov MY, Handley FGM, Ihle NC, Senter PD, Alley SC (2005) Reductionalkylation strategies for the modification of specific monoclonal antibody disulfides. Bioconj Chem 16: 1282–1290
4. Wakankar A, Chen Y, Gokarn Y, Jacobson FS (2011) Analytical methods for physicochemical characterization of antibody drug conjugates. MAbs 3: 161–172

第18章 用LC-ESI-MS测量药物抗体偶联比(DAR)和药物分布

Louisette Basa

摘 要

本章描述了应用 LC-ESI-MS 方法分析 DAR 和药物分布,此方法适用于赖氨酸偶联的抗体偶联药物(antibody-drug conjugate,ADC)。在线质谱分析前,用反相色谱和乙腈梯度对 ADC 进行脱盐。处理(去卷积化)质谱图,使之转化为一系列带有 0 个电荷状态的质量数,而这些质量数则对应于 ADC 中所包含的药物数目的增加。对质量峰面积进行积分,可计算出 ADC 的 DAR 及药物分布。

关键词:药物抗体偶联比(DAR),药物分布,电喷雾离子化质谱(ESI-MS),质量谱积分

1 引 言

相对于紫外/可见光光谱法、疏水作用色谱和反相高效液相色谱(RP-HPLC),液相色谱偶联电喷雾离子化质谱(LC-ESI-MS)是一种分析 ADC 中 DAR 和药物分布的正交技术。DAR 和药物分布决定了病患的药物暴露量,因此是 ADC 的重要特征,并且因为药物负载的不同模式,其药代/药动学特征亦不同,所以对 DAR 和药物监测也同样重要。最简单的测量抗体 DAR 的方法是紫外/可见光光谱法[1~10],而其他正交技术则取决于连接子-药物和偶联类型(如赖氨酸偶联或半胱氨酸偶联)。除了紫外/可见光光谱法外,疏水作用色谱[9, 22]、反相高效液相色谱[11]、LC-ESI-MS [12~15]、MALDI-TOF-MS [16~18]都已被应用于测量 ADC 的 DAR 和药物分布。疏水作用色谱和反相高效液相色谱可应用于含有有限数目偶联部位(如链间半胱氨酸或改造半胱氨酸)的 ADC,而基于质谱的方法则对于异质性更强的赖氨酸偶联的 ADC 分析尤为有用[10, 19]。

应用 LC-ESI-MS 分析完整的药物偶联抗体对于鉴别 ADC 的不同药物负载形式十分重要[10, 14, 15](见注意事项 1)。赖氨酸偶联的 ADC 适合反相高效液相色谱中所应用的具有变性作用的流动相,而此流动相通常也用于 LC-ESI-MS 分析。半胱氨酸偶联的药物偶联抗体通过非共价和共价连接而形成整体,在典型的 LC-ESI-MS 条件下则会解离[19]。赖氨酸偶联的药物偶联抗体与其不同,稳定且在这些变性条件下仍能保持其完整状态,所以完整的赖氨酸偶联的药物偶联抗体可通过其精确分子质量鉴定出其不同的药物负载形式。

赖氨酸偶联的药物偶联抗体相对于有限位点特异性偶联的药物抗体偶联物具有更强

的异质性，所以对其质量谱进行解释具有挑战性，通常需要额外的样品制备方法以减少质量谱的复杂度，如 ADC 的去糖基化[20]和 C 端赖氨酸异质性的去除[21]。

赖氨酸偶联的质量谱通常包含具有+45 到+60 个正电荷状态的一系列离子，离子谱处理或去卷积可将其转换为一系列具有 0 电荷状态的质量数，从而显示出连接子-药物数目增加的谱图，对谱图峰面积进行积分则是测量 DAR 和药物分布的一种直接方法。这种方法假设不同完整药物形式的质谱离子化效率及质谱响应值相似，但是由于连接子-药物的疏水性质，以及赖氨酸残基修饰所导致的蛋白质总负电荷数的改变可影响质谱响应值，从而会影响到 DAR 和药物负载的计算，所以有研究也将其和紫外/可见光光谱法进行了比较。研究表明，如果质谱法应用了每个药物负载形式的整个电荷谱，紫外/可见光光谱法和 LC-ESI-MS 法之间的关联性则是可接受的。

2 材 料

2.1 设备

(1)液相色谱：Agilent1100 二元泵，带有恒温自动进样器和柱温箱(Agilent，Santa Clara，CA)，或者同类系统。

(2)质谱仪器：Q-TOF Hybrid LC-MS/MS 系统(QSTAR，AB SCIEX，Framingham，MA)，或者同类仪器。

(3)高效液相柱：PLRP-S(聚乙烯-二乙烯基苯反相柱)2.1mm×150 mm，8 μm 粒径，1000 Å 孔径(Agilent，Santa Clara，CA)。

2.2 试剂

用于 LC-ESI-MS 的试剂必须是高质量的，用＞99%或者再蒸馏甲酸和三氟乙酸(TFA)，推荐质谱级水和乙腈(货号分别为 AH365-4 和 015-4，Burdick & Jackson，Muskegon，WI)。

(1)流动相 A：含 0.1%甲酸和 0.025%三氟乙酸的水。将 1 mL 甲酸和 0.25 mL 三氟乙酸(见注意事项 2)加入 1000 mL 水制备而成。

(2)流动相 B：含 0.1%甲酸和 0.025%三氟乙酸的乙腈。将 1 mL 甲酸和 0.25 mL 三氟乙酸(见注意事项 2)加入 1000 mL 乙腈制备而成。

(3)PNGase F：无甘油，500 000 U/mL(货号 P0705S，New England Biolabs，Ipswich，MA)。

(4)羧肽酶 B(CpB)：5 mg/mL(货号 10103233001，Roche Applied Science，Indianapolis，IN)。

(5)消化缓冲母液：1 mol/L HEPES 或 1 mol/L Tris 缓冲液，pH 8。

(6)药物偶联抗体：用水稀释至 1 mg/mL。

3 方 法

在 LC-ESI-MS 分析前对药物偶联抗体进行去糖以减少糖所引起的质量谱异质性可能是必需的,可在分析前应用 PNGaseF 处理达到去掉 N 糖的目的(见注意事项 3)。

在 LC-ESI-MS 分析前对药物偶联抗体进行去末端赖氨酸处理以减少质量谱异质性可能也是必需的,可应用 CpB 处理达到此目的(见注意事项 3)。

3.1 样品制备

(1) LC-ESI-MS 分析前对药物偶联抗体的去 N 糖处理:取 100 μg(100 μL,1 mg/mL)药物偶联抗体,加入 2 μL 的 1 mol/L 的 HEPES 或者 Tris 缓冲液,pH 8,然后加入 1 μL 的 PNGase(500 000 U/mL),于 45℃孵育 1 h,加入三氟乙酸使其终浓度为 0.2%以终止反应。若样品随后要进行 CpB 处理,不要终止反应。

(2) LC-ESI-MS 分析前对药物偶联抗体的 CpB 处理:在 100 μg(100 μL,1 mg/mL)的药物偶联抗体中加入 2 μL 的 1 mol/L 的 HEPES 或者 Tris 缓冲液,pH 8,加入 1.3 μL 的 CpB(1 mg/mL 的水溶液),于 37℃孵育 20 min,在混合物中加入三氟乙酸使其终浓度为 0.2%以终止反应。

3.2 LC-ESI-MS 分析

(1) 以 250 μL/min 的流速于 75℃平衡 PLRP-S 柱(见注意事项 4)。

(2) 如果是新的液相色谱柱,进几针蛋白样以确保柱子已平衡良好(见注意事项 5),至少运行两针空白样品以确认反相压力图保持一致或者基线保持平稳。

(3) 对于完整抗体分析,Q-TOF MS 的源参数应予以优化。对于 QSTAR(AB SCIEX),去簇电压(DP)设为 120V 和 140 V,电喷雾电压设为 4500~5000 V,源温设为 350℃,气帘气和雾化气则均设置为 40(见注意事项 6)。

(4) 应对质谱进行校正使其包含高分子质量范围为 m/z(1000~4000),对一个典型的抗体所预期的频谱为 2000~3500 m/z(~+45 到+60 电荷状态)。

(5) 为了得到更精确的质量数,在样品分析前应对质谱进行校正,并在扫描模式中保持。Q-TOF 的对于完整抗体的质量精确性通常为<100 ppm。

(6) 向 PLRS-S 柱中进样 15~20 μg ADC,典型的液相色谱梯度如表 18-1 所示。

表 18-1 用于 PLRP-S 柱的典型液相色谱梯度

时间	流动相 A/%	流动相 B/%
0	10	90
10	10	90
30	90	10
35	90	10
36	10	90
45	10	90

(7)图 18-1 显示了 LC-ESI-MS 分析中的总离子流图(TIC)（见注意事项 7）。图 18-2 显示了整个总离子流图峰谱的质量谱，用于质谱软件的去卷积化。+44~+62 的电荷状态经常可观测，在多数情况下被应用于去卷积。`

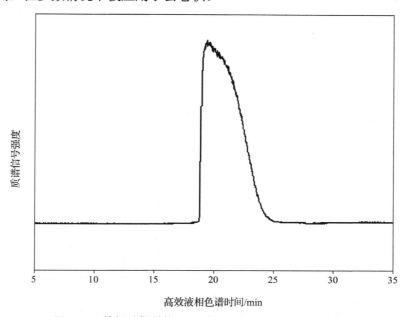

图 18-1　赖氨酸偶联的 ADC 的 LC-ESI-MS 总离子流图。

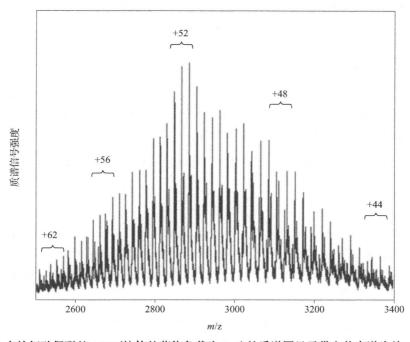

图 18-2　一个赖氨酸偶联的 ADC（抗体的药物负载为 0~7）的质谱图显示带电状态谱为从+44 到+62 的实例。

(8) 图 18-3 显示完整赖氨酸偶联的药物偶联抗体的去卷积化质量谱(0 电荷状态)。结合药物偶联抗体的蛋白序列和偶联物的质量信息,可对去卷积谱图中每个质量峰指定合适的药物负载数目 n(见注意事项 8)。

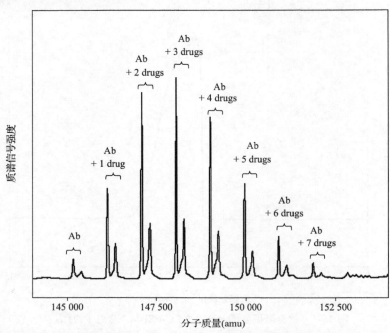

图 18-3 赖氨酸偶联的药物偶联抗体的去卷积化质量谱图,所观测到的质量数对应于药物负载(n)为 0~7 的抗体(Ab)。

3.3 DAR 和药物分布的计算

(1) 为计算药物分布(%),即负载 n 个药物的每个抗体(Ab)的百分比,对去卷积化的谱图中的质量峰进行积分以得到每个峰的面积,然后用负载 n 个药物的每个抗体的峰面积除以所有峰面积的总和,最后乘以 100%:

$$药物分布(\%) = (负载 n 个药物的抗体峰面积)/所有峰面积的总和 \times 100\%$$

式中,n 为药物负载的数目。

对负载 n 个药物的每个抗体进行重复计算。

(2) 为了计算 DAR 的加权平均值,首先负载 n 个药物的每个抗体的药物分布百分比(参见上一步骤)乘以其相对应的药物负载 n,所得值代表相对于药物偶联抗体谱中药物负载为 n 的每个抗体类型的加权分布。其次,这些值的总和除以 100,所得到商值代表了 ADC 的加权平均 DAR:

$$DAR = \sum[药物负载为 n 的每个抗体的药物分布(\%)](n)/100$$

(3) 只要有可能,将所得到的结果和用于计算 DAR 的紫外/可见光光谱法所得到的值进行关联和验证。

4 注意事项

(1) LC-ESI-MS 除了可以分析完整 ADC 外,也可对还原形式的 ADC 进行 DAR 的测量,但是由于药物所负载的重链和轻链的质谱离子化效率不同,这种方法可能高估或低估了 DAR。我们实验室在需要时已成功应用 TCEP-HCl[三(2-羧乙基)磷盐酸盐]和 DTT(二硫基苏糖醇)还原赖氨酸偶联的药物偶联抗体,一般而言,10 mmol/L DTT 对于 1 mg/mL 的药物偶联抗体溶液(pH 8)在 37℃孵育 1 h 已可足够破坏链间二硫键。而 40 mmol/L 的 TCEP-HCl 对于 1 mg/mL 的药物偶联抗体溶液,在 60℃孵育 10 min 已可足够破坏链间和链内二硫键。

(2) 在用反相高效液相色谱分析蛋白中,三氟乙酸是一种优秀的离子配对试剂,可帮助改善色谱峰型,但是在 LC-ESI-MS 条件下,三氟乙酸可形成加合物而抑制离子化效率。应用甲酸作为离子配对试剂可提高质谱的信号强度,但是可导致较差的色谱峰型。一般而言,一个折中灵敏度和色谱性能的好方案是在流动相中应用 0.1%的甲酸和 0.025%三氟乙酸的混合物[23]。对于赖氨酸偶联的药物偶联抗体,很难得到色谱分离,所以仅用甲酸以得到最高的灵敏度是一个合理的选择。

(3) 根据药物偶联抗体的特性,去糖基化、CpB 处理或二者的结合使用在 LC-ESI-MS 分析前有时很必要。

(4) Poroshell 300SB-C8 1×75 mm 和 Pursuit 3 diphenyl 2×100 mm 柱子(均为 Agilent 公司产品)为 Poroshell 柱子的优秀替代品。Poroshell 的一个优势在于 1~5 μg 蛋白质应用与分析。PLRP-S 为聚苯乙烯-二乙烯基苯大孔径柱子,但 Poroshell 为 C8 相结合于实心柱上的多孔硅,而 Pursuit diphenyl 则是基于硅的联苯基质柱。这三种柱子可提供不同的蛋白选择性,均已应用于药物偶联抗体的 LC-ESI-MS 分析中。

(5) LC-ESI-MS 是一种非常灵敏的技术,一般的高效液相色谱级试剂对于此系统来说可能不够洁净,会造成不必要的加合物而使谱图复杂化,购买质谱级试剂可减少这些污染发生的可能性。

(6) 质谱源参数必须进行优化,可对抗体大分子进行足够电离和解簇所需的源电压与对 30 kDa 大小的蛋白质和肽类所需的源电压经常不同。对质谱进行最佳优化为在质谱兼容的缓冲液(如含 0.1%甲酸的 10%~30%的乙腈)中进样抗体或 ADC,药物偶联抗体应进行脱盐使其不含有非挥发性盐(如磷酸盐、硫酸盐和钠)。

(7) LC-ESI-MS 中的总离子流图,由于药物偶联抗体的疏水特性经常会出现拖尾峰。

(8) 每个类型双峰中的小峰对应于带有未偶联连接子类型的抗体(如无药物连接)。

致 谢

感谢 Pat Rancatore,Richard Seipert,Boyan Zhang 和 Andrea Ji 在准备此综述过程中的意见和帮助。

参 考 文 献

1. Laguzza BC, Nichols CL et al (1989) New antitumor monoclonal antibody-vinca conjugates LY203725 and related compounds: design, preparation and representative in vivo activity. J Med Chem 32: 548–555
2. Greenfield RS, Kaneko T et al (1990) Evaluation in vitro of Adriamycin immunoconjugates synthesized using an acid-sensitive hydrazine linker. Cancer Res 50: 6600–6607
3. Hudecz F, Garnett MC et al (1992) The influence of synthetic conditions on the stability of methotrexate-monoclonal antibody conjugates determined by reversed phase high performance liquid chromatography. Biomed Chromatogr 6: 128–132
4. Chari RV, Martell BA et al (1992) Immunoconjugates containing novel maytansinoids: promising anticancer drugs. Cancer Res 52: 127–131
5. Willner D, Trail PA et al (1993) (6-Maleimidocaproyl) hydrazine of doxorubicin—new derivative for the preparation of immunoconjugates of doxorubicin. Bioconjug Chem 4: 521–527
6. Hinman LM, Hamann PR et al (1993) Preparation and characterization of monoclonal antibody conjugates of the calicheamicins: a novel and potent family of antitumor antibiotics. Cancer Res 53: 3336–3342
7. Chari RV, Jackel KA et al (1995) Enhancement of the selectivity and antitumor efficacy of a CC-1065 analogue through immunoconjugate formation. Cancer Res 55: 44079–44084
8. Moran J (2002) Presentation at the 224th American Chemical Society National Meeting, Boston, MA; 18–22 August 2002
9. Hamblett KJ, Senter PD et al (2004) Effects of drug loading on the antitumor activity of a monoclonal antibody drug conjugate. Clin Cancer Res 10: 7063–7070
10. Wakankar A, Chen Y et al (2011) Analytical methods for physicochemical characterization of antibody drug conjugates. MAbs 3 (2): 161–172
11. McDonagh CF, Turcott E et al (2006) Engineered antibody-drug conjugates with defined sites and stoichiometries of drug attachment. Protein Eng Des Sel 19: 299–307
12. Wang L, Amphlett G et al (2005) Structural characterization of the maytansinoidmonoclonal antibody immunoconjugate, huN901-DM1, by mass spectrometry. Protein Sci 14: 436–446
13. Lazar AC, Wang L et al (2005) Analysis of the composition of immunoconjugates using sizeexclusion chromatography coupled to mass spectrometry. Rapid Commun Mass Spectrom 19: 1806–1814
14. Junutula JR, Flagella KM et al (2010) Engineered thiotrastuzumab-DM1 conjugate with an improved therapeutic index to target human epidermal growth factor receptor 2-positive breast cancer. Clin Cancer Res 16: 4769–4778
15. Xu K, Liu L et al (2011) Characterization of intact antibody-drug conjugates from plasma/serum in vivo by affinity capture capillary liquid chromatography-mass spectrometry. Anal Biochem 412: 56–66
16. Siegel MM, Hollander IJ et al (1991) Matrixassisted UV-laser desorption/ionization mass spectrometric analysis of monoclonal antibodies for the determination of carbohydrate, conjugated chelator and conjugated drug content. Anal Chem 63: 2470–2481
17. Quiles S, Raisch KP et al (2010) Synthesis and preliminary biological evaluation of high-drugload paclitaxel-antibody conjugates for tumortargeted chemotherapy. J Med Chem 53: 586–594
18. Safavy A, Bonner JA et al (2003) Synthesis and biological evaluation of paclitaxel-C225 conjugate as a model for targeted drug delivery. Bionconjug Chem 14: 302–310
19. Valliere-Douglass JF, McFee WA, Salas-Solano O (2012) Native intact mass determination of antibodies conjugated with monomethyl Auristatin E and F at interchain cysteine residues. Anal Chem 84: 2843–2849

20. Jiang X, Song A et al (2011) Advances in the assessment and control of the effector functions of therapeutic antibodies. Nat Rev Drug Discov 10: 101–111
21. Harris RJ (1995) Processing of C-terminal lysine and arginine residues of proteins isolated from mammalian cell culture. J Chromatogr A 705: 129–134
22. Sun MM, Beam KS et al (2005) Reductionalkylation strategies for the modification of specific monoclonal antibody disulfides. Bioconjug Chem 16: 1282–1290
23. Duchateau ALL, Munsters BHM et al (1991) Selection of buffers and of an ion-pairing agent for thermospray liquid chromatographic-mass spectrometric analysis of ionic compounds. J Chromatogr A 552: 605–612

第19章 成像毛细管等电聚焦测定电荷异质性和未偶联抗体水平

Joyce Lin and Alexandru C. Lazar

摘　要

成像毛细管等电聚焦(imaged capillary isoelectric focusing，icIEF)能够监测偶联抗体的电荷异质性。icIEF 中的电泳图谱可以通过积分来定量药物偶联样本中的未偶联抗体。本章将主要介绍 icIEF 方法，首先混合适当的两性电解质、等电点标准和添加物制备偶联样品，然后样品在氟碳-涂层的熔融石英毛细管中进行聚焦，并进行吸光度图像拍摄。通过标准曲线进行未偶联抗体的定量。

关键词：成像毛细管等电聚焦电泳，美登素偶联抗体，电荷异质性，未偶联抗体

1　引　言

通过 ImmugoGen 的抗体负载(targeted antibody payload，TAP)技术制造的免疫偶联物中所包含的抗体,其氨基基团由细胞毒性的美登素所附着(如赖氨酸残基的 ε 氨基基团和 N 端氨基基团)[1, 2]。由于抗体分子偶联中化学加工过程的固有特性，获得的免疫偶联物为混合物，包含携带不同个数细胞毒试剂的抗体分子。质谱已经成功地应用于偶联产品的质量分布监测[3]。图 19-1 所示为一个典型的免疫偶联物的质量分布，该免疫偶联物平均每个抗体分子上连有 3.6 个美登素分子(该例子中为 DM4，一种美登素衍生物，微管抑制剂)。数据显示在该美登素负荷分布中，药物偶联物的制备中包含有低水平的未偶联抗体(D0)和一小部分偶联有 8 个 DM4 美登素的抗体。

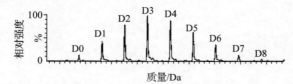

图 19-1　去糖基化单克隆抗体-DM4 偶联物的质谱图。标记的峰指示抗体中附着的 DM4 分子个数：D0 为未偶联抗体，Dn 代表抗体中附着有 n 个 DM4 分子(n=1，2，…，8)。

通过氨基和连接子部分偶联形成胺键消除了蛋白质上的碱性位点，改变了偶联抗体的等电点。传统上，分析方法如离子交换(ion exchange，IEX)色谱，以及平板胶和毛细

管形式的等电聚焦(isoelectric focusing,IEF)通常用来监测蛋白质的电荷异质性和测定等电点(isoelectric point,pI)[4~6]。这些方法在抗体的定性上获得了很大的成功。然而,由于携带不同个数负载分子的偶联抗体间的 pI 值差异较小,初步的实验表明不论是离子交换色谱还是传统的 IEF,都不能在分离 TAP 产品时提供足够的分离度。

在过去的十年,ProteinSimple(Santa Clara,CA,USA)开发了成像毛细管等电聚焦(icIEF)设备,即 iCE280 分析仪(或最近的 iCE3)。在等电聚焦的同时,全部毛细管中的 280 nm 下吸光度图像由一个电荷耦合装置(charged couple device,CCD)相机进行拍摄,不需要将聚焦完的样品推动至检测窗口[7~9]。传统的 cIEF 由于移动步骤导致峰型变宽、重复性差、分离度降低,与传统的 cIEF 相比,icIEF 能够获得更好的分离效果。此外,icIEF 由于没有移动步骤,每个样品的运行时间大大缩短,使样品分析更加有效。

典型的 icIEF 运行由 1%的甲基纤维素(methyl cellulose,MC)溶液冲洗氟碳-涂层的熔融石英毛细管开始,接下来毛细管中注入由载体两性电解质、等电点标准、MC 和可选的添加物组成的样品混合物。样品注入毛细管后,在电极间的毛细管区域进行聚焦,聚焦同时由设备每 30 s 拍摄 280 nm 下的吸光度图像。在对电泳图谱进行积分后,通过识别等电点标准对最终图像中的等电点梯度曲线进行校准。

2 材　料

下面列出的试剂可以从 ProteinSimple(Santa Clara,CA,USA)购买。请注意生产商推荐的储存条件和失效时期。用其他供应商提供的化学试剂制备溶液时,应使用电泳级的试剂,废弃物的处置应符合规定。

(1)阴极电解液:含 0.08 mol/L 磷酸的 0.1%(m/V)甲基纤维素溶液(电解质试剂盒中的组分)。

(2)阳极电解液:含 0.1 mol/L 氢氧化钠的 0.1%(m/V)甲基纤维素溶液(电解质试剂盒中的组分)。

(3)转移时间测试溶液:含 8%的 pH 3~10 两性电解质的 0.35%(m/V)甲基纤维素溶液(转移时间测试溶液试剂盒)。

(4)系统适用性溶液:血红蛋白储备溶液,8%的 pH 3~10 两性电解质,0.35%(m/V)甲基纤维素,4.22 等电点标准,9.46 等电点标准(系统适用性试剂盒)。

(5)毛细管冲洗缓冲液:0.5%(m/V)甲基纤维素溶液(可以从 1%甲基纤维素溶液或 0.5%甲基纤维素溶液试剂盒获得)。

(6)等电点标准:低等电点标准(7.65)和高等电点标准(9.77)(见注意事项 1)。

(7)两性电解质载体:本方法中只使用 pH 8~10.5 的两性电解质(见注意事项 2)。

(8)cIEF 卡盒:50 mm,100 μm 内径氟碳-涂层的熔融石英毛细管和内置电解槽。

(9)iCE280 分析仪:成像 cIEF 设备应能够使用 CCD 相机拍摄 280 nm 下的吸光度图像(见注意事项 3)。设备控制软件(iCE280 CFR 软件)也可用来校准电泳图谱中的等电点刻度。

(10)自动进样器:该设备中使用 PrinCE 自动进样器(见注意事项 4)。

(11)Empower 软件:用于积分已完成等电点校准的电泳图谱(Waters,milford,MA,USA)。

3 方 法

(1) 根据软件指示按步骤进行设备启动和设置，包括毛细管卡盒安装、设置冲洗缓冲液和电解质等步骤。

(2) 将以下组分在 0.5 mL 的离心管中混合以制备免疫偶联物样品：87.5 μL 的 1%甲基纤维素溶液，5.0 μL 的 pH 8.0~10.5 的两性电解质，1.0 μL 的 7.65 等电点标准，1.0 μL 的 9.77 等电点标准，10.0 μL 的分析物，145.5 μL 的去离子水。样品的总体积为 250.0 μL。轻柔地上下吹打样品至少 15 次使样品充分混合，或直至混合物均匀。制备后的样品中分析物的浓度为 200 μg/mL（见注意事项 5）。

(3) 制备几个浓度的单克隆抗体标准溶液用于校准曲线，使用配方缓冲液稀释抗体至浓度 0.05~5 mg/mL 范围内。

(4) 将上步中稀释的用于校准曲线的抗体按以下组分在 0.5 mL 的离心管中进行制备：87.5 μL 的 1%甲基纤维素溶液，10.0 μL 的 pH 8.0~10.5 的两性电解质，1.0 μL 的 7.65 等电点标准，1.0 μL 的 9.77 等电点标准，5.0 μL 的分析物，145.5 μL 的去离子水（见注意事项 6）。样品的总体积为 250.0 μL。轻柔地上下吹打样品至少 15 次使样品充分混合，或直至混合物均匀。制备后的标准溶液中抗体浓度在 1~100 μg/mL 范围内。

(5) 使用配方缓冲液，根据 3.3 节制备偶联物的阴性对照，根据 3.4 节制备抗体的阴性对照。

(6) 将制备好的测试分析物、标准溶液和对照溶液转移至样品瓶中（见注意事项 7）。盖上盖子放入自动进样器中。

(7) 在 iCE 软件中输入需要的样品信息来设置运行序列。

(8) 等电聚焦方法参数：500 V 预聚焦 1 min，对于抗体标准品 3000 V 聚焦 10 min，对于偶联物样品 3000 V 聚焦 12 min（见注意事项 6）。

(9) 当运行结束后，在 iCE 软件中通过识别高、低等电点标准对图像进行处理，并对所有电泳图谱进行等电点刻度校准（依照用户使用手册）（图 19-2）。

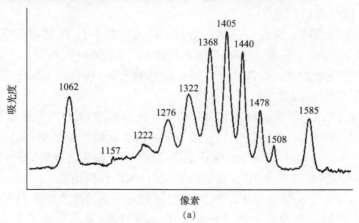

(a)

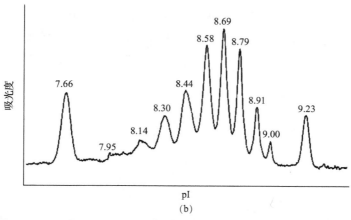

图 19-2 校准前(a)和校准后(b)的成像电泳图谱。校准后,横坐标由"像素"变为"等电点"。

(10) 在 iCE280 CFR 软件中将所有电泳图谱导出为*.cdf 格式,并将它们导入到 Empower 中(见注意事项 8)。

(11) 积分所有电泳图谱,确保等电点标准和阴性对照中出现的峰没有被积分。

(12) 用所有进样的抗体标准品主峰峰面积和对应的抗体标准品的抗体浓度绘制标准曲线(见注意事项 9)。图 19-3 所示为抗体标准品的校准电泳图谱和相对应的标准曲线。

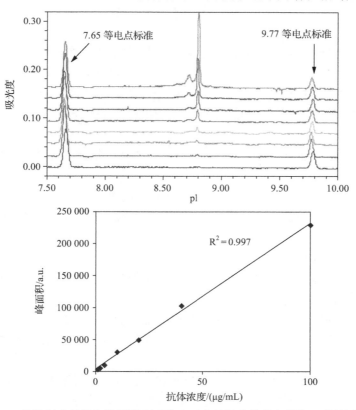

图 19-3 抗体标准品的电泳图谱(上图)和对应的标准曲线(下图)。(另见彩图)

(13)根据等电点值,确认每个偶联物样品中未偶联抗体峰(图19-4)。根据单抗标准曲线,用未偶联抗体峰面积计算每个偶联物样品中未偶联抗体的浓度。

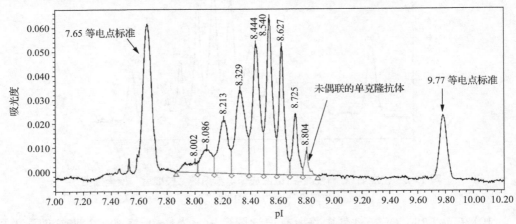

图 19-4 偶联物样品的电泳图谱。未偶联抗体的比例为 3.2%。(另见彩图)

(14)用偶联物样品中未偶联抗体的浓度(用标准曲线定量)除以制备的偶联物样品浓度(200 μg/mL),然后乘以 100 得到未偶联抗体在偶联物样品中所占的百分比。

4 注意事项

(1)根据样品的理论等电点选择实际的等电点标准。电泳图谱中等电点刻度的校准需要 2 个等电点标准。等电点标准的等电点值应囊括样品的等电点范围。

(2)可以对载体两性电解质的等电点范围进行改动使之适用于不同等电点值的蛋白质。对于同一个样品,可以使用宽范围和窄范围的载体两性电解质来改善较小等电点区域的分离度。

(3)我们的工作是在 iCE280 设备上开展的。本章中描述的方法同样可以在 iCE3 设备上运行。

(4)也可以使用其他的自动进样器(如 Alcott 自动进样器)。

(5)可以对每个混合物的载体两性电解质浓度、样品浓度和添加物的使用等参数进行优化来改善分离度和灵敏度。ProteinSimple 建议的添加物如尿素、吐温或普兰尼克,可以防止蛋白质在聚焦时沉淀。

(6)偶联物和抗体样品在两性电解质浓度和聚焦时间上有轻微差异,因为对偶联物和抗体的方法分别进行了优化。

(7)在转移溶液时应防止形成气泡。进样时毛细管内注入的气泡会干扰聚焦。

(8)默认的横坐标单位为"保留时间"或"迁移时间"。为了便于出报告,横坐标重命名为"等电点"。

(9)抗体中除主峰外,还包括碱性组分和酸性组分。在标准曲线中只考虑主峰面积,这是假定偶联物样品中未偶联抗体的电荷异质性与抗体标准品的电荷异质性相似。

参 考 文 献

1. Lambert J (2010) Antibody-maytansinoid conjugates: a new strategy for the treatment of cancer. Drugs Fut 35: 471–480
2. Lambert J (2005) Drug-conjugated monoclonal antibodies for the treatment of cancer. Curr Opin Pharmacol 5: 543–549
3. Lazar AC, Wang L, Blattler WA et al (2005) Analysis of the composition of immunoconjugates using size-exclusion chromatography coupled to mass spectrometry. Rapid Commun Mass Spectrum 19: 1806–1814
4. Lyubarskaya Y, Houde D, Woodward J et al (2006) Analysis of recombinant monoclonal antibody isoforms by electrospray ionization mass spectrometry as a strategy for streamlining characterization of recombinant monoclonal antibody charge heterogeneity. Anal Biochem 348: 24–39
5. Righetti PG (2004) Determination of the isoelectric point of proteins by capillary isoelectric focusing. J Chromatogr A 1037: 491–499
6. Weinberger R (2000) Capillary isoelectric focusing. In: Practical capillary electrophoresis, 2nd edn. Academic Press, San Diego, p 209–243
7. Wu X, Huang T, Liu Z et al (2005) Whole-column imaging-detection techniques and their analytical applications. Trends Anal Chem 24(5): 369–382
8. Li N, Kessler K, Bass L et al (2007) Evaluation of the iCE280 Analyzer as a potential highthroughput tool for formulation development. J Pharm Biomed Anal 43: 963–972
9. Bo T, Pawliszyn J (2006) Characterization of bovine serum albumin-tryptophan interaction by capillary isoelectric focusing with whole column imaging detection. J Chromatogr A 1105: 25–32

第20章 用于测定抗体偶联药物(ADC)生产中的可萃取物/可溶出物的基于风险的科学方法

Weibing Ding

摘 要

生物制药工艺的最新进展为消除药物生产工艺中清洁和交叉污染带来了希望,并使得单次使用技术和系统被广泛引入操作中。随着这些单次使用解决方案的出现,最终用户需要注意的一个关键点是工艺中的可萃取物和可溶出物水平可能增加,这需要对注册申报的一部分进行评价和理解。本章开发并详细描述了一种科学且实用的方法,用于表征抗体偶联药物生产中所使用的单次使用系统中可萃取物和可溶出物。这种基于风险评估的方法在满足监管要求以保证药物安全和质量的同时,最大限度地减少了测试工作量,实验设计得到优化,并且分析方法(气相色谱法/质谱、液相色谱法/质谱、电感耦合等离子体/质谱)显示适用于定量和鉴别萃取的化合物。这种表征方法的应用加快了生物工艺中单次使用系统认证和验证的申报进程。

关键词:可萃取物,可溶出物,抗体偶联药物,基于风险评估的科学方法,分析方法,产品安全,单次使用系统,风险评估

1 引 言

抗体偶联药物(antibody drug conjugate,ADC)是一种新型的生物治疗药物,带来了一类值得期待的新药物,特别是在抗肿瘤药物领域。抗体偶联药物由三部分组成:抗体、细胞毒性小分子药物和连接子。所有三个部分的生产及最终偶联步骤均涉及小分子和基于生物学的工艺,而这些工艺都必须在现行药品生产质量管理规范(current Good Manufacturing Practice,cGMP)条件下完成[1]。最近,由于单次使用系统的众多优点,其越来越多地应用于药物生产工艺,其中可用于生产ADC的最大优势是能够消除不同批次之间的交叉污染,避免清洗过程中的大量有毒废物及使操作者的毒性药物暴露量降到最低。正是由于这些原因,单次使用系统已经并将更广泛地用于生产抗体偶联药物。

美国食品药品监督管理局(FDA)联邦管理法规中cGMP(21 CFR 211)适用于工艺设备,包括单次使用系统。工艺设备章节211.65(a)规定"设备表面与组分、中间物料或药品接触时应不起反应,无吸着、吸附作用,以不致改变药品的安全性、鉴别特征、

含量(或效价)、质量或纯度而使之超出法定或其他既定要求"[2]。欧洲药品管理局(European Medicines Agency,EMA)[3]有相似的规定,即"生产设备不得对产品产生任何危害。生产设备部件与产品接触时应不起反应,无吸着、吸附作用,以不致影响产品的质量并由此产生任何危害。"因此,应证明可视为添加剂的工艺设备包括单次使用系统的可溶出物不会改变ADC的安全性和质量。

工艺设备特有的生物工艺系统联盟(Bio-Process Systems Alliance,BPSA),对可萃取物和可溶出物做了如下定义[4]。可萃取物是在极限时间和温度下暴露于适当溶剂时,从任何产品接触物料(包括弹性体、塑料、玻璃和不锈钢或涂料组分)迁移出来的化合物。可溶出物通常是可萃取物的一部分,是在正常工艺条件或者加速储存条件下与药物制剂直接接触时,从任何产品接触物料(包括弹性体、塑料、玻璃和不锈钢或涂料组分)迁移至药物制剂的化合物。

生物原液通常通过以下步骤制得:上游制备、发酵、收获及下游纯化,包括过滤澄清、切向流超滤浓缩/渗滤、色谱纯化、纳米过滤去病毒、制剂配制、生物容器中冷冻储存及灌装。ADC的生产不同于其他生物制品,是由化学偶联反应和一个标准下游工艺组成。单次使用组件或系统越来越多地应用于这些工艺中。几乎所有这些步骤均涉及工艺流体与有机聚合物的接触,包括用于制造过滤器、管道、连接器、断路器、生物容器、搅拌器、生物反应器、传感器和灌装针头的塑料和弹性体。因为工艺流体、工艺设备和可萃取化合物的复杂性,评价工艺设备或者单次使用系统的可萃取物和可溶出物仍然是一项充满挑战的艰巨任务。这在ADC领域尤其重要,因为在偶联工艺中经常会用到助溶剂。

2 基于风险评估的科学方法

为了最大限度地降低成本并缩短药物上市时间,对ADC生产中单次使用系统的实施和认证/验证进行风险评估是必不可少的。

1)工艺流体和单次使用系统的化学相容性

因为塑料和弹性体通常是由聚合单体在合适的催化剂下形成的,这些聚合物可能与某些溶剂化学不相容,其中一些甚至可以溶解聚合物。在ADC生产工艺中,经常会使用DMSO(二甲基亚砜)和DMAC(N,N-二甲基乙酰胺)之类的溶剂。浓度很高时,两种溶剂不能与单次使用组件(如过滤器和传感器)的构成材料聚醚砜(PES)和聚偏二氟乙烯(PVDF)相容。实际上,纯DMSO和纯DMAC是PES和PVDF的溶剂。然而,因为溶剂强度正比于体积分数,当溶液中DMSO和DMAC浓度较低时,可能不会损坏聚合物。无论如何,应对可能由管道、过滤器、传感器、连接器和生物容器组成的单次使用系统预认证,以确认系统按照预期用途运行。只有所有组件均相容时,方可认为单次使用系统相容。

2)产品组成

产品的性质对单次使用系统的可萃取物和可溶出物类型及数量有深远的影响。根据"相似相容"的基本原理,低分子质量碳氢化合物将从聚丙烯和聚乙烯等聚烯烃中萃取相对显著量的低聚物和添加剂，而水作为极性溶剂，从聚烯烃中萃取较少量的低聚物和添加剂。

3）材料接触面积

通常情况下，接触面积越大，可萃取物/可溶出物越多。连接器表面积比较小，而过滤器接触面积相对较大。因此，过滤器正常情况下比连接器产生更多的可萃取物/可溶出物就不足为奇了。

4）接触时间

通常情况下，接触时间越长，可萃取物/可溶出物越多。除溶解度外，溶质溶于溶剂的动力学还取决于溶质的位置。如果溶质在设备的表面，溶质的萃取可以非常迅速地发生。然而，如果溶质在聚合物网状结构内部，则需要迁移到表面，然后在溶剂中溶解。显然，后者需要长时间。

5）工艺温度

一般而言，温度越高，可萃取物/可溶出物越多。在温度较低时，如在凝固点以下，虽然可萃取物/可溶出物问题得以缓解，但仍建议评价玻璃化转变温度，以确保塑料不会变脆且不影响组件的功能。一些市售生物容器经验证适合在温度低至$-80℃$下应用[5]。

6）预灭菌方法

单次使用系统通常通过γ辐照灭菌、发货，并随时供最终用户使用。在γ辐照灭菌过程中，对单次使用系统的构造材料施以高能电磁辐射。大分子中的一些化学键发生断裂，并最终形成小分子。作为降解产物的这些小分子更容易被萃取。

7）邻近最终包装材料

对于工艺设备，与最终包装材料的距离越近，最终容器密闭系统中最终产生可溶出物的风险越大。工艺步骤如渗滤可以去除小分子质量化合物。然而，需要相关测试数据支持这样的说法。

风险评估完成后，即可开始对可萃取物/可溶出物进行详细评价。如定义所述，用实际的工艺流体萃取时，可获得可溶出物。ADC制剂可能含有蛋白质和盐这些不挥发性化合物。它们会干扰可溶出物的重量法定量分析。另外，蛋白质可能会干扰分析方法，特别是LC/UV/MS（液相色谱/紫外/质谱法）。结果，通常痕量存在的可溶出物，即使在工艺流体中实际存在，也会被这些化合物掩蔽而无法检测到。因此，采用清洁模型溶剂进行可萃取物测试得到可能可溶出物的完整列表是非常必要的。

单次使用系统供应商发布了其单次使用组件的验证指南和技术文章[5~10]。在水和乙醇这类模型溶剂中的可萃取物研究通常是产品验证指南的一部分。最终用户需要载通用可萃取物数据生成条件下进行差异分析。如果这些可萃取物研究结果的数据质量高，意味着使用了合理的研究设计，分析方法得到认证和验证（检测限、定量限、系统适用性、线性和专属性），那么这些结果可用于单次使用组件的初始认证。如果试验结果适用于ADC（例如，可萃取物测试温度高于工艺温度、测试时间长于工艺时间、模型溶剂与工艺流体相关），那么这些结果可以用于特定的工艺验证用途。如果不能应用，为了填补这一差异，应启动特定工艺可萃取物研究。获得相关的可萃取物数据后，应开展这些萃取化合物的最差情况毒性评价。详细程序讨论见第 3 节。如果存在安全性问题，那么应开展可溶出物研究。如果没有安全性问题，那么应对可萃取物和工艺流体之间是否存在潜在相互作用进行评价。如果工艺流体不与可萃取物反应形成新的可浸出化合物，那么可萃取物数据将是可溶出物的最差情况，不需要进一步的可溶出物测试。例如，如果工艺流体仅仅是由盐和水组成的缓冲溶液，那么用水得到的可萃取物数据可能就足够了，不需要用缓冲溶液进行可溶出物测试。另外，如果在可萃取物与工艺流体之间存在潜在化学反应，也应进行可溶出物研究。

3 可萃取物和可溶出物研究运行方案

由于所需系统和一系列分析技术的性质，研究方案相对比较复杂。

(1) 应对单次使用系统的图纸进行研究。除非系统组件太大而不能在实验室检测，否则应使用实际系统进行萃取研究。例如，如果有一个 500 L 生物容器，那么用相同材料制成的比较小生物容器用作按比例缩小版本。需要注意，要确保测试系统中所用表面积与溶剂的比值高于工艺系统，以代表一个更差情况。

(2) 应对工艺流体组成进行评价，基于 Pall's Model Solvent Approach^{sm}[11]，选择合适的模型溶剂。挥发性化合物将会保留于模型溶剂系统中，而不挥发性组分将通过具有相同官能团且具有相同或更高萃取能力的挥发性溶剂进行模拟。对于水性工艺流体，应对 pH 进行评价，因为极端 pH（如小于 3 或者大于 9）对萃取通常会有显著的影响。在这些极端条件下，碱性挥发性化合物氢氧化铵、酸性挥发性化合物醋酸或者盐酸可以分别用于模拟碱性和酸性 pH 的影响。

(3) 惰性材料，如玻璃储液器、PTFE（聚四氟乙烯）管、聚四氟乙烯泵，应该用于形成测试装置的流体供应系统，以减少背景干扰。因为单次使用系统作为供试品通常包含有硅胶管，测试装置应避免使用硅胶管。

(4) 应根据工艺条件选择合理的最差情况作为测试条件。例如，如果工艺温度是 15~20℃，那么测试温度可以是 20~25℃；如果工艺时间是 6 h，那么测试时间可以是 8 h。应将试验组件在 50 kGy 的 γ 射线下进行辐照，这是所有市售单次使用系统典型的最大预期剂量。

(5) 在进行萃取时，测试溶剂应该通过除生物容器外的系统（包括过滤器、管道、连接器和断开器）循环，生物容器可以通过适当搅拌的静态浸泡进行单独萃取。必须小心避免任何潜在的交叉污染，因为这种测试设计痕量分析。

(6) 对于可萃取物测试，冲洗过程不列入代表最差情况。

(7) 对于可溶出物测试，在实际工艺过程中，如果有冲洗步骤去除潜在可溶出物，那么测试程序应包括冲洗步骤。

(8) 应对系统的可萃取物（合并生物容器和其他系统的可萃取物）进行详细分析。可萃取物的分析方法见表 20-1。如果溶剂是水，那么也将进行总有机碳（total organic carbon，TOC）、pH、电导率和离子色谱（ion chromatography，IC）分析[12]。除不挥发性残留物（nonvolatile resudue，NVR）和傅里叶变换红外光谱法（Fourier

transform infrared spectroscopy，FTIR)外，表 20-1 列出的分析方法将用于可溶出物分析。这是因为工艺流体中存在的组分通常会干扰这些分析方法。最常见单次使用过滤器、管道和生物容器的一些最可能可萃取物/可溶出物见表 20-2。

表 20-1　用于评估可萃取物或可溶出物的分析方法

分析方法	目标化合物或属性
不挥发性残留物(NVR)检测	测试溶剂蒸发后的可萃取物总量。不适用于工艺流体中含有蛋白质和盐等不挥发性化合物的可溶出物分析
傅里叶变换红外光谱法(FTIR)	定性分析未知物，包括聚合物的低聚物。不适用于工艺流体中含有蛋白质和盐等不挥发性化合物的可溶出物分析
紫外分光光度法(UV)	含发色团的化合物
直接进样气相色谱-质谱联用法(GC/MS 直接进样)	半挥发性有机化合物
顶空气相色谱-质谱联用法(GC/MS)	挥发性有机化合物
衍生化气相色谱-质谱联用法(衍生化 GC/MS)	有机酸，尤其是长链脂肪酸
液相色谱/紫外/质谱法(LC/UV/MS)	部分半挥发性和不挥发性有机化合物，通常用于来自聚合物、低聚物和降解产物的添加剂
电感耦合等离子体质谱法(ICP/MS)	金属离子

表 20-2　常见单次使用元件的可萃取物/可溶出物

元件	可萃取物/可溶出物
聚丙烯过滤层[8]	2-乙基己酸；1,3-二叔丁基苯；2,4-二叔丁基苯酚；十二烷基酯；月桂酯；草酸；丙二酸；月桂酸；琥珀酸；肉豆蔻酸；棕榈酸；硬脂酸
热塑管[9]	2,3,4-三甲基戊烷；1,3-二叔丁基苯；2,4-二叔丁基苯酚；低分子量的脂族烃；1-十三醇；月桂酯；Irgafos^a 抗氧化剂；肉豆蔻酸；棕榈酸；硬脂酸
生物容器聚乙烯接触层[9]	2-甲基戊烷；己烷；三甲基戊烷；3-甲基庚烷；1-辛烯；正辛烷；1,3-二叔丁基苯；2,4-二叔丁基苯酚；2-辛酮；1-十七烷醇；1-十八醇；琥珀酸；棕榈酸；硬脂酸

a. Irgafos 是 Ciba Holding AG in Basel, Switzerland 的专有稳定剂和商标。

(9) 结果应表示为来自整个系统的每种化合物的总量。例如，在规定条件下，系统中异丙醇迁移至工艺流体的量不超过 0.05 mg。

(10) 最终客户应对可溶出物(或可萃取物，如果证明不需要可溶出物测试)进行毒性和安全性评估(系统供应商通常不会提供这一评估，因为他们通常没有拟定药物化合物的给药途径、剂量水平或毒性的具体细节)。可以使用 ICH 方法，利用每种可浸出化合物的"无可见作用水平"(no-obervable-effect level，NOEL)或"最低可见作用水平"(lowest-observed-effect level，LOEL)来计算每日允许暴露量[12]。通过比较 PDE 与患者每日可浸出化合物的最大摄取量，可以获得每种可浸出化合物的安全系数[13]。也可使用由产品质量研究院(Product Quality Research Institute，PQRI)开发的另外一种方法(2006)作为参考，虽然该方法是专门为经口吸入和鼻用制剂开发的[13]。PQRI 目前正在制定应用于注射剂和眼用制剂的建议。

4 结　　论

一种基于风险评估测定 ADC 制备过程中的可萃取物/可溶出物的科学方法已开发出来。该方法已经成功应用于许多药物生产工艺验证，能帮助最终客户最大限度地降低成本并缩短药物上市时间。

致　　谢

感谢 Helene Pora 博士的指导，感谢 Bruce Rawlings 的建设性意见，同时感谢 Sharon Klugewicz 的支持。

参 考 文 献

1. Ritter A（2012）Antibody-drug conjugates. Pharma Technol 36(1)：42–47
2. FDA（2006）Code of federal regulations food and drugs title 21, Part 211. 65. US Government Printing Office, Washington, DC. http：//www. accessdata. fda. gov/scripts/cdrh/cfdocs/cfCFR/CFRSearch. cfm?fr=211. 65& utm_campaign=Google2&utm_source=fda-Search&utm_medium=website&utm_term-=211. 65&utm_content=1. Accessed 26 April 2012
3. EMA（1998）EUDRALEX Volume 4, Chap 3–Premise and Equipment, Section 3. 39–Revised Directive 2003/94/EC: Good Manufacturing Practices, Medicinal Products for Human and Veterinary Use. European Commission: Brussels, Belgium. http：//ec. europa. eu/health/files/eudralex/vol-4/pdfs-en/cap3_en. pdf. Accessed 26 April 2012
4. BPSA（2010）BPSA Extractables Guide 2010. Recommendations for testing and evaluation of extractables from single-use process equipment. http：//www. bpsalliance. org/. Accessed 26 April 2012
5. Pall Life Sciences（2009）Validation guide. Allegro^{TM} 2D Biocontainers. USTR 2475a. 6. Pall Life Sciences（2009）Validation guide. Kleenpak^{TM} Connector for Use with 13 mm（12 inch）Nominal Tubing. USTR 2232a
6. Ding W, Nash R（2009）Extractables from integrated single-use systems in biopharmaceutical manufacturing Part I. Study on components（Pall KleenpakTM Connector and Kleenpak Filter Capsule）. PDA J Pharm Sci Technol 63(4)：322–338
7. DingW, Martin J（2008）Implementing singleuse technology in biopharmaceutical manufacturing: an approach to extractables/leachables studies, part one—connectors and filters. Bioprocess Int 6(9)：34–42
8. Ding W, Martin J（2009）Implementation of single-use technology in biopharmaceutical manufacturing: an approach to extractables/leachables studies, Part two—tubing and biocontainers. Bioprocess Int 7(5)：46–55
9. Ding W, Martin J（2010）Implementation of single-use technology in biopharmaceutical manufacturing an approach to extractables and leachables studies, Part three—single-use systems. Bioprocess Int 8(10)：52–61
10. Pall Life Sciences（2012）Scientific and technical report. Extractables and Leachables from Single-Use Systems

11. ICH Q3C(R5) (2011) Impurities: guideline for residual solvents. http: //www. ich. org/fileadmin/Public_Web_Site/ICH_Products/Guidelines/Quality/Q3C/Step4/Q3C_R5_Step4. pdf. Accessed 26 April 2012
12. Product Quality Research Institute Leachables and ExtractablesWorking Group (2006) Safety thresholds and best practices for extractables and leachables in orally inhaled and nasal drug products. http: //www.pqri. org/pdfs/LE_Recommendations_to_FDA_09-29-06. pdf. Accessed 26 April 2012

索引

A

奥瑞他汀衍生物　6

B

靶向抗体负载　186
靶向治疗　31
白血病　30
半胱氨酸偶联　86
半胱氨酸偶联 ADC　217
标准操作规程　109
不良反应　8
布妥昔单抗　30
部分缓解　8

C

成像毛细管等电聚焦　232

D

单次使用系统　238, 239, 240, 241
单克隆抗体　60
弹头　36
等电点　233
电荷异质性　232
毒性　86
多发性骨髓瘤　14

E

二甲基亚砜　204
二硫键连接子　45
二硫苏糖醇　201

F

反相高效液相色谱　177
反相高效液相色谱法　216
非霍奇金 B 细胞淋巴瘤　12

分布　91
分子排阻高效液相色谱法　178
分子排阻色谱　141
风险评估　238, 239, 240, 243
负载　43

G

改造的和常规 ADC　153
高活性成分　109
个人防护装备　114
共聚焦显微镜　36
谷氨酰胺转胺酶　75
过免疫组化　10

H

霍奇金淋巴瘤　1, 8

J

积分　225
吉妥单抗-奥加米星　30
急性骨髓性白血病　51
加权平均 DAR　218
甲基澳瑞他汀 E　216
间变性大细胞淋巴瘤　1, 8
铰链区二硫键　118
聚集　86, 92
聚乙二醇　118

K

抗体偶联药物　43, 60, 139, 152, 210, 216, 238
抗体依赖的、细胞介导的细胞毒作用　10
可萃取物　238, 239, 240, 241, 242, 243
可及性　27, 30, 31
可溶出物　238, 239, 240, 241, 242, 243
客观反应率　8

L

连接子　60
连接子-抗体比例　188
流式细胞术　36
硫醚　86
硫醚键连接子（MCC）　45
滤泡性淋巴瘤　11

M

马来酰亚胺-己酰-缬氨酸-瓜氨酸-para-amino-
　　benzyloxycarbonyl（MC-VC-PABC）　216
毛细管电泳　173
酶偶联　164，166
美登素　43，232
美登素衍生物　30
美国食品药品监督管理局　9
弥漫性大B细胞非霍奇金淋巴瘤　11
免疫球蛋白　139

N

内毒素　92，120，124
内化　26，29，36
难治或复发B细胞NHL　13

P

旁观者效应　7

Q

前列腺癌　28
前列腺特异性膜抗原　27
切流动过滤法　191
曲妥珠单抗-DM1（曲妥珠单抗-美登素衍生物，
　　T-DM1）　46
曲妥珠-美登素衍生物　27
曲妥珠-美坦新衍生物　1

R

人类表皮生长因子受体2　1
溶酶体　40
乳腺癌　26，27，30

S

生物安全柜　120
实体瘤　32
疏水作用色谱　141，177，119，216
属性　7

T

糖基磷脂酰肌醇　5

W

完全缓解　8
烷基化　118
维布妥昔　111
未偶联抗体　232
位点特异性偶联　153，164

X

吸收、分布、代谢与排泄（ADME）　97
细胞毒素　87，174
细胞内定位　37，39
细菌谷氨酰胺转移酶　164，166
限制性毒性　8
消光系数　210，211，212，213，214
小细胞肺癌　14

Y

药代动力学　8
药物非临床研究管理规范　112
药物分布　224
药物抗体比　86
药物抗体偶联比率　7，97，210，213，216
一甲基奥里斯他汀E　111
一甲基澳瑞他汀E（7，MMAE）　48
一甲基澳瑞他汀F（8，MMAF）　48
乙二胺四乙酸　204
异质性　26，30
荧光原位杂交　10

Z

正交试验设计方法　187

职业暴露限值　111
质谱　165, 167, 168, 170, 171
紫外/可见分光光度法　210
自体干细胞移植　9
自由巯基-抗体比例　188
腙　61
总抗体　86, 87, 89, 90
最大耐药量　8

其他

BTGase　165, 167, 169, 170
ESI-MS　224
HRMS　87
mAb　85, 86, 90
PK　86, 87, 89, 91
TFC-MS/MS　86, 87, 88, 91
THIOMAB, 152
V_d，分布容积　98